油气成藏理论与勘探开发技术（三）

——中国石化石油勘探开发研究院2010年博士后学术论坛文集

中国石化石油勘探开发研究院
博士后科研工作站　编

地质出版社
·北　京·

内 容 提 要

本书稿包括油气地质、地球物理勘探、油气田开发、油气战略与决策四部分内容，涉及油气藏勘探、开发、预测、油气战略的多个方面，展示了中国石化在油气成藏理论与勘探开发方面的最新成果。

本书可供从事石油勘探开发的科研、管理人员阅读参考，也可作为相关院校师生的教学参考书。

图书在版编目（CIP）数据

油气成藏理论与勘探开发技术：中国石化石油勘探开发研究院2010年博士后学术论坛文集．3／中国石化石油勘探开发研究院博士后科研工作站编．—北京：地质出版社，2011.4

ISBN 978－7－116－07186－5

Ⅰ.①油…　Ⅱ.①中…　Ⅲ.①油气藏形成－学术会议－文集②油气勘探－学术会议－文集　Ⅳ.①P618.13－53

中国版本图书馆CIP数据核字（2011）第060953号

责任编辑：李　军　孙亚芸
责任校对：李　玫
出版发行：地质出版社
社址邮编：北京海淀区学院路31号，100083
咨询电话：（010）82324508（邮购部）；（010）82324569（编辑室）
网　　址：http://www.gph.com.cn
电子邮箱：zbs@gph.com.cn
传　　真：（010）82310759
印　　刷：北京天成印务有限责任公司
开　　本：787mm×1092mm 1/16
印　　张：19.25
字　　数：460千字
版　　次：2011年4月北京第1版
印　　次：2011年4月北京第1次印刷
定　　价：68.00元
书　　号：ISBN 978－7－116－07186－5

目　　录

油 气 地 质

地球物理勘探

油气田开发

油气战略与决策

油气地质

塔河油田中生界隐蔽油气藏的发现与勘探

王 明[1] 杨素举[2] 田 鹏[2] 毛庆言[2]
（1. 中国石化石油勘探开发研究院，北京 100083；
2. 中国石化西北油田分公司勘探开发研究院，新疆乌鲁木齐 830011）

摘 要 随着塔河油田碎屑岩勘探的深入，隐蔽油气藏已成为该区增储上产的重要领域。通过介绍塔河油田中生界隐蔽油气藏的发现和勘探历程，总结了在隐蔽油气藏勘探实践中摸索出来的一套勘探方法以及配套技术。勘探实践证明，该套方法和技术有效地指导了塔河油田隐蔽油气藏的勘探工作，为塔河油田的增储上产提供了技术支撑。

关键词 碎屑岩 岩性油气藏 隐蔽油气藏 塔河油田

Discovery and Exploration of the Mesozoic Subtle Traps in Tahe Oilfield

WANG Ming[1], YANG Suju[2], TIAN Peng[2], MAO Qingyan[2]
(1. Petroleum Exploration and Production Research Institute, SINOPEC, Beijing 100083, China; 2. Petroleum Exploration and Production Research Institute of Northwest Oilfield Branch, SINOPEC, Urumqi, Xinjiang 830011, China)

Abstract With the development of the clastic reservoir exploration, the subtle traps have become an important field for petroleum reserve growth in Tahe oilfield. This article reviews the discovery and exploration practice of the Mesozoic subtle traps in Tahe oilfield, and summarizes a set of exploration method and associated techniques, which have been found out during the exploration practice of the subtle traps. The exploration practice has proved that these techniques give an effective guidance to subtle traps in Tahe oilfield and provide the technical support for reserve growth.

Key words detrital rock; lithologic reservoir; subtle trap; Tahe oilfied

隐蔽油气藏概念来源于美国石油地质学家 Levorsen[1] 和 Halbouty[2]，尽管不同的学者对隐蔽油气藏的概念有不同的理解，但总的说来可以归纳为 3 种概念。第一种为广义的地层圈闭（stratigraphic trap），包括地层圈闭（狭义）、不整合和古地貌圈闭（Leverson, 1964; Halbouty, 1972, 1982）；第二种是为了与构造圈闭相区分而提出来的非构造圈闭（nonstructural trap），指所有的非构造成因形成的圈闭类型（威尔逊，1934；胡见义，1984）；第三种隐蔽圈闭（subtle trap）是指用目前普遍采用的勘探方法难以圈定其位置的圈闭（Savit, 1982）[3]。随着世界油气藏勘探开发的不断发展、油气勘探的深入和石油地质理论的深化，隐蔽油气藏的定义更趋向于：在现有勘探方法与技术水平条件下，较难识别和描述的油气藏类型[4]。

勘探实践证明，随着勘探程度的提高，大型整装构造油气藏发现的几率变小，而隐蔽油气藏的比例将逐渐增大，勘探的难度也随之增加。隐蔽油气藏的勘探变得日趋重要，已成为增加油气储量的重要方向。据统计，渤海湾盆地非构造油气藏的探明储量占总探明储量的54.7%[5]；南襄盆地岩性油气藏储量占总储量的比例高达84.6%[6]；济阳坳陷2000年以来探明储量的60%～70%属于隐蔽油气藏[7]；在美国，其已占探明储量的30%左右[8]。由此可见，随着油气勘探程度的提高，容易勘探的中、浅层大型构造油气藏逐渐减少，转向非构造油气藏勘探势在必行。而塔河地区随着奥陶系碳酸盐岩特大规模油气田勘探形势的明朗以及碎屑岩盐边构造油藏的落实，隐蔽油气藏成为塔河油田下一步勘探的重点，也是塔河地区增储上产的主阵地。通过西北油田分公司这几年隐蔽油气藏勘探力度的加大，在塔河油田中生界隐蔽油气藏方面取得了很大的突破和认识。本文主要介绍塔河油田中生界隐蔽油气藏的发现与勘探历程以及在勘探过程中取得的勘探经验和技术方法。

1　塔河油田中生界碎屑岩勘探概况

塔河油田是中国石化新疆探区的重要油气生产基地，行政区划隶属于新疆维吾尔自治区库车、轮台县管辖，在构造上位于新疆塔里木盆地北部沙雅隆起阿克库勒凸起上，包括顺托果勒隆起的北部、哈拉哈塘凹陷东部及草湖凹陷西部。它是在阿克库勒凸起的背景上，北以轮台断裂为界，东、南、西以中奥陶统顶面6500m构造等深线所圈定的范围内具有大致相似的成藏特点和在现有经济技术条件下具有勘探价值的油气藏的统称[9]。

阿克库勒凸起沉积地层发育齐全，自下而上有震旦系、寒武系、奥陶系、志留系、石炭系、二叠系、三叠系、侏罗系、白垩系、古近－新近系和第四系。塔河油田纵向上具有“复式”成藏组合特征，包括奥陶系、石炭系、三叠系、白垩系等多套含油层系叠合。中生界碎屑岩油藏是以低幅度背斜圈闭、岩性圈闭及复合型圈闭为主，由断裂、不整合沟通形成的次生油藏。而随着塔河地区碎屑岩勘探的深入，中生界碎屑岩隐蔽油气藏是下一步的勘探重点，也是西北油田分公司增储上产、进行规模发展的重点领域。

塔河油田中生界碎屑岩油气勘探过程大致可以分为3个阶段（图1）。第一个阶段：1995年以前，为较大幅度构造勘探阶段，主要发现了西达里亚和阿克库勒油田。第二个阶段：1995～2004年，为盐边低幅度构造勘探阶段，在阿克库勒凸起先后施工了桑塔木和艾协克等多块三维地震勘探，突破和扩大了盐边三叠系挤压构造带，发现了塔河油田1区和2区；在1997年发现塔河奥陶系碳酸盐岩缝洞油藏以后，勘探主要集中在奥陶系碳酸盐岩，中生界作为兼顾层系，2002年S95井实现油气发现，发现了塔河油田9区。第三个阶段：2005年至今，为隐蔽圈闭勘探阶段，期间西北油田分公司决策层加大了碎屑岩的勘探力度，实现了盐上低幅度构造、地层－岩性圈闭、河道砂圈闭和透镜体圈闭的突破，探明储量比2004年以前探明储量的总和还要多。

另外，2006年在托普台地区发现了T759井白垩系构造－岩性复合油气藏，实现了白垩系油气的突破。

2　塔河油田中生界隐蔽油气藏勘探历程

随着塔河油田勘探开发工作的不断深入，为了塔河南部新地区、新领域的油气发现，

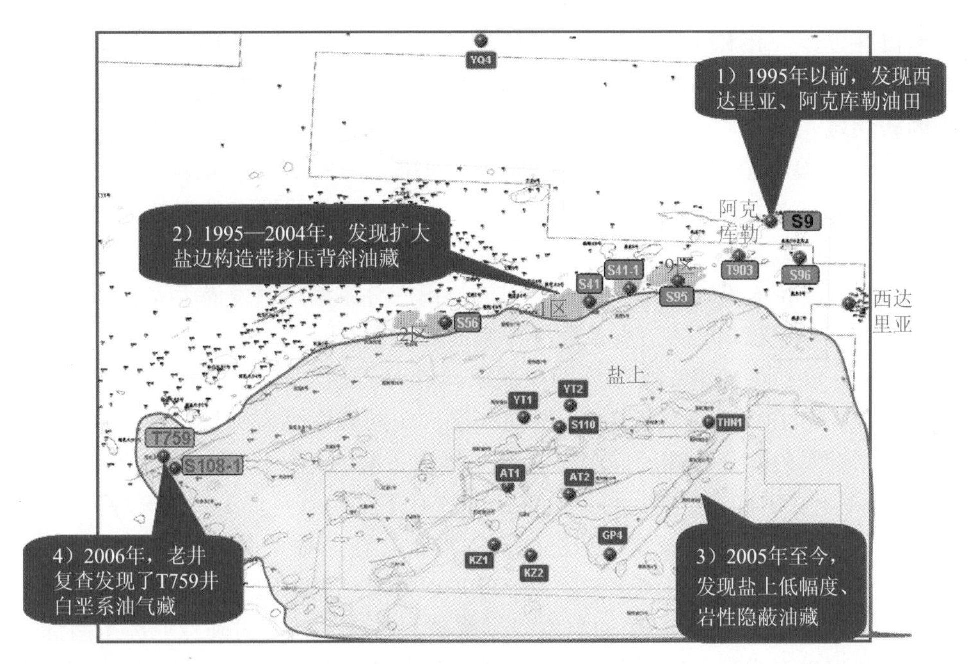

图1　塔河油田碎屑岩的勘探历程

Fig. 1　Exploration history of clastic rock formations in Tahe Oilfield

扩大了中生界含油气范围，进一步评价了塔河地区三叠系非背斜圈闭领域的前景，开拓了塔河油田新的油气藏类型。2005 年，西北油田分公司通过地球物理紧密结合勘探实践，积极探索，在地震资料精细构造解释和变速成图研究的基础上，对塔河九连片及阿克亚苏三维地震资料进行精细解释，发现并落实了阿克亚苏 1 号、2 号及塔河南 7 号、8 号等一批三叠系低幅度构造圈闭、岩性圈闭及复合圈闭。当年 5 月，在成藏条件研究的基础上，结合地震振幅找油的油气藏识别技术，西北油田分公司部署在塔河南 8 号构造上的 THN1 井和阿克亚苏 1 号构造上的 AT1 井在三叠系中油组获得油气突破，实现了针对三叠系非背斜圈闭的重要油气突破，开拓了塔河油田南部三叠系非背斜圈闭勘探的新领域。

2006 年，为了扩大油气勘探成果，以盐边和盐上大型湖成三角洲体系为切入点，将地质与地球物理紧密结合，对中生界砂体的成因类型进行了研究。结合沉积相研究成果，针对不同沉积环境及隐蔽油气藏类型，对中生界碎屑岩进行了勘探和部署。

其中，根据塔河南 7 号圈闭上 S113 井在中油组的良好显示部署的 YT1 井取得突破，显示了塔河中生界碎屑岩辫状河三角洲相在岩性油藏方面的良好前景。

同时，根据地震属性、相干分析、三维可视化技术等地球物理方法，结合钻测井资料，落实了三叠系中油组尖灭线的分布，并对尖灭区的岩性圈闭进行了勘探和部署。其中部署在中油组河道砂交汇处的 YT2 井的钻探成功说明，位于三叠系中油组尖灭区以岩性为主的圈闭侧封、油气运聚成藏条件优越。以 YT2 井为典型的三叠系中油组尖灭区河道砂岩性圈闭获得成功，实现了新领域油气勘探的突破，为在尖灭区寻找以岩性为主的油气成藏指明了方向。

而针对塔河南地区一系列低幅度构造和复合圈闭构造，部署在塔河南 2 号构造的滚动评价井 GP4 井在中油组也获得了突破。之后，部署在阿克亚苏构造 GP4 北西的断裂构造带上的两口开发评价井 KZ1 和 KZ2 也获得了突破，使得该区的勘探形势逐渐明朗。

与此同时，在塔河油田西部发现了 T759 井白垩系舒善河组油气藏，开拓了中生界油藏勘探的新领域。

随后在 2007 年调整了部署，针对先前在塔河南 7 号和 8 号、阿克亚苏 1 号和 2 号、塔河南 2 号南部高点、阿克亚苏 5 号和 6 号等三叠系低幅度构造上的突破，在低幅度背斜阿克亚苏 7 号上部署实施探井 AT7，并在中油组顶获得 6m 厚油气层。塔河南及阿克亚苏地区新领域油气的扩大发现，进一步证实塔河油田三叠系勘探开发潜力大。新领域的油气扩大发现为 2007 年及 2008 年三叠系勘探开发提供了重要阵地。

为了扩大三叠系中油组尖灭区的勘探成果，针对岩性复合圈闭群 YT2 井区一分支部署实施的探井 YT5 在中油组获得 2. 5m 厚油气层、在阿四段泥岩夹层中新发现 2. 5m 厚油气层；另外，针对岩性复合圈闭群 YT2 井区主体区三叠系中油组部署实施的 YT2 - 4H 和 YT2 - 7 井除在上、中油组获得良好油气显示外，在下油组新发现 1 层油气层。

2008 年，三叠系外甩勘探取得新进展，一批钻井在三叠系取得油气成果，扩大了可勘探的含油气区。其中，在塔河油田阿克亚苏工区针对三叠系阿克亚苏 11 号和 12 号构造部署的探井 AT11 和 AT12 井在中油组取得了突破，打破了断堑对阿克亚苏东南部三叠系成藏遮挡的认识，表明阿克亚苏东南地区仍然是油气成藏的有利地区。另外，部署在 AT1 井南西方向和北东方向的 AT9 和 AT5 井在三叠系阿四段发现下切河道砂体岩性油气藏，扩大了岩性圈闭的勘探领域，有着较好的勘探潜力。

而部署在于奇地区的 YQ10 井在三叠系中油组发现了多层气测组分齐全的气测异常显示，显示了该区隐蔽油藏良好的前景。

2009 年，三叠系持续扩大发现，保障了储量的稳定增长，先后发现了 AT13，TK943，TK7213 等井三叠系下切河道砂体岩性油气藏，证实了塔河南三叠系薄层砂岩的勘探潜力。目前，TK943 和 TK7213 阿四段下切河道砂体已见产。

在托普台地区，TP12 - 8X 井和 KZ5 井扩大了白垩系油气发现，显示出白垩系有较大的勘探潜力。

到 2009 年 8 月底，AT1，AT2，THN1，GP4，YT1，YT2 和 AT9 井区已经提交探明储量，其中非构造圈闭 YT1，YT2 和 THN1 井区提交探明地质储量 892.29×10^4t 油当量，仅占塔河碎屑岩总勘探储量的 10. 5%，说明塔河油田中生界隐蔽油藏的勘探潜力还很大。

3 中生界碎屑岩隐蔽油气藏勘探方法和配套技术

鉴于隐蔽油藏的成藏条件及勘探难度均与构造油藏有明显不同，油气分布与富集规律不同，必须具有创新的勘探思路并运用相应的技术对策才能取得较好成果[10-12]。

自从塔河油田中生界碎屑岩 2005 年获得隐蔽油气藏的勘探突破以来，西北油田分公司摸索出了一套隐蔽油气藏勘探的思路和方法以及隐蔽圈闭发现、识别和评价的配套技术。

首先，在构造背景和石油地质综合研究的基础上，利用层序地层学的分析方法[13]，结合沉积相的研究成果，明确方向、锁定靶区、优选层系、确定类型。

然后，在勘探方向明确的情况下，针对塔河油田碎屑岩隐蔽型圈闭的特点及勘探难点[14]，有针对性地开展地球物理技术方法应用研究，并结合勘探开发生产实践，系统地形成了一套以地震资料为基础，以地质研究为指导，以地球物理新技术为手段，结合钻井、测井进行综合分析和岩性（复合型）油气藏描述的方法和思路。

3.1 层序地层学分析

隐蔽油气藏独特的形成机理和分布规律决定了隐蔽油气藏时空分布的选择特性。只有搞好区带优选，明确隐蔽油气藏的有利勘探方向与靶区，才有可能发现隐蔽油气藏。

层序地层学自20世纪80年代诞生以来，不仅提供了一整套完整统一的地层学概念，而且已发展成为一种有助于寻找隐蔽圈闭的强有力的地质方法。对于油气勘探来说，层序地层学提供了良好的概念型预测模型，通过层序地层格架体系域和沉积岩相分布规律以及高分辨率地震勘探研究，可以预测隐蔽圈闭的类型和有利分布地区[15-16]。陆相层序地层学研究也表明，层序地层学与隐蔽圈闭油气勘探有着非常密切的关系[17-18]。

在塔河地区三叠系中识别出3个区域不整合面（二级层序界面）、1个层序组界面和4个三级层序界面，据此将三叠系划分为1个构造层序、2个三级层系组和7个三级层序；识别出5个初始湖泛面和7个最大湖泛面，据此划分出19个体系域（四级层序）。由此，建立了塔河地区三叠系高精度的层序地层格架（图2）。

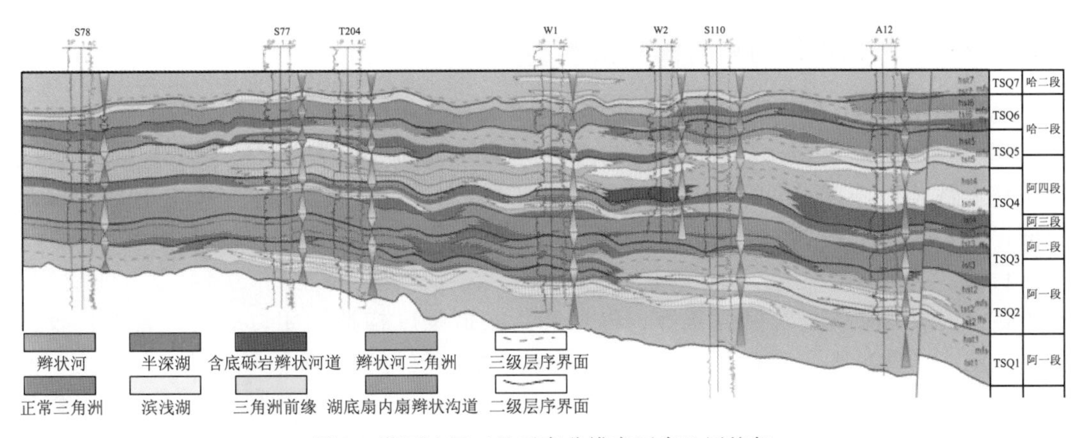

图2　塔河油田三叠系高分辨率层序地层格架

Fig. 2　High-resolution sequence stratigraphical framework of the Triassic in Tahe Oilfield

在高精度层序地层格架下，通过岩心相、测井相、地震相识别出湖底扇、辫状河三角洲、辫状河及湖泊4种沉积相类型及9种沉积亚相类型、20种沉积微相类型；以体系域为研究单位，揭示了各体系域沉积微相展布和空间演化规律的特征，并在此基础上建立了三叠系沉积相模式（图3）。在有利沉积相带研究的基础上，结合含油性分布规律，指出三叠系TSQ3层序LST3（下油组）、TSQ4层序LST4（中油组）、TSQ4层序TST4（阿四段）、TSQ5层序HST5和TSQ6层序HST6为有利的勘探层系。针对不同的有利勘探层系，共识别出4个有利的成藏组合带类型，即低位域辫状河砂体成藏组合带、湖底扇成藏组合带、湖侵域三角洲前缘成藏组合带和高位域辫状河三角洲前缘岩性成藏组合带，指出了勘探方向。

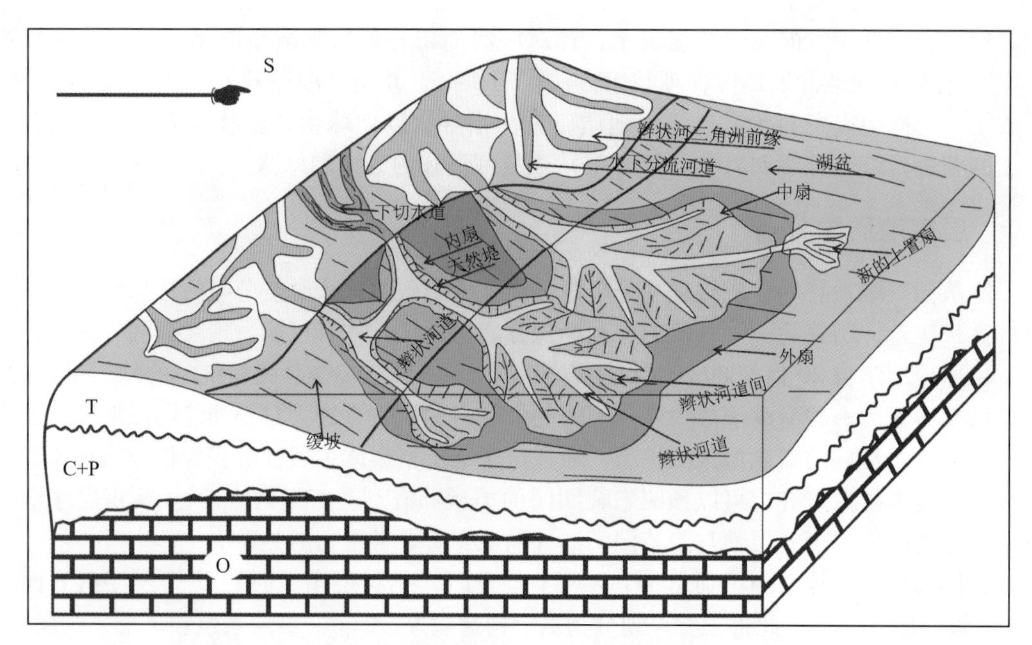

图3　塔河油田三叠系中油组沉积相模式

Fig. 3　Model of sedimentary facies in the middle oil-member of the Triassic in Tahe Oilfield

3.2　隐蔽油气藏识别与评价配套技术

隐蔽油气藏的自身特征，决定了地震、测井、录井等地球物理方法是最强有力的寻找隐蔽圈闭的方法。切实加强地球物理研究并与石油地质研究相结合，是今后寻找隐蔽圈闭的最佳之路[19]。不同类型的隐蔽油气藏，其地质条件不同、储层条件不同，地震响应就不同，因此勘探方法和技术各不相同，必须根据实际情况选择相应的配套技术[20]。

目前，塔河油田中生界隐蔽油气藏主要包括低幅油气藏、岩性油气藏和复合油藏[21]。根据各目的层圈闭特点及勘探难点，以发现落实低幅度构造圈闭、地层（岩性）及构造+地层（岩性）复合型圈闭为目标，有针对性地开展地球物理技术方法应用研究，并结合勘探开发生产实践，系统地形成了一套以地震资料为基础，以地质研究为指导，以地球物理新技术为手段，结合钻井、测井进行综合分析和岩性（复合型）油气藏描述的方法和思路。依托油气藏的成藏条件及对油气分布与受控制因素的深入认识，在塔河油田建立并完善了以振幅提取为核心的三叠系隐蔽圈闭识别与评价技术，并在此基础上利用地震烃类检测技术进行圈闭评价。

勘探过程中，在使用地震资料层位精细标定、精细相干断裂解释、自动追踪层位对比、等时切片、精细速度分析及多参数综合分析等圈闭识别与评价的技术方法系列的同时，摸索出以下适合塔河油田中生界隐蔽油气藏圈闭识别和评价的特色技术和方法。

（1）以振幅提取为核心的圈闭识别和评价技术

地震属性技术近几年发展迅速，已成为油藏地球物理的核心部分，在勘探地震与开发地震之间起着桥梁作用。常用的地震属性有振幅、频率、波形、衰减、相位、相关、能量和比率等[22]。

一般地说，地层岩性及含油气性变化容易造成地震属性的变化，如地层含油可造成振幅增强、速度和频率降低等。但对某一属性来说，是储层的厚度、物性还是含油气性对它起主导作用，则很难准确界定。在塔河地区三叠系储层研究中，采用了多种属性分析方法进行尝试。结果表明，采用沿层振幅、频率属性提取的方法在合适的时窗选取下效果较好，基本满足沉积微相刻画和薄储层定性描述的要求；通过对一系列属性图件的分析，进一步提高了薄层识别和沉积微相解释的精度。图4为中油组地震波振幅属性平面图，显示具明显的条块分布特征。结合测井相和沉积微相分析可知，本区中油组为辫状河系直接入湖而形成的一套辫状三角洲沉积体，砂体呈东西向展布。北部为辫状三角洲平原分支河道沉积体，中部以发育辫状三角洲前缘水下分支河道与河口砂坝等为主要沉积特征，往南部阿克亚苏地区则表现为低位域的水下湖底扇砂体。在其北部、中部、南部分布着3个面积较大的滨浅湖湾，较准确地确定了中油组砂岩尖灭线的展布形态。在尖灭线一带的向南砂岩上倾尖灭型圈闭是本区主要的一类非构造圈闭类型。

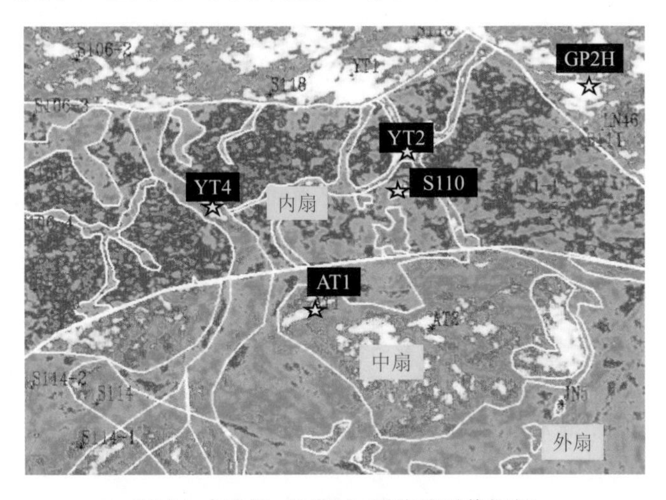

图4 中油组（LST4）平均绝对值振幅

Fig. 4 Average absolute value of seismic amplitude of the middle oil-member of the Triassic

（2）油气检测技术

通过正演模型分析及三叠系中油组186口、下油组141口井的地震振幅值和储层含油气性的定量统计，确定了地震振幅的含油气门槛值，建立了地震振幅识别油气藏的量化标准。三叠系中油组含油气地震振幅门槛值为180（无量纲），地震振幅值大于180（无量纲）的为含油气分布范围；下油组含油气的地震振幅门槛值为240（无量纲），大于240（无量纲）的为含油气分布范围。这为利用振幅属性进行储层含油气预测提供了定量依据。

在含油气地震振幅门槛值统计的基础上，结合与局部构造、断裂等地质条件的配合关系，总结确定了地震振幅异常分级标准，具体可分为3个级别：第一级为地震振幅异常与背斜、断背斜等低幅度构造相匹配，钻获油气的概率最大；第二级与砂岩尖灭线、非构造圈闭相匹配，钻获油气的概率较大；第三级为与上述二者（局部构造或岩性圈闭）均不匹配，钻获油气的概率低。以上振幅信息的分析总结，为利用地震振幅进行油气预测奠定了定量分析依据和地质、构造综合评价依据，减少了地震预测的多解性。

通过该套方法，扩大了盐边构造带油气成果，开拓了盐上勘探领域；同时，实现了新圈闭类型的油气突破，发现了 YT2 河道砂岩性油气藏及 AT1 湖底扇等隐蔽油气藏(图 4)。

4 结 论

1）鉴于隐蔽油藏的成藏条件及勘探难度均与构造油藏有明显不同，油气分布与富集规律不同，必须具有创新的勘探思路并运用相应的技术对策才能有所突破。塔河油田隐蔽油气藏的勘探系统地形成了一套以地震资料为基础，以地质研究为指导，以地球物理新技术为手段，结合钻井、测井进行综合分析和岩性（复合型）油气藏描述的方法和思路。

2）不同地区、不同类型的隐蔽油气藏，其地质条件不同、储层条件不同，地震响应就不同，因此勘探方法和技术各不相同，必须根据实际情况选择相应的配套技术。塔河油田隐蔽油气藏通过几年的勘探和摸索，建立并完善了以振幅提取为核心的三叠系隐蔽圈闭识别与评价技术，并在此基础上利用地震烃类检测技术进行圈闭评价，取得了良好的效果。

参考文献

[1] 陈荣书．关于“隐蔽圈闭（油气藏）”的早期概念［J］．石油与天然气地质，1984，5（3）：68－69.

[2] Halbouty M T. 刘民中，译．寻找隐蔽油藏［M］．北京：石油工业出版社，1988.

[3] 哈尔鲍蒂．寻找隐蔽油藏［M］．北京：石油工业出版社，1988.

[4] 王焕弟，牛滨华，任敦占，等．隐蔽油气藏勘探现状与对策分析［J］．石油物理勘探，2004，39（6）：739－743.

[5] 袁选俊，谯汉生．渤海湾盆地富油气凹陷隐蔽油气藏勘探［J］．石油与天然气地质，2002，23（2）：130－133.

[6] 费宝生．隐蔽油气藏的勘探［J］．油气地质与采收率，2002，9（6）：29－32.

[7] 李丕龙，金之钧，张善文，等．济阳坳陷油气勘探现状及主要研究进展［J］．石油勘探与开发，2003，20（3）：1－4.

[8] 谯汉生，王明明．渤海湾盆地隐蔽油气藏［J］．地学前缘，2000，7（4）：497－506.

[9] 翟晓先．塔河大油田新领域的勘探实践［J］．石油与天然气地质，2006，27（6）：751－760.

[10] 杜金虎，易士威，张以明，等．二连盆地隐蔽油藏勘探［M］．北京：石油工业出版社，2003.

[11] 李丕龙．陆相断陷盆地隐蔽油气藏形成——以济阳坳陷为例［M］．北京：石油工业出版社，2003.

[12] 李丕龙．第三届隐蔽油气藏国际学术研讨会论文集：隐蔽油气藏形成机理与勘探实践［M］．北京：石油工业出版社，2003.

[13] 刘招君，董清水，王嗣敏，等．陆相层序地层导论及应用［M］．北京：石油工业出版社，2002.

[14] 丁勇，王允诚，黄继文．塔里木盆地塔河地区三叠系油气勘探现状与对策［J］．石油实验地质，2008，30（6）：552－556.

[15] Reymond B A，Stampfli G M. Three-dimensional sequence stratigraphy and subtle stratigraphy traps associated with system tract west Cameron region，Offshore Louisiana，Gulf of Mexico［J］. Marine Petroleum Geology，1996，13（2）：41－60.

［16］朱筱敏，康安，谢庆宾．内蒙古钱家店凹陷侏罗系层序地层与岩性圈闭［J］．石油勘探与开发，2000，27（2）：48－52.

［17］朱建伟，刘招君，董清水，等．松辽盆地层序地层格架及油气聚集规律［J］．石油地球物理勘探，2001，36（3）：339－344.

［18］肖乾华，李宏伟，李云松．层序地层学原理与方法在隐蔽油气藏中的应用［J］．断块油气田，1998，5（3）：6－9.

［19］郝芳，邹华耀，方勇．隐蔽油气藏研究的难点和前沿［J］．地学前缘，2005，12（4）：481－486.

［20］马丽娟，郑和荣，陈霞．隐蔽油气藏地震预测技术研究新进展［J］．地球物理学进展，2007，22（1）：294－300.

［21］石玉，李宗杰．塔河油田三叠系非构造圈闭识别与评价技术［J］．石油与天然气地质，2008，29（1）：53－60.

［22］李宗杰，王胜泉．地震属性参数在塔河油田储层含油气性预测中的应用［J］．石油物探，2004，43（5）：453－457.

四川盆地白云岩储层研究现状与思考

张军涛[1]　龙胜祥[1]　吴世祥[1]　李宏涛[1]　柳智利[1,2]
（1. 中国石化石油勘探开发研究院，北京　100083；2. 西南石油大学，四川成都　610050）

摘　要　白云岩储层是现今四川盆地碳酸盐岩最为重要的油气储集层之一，四川盆地上震旦统到中三叠统发育有多套白云岩层系，在其中已勘探发现了多套含气层系。不同层位白云岩储层发育特征与形成机理差异较大。可以把储层分为3种主要类型：岩溶型白云岩储集层、礁滩相白云岩储集层和热液白云岩储集层。震旦系、寒武系的白云岩储集层主要与不整合岩溶相关，震旦系白云石化作用有原生（或准同生）、早期成岩、埋藏环境白云石化作用；寒武系有3种主要的成因类型：回流渗透、埋藏和混合水白云石化作用。石炭系白云岩主要是由准同期的白云石化形成，对于混合水白云石化和埋藏白云石化成因还有争议。二叠系栖霞组中白云岩主要形成于埋藏白云石化作用和混合水白云石化作用，部分区域发育有与岩浆岩相关的热液白云岩。二叠系长兴组的储层白云岩类型以礁白云岩为主，但礁体不同部位的白云石化作用可能不同，存在有混合水、压实流体和渗透回流白云石化等。三叠系飞仙关组、嘉陵江组和雷口坡组储层岩石主要是颗粒白云岩，白云岩成因模式主要有混合水、渗透回流、蒸发泵和埋藏白云石化等，但目前的争议较大。另外，雷口坡顶部白云岩储层与不整合相关的岩溶型储集层，其重要层位的形成机理还存在很大的争议，因而需要对白云岩储层形成机理以及白云石化机理进行进一步的研究，以指导今后的油气勘探。

关键词　白云岩　白云岩成因　储层　四川盆地

The Problem and Present Situation of Dolomite Reservoir Research in Sichuan Basin

ZHANG Juntao[1], LONG Shenxiang[1], WU Shixiang[1], LI Hongtao[1], LIU Zhili[1,2]
(1. Petroleum Exploration and Production Research Institute, SINOPEC, Beijing 100083, China; 2. Southwest Petroleum University, Chengdu, Sichuan 610050, China)

Abstract　Dolomite reservoir is one of the most important reservoirs in Sichuan Basin, there are many dolomite in which a lot of gas layer have been found from Sinian system to Triassic system. There are many differences between dolomite reservoirs in character and formation mechanism, the dolomite reservoir can be classified by three types: karst dolomite reservoir, reef-beach dolomite reservoir and hydrothermal dolomite reservoir. Sinian and Cambrian dolomite reservoirs are related with unconformity face. Dolomites are formed by perm-syngenesis, early diagenesis and burial dolomitization in Sinian. There are three dolomite formation types of Cambrian dolomites, which are mix-fluid dolomite, burial dolomite and reflux dolomite. Burial dolomite and reflux dolomite are the most important dolomite type in Permian Qixia Formation, but hydrothermal dolomite that could be good reservoir also can be found in some areas. Reef dolomites are the most important reservoir rocks in Changxing Formation, they are formed by mix-fluid, compaction-fluid and reflux dolomitization. Grainstone dolomites are dominating reservoir rocks in Triassic Feixianguan Formation, Jialingjiang Formation and Leikoupo Formation, mix-fluid, compaction－fluid, evaporation pump and reflux dolomitization are realized. There is a lot of controversy about dolomitization mechanism, especially reservoir formation mechanism. Karst dolomite reservoirs also are found in Leikoupo Formation. It is very important to analyze the dolomitization mechanism in Sichuan Basin that can guide petroleum exploration.

Key words dolomite; formation mechanism; reservoir; Sichuan Basin

关于白云石（岩）研究已有近200年历史，白云石由于其本身形成机制的复杂性，以及作为油气储集层的重要性，长期以来一直是地球科学研究的热点领域(Warren,2000)。

白云岩储层是现今四川盆地碳酸盐岩最为重要的油气储集层之一。四川盆地上震旦统到中三叠统主要是海相碳酸盐岩沉积，勘探已发现震旦系、寒武系等15个碳酸盐岩含气层系。白云石化是四川盆地碳酸盐岩优质储层发育的必要条件，其中，上震旦统与寒武系碳酸盐岩储层基本上完全白云石化，其余层位也具有不同程度的白云石化。然而，不同层位白云岩储层发育特征与形成机理差异较大。因此，分析不同层位白云石化与储层发育的关系，对于进一步了解白云岩储层的发育特征、形成机理与空间展布等显得尤为重要，对今后的石油天然气勘探与开发也有一定的指导意义。

本文通过分析前人对四川盆地白云岩储层以及白云岩成因的研究成果，力图总结四川盆地白云岩研究的进展，并试图寻找研究中存在的问题，为进一步的白云岩研究和将来的油气勘探服务。

1 震旦系储层与白云岩类型

目前，在四川盆地震旦系发现有威远气田、资阳含气区。虽然油气勘探遍及四川全境，但从区域构造位置上来看很集中，主要分为两大区域：①位于乐山－龙女寺古隆起的斜坡以上部位，主要包括威远气田，资阳含气区，川中的安平1井、高科1井和女基井，川东南的窝深1井、宫深1井和自深1井，川中－川南过渡带的盘1井，震旦系见气显示井全在此范围内；②现今四川盆地周边的高陡构造带，主要环四川盆地边缘分布，包括川北的强1井、曾1井、曾2井，川西的周公1井和老龙1井，川南的宁1、宁2井，川东的鄂参1井等和川东南的丁山1井和林1井（孙玮等，2009）。

震旦系储层主要发育白云岩储集层，除主要受控于岩溶作用外，与白云石化作用的程度和类型关系也十分密切。资阳地区灯影组滩相颗粒白云岩物性稍优于潟湖－潮坪微相－粉晶白云岩；川中高科1井震旦系－寒武系滩相最有利于优质储层发育；川东南丁山1井灯影组潟湖相与滩相岩石的物性也好于潮下灰岩（刘树根等，2008）。灯影组中、上部主要由浅色的泥晶白云岩、砂屑白云岩和鲕粒白云岩组成，易于震旦纪末表生期岩溶作用的发生，因而具有良好的储集性能，成为资阳地区震旦系的主要产气层段；而灯影组下部多由一套深色藻白云岩组成，震旦纪末的表生期岩溶作用对其影响不大，储集空间不发育，多属致密层段[1]。

震旦系主要的白云岩类型为藻白云岩和结晶白云岩，可能存在有多期次、多类型的白云石化作用。雷怀彦和朱莲芳等[2]提出，四川盆地震旦系藻白云岩、微泥晶白云岩为原生（或准同生）形成，纯细晶白云岩为早期成岩白云石化作用形成，含硅细晶白云岩为埋藏环境白云石化作用形成。王士峰和向芳[3]将资阳地区震旦系灯影组划分为4种主要岩石类型及3种主要沉积相，有原生和重结晶2种成因类型。向芳[4]将资阳地区以灯影组藻白云岩为主地层中大量发育的葡萄花边构造白云石划为2种成因：准同生混合水成因和表生混合水成因。

2 寒武系储层与白云岩类型

乐山－龙女寺古隆起带的威远及资阳地区在寒武系中发现了储量较大的气藏（王素芬等，2008）。目前已发现的油气发育于下寒武统龙王庙组、中寒武统高台组和中－上寒武统洗象池群的白云岩中。寒武系储层主要以白云岩类为主。其中，龙王庙组的主要储集岩类为中厚层状的泥粉晶云岩、粉细晶云岩、残余鲕粒云岩和粒屑云岩；高台组为粒屑云岩、残余鲕粒云岩；洗象池群为泥粉晶云岩、粉细晶云岩、残余鲕粒云岩和粒屑云岩类（代宗仰等，2007）。

寒武系也存在有多期次、多类型的白云石化作用。王志宏等[5]将渝东武隆上寒武统白云岩分为3种成因类型：①回流渗透白云石化作用，主要见于海底潜流环境，岩石类型为亮晶粒屑云岩或粉晶云岩；②埋藏白云石化作用，主要为深埋藏环境下混合水白云石化作用，代表性的岩石类型为细晶－中晶白云岩；③混合水白云石化作用，混合水白云石化发生于混合水环境，所形成的岩石也常具有残余砂屑结构，岩石类型为粒屑云岩及粉晶云岩。邓长瑜等[6]指出，白云石化作用是黔东南地区寒武系的主要成岩作用，主要表现在中寒武统都柳江组，为在准同生白云石化作用下形成的大套厚层白云岩。

3 志留系、泥盆系、石炭系储层与白云岩类型

志留系白云岩发育较少，在川西北地区仅分布于王家湾组生物礁中[7]，在广元朝天火焰山生物礁内可见及；川南、川东南白云化作用仅见于桥沟组生物层状礁内。不同的白云石类型，形成于不同的成岩环境中。细晶白云石与早期硅化相伴，为海水－淡水混合带中形成的混合白云石化。分散于泥晶基质中的中－细晶白云石，晶体自形—半自形，具雾心亮边；沿缝合线分布的细晶白云石，具黑、褐色铁质边缘的铁白云石，晶体多为半自形，少数自形，以交代泥晶基质为主，多呈斑状不连续分布，均为与埋藏成岩作用有关的白云石。

泥盆系在盆地内发育很少，针对白云岩的研究相对较少，龙门山地区出露的白云岩可能形成于多期、多类型的白云石化作用。曾允孚等[8]在龙门山唐王寨地区中上泥盆统确定出2种不同成因类型的白云岩，其中由他形微晶白云石构成的白云岩，是潟湖中由高镁碳酸盐泥在成岩作用阶段发生晶格调整而成；而由自形和半自形粉至粗晶白云石构成的白云岩，为深埋混合水白云化作用产物。郑荣才等[9]将龙门山泥盆系白云岩划分为层序界面上、低水位和高水位的3种产状类型，并认为其分别代表了蒸发泵、埋藏、混合水和大气水淋滤－重结晶改造白云石化模式。蒸发泵白云石化对应于部分层序界面之上的

白云石；埋藏成岩白云石化模式主要对应于低水位白云岩；混合水白云石化模式对应于高水位体系域；大气水淋滤－重结晶改造的白云石化模式对应部分界面上的豹斑状灰质白云石。

石炭系白云岩也主要形成于准同生期，但对于是否存在埋藏期白云岩和混合水白云石化仍有争议。郭一华[10]认为，川东石炭系主要有发生于海底和浅埋藏期的准同生和埋藏白云石化。李淳[11]则认为，黄龙组白云石化作用主要表现为准同生白云石化作用及混合白云岩化作用，而埋藏白云石化作用则不明显。胡忠贵等（2009）把川东—渝北地区含气构造带中白云岩分为准同生白云岩、成岩埋藏白云岩、古表生期淡水白云岩和深埋藏热液异形白云岩4种成因类型。

4 二叠系储层与白云岩

4.1 下二叠统栖霞组白云岩

栖霞组白云岩主要形成于埋藏白云石化作用，也存在有混合水白云石化作用。如，四川盆地及其周缘地区下二叠统碳酸盐岩中不同程度发育的一些细晶至粗晶白云岩和白云质灰岩主要是由埋藏白云石化作用形成的[12]。而滇东—川西地区的下二叠统中的白云岩分为2种类型：块状白云岩和斑状白云岩。块状白云岩和斑状白云岩成因相同，只是白云化程度不同。白云岩是在埋藏环境中较高温度条件下形成的，白云化水来自淋滤峨眉山玄武岩的大气降水，是淡水；白云化所需的Mg来自玄武岩中铁镁矿物的风化分解，本区的白云化机制可称之为“玄武岩淋滤白云化”[13]。李茂竹和王玉英[14]也认为，四川华蓥山下二叠统灰岩中的透镜状、团块状白云岩，由于颜色较深，产状特殊，白云岩为后期白云岩；白云岩是来自玄武岩风化所产生的富Mg水及岩浆残余水经构造活动、对周围石灰岩交代或结晶的产物。王运生等[15]认为，川西南一带下二叠统次生白云岩属埋藏热液成因，而在其以东的广大地区则以混合水成因为主，峨眉地裂运动是四川盆地下二叠统白云石化及古岩溶形成的前提条件。陈明启[16]认为，四川峨眉、汉旺及宝兴一带下二叠统阳新组白云岩源于早期受峨眉山－瓦山古断裂控制沉积的滩相生屑灰岩经过海水、淡水混合作用而形成，继后受地壳升降、褶皱、火山等影响而形成多种、多期成岩作用叠加的产物。

4.2 上二叠统长兴组白云岩

四川盆地长兴组储层目前主要分布于川东北一带，发现了普光、毛坝、罗家寨、渡口河、铁山坡等气田，其中主要的储层白云岩类型以礁白云岩为主，优质的储层形成在有利的沉积相带基础上，分布在碳酸盐台地边缘带区域（马永生等，2007；魏国齐等，2009）。吴熙纯[17]把川东长兴期生物礁分为5类：台隆及台坪点礁，台缘礁，台缘礁，后点礁，近局限海点礁。雷卞军等[18—19]认为，白云石化是川东上二叠统生物礁的一个重要成岩事件，主要发生在礁体的上部和翼部。在礁冠的上部白云岩连片分布，礁冠下部白云岩与礁灰岩似互层状分布，礁体内部白云岩呈透镜状和斑块状分布，礁翼厚层至块状白云岩与礁间生物屑灰岩呈指状穿插，从礁翼到礁核白云石化程度逐渐减弱。根据礁白云岩的产状、晶粒大小、形成方式和成岩环境等因素将白云岩分为5类9种：①潮坪微晶白云岩；②下渗卤水微晶白云岩；③细－中晶白云石、自形白云石胶结物（准自形白云石胶结物、自形白云石、半自形白云石、他形白云石）；④白云石胶结物；⑤鞍状白云石胶结物（准鞍状白云石胶结物、鞍状白云石胶结物）。

二叠系长兴组礁白云岩形成于埋藏白云石化和混合水白云石化作用，礁体的不同部位白云石化作用可能不同。李文平[20]认为，川东—鄂西长兴组中存在礁白云岩咸淡水白云石化、压实流体白云石化和渗透回流作用白云石化3种成因的白云岩。台地盆（沟）边缘礁的礁后、暗礁的礁盖及点礁的礁核，可能形成于咸淡水混合水白云石化；礁前斜坡多与压实流体白云石化有关；台地盆（沟）边缘礁白云岩可能形成于渗透回流白云石化。雷卞军等[18~19]认为，川东上二叠统生物礁白云岩有埋藏交代成因、潮坪成因和下渗卤水交代成因，白云岩主体是在埋藏成岩环境中形成的，礁顶有少量微－粉晶白云岩为潮坪成因。吴熙纯[17]认为，川东长兴组白云石化主要为有机质促进的混合水白云石化，并具有多期性，可将混合水白云石化归纳为3期：第一期为组构选择性的微－粉晶白云岩；第二期为第一期白云岩微晶核加大的粉细晶白云岩；第三期为细－中晶白云岩。强子同等[21]把川东—鄂西上二叠统生物礁白云石化定义为埋藏成因，交代的流体是盐度比海水要高的地层水，在埋藏成岩作用过程中，礁白云岩是多次交代形成的。史剑南等（2009）也认为，埋藏白云石化作用是白云岩成因的主导模式，是控制川东北地区上二叠统长兴组海相优质礁滩相白云岩储集层形成演化的核心因素。

5　三叠系储层与白云岩

5.1　下三叠统飞仙关组白云岩

四川盆地飞仙关组优质的储集层分布区域与长兴组相类似，主要在川东北地区，在蜀南地区也有零星分布（罗冰等，2009）；储层白云岩多为鲕粒滩相白云岩，其分布也与原始的沉积相带密切相关，分布在碳酸盐台地边缘带区域（马永生等，2007；魏国齐等，2009），而白云石化是形成优质储层的重要因素（王一刚等，2002；苏立萍等，2004；魏国齐等，2005）。

三叠系飞仙关组白云岩的研究相对较多，争议也较大，认为成因模式主要有混合水白云石化、渗透回流白云石化、蒸发泵白云石化和埋藏白云石化。陈更生等[22]把飞仙关组白云石分为3种主要类型：第一种为半自形－他形细－中晶白云石；第二种为泥晶白云石；第三种为自形中－粗晶白云石；并认为，这3种类型的白云石成因分别为混合水白云石化、渗透回流白云石化和埋藏白云石化。其中混合水白云石化是该区优质鲕滩储层得以发育的主要成岩因素之一。穆曙光等[23]认为，川东北地区飞仙关组由泥－细晶白云石构成的白云岩，是在盐度较高的潮坪和局限－半局限台地潟湖环境中沉积的碳酸盐沉积物经准同生白云石化作用改造而成的。残余颗粒结构（鲕粒、内碎屑）的粉晶白云岩，是滩、坝等高能环境中的颗粒灰岩经成岩早、中期混合水白云石化作用形成的；细晶白云岩则是与断裂作用有关的晚期埋藏白云石化作用的产物，是孔、渗性极佳的储集层。王身建等[24]认为，白云石化作用是川东铁山地区飞仙关组储层形成的关键因素，飞仙关组储层主要发育于白云岩中；铁山地区鲕粒白云岩的主体为混合水白云石化成因。朱永刚等[25]把川西北部鱼洞梁飞一段白云岩成因归为成岩早、中期受强烈的混合水白云石化作用。黄思静等（2006）把川东飞仙关组白云岩分为微晶白云岩、具原始结构的粒屑白云岩和结晶白云岩等3种主要的结构类型。其中结晶白云岩是重要的天然气储集层；具原始结构的粒屑白云岩和微晶白云岩的白云石化过程都存在大气淡水的介入，微晶白云岩的白云石化可能与潮坪环境的蒸发泵机理有关；具原始结构的粒屑白云岩的白云石化可能与混合水白云石化作用有关。徐世崎等[26]认为，台地边缘角鲕粒滩（坝）相和台地内鲕粒滩、点滩相，是鲕粒储层发育的物质基础；混合水白云石化作用和溶蚀作用是优质储层发育的两大关键作用，而构造作用促成了鲕粒储层裂缝的产生、缝洞系统的形成和产能的提高。王维斌等[27]、杨威等（2007）和王兴志等[1]也认为，优质白云岩储层（残余鲕粒白云岩）主要以混合水白云石化作用形成。蔡勋育[28]认为，普光气田飞仙关组储层岩性以白云岩为主，鲕粒和残余鲕粒白云岩是最重要的两种储层岩石类型；白云石化作用可分为两种成因类型：一是准同生白云石化作用，其白云石化作用的产物主要为含有硬石膏组分的泥晶微晶白云岩、藻凝块白云岩和藻球粒白云岩；二是成岩白云石化作用，白云石化的产物为粉细晶藻团块白云岩、鲕粒白云岩和晶粒白云岩。但郑荣才等[9]认为，埋藏白云石化作用才是控制川东北地区下三叠统飞仙关组和上二叠统长兴组优质白云岩储层分布的关键；飞仙关组和长兴组埋藏白云石化过程具有相对应的多期次交代和多期次溶蚀的特点；白云石化流体来源于具有高含锶、高盐度热流体性质的飞仙关组海源地层水，飞仙关组和长兴组的埋藏白云岩为同源流体的白云石化产物。

5.2 下三叠统嘉陵江组白云岩

四川盆地嘉陵江组白云岩储层广泛分布，在川东北、川中、蜀南和川东南地区都有发育[29]。其储层岩石与飞仙关组相似，为颗粒白云岩，其分布也与沉积相带关系密切[30]，白云石化作用也是储层形成的关键（曾伟等，1997）。

针对嘉陵江组白云岩的研究较少，多数学者认为其形成于成岩作用的早期。曾伟等（1997）和蒲俊伟等（2008）认为，川东地区较好储集物性的粉晶白云岩形成于同生期的局限海渗透回流白云石化作用。周跃宗等（2006）把川中－川南过渡带白云岩分为蒸发泵、渗透回流和埋藏压实3种主要的白云石化作用。朱井泉等[31]认为，华蓥山地区嘉陵江组含蒸发岩段中产出的白云岩均属交代成因，其经历的白云石化过程大致可以归为准同生、早期成岩和晚期成岩3个阶段。四川盆地嘉陵江组第四段地层中，广泛发育着一种呈单向延伸的复晶白云石，朱井泉等[32]认为它的发育环境为与盐化潟湖毗邻的碳酸盐浅滩，其成因与潟湖底部Mg/Ca比值高的卤水经由浅滩向海回流，从而引起白云石晶体周期性快速生长有关。

5.3 下三叠统雷口坡组白云岩

四川盆地雷口坡组中已经探明了川中磨溪气田、川西中坝气田、川东卧龙河构造气藏[33]及川东北元坝气田。雷口坡组的主要储层类型为颗粒白云岩，另外在川东北的部分地区也存在有岩溶型的储集层。白云石化作用不仅为雷口坡组优质储层的形成奠定了基础，还产生了一定数量的储集空间；表生期和埋藏期的溶蚀作用是次生孔隙形成的关键因

素（宋焕荣，1988；王兴志等，1996）

针对雷口坡组白云岩的研究相对较少，多数学者认为其形成于成岩作用的早期。秦川等（2009）认为，有利的储层白云岩主要形成于混合水白云石化作用；曾德铭等（2006，2007）也认为四川西北部雷口坡组白云岩主要形成于准同生白云石化作用；而沈安江等（2008）则认为主要的沉积作用有准同生期的渗透回流白云石化作用和埋藏期白云石化作用。

6 四川盆地储层白云岩类型与存在问题

从上震旦统到中三叠统，四川盆地发育有多套的白云岩含油气层系，白云岩储层受沉积作用、白云石化作用和溶蚀作用等多种因素的控制。通过对不同层位白云岩储层的分析，结合控制储层的主要因素，可以把储层分为3种主要类型：岩溶型白云岩储集层、礁滩相白云岩储集层和热液白云岩储集层。不同层位主要的储集层类型也不尽相同，但往往是多种因素叠加作用的结果。其中震旦系、寒武系以及中三叠统的雷口坡组顶的白云岩储层属于岩溶型白云岩储层，主要受控于构造位置以及不整合面，白云石化作用有利于优质储层的形成；上二叠统长兴组、下三叠统飞仙关组和嘉陵江组、中三叠统雷口坡组的白云岩储层属于礁滩相白云岩储层，主要受控于原始的沉积环境，白云石化作用也是储层形成的关键；而中二叠统栖霞组属于热液白云岩储层，热液白云石化作用是储层形成的主要因素，往往受深大断裂影响。

对四川盆地海相碳酸盐岩储层白云岩成因机理或模式，不同学者具有不同的解释，主要有原生、准同生、渗透回流、混合水、埋藏成因、热液成因等多种模式，即使针对同一层位白云岩，不同学者的认识也不尽相同。特别是针对飞仙关组等重点层系，优质白云岩的成因还有很大的争议，尤其是混合水白云石化和埋藏白云石化之争。国外许多原先认为是混合水白云石化的实例已经证明并非形成于混合水环境，因而混合水白云石化作用是否存在仍值得商榷，而埋藏白云石化作用所需的大量的白云石化流体的来源，仍需进一步分析。另外在栖霞组存在的热液白云岩，能否形成大型的油气田也需要深入研究。

参考文献

[1] 王兴志，穆曙光，方少仙，等．四川盆地西南部震旦系白云岩成岩过程中的孔隙演化［J］．沉积学报，2000，18（4）：549－554.

[2] 雷怀彦，朱莲芳．四川盆地震旦系白云岩成因研究［J］．沉积学报，1992，10（2）：69－78.

[3] 王士峰，向芳．资阳地区震旦系灯影组白云岩成因研究［J］．岩相古地理，1999，19（3）：21－29.

[4] 向芳，陈洪德，张锦泉．资阳地区震旦系灯影组白云岩中葡萄花边的成因研究［J］．矿物岩石，1998，18（增刊）：136－138.

[5] 王志宏，李建明，高振中，等．渝东武隆上寒武统孔隙结构特征及成岩作用研究［J］．沉积与特提斯地质，2002，22（3）：69－73.

[6] 邓长瑜，张秀莲，陈建文，等．黔东南地区寒武系碳酸盐岩成岩作用分析［J］．沉积学报，2004，22（4）：588－596.

[7] 张廷山，Kersh S. 四川盆地南北缘志留纪生物礁成岩作用及储层特征［J］．沉积学报，1999，

17 (3): 374 – 382.

[8] 曾允孚，郑和荣．四川龙门山唐王寨地区中上泥盆统白云岩成因 [J]. 地质论评，1991，37 (1):1 – 11.

[9] 郑荣才，刘文均．白云岩成因在层序地层研究中的应用：以龙门山泥盆系为例 [J]. 矿物岩石，1996，16 (1): 28 – 37.

[10] 郭一华．川东地区石炭系储层成岩作用和天然气成藏规律 [J]. 西南石油学院学报，1994，16 (1): 1 – 10.

[11] 李淳．川东地区上石炭统碳酸盐岩成岩作用 [J]. 石油大学学报（自然科学版），1998，22 (5):19 – 22.

[12] 何幼斌，冯增昭．四川盆地及其周缘下二叠统细 – 粗晶白云岩成因探讨 [J]. 江汉石油学院学报，1996，18 (4): 5 – 20.

[13] 金振奎，冯增昭．滇东川西下二叠统白云岩的形成机理：玄武岩淋滤白云化 [J]. 沉积学报，1999，17 (3): 383 – 389.

[14] 李茂竹，王玉英．四川华蓥山中段下二叠统灰岩中“砂糖状白云岩”特征及其白云化作用的讨论 [J]. 川煤地勘，1991，(9): 45 – 48.

[15] 王运生，金以钟．四川盆地下二叠统白云岩及古岩溶的形成与峨眉地裂运动的关系 [J]. 成都理工学院学报，1997，24 (1): 8 – 16.

[16] 陈明启．川西南下二叠阳新统白云岩成因探讨 [J]. 沉积学报，1989，7 (2): 45 – 50.

[17] 吴熙纯，刘效曾，杨仲伦，等．川东上二叠统长兴组生物礁控储层的形成 [J]. 石油与天然气地质，1990，11 (3): 283 – 297.

[18] 雷卞军，强子同．川东及邻区上二叠统生物礁的白云石化 [J]. 地质论评，1994，40 (6): 534 – 543.

[19] 雷卞军，强子同．川东上二叠统生物礁成岩作用与孔隙演化 [J]. 石油与天然气地质，1991，12 (4): 364 – 375.

[20] 李文平．川东、鄂西长兴组礁的成岩作用与白云石化 [J]. 天然气工业，1989，9 (1): 10 – 15.

[21] 强子同，文应初．四川及邻区晚二叠世沉积作用及沉积盆地的发展 [J]. 沉积学报，1990，8 (1):79 – 90.

[22] 陈更生，曾伟，杨雨，等．川东北部飞仙关组白云石化成因探讨 [J]. 天然气工业，2005，25 (4): 40 – 41.

[23] 穆曙光，华永川．川东北地区下三叠统飞仙关组白云岩成因类型 [J]. 天然气工业，1994，14 (3): 23 – 27.

[24] 王身建，郑超，雷卞军，等．川东铁山地区飞仙关组鲕粒白云岩成因分析 [J]. 河南石油，2004，18 (6): 13 – 14.

[25] 朱永刚，蓝贵，张豫，等．西北部鱼洞梁飞一段储层特征 [J]. 天然气工业，2004，24 (7): 19 – 21.

[26] 徐世琦，洪海涛，张光荣，等．四川盆地下三叠统飞仙关组鲕粒储层发育的主要控制因素分析 [J]. 天然气勘探与开发，2004，27 (1): 1 – 3.

[27] 王维斌．川东地区北部飞仙关组储层特征及分布 [J]. 天然气工业，1993，13 (2): 22 – 28.

[28] 蔡勋育，马永生，李国雄，等．普光气田下三叠飞仙关组储层特征 [J]. 石油天然气学报，2005，27 (1): 43 – 45.

[29] 黄继祥，曾伟，张高信，等．四川盆地川东地区三叠系嘉陵江组第二段滩微相的发育分布及对气藏形成的控制 [J]. 沉积学报，1995，13（增刊）109 – 117.

［30］袁志华，冯增昭，吴胜和．中扬子地区早三叠世嘉陵江期岩相古地理研究［J］．地质科学，1998，33（2）：180－186.

［31］朱井泉．华蓥山三叠系含盐建造中白云岩的成因阶段及其特征［J］．岩石学报，1994，10（3）：290－300.

［32］朱井泉，张瑞锡．平行连晶状白云石的发现及其成因探讨［J］．现代地质，1990，4（2）：44－52.

［33］王廷栋．从油气地化特征探讨川西北中坝雷三气藏的气源［J］．天然气工业，1989，9（5）：20－26.

准噶尔盆地石炭系是沉积盖层的重要组成部分

贺 凯

（中国石化石油勘探开发研究院，北京 100083）

摘 要 准噶尔盆地是重要的含油气盆地。经过多年的研究和争论，其基底的结构和性质渐渐趋于统一，即为陆壳基底，且具有双重结构。早期笼统地将石炭系以上地层划归为沉积盖层，石炭系及以下地层划归为基底。对于油气勘探来说，这种划分方法将石炭系判为油气勘探的“禁区”。但是，随着研究程度的不断加深，石炭系油气勘探力度不断加大。越来越多的资料表明，石炭系仍然是沉积盖层的一部分，是准噶尔盆地沉积盖层的重要组成部分。这种新认识不仅为石炭系油气勘探提供了理论依据，奠定了坚实的基础，同时也大大拓宽了准噶尔盆地油气勘探的新领域。

关键词 基底 盖层 石炭系 准噶尔盆地

The Carboniferous is the Important Component of Sedimentary Cover in the Junggar Basin

HE Kai

(Petroleum Exploration and Production Research Institute, SINOPEC, Beijing 100083, China)

Abstract The Junggar Basin is an important oil and gas basin. After years of researches and debates, the knowledge about the structure and nature of its base gradually tend to unity, that is, it has a continental basement and a dual structure. Early, the strata above the Carboniferous were generally classified as sedimentary cover, and those below the Carboniferous classified as basement. For oil and gas exploration, this division method sentences the Carboniferous as the “forbidden zone” of oil and gas exploration. With the deepening of research degree, the oil and gas exploration efforts on the Carboniferous continue to increase. More and more data indicated that the Carboniferous was still a part of sedimentary cover, and was an important part of the sedimentary cover of the Junggar Basin. This new understanding not only provides a theoretical basis and laid a solid foundation for oil and gas exploration in the Carboniferous, but also greatly expands a new field of oil and gas exploration in the Junggar Basin.

Key words basement; cover; Carboniferous; Junggar Basin

准噶尔盆地位于新疆维吾尔自治区的中北部地域，是重要的含油气盆地。由于各种地质构造现象繁多，该地区是研究大地构造环境形成、演化及成矿作用的重要场所，历来为中外地质工作者所重视。有关准噶尔盆地的基底构造、基底性质等，前人通过重力、磁力、地震反射特征等资料已作了很多的研究，并提出了很多的观点和认识[1-6]。

1 准噶尔盆地基底结构及性质

关于准噶尔盆地的基底结构与性质，长期以来争论的焦点集中于盆地基底是洋壳还是陆壳？如是陆壳，则是双层还是单层陆壳基底？搞清楚该问题对于准噶尔盆地深层的油气勘探至关重要。

关于这一问题，随着近年来深部地球物理探测和重磁电等非震资料综合处理解释精度的提高，及盆地内以石炭系为目的层钻探的深井的增多，研究程度也更加深入，认识也在逐渐趋向一致：准噶尔盆地基底为陆壳基底，且具有双重结构，即为前寒武结晶基底和古生界褶皱基底，基底具有不均一性。

高山林等通过野外调查和室内资料查阅认为，在准噶尔盆地奥陶系已全部变质，不同地区变质程度不一；志留系多数变质或浅变质，部分地区已变成片麻岩；中、下泥盆统在部分地区是浅变质；但石炭系及其以后的地层未发生变质。因此，早海西构造层为盆地的基底，而石炭系仍然是沉积盖层的一部分。

一般基本上把石炭系以上地层划归为盖层，将石炭系及以下地层划归为基底的一部分。对于盆地基底和盖层的划分一直在延续，到目前为止也没有见到有关学者提出新的认识。

总体来看，准噶尔盆地石炭系是迄今研究较肤浅、勘探程度较低的一个层系。近几年在五彩湾、石西、准西北缘等地区于石炭系中发现了油气田，引起了油气勘探工作者及学者对石炭系油气勘探的高度重视。

近几年有关准噶尔盆地石炭系的原型盆地、构造演化、岩石学特征、岩相、油气成藏等方面，不同的学者进行了大量而卓有成效的研究工作，取得了丰硕的成果。但是，目前还没有文献明确提出石炭系为沉积盖层的论断，没有改变人们对“石炭系为基底”的固有认识。

笔者在前人研究的基础上，通过查阅大量的文献资料，结合近几年深井钻探资料，进一步论证了石炭系为沉积盖层的依据及其对油气勘探的重要意义。

2 石炭系应为准噶尔盆地第一套沉积盖层

2.1 地层层序及岩石组合特征

准噶尔盆地周缘石炭系出露广泛，但大部分地区发育不全，化石缺乏。覆盖区石炭系埋藏深度大，地震反射差，难以确定其分布并进行横向对比。相对而言，在命名和认识上较为统一的是准东地区，因为准东地区钻井资料较多，井控程度较高，因而划分的争议性相对较小。故本文以准东地区石炭系地层层序为代表，简要介绍石炭系的地层层序。

准东地区井下石炭系自下而上划分为：下统塔木岗组（C_1t）、滴水泉组（C_1d），上统巴塔玛依内山组（C_2b）、石钱滩组（C_2s）。而祁家沟组、奥尔图组和石人子沟组井下未钻遇，只见于博格达山北坡地面露头区（表1）。

表 1　准东及邻区石炭系地层层序

Table 1　The Carboniferous stratigraphical sequences in the eastern Junggar Basin and its neighbouring areas

<table>
<tr><th rowspan="2">系</th><th rowspan="2">统</th><th>阶</th><th rowspan="2" colspan="2">准东井下地层</th><th rowspan="2">滴水泉—双井子地区</th><th rowspan="2">博格达山北坡</th></tr>
<tr><th>国际</th></tr>
<tr><td rowspan="9">石炭系</td><td rowspan="6">上统</td><td>格舍尔阶</td><td rowspan="3" colspan="2"></td><td rowspan="3">六棵树组（C_2l）</td><td>石人子沟组</td></tr>
<tr><td>卡西莫夫阶</td><td>奥尔图组</td></tr>
<tr><td>莫斯科阶</td><td>祁家沟组</td></tr>
<tr><td rowspan="3">巴什基尔阶</td><td colspan="2">石钱滩组（C_2s）</td><td>石钱滩组（C_2s）</td><td rowspan="3">柳树沟组</td></tr>
<tr><td rowspan="2">巴塔玛依内山组（C_2b）</td><td>上段（C_2b^b）</td><td rowspan="2">巴塔玛依内山组（C_2b）</td></tr>
<tr><td>下段（C_2b^a）</td></tr>
<tr><td rowspan="3">下统</td><td>谢尔普霍夫阶</td><td colspan="2"></td><td rowspan="2">滴水泉组（C_1d）</td><td rowspan="3"></td></tr>
<tr><td>维宪阶</td><td colspan="2">滴水泉组（C_1d）</td></tr>
<tr><td>杜内阶</td><td colspan="2">塔木岗组（C_1t）</td><td>塔木岗组（C_1t）</td></tr>
<tr><td>D</td><td>D_3</td><td>法门阶</td><td colspan="2"></td><td></td><td></td></tr>
</table>

从表 1 中可以看出，在准东地区石炭系上统与下统之间为角度不整合。从吉木萨尔凹陷石炭系内部地震反射特征可看出，其内部存在明显的地层不整合接触关系（图 1），J9108 剖面反映出较强烈的削蚀特征，而且不整合面上、下地震反射特征存在一定的差异。

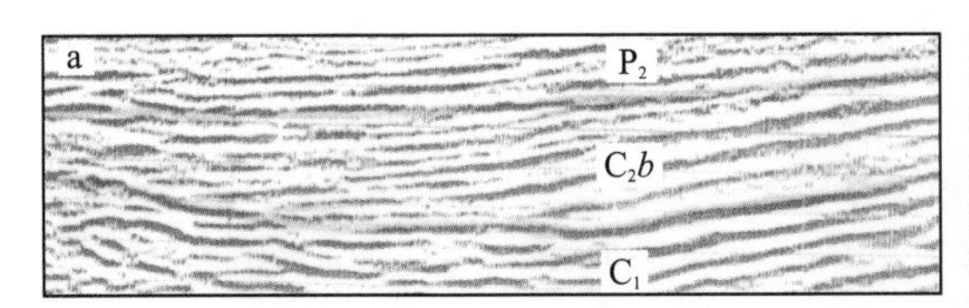

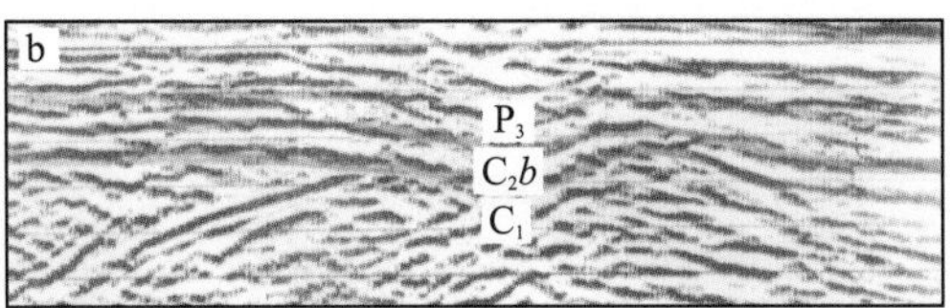

图 1　吉木萨尔凹陷石炭系内部巴塔玛依内山组与下石炭统地层不整合接触关系

Fig. 1　Unconformity between the Batamayineishan Formation in the Carboniferous and the Lower Carboniferous in the Jimusaer Sag

a—J9138 剖面上 C_2b 底部超覆接触关系；b—J9108 剖面上 C_2b 与 C_1 削蚀接触关系

另外，从上述地震剖面上也可以看出，石炭系上统地震反射特征较好，波形以平行－亚平行连续反射为主，而不整合面以下反射较为杂乱，以短的不连续的丘状反射为主，也反映出石炭系上、下统之间在局部地区存在较明显的差异。

从整个石炭系岩石组合来看，上石炭统总体以火山碎屑岩、沉积岩夹火山熔岩沉积为主，上部油气显示活跃；在盆地内下石炭统钻遇的井较少，白家海—五彩湾地区少量的钻井资料表明，其岩性主要为厚层的泥岩（烃源岩）、火山碎屑岩夹火山岩。原型盆地及岩相古地理研究表明，早石炭世准噶尔盆地大部分地区为海相碎屑岩沉积，期间广泛发育烃源岩，是盆地内石炭系勘探的希望所在。

2.2　盆地内广泛存在石炭系烃源岩，且热演化程度较低

准噶尔盆地构造演化史研究表明，早石炭世中－晚期发生大规模的海侵，准噶尔盆地

大部分地区沉积一套正常碎屑岩和火山碎屑岩；中石炭世海水退出，准噶尔北缘地区抬升为陆地，处于剥蚀状态，准噶尔盆地腹部及南缘等地为半深海－浅海沉积；晚石炭世海水继续退出，陆地范围继续扩大，只在盆地的东南缘存在浅海相的沉积。盆地的这种演化格局使准噶尔盆地下石炭统沉积了大套的海相生油岩。

中石化钻探的滴北1井 J_1b 原油和伦5井 J_1b 油砂与石炭系生油岩具有亲源性，分析其油源为石炭系，表明在准噶尔盆地北部乌伦古坳陷石炭系不仅存在烃源岩、具备生油潜力，而且已经成熟并发生运聚。

其次，在滴北凸起（泉1井等）、滴南凸起（滴西8井等）、五彩湾凹陷（彩深1井等）、白家海凸起（彩参2井等）、北三台（北5井等）等地井下均钻遇较好的石炭系烃源岩，克拉美丽大气田、五彩湾气田、西泉1井区油藏、吉15井油藏等石炭系已发现的油气田油－源对比均证实其油源为石炭系。

资料表明，准噶尔盆地石炭系各区带烃源岩均达到了成熟－高成熟的热演化阶段。但是，不同的地区和不同的层系仍然存在很大的差别。总体来看，盆地褶皱山系现今露头剖面残留生油岩成熟度高于盆地内部井下同层石炭系生油岩成熟度。如盆地西北缘哈拉阿拉特剖面、阿腊德依克赛剖面和阿尔加提山地面出露的石炭系镜质体反射率均大于2%，已处于过成熟阶段。井下钻揭的石炭系，百口泉以南至白碱滩一带成熟度最高，如古15井镜质体反射率为1.87%～2.62%。克拉玛依以南红山嘴至车排子一带的石炭系成熟度相对较低，如车浅13井为1.21%，红43井为1.25%。

盆地陆东—五彩湾—准东地区滴水泉组（C_1d）和巴塔玛依内山组（C_2b）是准噶尔盆地石炭系烃源岩最发育的地区，滴水泉组成熟度明显要高于巴塔玛依内山组（表2；图2）。

表2　准东地区石炭系滴水泉组及巴塔玛依内山组烃源岩有机质热演化程度数据

Table 2　Thermal evolutionary degree of organic matter in the hydrocarbon source rocks of the Carboniferous Dishuiquan（C_1d）and Batamayineishan（C_2b）Formations in the eastern Junggar Basin

层位	井号或剖面	深度/m	岩性	R_o/%		T_{max}/℃	*OEP*
				岩石	干酪根		
C_1d	滴－1－12	地面	黑色泥岩	2.26～1.66/1.96（2）		476～461/468（5）	1.20～1.07/1.10（5）
	滴12	1125.84～1126.58	炭质泥岩		1.67～1.61/1.64（3）	466～453/459（5）	1.06～0.99/1.02（3）
	彩2	1508～1509	黑色炭质泥岩			521～502/512（2）	1.24～1.14/1.19（2）
	彩26	3124～3180	灰黑色泥岩	1.51～0.56/0.92（5）	1.65～0.55/1.21（3）	458～424/452（9）	1.15～0.78/1.47（2）
	彩参1	3163～3168	炭质泥岩	1.83～1.36/1.58（2）		453（1）	1.15（1）
	滴西2	4182.79～4186.33	灰黑色沉凝灰岩	1.50	1.46	462	

续表

层位	井号或剖面	深度/m	岩性	R_o/%		T_{max}/℃	*OEP*
				岩石	干酪根		
C_2b	彩 28	2275. 31 ~ 2278. 21	灰黑色沉凝灰岩	0. 98 (4)	0. 64 (11)	450 (16)	1. 26 (15)
	北 8	1722. 00 ~ 2343. 80	黑色凝灰岩		0. 91	459 ~452/456 (2)	1. 09 (1)
	北 9	2809. 46 ~ 2812. 59	黑色泥岩		0. 63	455 ~429/438 (5)	1. 40 (2)
	北 13	3803. 11 ~ 3806. 11	灰黑色炭质泥岩	0. 69 ~ 0. 70/0. 70 (2)	0. 72	438 ~442/440 (2)	1. 20
	北 22	2940. 60	黑色凝灰岩		0. 75	404	2. 75
	北 32	3152. 05 ~ 3152. 54	黑色炭质泥岩	0. 86	0. 83	434	0. 93
	沙丘 1	2022. 32 ~ 2026. 54	深灰色泥岩夹煤	0. 96	0. 95	450 ~444/447 (2)	1. 20
	沙 101	2318. 75 ~ 2321. 75	黑色泥岩	0. 69	0. 71	443	1. 21
	火深 1	2528. 86 ~ 2529. 89	灰黑色泥岩	1. 40	1. 44	456	1. 19

注：表中数据为最大值 ~ 最小值/平均值（样品数）。

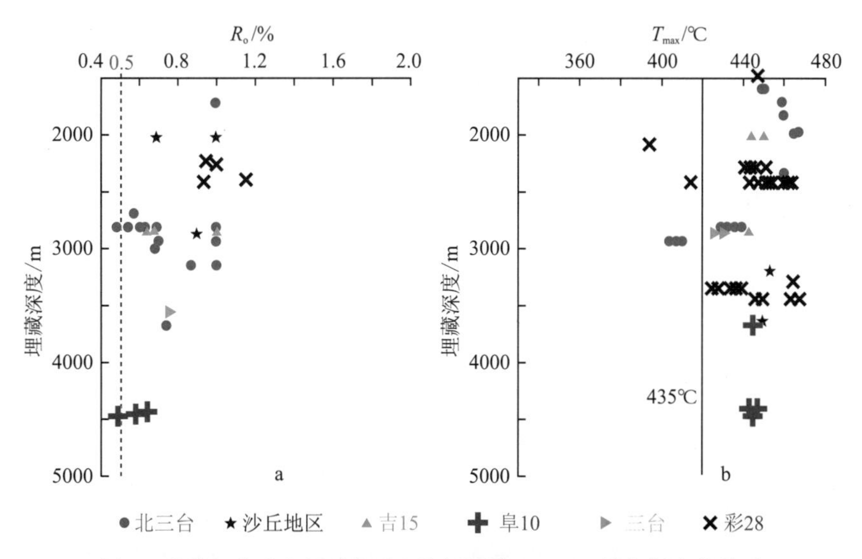

图 2　准噶尔盆地东部石炭系上统烃源岩 R_o，T_{max} 值与深度的关系

Fig. 2　Relationships between R_o, T_{max} and depth of the Upper Carboniferous hydrocarbon source rocks in the eastern Junggar Basin

滴水泉组无论是地面露头区还是井下，其成熟度均较高，R_o 为 1.50% ~2.26%，T_{max} 为 460~476℃，可见准东地区滴水泉组烃源岩热演化程度总体上处在湿气阶段。而巴塔玛依内山组烃源岩热演化程度相对较低，R_o 在 0.70% 左右，T_{max} 为 440~450℃，正处于生油高峰期。

烃源岩的热演化程度反映出，井下石炭系巴塔玛依内山组烃源岩成熟度明显较下石炭统低，与盆地边缘褶皱山系的烃源岩成熟度差异较大。

上述烃源岩热演化资料表明，石炭系烃源岩成熟度尽管有差异，但总体成熟度不高，热演化程度较低，表明在盆地内石炭系并没有发生变质，仍然以稳定的正常碎屑岩、火山碎屑岩夹火山岩沉积为主。

2.3 石炭系油气勘探潜力巨大

准噶尔盆地石炭系与火山岩有关的油气藏的勘探不断取得新的进展。从西北缘 5 区、8 区火山岩油藏到石西百万吨大油田的发现，再到克拉美丽火山岩大气田的发现，这一个又一个勘探开发成果表明准噶尔盆地石炭系油气勘探潜力巨大。

目前的勘探与开发成果表明，无论是西北缘地区石炭系油藏、石西油田石炭系、克拉美丽石炭系大气田还是准东地区石炭系油气藏，其油气藏均位于石炭系顶部风化壳之上 100m 左右的深度段内（图 3），储层以火山角砾岩、熔结火山角砾岩及部分火山熔岩为主。

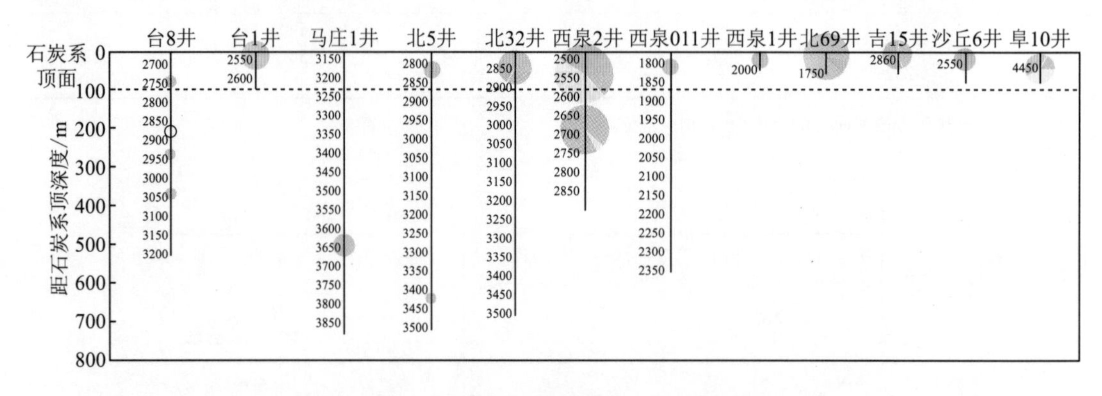

图 3 准东地区石炭系试油成果与石炭系埋藏深度的关系

Fig. 3 Relationships between try oil results and buried depth of the Carboniferous in the eastern Junggar Basin

（图中数据为埋深/m）

油气源对比认为，陆梁隆起－五彩湾凹陷油气主要来源于下石炭统滴水泉组，为自源油气藏。准东北三台地区则以二叠系源“倒灌”成藏为主。无论是它源油气藏还是自源油气藏都证实了石炭系宽泛的原油基础。从准噶尔盆地西北缘、腹部到准东地区，石炭系油气勘探全面开花结果，表明了准噶尔盆地石炭系勘探的巨大潜力和前景。因此，石炭系与二叠系一样是准噶尔盆地重要的含油层系。在盆地大部分地区，石炭系是准噶尔盆地第一套沉积盖层。这一观点的进一步明确为今后石炭系的油气勘探奠定了基础。

3 结论与认识

在查阅前人对准噶尔盆地石炭系原型盆地、构造演化研究成果的基础上，结合近几年准噶尔盆地钻井及地震资料，通过石炭系地层层序、岩性组合特征、烃源岩及其演化程度和油气藏基本特征的研究，明确提出石炭系应为准噶尔盆地的沉积盖层，纠正了以往人们将石炭系划分为基底的错误认识，为准噶尔盆地石炭系开展油气勘探开发提供了理论依据。

参考文献

[1] 赵白. 准噶尔盆地的基底性质 [J]. 新疆石油地质, 1992, 13 (2): 95-99.

[2] 赵白. 准噶尔盆地的构造特征与构造划分 [J]. 新疆石油地质, 1993, 14 (3): 209-216.

[3] 周德明. 准噶尔盆地区域地质特征及含油远景 [J]. 新疆地质, 1985, 3 (2): 74-84.

[4] 林祖彬, 吴兴华, 王燕, 等. 准噶尔盆地石炭系基底构造区划与油气分布 [J]. 新疆石油地质, 2006, 27 (4): 389-393.

[5] 鲁兵, 徐可强. 准噶尔盆地断裂活动与油气运移的关系 [J]. 新疆石油地质, 2003, 24 (6): 502-504.

[6] 胡霭琴, 韦刚健. 关于准噶尔盆地基底问题的讨论 [J]. 新疆地质, 2003, 21 (4): 300-313.

哥伦比亚 Magdalena 盆地 V 油田沉积及演化特征

陈诗望　陈文学　姚合法
（中国石化石油勘探开发研究院，北京　100083）

摘　要　哥伦比亚 Magdalena 盆地 V 油田主力产油层为古近系 Guaduas 组。该组为砂泥岩薄互层沉积，含油地层厚度达到 2000ft[1]，具有“多层楼式”含油特征。通过岩心、录井、测井等资料分析认为，该区为辫状河三角洲沉积，沉积主体为辫状河三角洲前缘亚相，只在研究区北端为辫状河三角洲平原沉积。该区经历了两期湖平面的升降旋回，在 Guad－Ⅱ和Guad－Ⅳ段沉积期为湖面最大的时期。由于辫状河道频繁改道，河漫滩以及水下分流河道间湾沉积形成的隔夹层分布广泛，储层的连通性变差，形成非常复杂的油水系统。储集砂体主要是水下分流河道与河口坝。物性受沉积微相的控制，河口坝砂体储层物性最好，水下分流河道次之，辫状河道最差。

关键词　辫状河三角洲　沉积相　Magdalena 盆地　哥伦比亚

Deposition and Evolution of V Oilfield in the Magdalena Basin, Colombia

CHEN Shiwang, CHEN Wenxue, YAO Hefa
(Petroleum Exploration and Production Research Institute, SINOPEC, Beijing 100083, China)

Abstract　As the main producing reservoir of V Oilfield in the Magdalena Basin, Colombia, the Guaduas Formation in the Paleogene is characterized by multiple oil-bearing intervals with alternating depositions of thin sandstone and mudstone. The thickness of the intervals can reach as large as 2000 ft. After analyzing the coring, cutting and well logging data, it can be concluded that this area belonged to braided river delta facies with braided river delta front as its main subfacies and braided river delta plain deposited only in the north. After two periods of up and down cycles, the lake level became the highest during the Guad－Ⅱ and Guad－Ⅳ depositional periods. The frequent river diversions, widespread interlayers formed by flood plain and underwater distributary interchannel deposition and poor reservoir connectivity had resulted in a very complex oil-water system. And underwater distributary channel and mouth bar are the main reservoirs. As controlled by sedimentary microfacies, the reservoir properties of mouth bar is the best, followed by underwater distributary channel, while braided river is the worst.

Key words　braided river delta; sedimentary facies; Magdalena Basin; Colombia

V 油田位于哥伦比亚中部，距离首都波哥大西北方向约 160km，构造上位于中马格达

[1] 1ft＝0. 3048m

莱纳（Middle Magdalena）盆地的西翼（图1）。中马格达莱纳盆地是中生代开始发育的前陆盆地，盆地近南北走向，新生代构造反转，在盆地中西部发育南北走向东倾的高角度正断层。V油田西部为Velasquez断层，它基本控制了油田的含油边界。油田内部被一系列近东西向断层复杂化，形成西北高、东南低的构造格局，含油面积约为20km^2。油田自下而上发育古近系、新近系和第四系。古近系始新统Guaduas组为主力产油层。Guaduas组沉积厚度为1400~2000ft，划分为5个段，岩性为灰色细-粗粒砂岩、细砾岩和灰色、灰绿色及红色泥岩。V油田虽然经过几十年的开发，但地质研究基础较薄弱，沉积相方面研究成果很少，前人初步研究认为是河流-三角洲相沉积。本文通过8口井的取心、12口的录井、163口井的测井资料，结合地震资料分析，总结出本区的沉积相特征。

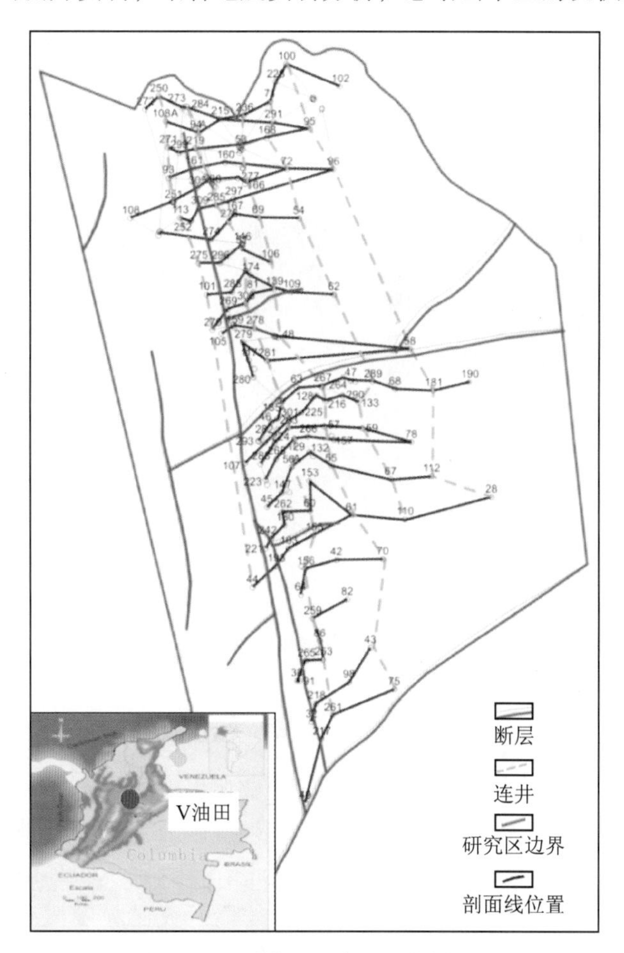

图1　V油田位置示意及连井剖面线

Fig. 1　Location of V Oilfield and section lines

1　辫状河三角洲识别依据

辫状河三角洲的概念最早由McPherson于1987年提出[1]，定义为由辫状河体系前积到停滞水体中形成的富含砂和砾石的三角洲，其辫状分流平原由单条或多条底负载河流提供物质。之后，薛良清和 Galloway[2]、李维锋等[3,4]、卜陶和陆正元[5]、何幼斌和高振中[6]、周洪瑞等[7]许多学者从不同角度对其进行了研究，并提出了与扇三角洲相区别的依据。辫状河三角洲是介于粗碎屑的扇三角洲和细碎屑的正常三角洲之间的一种具独特属性的三角洲。V 油田 Guaduas 组为辫状河三角洲沉积的主要依据是，该砂层组中的砾岩不是重力流沉积而是牵引流沉积的产物；同时，该砂层组的沉积构造特征表明它是辫状河三角洲沉积。

1.1 总体沉积以及岩性组合特征

V 油田以中－粗粒砂岩为主，录井中多见砾岩、含砾砂岩、砂岩，而粉砂岩、泥岩相对较少（图 2）。泥岩的颜色以灰色、灰绿色为主，也有褐色和红色泥岩。测井解释显示，砂岩平均含量占 58%，个别井含量达到 80% 以上，为 2 ~ 15ft 厚的砂岩与泥岩的薄互层沉积。同时，地震剖面上显示为两期前积式特征。粒度较粗，岩性和泥岩颜色变化大，结构成熟度较低，这些都反映近物源的三角洲沉积特征。

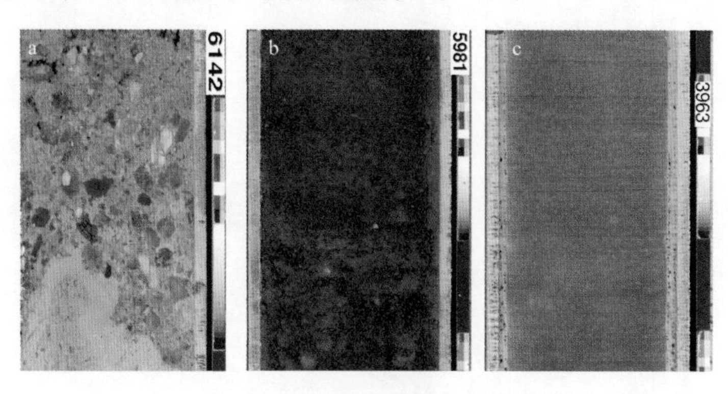

图 2　VEL－0297 井岩心照片

Fig. 2　Core photos of the well VEL－0297

a—砾岩；b—含砾砂岩；c—砂岩

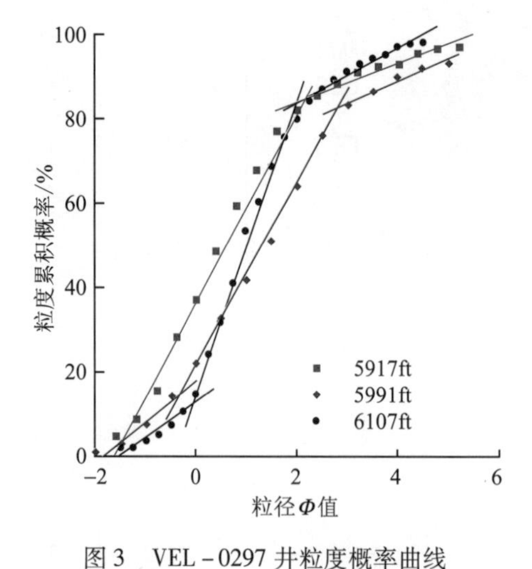

图 3　VEL－0297 井粒度概率曲线

Fig. 3　Grain size probability of the well VEL－0297

1.2 粒度分布特征

碎屑岩粒度的大小、分布情况和分选性等能够反映介质的搬运能力、搬运方式及沉积环境，是判别沉积环境及水动力条件的良好标志。研究区粒度概率累积曲线可分为两类（图 3）。Ⅰ类为两段式曲线，反映强水动力条件下的河道沉积，如辫状河河道沉积和三角洲平原分流河道沉积；Ⅱ类为三段式曲线，反映辫状河三角洲前缘河口坝沉积或泛滥平原沉积。取心井 VEL－0297 的 $C-M$ 图为 N－O－P－Q－R－S 五段齐全的图形（图 4），图中弯曲的 S 型图是以河流相沉积为主的完整 $C-M$ 图，也显示出清楚的牵引流沉积特征，反映研究区为辫状河三角洲而不是扇三角洲沉积体。

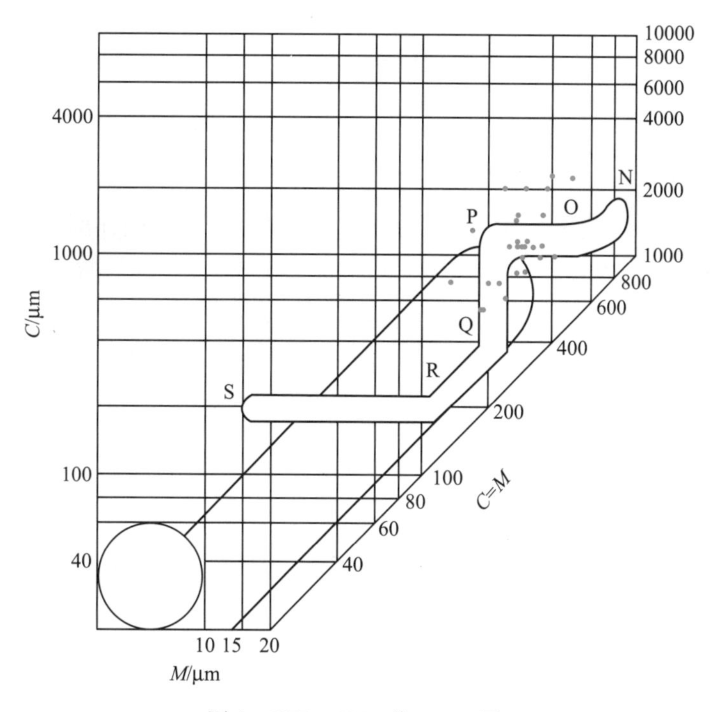

图 4　VEL－0297 井 $C-M$ 图

Fig. 4　$C-M$ map of the well VEL－0297

1.3　沉积构造特征

研究区内的取心井共 8 口。通过取心井岩心观察和描述，发现了以下沉积构造：①斜层理（图 5a）和楔状交错层理，主要出现在细砂岩和粉砂岩中；②冲刷充填构造（图 5b）；③砾石定向排列（图 5c），其中砾岩颜色偏杂，有磨圆，分选较差，砾石颗粒间多被砂粒和泥质沉积物充填，以颗粒支撑为主；④粒序层理（图 5d），以组分颗粒的粒度递变为特征，是沉积物在重力和水动力共同作用下沉积而成；⑤平行层理（图 2c），平行层

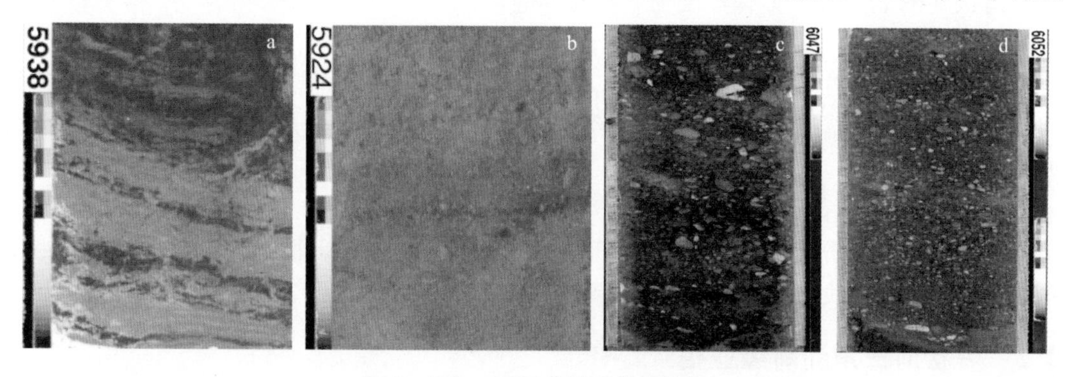

图 5　VEL－0297 井沉积构造特征

Fig. 5　Characteristics of sedimentary structures of the well VEL－0297

a—斜层理，5938ft；b—冲刷充填构造，5924ft；c— 砾石定向排列，6047ft；d—粒序层理，6052ft

理在区内主要出现在粉细砂岩中，位于冲刷充填构造砂砾岩的上方，反映了较强水动力条件下的快速沉积作用。

综上所述，研究区为辫状河三角洲沉积环境。

2 沉积微相及其特征

通过对岩心的详细观察描述，结合测井相、单井沉积相、联井剖面和相平面展布特征分析，在研究区识别了辫状河三角洲沉积相，包括3种亚相、8种微相（图6；表1）。

表1 V油田沉积微相类型

Table 1 Sedimentary microfacies types of V Oilfield

<table>
<tr><th>相</th><th>亚相</th><th>微相</th></tr>
<tr><td rowspan="3">辫状河三角洲</td><td>辫状河三角洲平原</td><td>辫状河道
心滩
河漫滩</td></tr>
<tr><td>辫状河三角洲前缘</td><td>水下分流河道
河口坝
远砂坝
水下分流间湾</td></tr>
<tr><td>前辫状河三角洲</td><td>前三角洲泥</td></tr>
</table>

2.1 辫状河三角洲平原亚相

研究区辫状河三角洲平原亚相主要由辫状河道和河漫滩组成，心滩不太发育。

（1）辫状河道沉积微相

该沉积微相以色杂、粒粗、分选较差、不稳定矿物含量高、底部发育冲刷充填构造为特征。辫状河道充填物宽厚比高，剖面呈透镜状，常见具大型板状、槽状交错层理、平行层理的砾岩、砂岩。岩性呈下粗上细的正韵律，自然电位曲线呈高、负、偏的钟状、箱状、指状（图7）。单一砂体厚度为2~7ft不等。

（2）心滩微相

心滩沉积一般粒度较粗，成分复杂，成熟度低，各种类型的交错层理发育，如巨型或大型槽状、板状交错层理，自然电位曲线呈高、负、偏的钟状或箱状（图7），单一砂体厚5~12ft不等。

（3）河漫滩微相

河漫滩微相由辫状河道的迁移摆动形成，一般范围较宽，由棕褐色泥岩、泥质粉砂岩构成；自然电位曲线幅度较低，一般成平直段或复合锯齿状（图7）。

2.2 辫状河三角洲前缘亚相

研究区内广泛发育辫状河三角洲前缘亚相，主要有水下分流河道、河口坝、远砂坝和水下分流间湾沉积。其中，水下分流河道是辫状河三角洲前缘的沉积主体。

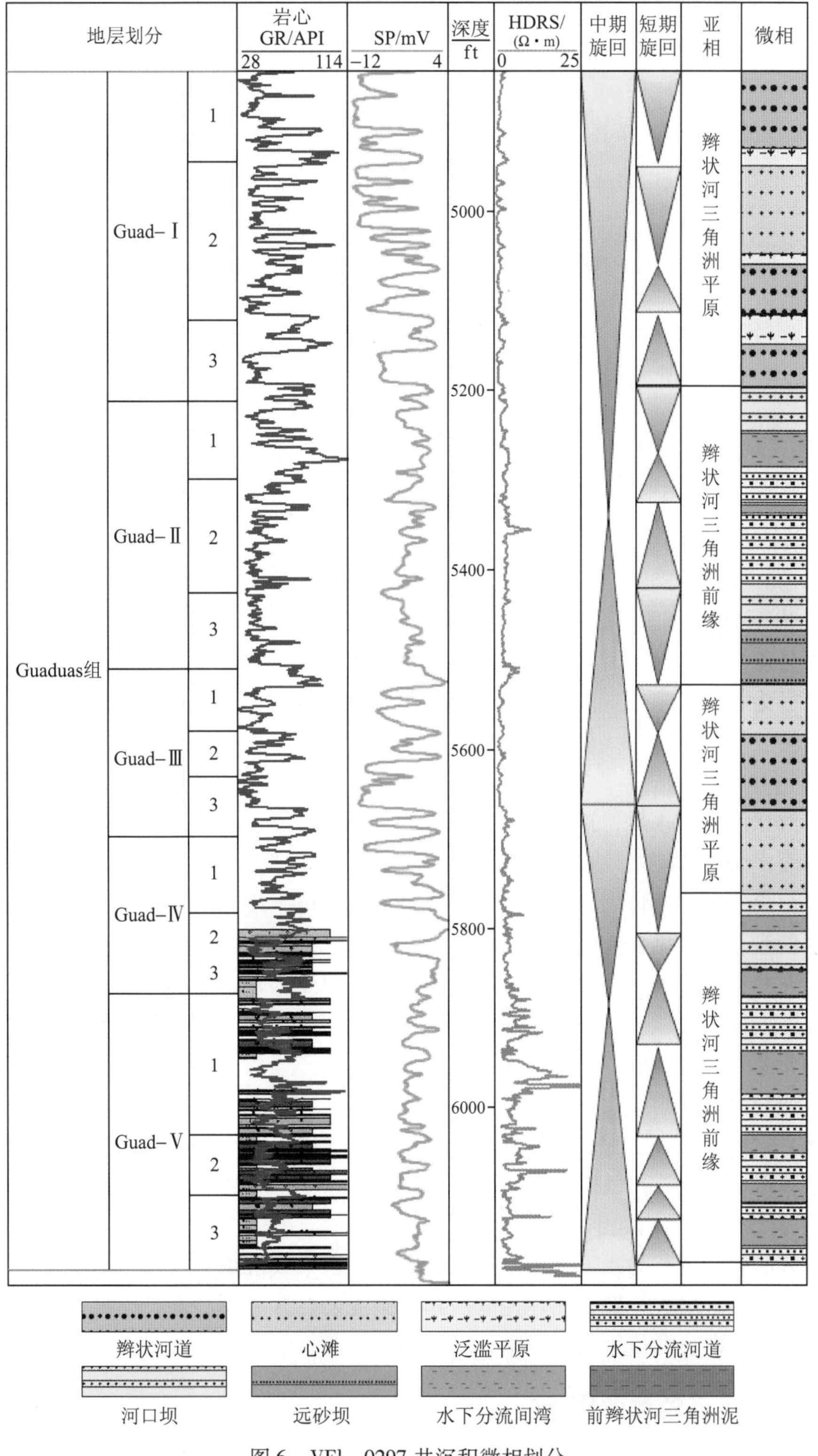

图6　VEl-0297井沉积微相划分

Fig. 6　Sedimentary microfacies of the well VEl-0297

亚相	微相	SP 曲线	典型井
辫状河三角洲平原	辫状河道		VEl－0236 VEl－0297
	心滩	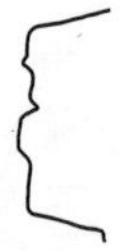	VEl－0236 VEl－0297
	河漫滩		VEl－0215 VEl－0297

图 7　辫状河三角洲平原亚相微相类型

Fig. 7　Microfacies types of braided river delta plain subfacies

（1）水下分流河道微相

水下分流河道是平原辫状河道在水下的延伸部分，沉积物粒度较细，其他沉积特征与辫状河道极为相似：整体上向上粒度变细，单砂体厚度减薄。自然电位曲线呈高、负、偏的钟状、箱状、指状，曲线显示由下向上变细的正韵律特征。

（2）河口坝微相

平原辫状河道入水后，携带的砂质成分由于流速降低而在河口处沉积下来，即形成河口坝。然而由于流体能量较强，辫状河道入水后并不立即发生沉积作用，而是在水下继续延伸一段距离，因此河口坝大多数发育于水下分流河道末端。辫状河三角洲前缘河口坝砂体主要为砂岩，也可见含砾砂岩和粉砂岩，在垂向上一般呈下细上粗的反韵律，砂体中可见平行层理和交错层理。其自然电位曲线为中－高幅度异常，呈漏斗形，反映其由下向上变粗的粒度特征。

（3）远砂坝微相

远砂坝与河口坝为连续沉积的砂体，位于河口坝的末端。同河口坝相比，远砂坝砂体厚度较薄，岩性较细，多为细砂岩和粉砂岩。其自然电位曲线为中－低幅度异常，呈漏斗形或小型箱形。

（4）水下分流间湾微相

水下分流间湾沉积为水下河道改道被冲刷保留下来或沉积的较细粒物质，其沉积作用以悬浮沉降为主，岩性一般为暗色泥岩、含粉砂泥岩及含泥粉砂岩，见水平层理及小型砂纹层理。其自然电位曲线平直，电阻率低值，伽马值一般较高。

2.3　前辫状河三角洲亚相

该亚相位于辫状河三角洲前缘向湖的深水区，主要为泥岩夹杂薄层状粉砂质泥岩沉积，颜色较深，见水平层理。其自然电位幅度值低，伽马值较高。此亚相分布较少。

3 沉积相展布与演化

为全面弄清研究区 Guaduas 组的沉积相展布与演化规律，选取了覆盖全区的东西向连井剖面 23 条、南北向连井剖面 5 条，沿着这些剖面，逐井、逐层对各个砂层组进行了微相划分（图 8）。根据 163 口井的单井相分析结果，分别编绘了 15 个砂层组的沉积微相展布图。从结果可以看出，研究区 Guaduas 组沉积经历了两个湖平面升降的中期旋回、十几个短期旋回。在湖平面升降控制下，Guad－Ⅱ和 Guad－Ⅳ段沉积期为湖面最大的时期。湖岸线在油田中部的 VEL－0297 井到 VEL－0048 井之间摆动。油田北部和南部分别为辫状河三角洲平原和辫状河三角洲前缘沉积；中部地区形成了辫状河三角洲前缘和辫状河三角洲平原交替的沉积。在 Guad－Ⅴ，Guad－Ⅳ及 Guad－Ⅱ段地层为辫状河三角洲前缘沉积；而在 Guad－Ⅲ及 Guad－Ⅰ段地层为辫状河三角洲平原沉积。

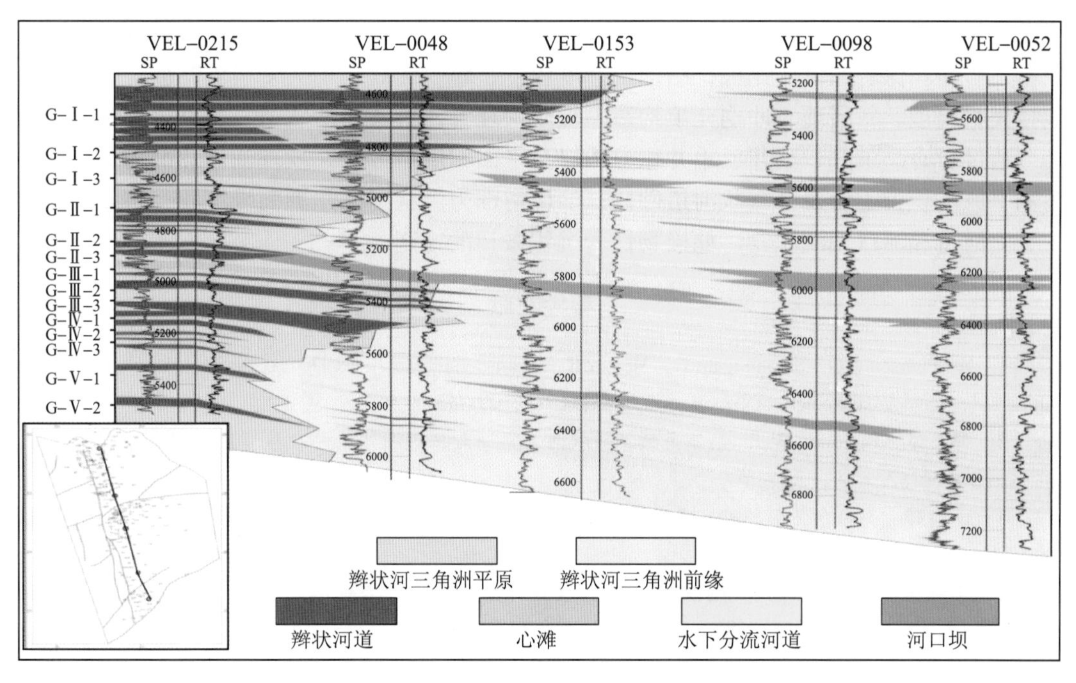

图 8　V 油田 Guaduas 组沉积相剖面

Fig. 8　Sedimentary facies section of the Guaduas Formation in V Oilfield

4 沉积微相与储层物性关系

据 VEI－0297 等取心井的物性分析资料统计，储层孔隙度主要分布在 15%～28%之间，渗透率一般为 $10\times10^{-3}\sim2000\times10^{-3}\mu m^2$，以中孔中渗－中孔高渗储层为主，物性受沉积微相控制。根据 163 口井的测井解释结果统计，河口坝砂体的渗透率最好，辫状河道最差（图 9）。由于油田北部处于辫状河三角洲平原，主要是辫状河道砂体储层，因此油田北部的渗透率相对较低。

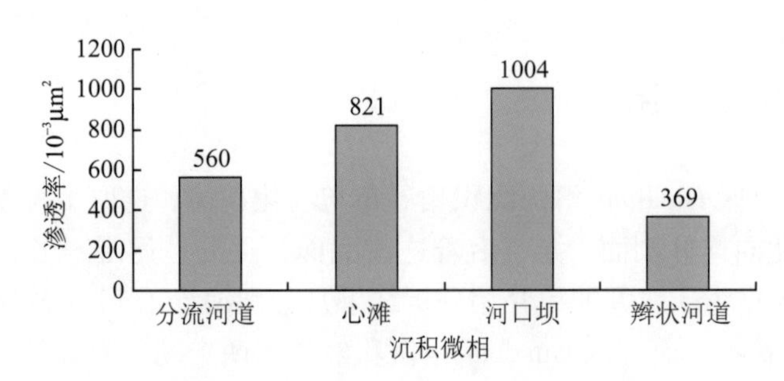

图9 不同沉积微相储层渗透率对比

Fig. 9 Permeability difference of reservoirs with different sedimentary facies

5 结 论

哥伦比亚中马格达莱纳盆地V油田Guaduas组以中－粗粒砂岩为主，多见砾岩，粒度较粗，岩性和泥岩颜色变化大，结构成熟度较低，粒度曲线显示为牵引流特征，沉积构造包括楔状层理、斜层理、冲刷充填构造、粒序层理等，判定为辫状河三角洲沉积物。

通过岩心、录井、测井、单井相分析以及平面相展布分析，发现油田北部为辫状河三角洲平原沉积，主要发育辫状河道砂体；油田南部为辫状河三角洲前缘沉积，主要发育水下分流河道和河口坝沉积物。储层物性受沉积微相的控制。

参考文献

[1] Mc Pherson J G, Shanmugam G, Moioia R J. Fan-deltas and Braid Deltas: varieties of coarse-grained deltas [J]. Geological Society of America Bulletin, 1987, 99: 331－340.

[2] 薛良清, Galloway W E. 扇三角洲、辫状河三角洲与三角洲体系的分类 [J]. 地质学报, 1991, 65 (4): 141－152.

[3] 李维锋, 高振中, 彭德堂, 等. 库车坳陷中生界三种类型三角洲的比较研究 [J]. 沉积学报, 1999, 17 (3): 430－434.

[4] 李维锋, 高振中, 彭德堂, 等. 塔里木盆地库车坳陷中三叠统辫状河三角洲沉积 [J]. 石油实验地质, 2000, 22 (1): 55－58.

[5] 卜淘, 陆正元. 湖泊辫状河三角洲特征、储集性及分类 [J]. 沉积与特提斯地质, 2000, 20 (1): 78－84.

[6] 何幼斌, 高振中. 海南岛福山凹陷古近系流沙港组沉积相 [J]. 古地理学报, 2006, 8 (3): 365－376.

[7] 周洪瑞, 王训练, 刘智荣, 等. 准噶尔盆地南缘上三叠统黄山街组辫状河三角洲沉积 [J]. 古地理学报, 2006, 8 (2): 187－198.

松辽盆地南部十屋断陷成藏主控因素及勘探潜力

郭金瑞　游秀玲
（中国石化石油勘探开发研究院，北京　100083）

摘　要　在对松辽盆地南部十屋断陷大量文献资料进行调研、油藏特征分析、岩心统计分析与试采、测试分析等工作的基础上，从已发现油气藏类型的划分及解剖入手，采取地质与地球化学相结合的办法，追踪油气从源岩到圈闭的过程。在对油气纵、横向分布，断裂等输导体系控制作用，油气充注、运移期次，油气藏成因类型及成藏模式分析的基础上，开展烃源岩发育情况、资源格局、勘探趋势、储量目标的合理性（储量升级率法、探明率、平均年新增、增长率法预测论证）等方面的研究，明确了勘探潜力，预测了有利油气聚集区，提出小宽走滑断裂带发育规模最大，形成的资源规模也最大，其南翼向斜带发育岩性油气藏，是下一步勘探的重点区域。

关键词　成藏模式　油藏特征　油气藏解剖　十屋断陷　松辽盆地南部

Controlling Factors and Exploration Potential of Pool-formation in the Shiwu Fault Depression, the Southern Songliao Basin

GUO Jinrui，YOU Xiuling
（Petroleum Exploration and Production Research Institute，
SINOPEC，Beijing 100083，China）

Abstract　Based on the work of a large number of literature research，reservoir characterization，core statistical analysis，test mining and testing analysis，starting from the classification，and analysis of oil and gas reservoirs discovered，taking a combination method of geological and geochemical，the process of oil and gas from source rocks to traps was traced in the Shiwu Fault Depression of the Southern Songliao Basin. Based on the analysis of the vertical and horizontal distribution of oil and gas，the controlling effects of passage systems，the filling and migration periods of oil and gas，the genetic types and accumulation models of oil and gas reservoirs，the development of hydrocarbon source rocks，resource patterns，exploration trends，the rationality of reserves targets（predict by the method of reserves promotion rate，proven rate，average annual additions，the growth rate，etc.）were studied. The exploration potential was clarified，and the favorable oil and gas accumulation zones were predicted. It was proposed that the Xiaokuan strike-slip fault belt developed the largest scale and formed the largest scale of resources. The syncline belt on its southern wing developed lithological reservoirs，and is a key area of further exploration.

Key words　accumulation model；feature of reservoirs；analysis of oil and gas reservoirs；Shiwu fault depression；southern Songliao Basin

1 地质特征

十屋断陷位于松辽盆地东南隆起区，面积2346km^2，最大埋深逾万米，是发育在前中生代变质基底之上，受桑树台、小城子等断裂及杨大城子古隆起控制，于早白垩世形成的西断东超的箕状断陷，也是松辽盆地地层发育最为齐全、沉积最厚、埋深最大、有机质演化程度最高的断陷之一[1-3]。该区断陷层地层由西向东部斜坡区逐层超覆，向北部斜坡急剧收敛、减薄，至杨大城子凸起部位从上到下逐层被剥蚀，发育上侏罗统火石岭组及下白垩统沙河子组、营城组、登娄库组（表1）。坳陷构造层较薄，一般在2000m左右，发育下白垩统泉头组，上白垩统青山口组、姚家组、嫩江组，以及第四系，缺失上白垩统四方台组、明水组和古近－新近系（表1）。沉积上经历了从干旱湖盆到潮湿湖盆，从滨浅湖盆、浅湖－半深湖盆、深水湖盆，到浅湖－半深湖盆，最后为浅湖的充填演化过程，具多物源特征，主物源来自北部和东南部，形成了三角洲、扇三角洲、水下扇储集体，储层总体表现为低孔、低渗－特低渗特征[4-6]。

表1　松辽盆地南部东南隆起区主要构造运动事件

Table 1　Major tectonic movement events in the southeastern uplifts of the southern Songliao Basin

地层系统			国际地层单元	绝对年龄/Ma	反射界面	主要构造运动及表现特征		构造演化阶段
系	统	组						
第四系（Q）								
白垩系（K）	上统	明水组 K_2m	Manstrichtian	65		明水期末	构造反转，浅层构造定型	坳陷阶段
		四方台组 K_2s	Campamian	75				
		嫩江组 K_2n	Santonian Coniacian	83		嫩江期末	构造反转，褶皱伴随逆断层，东南部隆升结束沉积，浅层构造及浅层油气藏最重要形成期	
		姚家组 K_2y	Turonian	88.5	T_1			
		青山口组 K_2qn	Cenomanian	90.4				
	下统	泉头组 K_1q	Albian	97	T_2			
		登娄库组 K_1d	Aptian	112	T_3	登娄库期末	沉积间断，褶皱早期油气藏最重要形成期	断陷阶段
		营城组 K_1yc	Barremian	124.3	T_4	营城期末	沉积间断，构造轻度反转，低伏褶皱	
		沙河子组 K_1sh	Neocomian	131.8	T_4^1			
侏罗系（J）	上统	火石岭组 J_3h	Tithonian	145.6 152.1	T_4^2 T_5	火石岭期末初始裂陷	火山活动趋于平息，小型断陷归并为几个大中型断陷盆地，构造格架基本形成	
古生界基底								

2　油气藏分布特征与成藏主控因素

2.1　油气藏分布特征

2.1.1　纵向上油气储量分布特征明显

十屋断陷发育了坳陷层和断陷层两套含油气系统，但是以断陷层含油气系统为主。

如表2所示，纵向上石油储量坳陷层为2416.86 $\times 10^4$t，约占总量的29.4%，断陷层为5817.29 $\times 10^4$t，约占总量的70.6%；天然气储量坳陷层为52.06 $\times 10^8 m^3$，约占总量的5%，断陷层为1069.23 $\times 10^8 m^3$，占总量的95%。若换算成油当量计算气油比约为：坳陷层为0.2:1，以石油为主；断陷层为1.8:1，以油气共生为特征。根据近两年试采资料，断陷层许多钻井天然气产量都达到储量计算标准而未计算。因此，实际天然气储量应该比现有的多，但是无论是石油还是天然气储量都以断陷层为主。

表2　十屋断陷油气储量分布

Table 2　Distribution of oil and gas reserves in the Shiwu fault depression

（石油：10^4t；天然气：$10^8 m^3$）

层位	探明储量		控制储量		预测储量		合计	
	石油	天然气	石油	天然气	石油	天然气	石油	天然气
泉头组	2165.36	52.06	42.50		209.00		2416.86	52.06
小计	2165.36	52.06	42.50		209.00		2416.86	52.06
登娄库组	351.63	31.28	42.50	20.22		223.18	394.13	274.68
营城组	1261.73	37.16	1040.72	32.00	694.75	458.36	2997.20	527.52
沙河子组	480.12	29.92	240.24	11.99	1516.49		2425.96	41.91
火石岭组					189.11	225.12		225.12
小计	2093.48	98.36	1323.46	64.21	2400.35	906.66	5817.29	1069.23
合计	4258.84	150.42	1365.96	64.21	2609.35	906.66	8234.15	1121.29

注：2009年新增与核减储量需根据储量公报核实。

2.1.2　油气聚集带紧邻走滑断裂带呈SW－NE向展布

松辽盆地南部十屋断陷从西北到东南发育了3条SW－NE走向的断裂带，即皮家走滑断裂带、小宽走滑断裂带和秦家屯走滑断裂带。断裂带走滑与反转作用主要发生在喜马拉雅期并控制了目前油气的展布，形成了相应的3个油气聚集带：皮家油气聚集带，中央隆起油气聚集带，秦家屯－小城子油气聚集带。

1）展布特征：油气聚集带紧邻断裂并呈SW－NE向展布，与断裂带走向一致。

2）油气聚集带规模：紧邻小宽断裂带的中央隆起油气聚集带分布范围最大；其次是秦家屯油气聚集带；皮家油气聚集带分布比较局限，与断裂带规模呈正相关。

3）油气藏类型与储量：中央隆起油气聚集带油气藏类型多样、储量最多；其次是秦家屯油气聚集带；皮家油气聚集带分布范围最窄，油气过渡带不明显，与断裂带影响时间呈正相关。十屋油田主体部位就是走滑运动形成的断鼻。由构造作用形成的各种类型的构造圈闭是目前十屋油田勘探、发现的主要类型，如中央隆起油气聚集带的后五家户构造、八屋构造、四五家子构造、秦家屯构造、双龙构造等大型反转构造。该带烃源体、输导体及圈闭3元素匹配最佳。十屋断陷西侧深凹的 K_1yc 和 K_1sh 半深湖和深湖相泥岩、孤家子-四五家子斜坡区的原地 K_1yc 和 K_1sh 暗色泥岩是重要的烃源岩，扇三角洲与生烃中心复合匹配，聚集了十屋断陷主要的油气资源。

由此可见，3条SW-NE向走滑断裂带控制了十屋断陷油气聚集带。其中，小宽断裂带规模最大、影响时间最长，使得中央隆起油气聚集带成为十屋断陷最为有利的勘探区带。

2.1.3 从西南到东北油气藏类型呈气藏—油气藏—油藏近NW向展布

为了深入地探讨油气藏分布特征，根据工区200多口钻井测试、试采资料和历年提交储量情况编制了十屋断陷油气藏分布图。十屋断陷油气藏平面上呈现如下分布特征：

1）根据油气藏类型与钻井含油气性，将十屋断陷划分为纯气带、油气带和纯油带。纯气带：已发现皮家、孤家子、后五家户气田、八屋气田西端和小城子含气构造。油气带：已发现八屋气田东端、四五家子油气田、十屋油田中-南部和秦家屯油田。纯油带：已发现十屋油田北部和太平庄油田。

2）3个带从西南到东北呈近NW向展布，这种分带性从原油密度的展布特征上也得到了很好的验证。根据原油密度分布图（图1，图2）不难看出，从西南到东北原油密度也呈现逐渐升高的趋势。

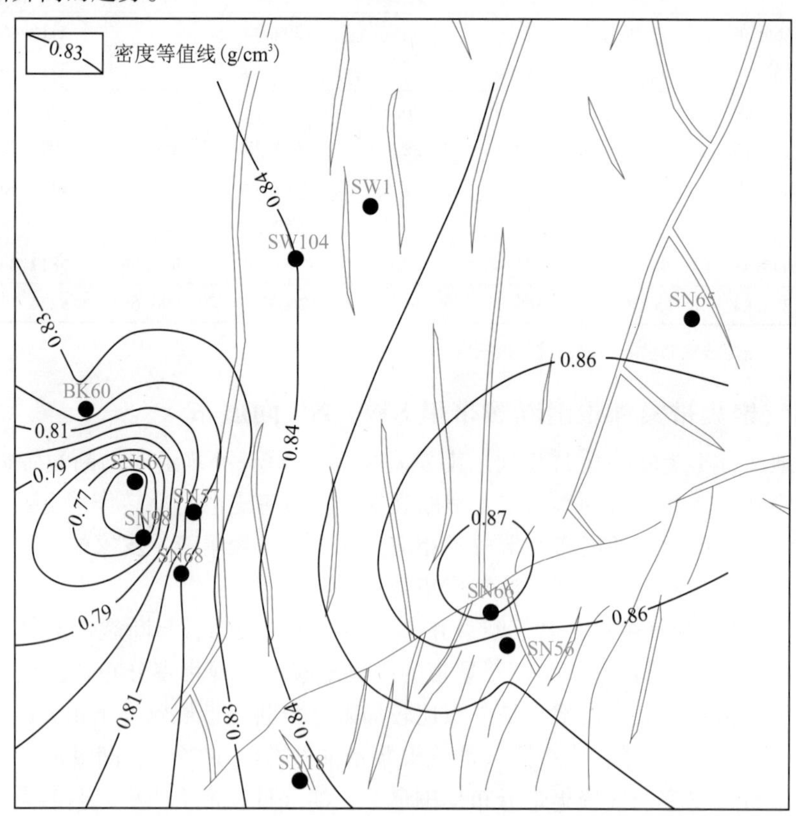

图1 十屋断陷营城组Ⅲ砂组原油密度分布

Fig. 1 Density of crude oil in the Ⅲ sand layer of the Yingcheng Formation in the Shiwu Fault Depression

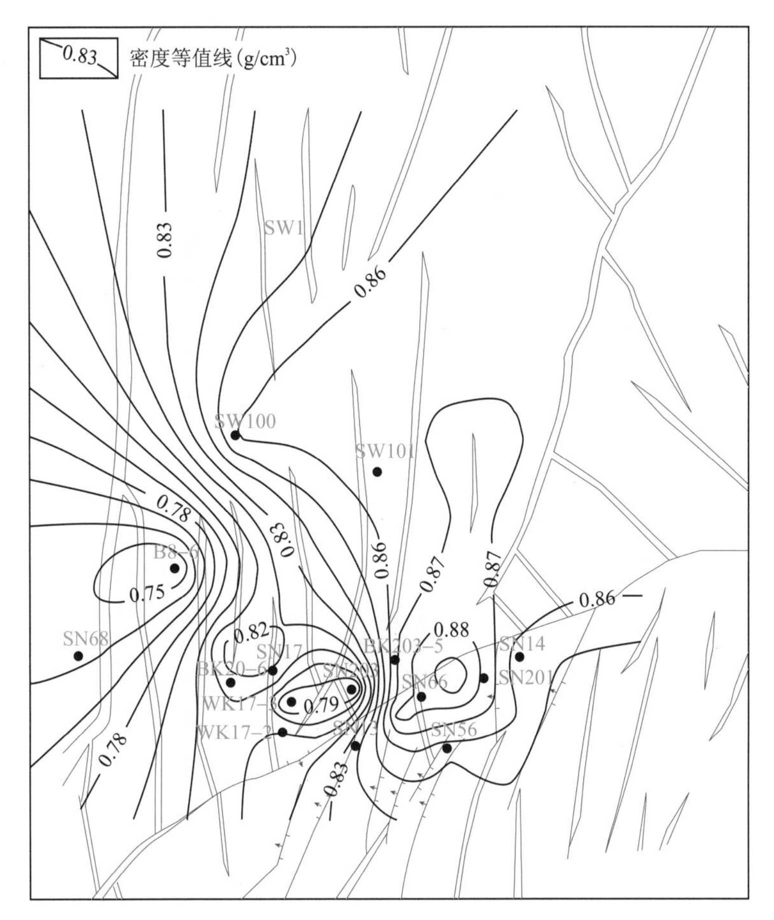

图 2　十屋断陷沙河子组Ⅰ砂组原油密度分布

Fig. 2　Density of crude oil in the Ⅰ sand layer of the Shahezi Formation in the Shiwu Fault Depression

3）纯气带紧邻深凹带分布，油气带分布于斜坡带，纯油带分布于东北高部位。

4）从纯气带—油气带—纯油带，原油演化程度由高变低，成藏期由晚到早。

上述展布特征同时也表现在次级构造单元与单个油藏中。以目前勘探程度最高、油气储量最集中的中央隆起带为例（图 3），从西南到东北由深凹—斜坡带—高部位展布并发育了孤家子、后五家户、八屋气田—四五家子、十屋油气藏—太平庄油藏，亦呈现纯气藏—油气藏—纯油藏的展布特征，与整个凹陷展布特征一致。

工区的东南缓坡带从西南到东北分布的小城子含气构造与秦家屯油气田也表现为与中央隆起带相同的分布特征。据此推测，如果向东北方向有合适圈闭的话，也应有纯油藏存在。2009 年新发现的 SW8—TG1 井区及其向东北方向延伸地区可能就是东南缓坡油气聚集带的纯油带。

2.1.4　主物源方向不同也造成油气藏展布的差异

十屋断陷沉积期各大主要物源交汇于十屋油田地区，形成了砂体富集区，为岩性油气藏的形成提供了优越的条件。

沙河子Ⅰ砂组—营城组Ⅱ砂组沉积期，工区存在多个物源体系，但两大主要物源体系来自东部和北部。相同物源体系造就了共同的油气藏展布特征，油气藏从东北到西南呈

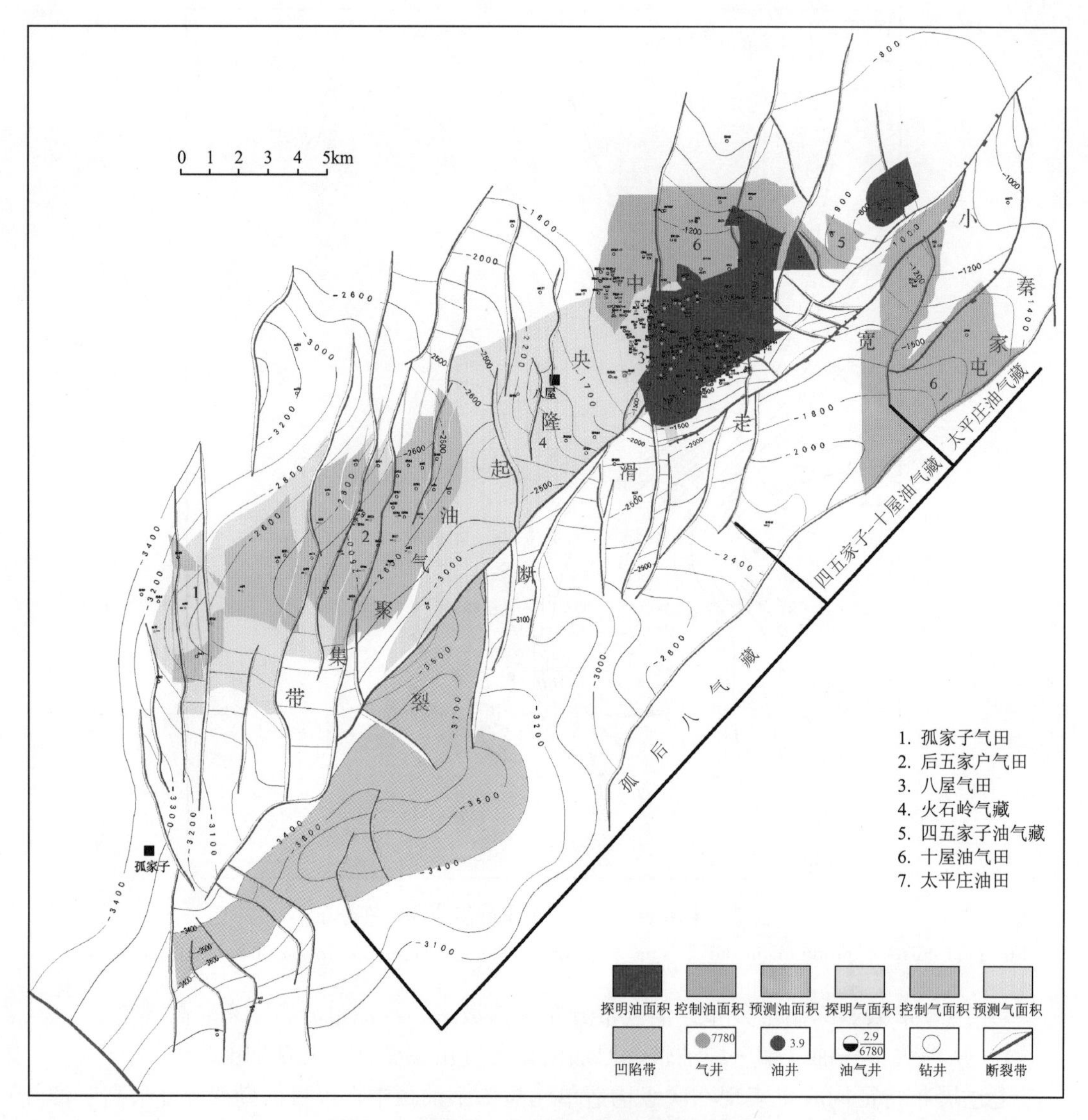

图3　十屋断陷中央隆起断陷层油气田分布

Fig. 3　Distribution of oil and gas fields in the fault depression layers of the central uplift in the Shiwu Fault Depression

油—油气—气环带状分布。而营一段由于地层抬升，主体物源体系主要来自西部和南部，与沙河子Ⅰ砂组—营城组Ⅱ砂组沉积方向相反，进而造成与后者不同的油气展布特征；由于地层抬升、水体变浅、砂层薄，主要是岩性油气藏发育，油气分布不规律，主要看砂体和深层的连通性。

2.2　油气成藏主控因素

十屋断陷油气分布特征显示为：低部位为纯气藏，斜坡带为油气藏，高部位为纯油藏。这种分布格局符合油气聚集（差异聚集）的原理。受源岩演化程度控制，由于存在与烃源区相对位置、圈闭形成条件和历史的差异性，各圈闭聚集烃类的机会也是不同的。

根据差异聚集的几个特征描述不难看出，十屋断陷中央隆起带油气藏分布特征（图4）与加拿大圣阿尔伯达油气田十分相似。据此，可以将十屋油气聚集带油气聚集过程描述为如下步骤：

1）受早期SW－NE向小宽走滑断裂带影响，形成孤家子、后五家户、八屋、四五家子（十屋）和太平庄一系列构造－岩性复合圈闭（可以是轴向基本一致的背斜带上的若干相邻圈闭，也可以是轴向不一致若干相邻的背斜圈闭）。这些圈闭受构造背景控制由低部位向高部位递升的溢出点联系在一起，同时其生成期（发育期）至少与生烃期同期或早于生烃高峰期。

2）当工区主要烃源岩营城组和沙河子组（既来自本地下伏地层，也来自深凹地层）达到生油门限时，大量液态烃（原油）沿输导层进入圈闭聚集成藏（油藏），例如太平庄油藏。

3）受演化程度所限，主要烃源岩营城组和沙河子组到达生气门限后，大量气态烃（天然气）沿输导层进入圈闭排替原油而聚集成藏。

4）当气源足够多时将充满圈闭而形成纯气藏，例如孤家子、后五家户气田，否则形成油气藏，例如靠近深凹带的四五家子、十屋油气藏；而远离深凹的太平庄则保留了原生的油藏。

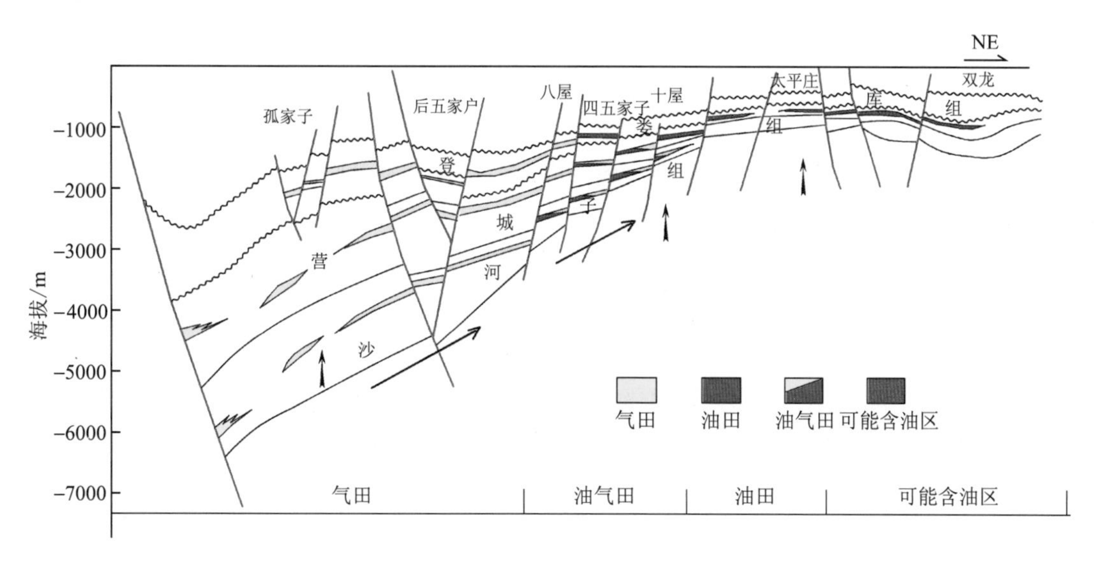

图4　十屋断陷中央隆起带成藏模式示意

Fig. 4　Sketch map of pool-forming patterns in the central uplift of the Shiwu fault depression

2.3　油气藏成因类型与成藏模式

2.3.1　烃源岩特征

十屋断陷控盆断裂活动时间长、沉降幅度大、堆积速率高，断陷层最大厚度可达8000m以上。其中发育两套主要的烃源层系，分别为沙河子组－营城组和登娄库组，主力烃源岩沙河子组－营城组有机质类型相对较好[7-9]。

沙河子组有机质类型分析资料表明，腐泥组＋藻类组＋壳质组占7.5%～16.4%，干酪根类型以Ⅲ型有机质为主。营城组有机质类型腐泥组 + 藻类组 + 壳质组占 9.9% ~ 32.5%，有机质类型为Ⅲ型，其次是$Ⅱ_2$型。综合分析认为，营城组有机质类型为Ⅲ型和$Ⅱ_2$型，沙河子组、火石岭组、登娄库组有机质类型以Ⅲ型为主。

2.3.2 成藏史

十屋断陷形成演化过程中经历了多期构造运动，其中影响最大的是营城末期构造运动、登娄库末期构造运动和嫩江末期构造运动，它们是十屋断陷期局部圈闭的主要形成时期。在营城组沉积时期，沙河子组源岩开始大量生油；到登娄库组沉积之后，沙河子组源岩开始生气，营城组源岩进入主生油期；到泉头组沉积时期，营城组源岩达到生油高峰，青山口组 - 嫩江组沉积时期为生气高峰期。主要目的层砂岩裂隙中的流体包裹体形成温度主要为 3 个温度区间：60 ~ 90℃，100 ~ 120℃ 及 130 ~ 150℃（表 3）。与热史和埋藏史相结合，推测油气藏的成藏时间约为 120Ma 前、85Ma 前和 72Ma 前左右。纵观各主要烃源层的有机质热演化史，可大致判断十屋断陷深层主要经历了 3 期油气成藏的关键时期：营城组沉积末期—登娄库组沉积期、登娄库组沉积末期—泉头组沉积期和青山口组沉积期—嫩江组沉积末期（表 4）。

表 3　十屋断陷储层包裹体均一温度分布特征

Table 3　Homogeneous temperature of inclusions in the reservoirs of the Shiwu fault depression

井号	层位	包裹体均一温度分布/℃			地质年龄/Ma		
		Ⅰ	Ⅱ	Ⅲ	Ⅰ	Ⅰ	Ⅲ
梨深 1	K_1yc	80 ~ 90	110 ~ 120	130 ~ 150	110 ~ 120	102 ~ 108	85 ~ 100
松南 22	K_1sh	70 ~ 90	90 ~ 100		90 ~ 120	80 ~ 88	
松南 57	K_1yc	80 ~ 90	100		120 ~ 125	~ 128	
松南 7	K_1d	60 ~ 90	100 ~ 110		83 ~ 88	75 ~ 80	
松南 18	K_1d	80 ~ 90	100 ~ 120	130 ~ 140			
松南 18	K_1yc		110 ~ 120	130			

表 4　十屋断陷储层油气充注期次综合判别

Table 4　Filling periods of hydrocarbon in the reservoirs of the Shiwu fault depression

井号	层位	油气充注期次				
		早期充注			晚期充注	
		营城期	登娄库期	泉头期	青山口期	嫩江期
SN7	K_1d				青山口期—嫩江期末	
LS1	K_1yc		登娄库期末—泉头期		青山口期—嫩江期末	
SN22	K_1sh		登娄库期末—泉头期		青山口期—嫩江期末	
SN57	K_1yc	营城期末—登娄库期	登娄库期末			
油源		沙河子组成熟 - 高熟原油，火石岭组高 - 过熟气	沙河子组、营城组成熟 - 高熟油气	沙河子组、营城组、登娄库组成熟 - 高熟油气，火石岭组高 - 过熟气		
古构造		走滑反转	中央隆起定型	断 - 坳叠置的构造形成并发育		
成藏特征		原生油藏	后期充注	多期充注		

2.3.3 油气藏成因类型及成藏模式

结合烃源岩演化程度、油气藏成藏期与含油气性，可以将十屋断陷目前已发现的油气藏分为三大成因类型，即晚成藏期高－过成熟气藏、多成藏期中－高成熟油气藏与早成藏期中－低成熟油藏，它们从西南到东北呈环带状分布。

1）晚成藏期高－过成熟气藏位于桑树台断裂前沿紧邻深凹带分布，主力烃源岩（K_1sh，K_1yc）埋深大（埋深多大于3000m）、演化程度高（$R_o>2.0\%$），烃源主要来自深洼区，成藏期相对较晚，含气层主要分布在泉头组－登娄库组。高成熟－过成熟天然气近距离运移至圈闭中形成原生天然气藏，圈闭中早期聚集的原油或被天然气驱替或受高温作用而裂解。工区孤家子、后五家户和小城子含气构造应属于此类成藏类型。据BK16，BK20－2和SN105井营城组－沙河子组天然气碳同位素测定，（$\delta^{13}C_2-\delta^{13}C_3$）－ln（$C_2/C_3$）参数变化范围较大，表明天然气来源复杂，既有干酪根裂解气，也有原油裂解气。

2）多成藏期中－高成熟油气藏围绕深洼周围向斜坡方向分布，主力烃源岩（K_1sh，K_1yc）埋深多在2300～3000m，$1.3\%<R_o<2.0\%$；以本地下伏烃源岩生成大量液态烃为主，也有由深凹天然气沿断裂侧向运移的天然气充注，因而油气类型多样，大都呈现油、气共生的特点；成藏期相对深凹要早，而且可能多期，表现为含油气层位多，从泉头组—登娄库组—营城组—沙河子组都有分布。

尤其是十屋油田，据油气试采动态和气油比资料，既有纯油藏、纯气藏、油气藏，也有凝析气藏。据油－源对比分析资料，现今储层原油均为四五家子地区及邻近缓坡带营城组和沙河子组烃源岩所生。工区皮家、四五家子、十屋油田SN17—SN18井区和秦家屯应属于此类成藏类型。

3）早成藏期中－低成熟油藏位于东北高部位，源岩埋藏更浅，演化程度较低，主力烃源岩（K_1sh，K_1yc）埋深多小于2300m，$R_o<1.3\%$。主要目的层为营城组和沙河子组，油藏类型以纯油藏为主。工区太平庄油田、十屋油田北区和2009年新发现的SW8－TG1井区油藏可能属于此类成藏类型。

3 十屋断陷勘探潜力

3.1 分布于断陷深凹的K_1yc-K_1sh烃源岩有机质丰度较好

研究成果表明，十屋断陷侏罗系火石岭组及白垩系沙河子组、营城组和登娄库组为断陷层主要烃源岩；其中沙河子组和营城组有机质丰度最高，其次为登娄库组，火石岭组有机质丰度最低。目前发现的深层营城组－沙河子组油气藏已经成功地证实了探区的生烃能力。

3.2 中低孔渗储集条件有利于寻找天然气

探区所发现的油气藏证实储集层以中低孔渗为主，这种储集条件对于寻找天然气比较有利，而对于石油则绝大部分钻井都必须实施采油措施才能出油。纵向上存在3个异常孔隙带，下限为2800m，也就是说埋深大于2800m对于油气富集十分不利。

3.3 三大领域可供油气勘探

多年勘探证实，探区发育了碎屑岩、火山岩和基底潜山三大勘探领域。其中，碎屑岩领域为目前主要的勘探开发领域，主要油藏、油气藏和储量都集中在该领域，是增储上产的主要领域。2006年，十屋断陷SN65，SN66，SN165井在火石岭组火山岩储层首次获得了油气突破（表5），使该区的勘探领域又有所扩大，并提交火石岭组天然气预测储量$225.12\times10^{8}m^{3}$，石油预测储量$189.11\times10^{4}t$。虽然由于地层老、储层致密，但综合分析该区带深层勘探领域潜力很大。而后在十屋断陷所施工的SN52，SN51，SN62，SN167井均在火石岭组火山岩中钻遇良好天然气显示，据此认为火成岩储层将是探区突破的主要领域。基底潜山于松南55井在基底浅变质岩中见油气显示，松南64井在基底碳酸盐岩中试获少量天然气，是主要战略准备领域。

表5 十屋断陷火石岭组火山岩测试成果

Table 5 Testing results of volcanic rocks in the Huoshiling Formation of the Shiwu fault depression

井号	测试深度/m	层位	岩性	地质录井	测试方式	日产量/($m^{3}\cdot d^{-1}$)
SN65	1822.00～1849.95（4层）	火石岭组	安山岩	荧光－油迹	压裂	油5
SN66	2078.60～2086.00	火石岭组	安山岩	油迹	常规	气14208，油0.52
SN165	2360.00～2406.00（6层）	火石岭组	凝灰岩、凝灰质角砾岩	气异常	常规	气23746

3.4 两套成藏组合为油气生成与富集奠定了基础

1）深部成藏组合：沙河子组和营城组砂、砾岩、含砾中砂岩及细砂岩作为储层，营城组上部泥岩作为盖层的储盖组合。目前断陷层油气储量主要集中分布在该组合内，成为探区最有利的勘探领域。

2）中部成藏组合：登娄库组－泉一段砂岩为储层，泉一段上部和泉二段下部泥岩作为盖层的储盖组合。四五家子和秦家屯地区油气储量主要集中在本组合，也是探区重要的勘探领域和油气储量的接替领域。

3.5 油气藏类型多样

勘探成果表明，探区油气藏类型多样，有断块油气藏（SN203）、构造－岩性复合油气藏（十屋油田）、地层超覆气藏（八屋气田）、基底碳酸盐岩油藏（SN64）和基底浅变质油藏（SN55）。根据对十屋油田的解剖，从烃类型角度来看，既有纯油藏、油气藏也有纯气藏，且不排除凝析气藏存在的可能。

3.6 油气资源结构合理

油气资源结构一般采用油气资源序列和资源结构参数两种方法描述。资源结构参数表达的是评价区石油和天然气潜力的比例；资源序列反映的是资源阶梯式结构和储量接替潜力。毫无疑问，两个参数都是资源潜力预测的基础。

（1）十屋断陷油气资源序列

资源序列是以来年探明储量计划为1，其他依次为控制储量、预测储量、潜在资源量和推测资源量与探明储量计划的比值。由于十屋油田的快速发展，十屋断陷资源结构更加合理。以石油为例，资源序列为1:7:13:24:43，其中潜在资源量4776 $\times 10^4$t，推测资源量8489.85 $\times 10^4$t，资源接替潜力充足。

（2）十屋断陷油气资源结构参数

油气资源结构参数是指一个含油气盆地中石油资源与天然气资源在空间分布上的相互配置关系。它以单位面积内石油资源丰度与天然气资源丰度的当量比值来衡量，该比值简称为资源结构参数，用公式表示为：资源结构参数 = 石油资源丰度/天然气资源丰度。据卢兵力[10]等的研究结果，松辽盆地东南隆起区4个主要断陷盆地的资源结构参数及生烃量和排烃效率参数见表6。由表可见，东南隆起区各断陷盆地的资源结构存在很大差异。十屋断陷以生气为主（这与源岩的演化程度高有关），而且排烃效率最高，为81.6%，是松辽盆地东南隆起最有勘探潜力的地区之一，这一观点也被近年来的勘探效果所证实。柳条断陷以生油为主，而德惠断陷和伏龙泉断陷则为油－气共生型盆地。

表6　松辽盆地南部隆起区4个主要断陷盆地油气资源结构参数

Table 6　Structural parameters of oil and gas resources in the four major fault depressions in the uplifting area of the southern Songliao Basin

地区	资源量/10^8t		资源丰度 $(10^4 t \cdot km^{-2})$	结构参数	生烃量/10^8t	排烃量/10^8t	排烃效率/%
十屋	油	0.39	1.3	1:3.5	13.25	26.02	81.6
	气	1.35	4.5		225.84	169.00	
	油气	1.74	5.8		239.08	195.02	
德惠	油	2.63	8.7	1:0.6	220.28	175.22	58.9
	气	1.55	5.2		407.72	194.38	
	油气	4.18	13.9		628.00	369.60	
伏龙泉	油	0.26	2.6	1.9:1	11.74	17.46	49.7
	气	0.14	1.4		58.59	17.51	
	油气	0.40	4.0		70.33	34.97	
柳条	油	0.17	1.1	3.4:1	28.03	11.37	34.3
	气	0.05	0.3		23.55	6.34	
	油气	0.22	1.4		51.58	17.71	

注：据卢兵力资料修编。

3.7　老区近期勘探取得极大突破

2009年，按照滚动与甩开钻探相结合的原则，在十屋油田北部、西部、东部完成钻井及老井复试效果良好，基本实现营城组－沙河子组油藏整体叠合连片。2009年，十屋油田新增石油预测地质储量2211.24 $\times 10^4$t，控制地质储量1269.70 $\times 10^4$t，探明地质储量629.97 $\times 10^4$t，合计4110.91 $\times 10^4$t；天然气控制地质储量153.37 $\times 10^8 m^3$，展示了探区的勘探潜力。

BK20－6老井复试获工业油流，SN17区块 K_1yc Ⅱ提交探明储量126.77 $\times 10^4$t。

部署在北部斜坡带的十屋6井岩性油藏完钻后在主要目的层营城组测井解释多层油气层。完井对 K_1yc Ⅲ 井段 2018.3 ~ 2029.0m 进行试油，压后 5mm 油嘴放喷，日产油 $5.74m^3$，日产气 $10985m^3$，累产油 $50.30m^3$，累产气 $138344m^3$。实现了十屋油田营城组油藏含油范围的向西拓展，进一步扩大了储量规模，计算十屋6区块营城组Ⅲ砂组控制石油地质储量 319.06×10^4t，含油面积 $6.47km^2$。实现了 BK60 井区与十屋油田主体连片，为完成2009年控制储量奠定了基础。

位于中央构造带车家窝堡圈闭的十屋8井完钻后测井解释油层2层12.4m，含油层1层4.6m，可疑油层2层8.3m。对沙河子组1927.6 ~ 1942.7m 井段（2层12.4m）压后8mm油嘴求产，日产油 $61.50m^3$，日产气 $2026m^3$，获得重大突破，对高部位的TG1井老井复试获日产油 $5.53m^3$，与十屋8井共同控制了该区含油气面积，2009年上报预测储量 2211.24×10^4t。

上述勘探突破展示了十屋断陷良好的勘探前景。

3.8 现有油气储量潜力预测

3.8.1 现有控制、预测储量升级潜力预测

一般而言，各分公司每年新增探明储量主要由新油气田、老油气田扩边（层）和控制、预测储量升级构成。据初步统计，新增探明储量中新油气田和老油气田扩边（层）约占总量的15%，以控制、预测储量升级为主，约占总量的85%。因此，统计分析控制、预测储量升级率对于合理预测可升级探明储量尤其重要。

以石油储量为例，十屋断陷历年控制、预测储量升级率统计结果如下：

1）控制储量2006年以前升级率为20% ~55%，平均为48.8%；2007年为20% ~83%，平均为50%；2008年为51% ~90%，平均为69%。呈逐年提高的趋势。

2）预测储量升级探明储量，2006年以前升级率平均为23.4%；2008年为5% ~33%，平均为16%。

3）历年累积提交控制储量 7031.15×10^4t，升级探明储量 2308.48×10^4t，核销控制储量 3780.07×10^4t，平均为61%。

4）国家储量计算标准要求控制储量升级率大于50%，预测储量升级率大于10%。

5）根据历年升级情况，结合储量规范要求，按控制储量升级率取50%、预测储量升级率取15%对现有储量进行定量升级预测。

6）根据多年对中石化储量管理经验和管理条例要求，一般控制储量应在3年内升级，而预测储量一般要求在5年内升级，因此对探区未来储量目标分为3年和5年（大致相当于“十二五”末）两个层次预测。

7）采用储量升级率法、探明率法、年增长率法和平均年新增4种预测方法，最后根据4种方法预测结果相互验证，综合取值。

根据上述原则，对十屋断陷现有控制、预测储量进行可升级探明储量预测。预测结果表明，石油可升级探明储量为 1083×10^4t，其中控制储量可升级 692×10^4t，预测储量可升级探明储量 391×10^4t；天然气可升级探明储量为 $213\times10^8m^3$，其中控制储量可升级 $109\times10^8m^3$，预测储量可升级探明储量 $104\times10^8m^3$；两项合计 3213×10^4t 油当量。

其中，石油地质储量已有探明储量合计 4258.84×10^4t，控制预测储量升级合计

1083.00×10^4t，新油气田和老油气田扩边（层）新增探明储量 942.68×10^4t，合计 6284.52×10^4t；天然气地质储量已有探明储量合计 $150.42\times10^8m^3$，控制预测储量升级合计为 $213.00\times10^8m^3$，新油气田和老油气田扩边（层）新增探明储量 $64.13\times10^8m^3$，合计 $427.55\times10^8m^3$；两项合计 10560.02×10^4t。据此推测，十屋断陷至十二五末实现累计探明储量 10000×10^4t 油当量是有依据的。

3.8.2 根据探明率预测十屋断陷油气储量

截至2008年年底，松辽盆地共探明石油地质储量 747796.34×10^4t，天然气共探明储量 $3822.08\times10^8m^3$。据最新资源量计算，石油远景资源量为 144×10^8t，储量探明率为52%；天然气远景资源量为 $18036.09\times10^8m^3$，储量探明率为21%。

据十屋断陷油气储量增长规律研究，探区油气发现仍处于早期阶段。根据石油资源量 2.15×10^8t，按25%探明率计算，预测“十二五”末可探明石油地质储量 5375×10^4t。天然气资源量为 $1450\times10^8m^3$，由于现有天然气资源量只计算了碎屑岩领域，未计算火成岩领域，资源量偏小，所以仍按25%探明率计算，预计“十二五”末可探明天然气储量 $362.5\times10^8m^3$。两项合计“十二五”末可探明 9000×10^4t 油当量。

3.8.3 年增长率法和年平均新增法预测十屋断陷油气储量

（1）年增长率

进入“十一五”以来，十屋断陷前4年石油地质储量呈现持续稳定的增长趋势。2006～2009年的4年间，每年新增探明储量分别为 500.55×10^4，674.75×10^4，808.16×10^4 和 630.00×10^4t，取年新增储量与上年末累计探明储量的百分比作为年增长率，增长率分别为27.4%，31.0%，28.4%和18.3%。但是考虑到探区地质条件的复杂性和十屋油田目前的勘探现状（近年新增探明储量主要出自该油田），将探区年增长率按10%预测，至“十二五”末十屋断陷石油储量规模可以达到 6857.55×10^4t。

（2）年平均新增

“十一五”前4年共新增石油储量 2616.47×10^4t，平均每年新增 656.11×10^4t，与上一方法同样的理由，为保守起见，按每年新增 400×10^4t 推算，未来3年可合计新增石油探明储量 1200×10^4t。至“十二五”末合计新增 2400×10^4t，加上现有探明储量 4258.84×10^4t，预计“十二五”末十屋断陷石油地质储量规模可达 6658.84×10^4t。

综上所述，以石油储量为例，据4种方法的预测结果，十屋断陷“十二五”末储量规模分别为：

升级率法预测结果：6284.52×10^4t；

探明率预测结果：5375.00×10^4t；

年增长率预测结果：6857.55×10^4t；

年平均新增预测结果：6658.84×10^4t。

综合多种方法的预测结果，将十屋断陷“十二五”末储量目标预定为：石油 6000×10^4t，天然气 $400\times10^8m^3$，合计油当量 10000×10^4t。如果取0.5%采速预测，截至“十二五”末累计产能可达到 50×10^4t 油当量。

4 结　论

1）北东向走滑断裂控制了油气的分布和运移。在断层开启阶段，走滑断层是油气纵向运移的主要通道；在断层封闭阶段，走滑断层是油气侧向长距离运移的通道，造成断层两翼油气带位置的差异和油气复式聚集的特点。其中，小宽走滑断裂带发育规模最大，形成的资源规模也最大，其南翼向斜带发育岩性油气藏，是下一步勘探的重点区域。桑树台断层向北收敛，演变为皮家走滑构造，形成皮家次凹，皮家隆起带是下一步勘探突破的重点。

2）近北东走向的皮家、中央隆起、秦家屯－小城子3条油气聚集带与近北西走向的纯油、油气、纯气3条油气藏分布带共同构成十屋断陷的油气分布格局。

3）受3条近北东走向的走滑断裂带、油气差异聚集与不同构造部位源岩演化程度、成藏期差异的共同控制作用，十屋断陷油气藏分布特征表现为：紧邻深凹为纯气带，斜坡带为油气带，远离深凹高部位为纯油带。

4）根据生烃史、油气充注期与成藏期分析资料，十屋断陷为早成藏期中－低成熟油藏、多成藏期中－高成熟油气藏和晚成藏期高－过成熟气藏3种油气成因类型与成藏模式。

5）中央隆起带北部、东部和北部斜坡西段是近期展开领域，中央隆起带中、南部及小宽走滑构造带南翼中南部和东南斜坡带南部以及皮家次凹是下一步勘探突破领域，双龙次凹南部斜坡和西部陡坡带是下一步准备领域。

参考文献

[1] 高瑞祺，蔡希源．松辽盆地油气田形成条件与分布规律 [M]．北京：石油工业出版社，1997.

[2] 陈孔全．松辽盆地南部断陷成藏体系 [M]．武汉：中国地质大学出版社，1999.

[3] 刘新月，赵德力，郑斌，等．油气成藏研究历史、现状及发展趋势 [J]．2001，15（3）：10－14.

[4] 李明诚．石油与天然气运移研究综述 [J]．石油勘探与开发，2000，27（4）：3－10.

[5] 李建忠，李军．松辽盆地东南隆起区构造带成因类型及其油气聚集模式 [J]．大庆石油地质与开发，1999，18（2）：7－10.

[6] 李晓东，刘福春，王德海，等．十屋断陷皮家地区油气成藏与分布规律研究 [J]．录井技术，2001，12（3）：35－42.

[7] 刘宝柱．松辽盆地南部正反转构造与油气成藏关系 [J]．大庆石油地质与开发，1998，17（2）:10－12.

[8] 刘宝柱．松辽盆地南部中浅层油气藏的成藏史 [J]．现代地质，2003，17（1）：87－91.

[9] 刘超英，周瑶琪，杜玉民，等．有机包裹体在油气运移成藏研究中的应用及存在问题 [J]．西安石油大学学报（自然科学版），2007，22（1）：29－32.

[10] 卢兵力．油气资源结构概念及其应用 [J]．天然气工业，2001，11.

鄂尔多斯盆地南部富县探区延长组碳酸盐胶结物特征及其对储层的控制作用

刘春燕　郑和荣　胡宗全　尹　伟　李　松
（中国石化石油勘探开发研究院，北京　100083）

摘　要　鄂尔多斯盆地南部富县地区三叠系延长组长6三角洲前缘水下分流河道砂体中碳酸盐胶结作用较为发育，是控制储层质量的重要因素之一。通过岩石学、地球化学等综合研究，发现碳酸盐胶结物是本区延长组成岩序列中最后一期具有破坏性的成岩作用，以长6砂体中较为严重；平面上，探区西南部泥岩厚度较大的区域碳酸盐胶结物发育较普遍，镜下观察多呈基底式胶结，储层物性差；而东北部泥岩厚度较小，碳酸盐胶结物极少发育，储层物性相对较好。进一步研究表明，碳酸盐胶结物发育程度与砂体厚度、离烃源岩的距离等有一定关系。砂体厚度小、与泥岩邻近者，碳酸盐胶结物相对较发育；砂体厚度大、与泥岩较远，碳酸盐胶结物相对较少或无。电子探针分析结果显示，本区碳酸盐胶结物成分基本一致，表明其具有相同的来源。

关键词　基底式胶结　碳酸盐胶结物　延长组　鄂尔多斯盆地

Carbonate Cementation Features and Their Control on the Reservoirs of the Yanchang Formation in Fuxian, the Southern Ordos Basin

LIU Chunyan, ZHENG Herong, HU Zongquan, YIN Wei, LI Song
(Petroleum Exploration and Production Research Institute, SINOPEC, Beijing 100083, China)

Abstract　Carbonate cementation is an important reservoir control factor because of its general development in Chang 6 sandbody in the Triassic Yanchang Formation in Fuxian area, the Ordos Basin. The research discovered that the carbonate cementation was the last destructive diagenesis in Chang 6 sandbody of the Yanchang Formation based on the petrology and geochemistry. In the southwest, if the mudstone is thick, the carbonate cementation developed well, and the reservoir physical properties changed worse by presenting a basement cements under microscopes. On the other hand, in the northeast of Fuxian area, there are little carbonate cementation when the mudstone is thin, and the reservoirs had good physical properties. The research showed that the development level of carbonate cementation was relevant to sandbody's thickness and its distance to source rocks, meaning that carbonate cementation had a high content in thick mudstone. Electron analysis showed that carbonate cements of the area had a similar origin because of the same compositions.

Key words　substrate cement; carbonate cementation; Yanchang Formation; Ordos Basin

---

基金项目：国家科技重大专项（2008ZX05002）。

碳酸盐胶结物是碎屑岩储层中较为重要的胶结物之一，是岩石在成岩过程中与流体相互作用，在温度、压力等物化条件变化的情况下产生的矿物[1-2]。由于碳酸盐胶结物来源的不同及其本身溶解度对围岩、流体的敏感性，它们在碎屑岩中的形成、含量多少和赋存状态对油气运移、富集和储层物性等影响较大[3]。

鄂尔多斯盆地南部富县地区延长组长6油层组发育三角洲前缘水下分流河道砂体，是重要的油气储集层[4]。本次研究以钻井岩心观测、各类薄片鉴定为基础，从岩石学、地球化学的角度出发，分析了碳酸盐胶结作用的阶段性，探讨了碳酸盐胶结物的形成机理及其对储层的影响，以全新的角度研究了不同时期碳酸盐胶结物的成因机制及其与储层物性的密切关系。

1　碳酸盐胶结作用的地质背景

鄂尔多斯盆地是一个长期稳定的多旋回克拉通盆地，盆地内断裂极不发育，上三叠统延长组是在盆地持续沉降过程中形成的一套河流－湖泊相陆源碎屑岩沉积体系，也是盆地中生界重要的含油气层系[5]。该沉积体系从下至上划分出10个油层组，各油层组之间为连续沉积。其中，长10砂组形成至长7砂组形成阶段为湖盆形成、扩张时期；长7砂组形成阶段为湖盆发育的全盛时期，沉积了延长组重要的湖相生油岩；长6砂组形成至长3砂组形成阶段为湖盆稳定、三角洲建设、发育时期，形成了良好的储集层；长2砂组形成至长1砂组形成阶段为湖盆萎缩、沼泽化时期，沉积了湖沼相泥质岩，成为区域性盖层。从而，在纵向上形成3套有利的生储盖组合[6-7]。

位于盆地南部的富县地区，构造上处于伊陕斜坡带，区内断裂极少，局部发育一些小型隆起，延长组储集层的性质主要受沉积相和成岩作用等因素的控制[4]。长6砂组为一套三角洲前缘亚相的中厚层细砂岩、粉砂岩、泥质粉砂岩夹泥岩沉积（图1），经历了强烈的成岩作用，作为成岩过程中较为重要的碳酸盐胶结作用，在不同时期对储层的影响具有较大的差别（图2）。

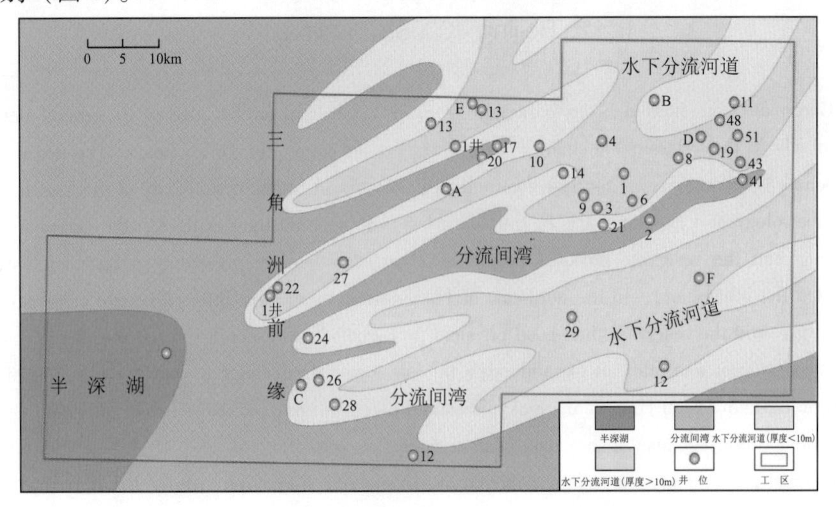

图1　富县地区延长组长6砂组沉积微相

Fig. 1　Depositional microfacies map of Chang 6 sandbody of the Yanchang Formation in Fuxian area

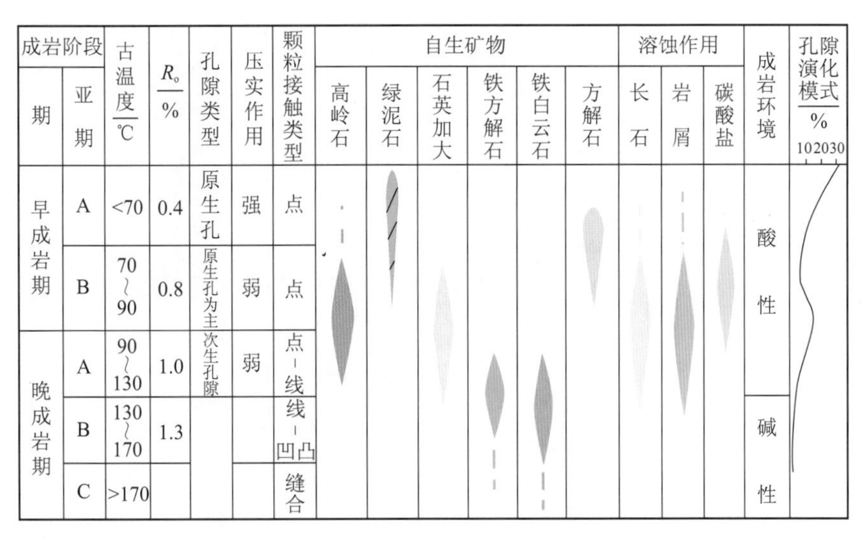

图2　富县地区延长组长6砂组成岩序列

Fig. 2　Diagenesis sequence map of Chang 6 sandbody of the Yanchang Formation in Fuxian area

2　样品及测试分析条件

在本区6口重要钻井和镇泾地区1口钻井岩心中系统采集延长组储集层样品（图1）62件进行了铸体薄片、荧光薄片、阴极发光薄片鉴定和分析。显微鉴定是确定岩石和矿物成因的重要手段，能全面了解成岩矿物的共生组合特征和形成序列。通过对延长组平面上、纵向上变化规律的总结，再从各井中挑选出长6储层样品46件做重点分析、对比、统计，并在此基础上对其中11个具有代表性的样品进行了电子探针测试分析。

样品的普通薄片、铸体薄片、荧光薄片鉴定在中国石化石油勘探开发研究院沉积储层实验室完成，鉴定分析的仪器型号为德国ZEISS（蔡司）产Axio Imager M 1m全自动透射偏光、荧光显微镜及其配套软件。电子探针测试分析由中国地质大学（北京）地学实验中心用EPMA－1600型电子探针仪完成。

3　碳酸盐胶结作用特征

3.1　岩石学特征

岩心观察发现，富县地区延长组在断裂、微裂缝不发育的情况下，存在一种比较典型的现象，即同一岩性段、同一岩心出现含油、不含油的明显界线，这一现象在长6砂层组表现得最为突出，其他组段相对较少；其次，同一钻井的薄层砂岩中极少含油（图3A），而厚层砂岩中含油层段相对较多（图3B），反映出成岩作用对储层的影响具有一定程度的选择性。

岩石普通薄片镜下观察发现，同一岩心中不含油的部位，其碳酸盐胶结物含量很高，通常大于20%，形态不规则，呈基底式胶结，充填了储层的大部分剩余孔隙（图3A－1）；而同一岩心中含油的部位，其碳酸盐胶结物含量较少，通常小于6%，多呈自形或连晶

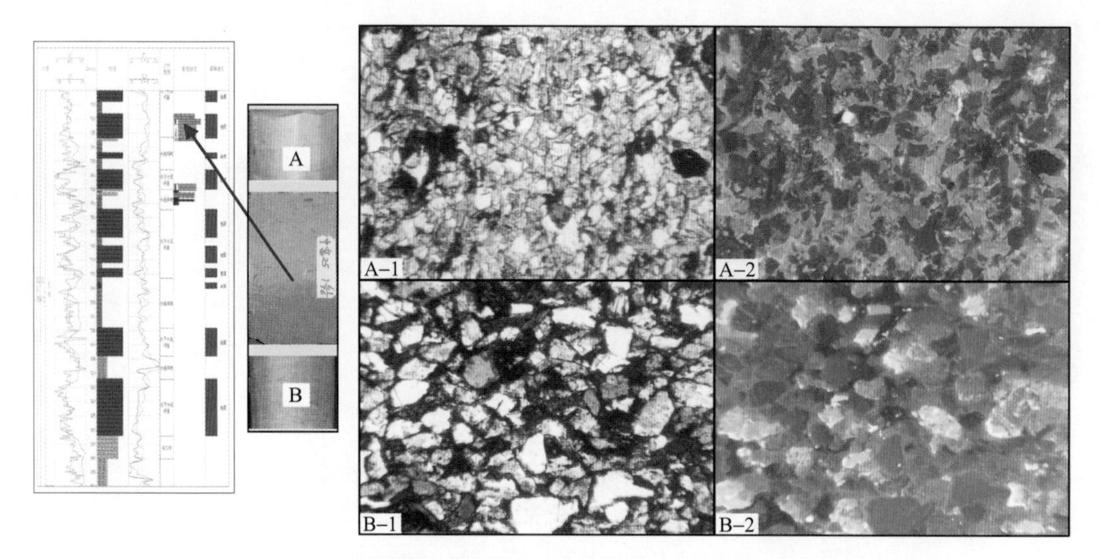

图3　富县地区Ⅰ井延长组砂岩油层、非油层岩心、单偏光、阴极发光特征对比

Fig. 3　Characteristics contrast of oil-compact reservoir cores and microscope slices of sandstone in the Yanchang Formation of well Ⅰ in Fuxian area

状，充填粒间孔（图3B－1），且常出现被溶蚀现象，说明其形成于成岩作用早期[2,8]。

铸体薄片鉴定结果显示，同一岩心中不含油的部位，其孔隙度很低，视面孔率通常小于4%，且孔隙连通性较差，局部出现长石、石英碎屑颗粒呈漂粒状漂浮于碳酸盐胶结物之中，因此大多属于无效储层[9]；而同一岩心中含油的部位，其孔隙度偏高，视面孔率相应较高，通常大于10%，表现为孔隙类型较多，可见少量碳酸盐颗粒溶蚀后产生的铸模孔。

阴极发光薄片分析进一步证明，同一岩心中不含油的部位，呈橘黄色、不规则状的碳酸盐胶结物占据了较多的视域（图3A－2），被其环绕的长石、石英颗粒为点、线接触关系；相反，同一岩心中含油的部位，碳酸盐胶结物较少或无（图3B－2），自形程度通常较高，由于石英颗粒不发光，使整个视域偏暗。

3.2　碳酸盐胶结作用的分类

从岩心观察到镜下鉴定，碳酸盐胶结物在宏观、微观上呈现出明显的差异性，反映其形成于不同阶段。各种分析测试结果说明，这主要是由碳酸盐溶液的物质来源所控制的。本文将碳酸盐胶结物划分为内源和外源，进而提出了内源碳酸盐胶结作用和外源碳酸盐胶结作用两个概念，认为产生内源碳酸盐胶结作用的流体来源于成岩过程中充填于砂体各类孔隙之中的碳酸盐溶液，它在温度、压力及其他物化条件发生变化时，趋于过饱和状态，并在原地沉淀、结晶而成；而外源碳酸盐胶结作用的流体来源于砂体以外、富含有机质的暗色泥岩中释放出的大量二氧化碳[8]，它溶解于水中形成碳酸，后因温度、压力的下降或地球化学条件的变化，在砂体一定部位沉淀出来，形成碳酸盐胶结致密层。

3.3　碳酸盐胶结物的地球化学特征

为了进一步了解产生碳酸盐胶结作用的流体来源和胶结物的成分，探讨碳酸盐胶结作用发生的阶段、流体的来源途径和胶结过程，建立碳酸盐胶结作用模式，本次研究对含油、不含油及含油中等程度的岩心薄片进行了系统的电子探针成分分析。

3.3.1 内源碳酸盐胶结物的地球化学特征

富县地区内源碳酸盐胶结作用主要发生于长3砂体、长6砂体和长8砂体中岩石粒度略粗的砂岩孔隙中，碳酸盐颗粒自形程度较高，多呈自形－半自形的单晶或连晶，且常出现被溶蚀现象，说明其形成于成岩作用早期（图4）。对岩石中与石英、长石等碎屑颗粒共生、自形程度较好的内源碳酸盐胶结物进行了电子探针分析，发现其元素组成大体较稳定，CaO含量通常介于36.93%～39.54%之间，MgO含量介于7.21%～8.46%之间，FeO含量介于9.23%～10.94%之间（图5中ZF25－61样品）。

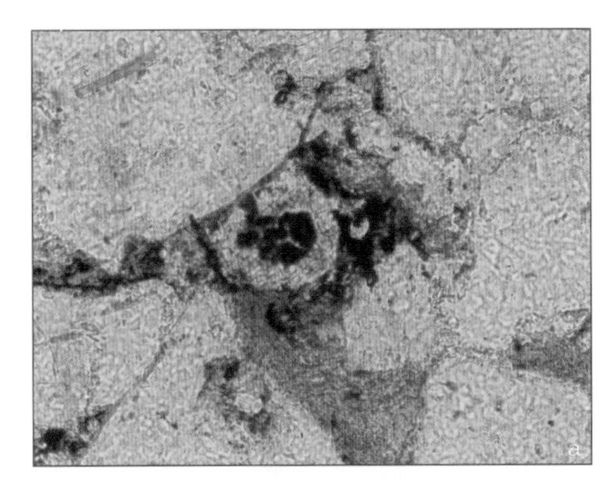

图4 富县地区延长组内源碳酸盐胶结物形成机理及镜下特征

Fig. 4 Genetic mechanism and microscopic features of in-source carbonate cementation in the Yanchang Formation of Fuxian area

a—核部为铁方解石，外环为铁白云石；b—橘黄色为方解石

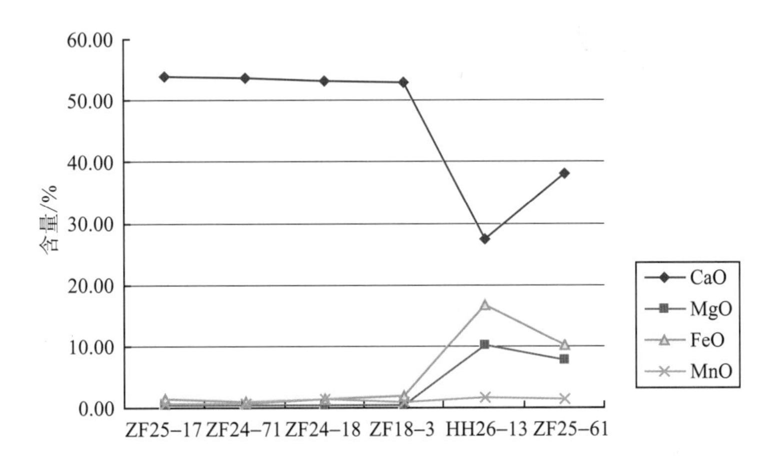

图5 内源、外源碳酸盐胶结物及微裂缝碳酸盐化学成分对比

Fig. 5 Chemical composition contrast of in-source and out-source carbonate cementation

HH26－13—镇泾地区微裂缝中碳酸盐样品；ZF25－61—内源碳酸盐样品；其他都为外源碳酸盐样品

研究认为，成岩作用早－中期，由内源碳酸盐胶结作用所产生的碳酸盐胶结物，其化学成分在一定程度上反映了当时岩石中的流体性质[2]，后期成岩作用可能造成胶结物的

部分溶蚀，导致孔隙度的增加，但对胶结物主体成分的影响较小（图4）。

3.3.2 外源碳酸盐胶结物的地球化学特征

由富县地区钻井岩心46件样品的统计结果发现，外源碳酸盐胶结作用主要发生于长6砂体中，从该区东北部往西南部有逐渐增多的趋势。此类碳酸盐胶结物形态多不规则，含量较高，常呈基底式胶结，充填了砂岩中大部分剩余孔隙，说明其形成于成岩作用晚期[10-11]（图6）。对充填岩石剩余孔隙的碳酸盐胶结物进行了电子探针分析，发现其元素组成也是大致相同的，表现在CaO含量通常介于52.39%～54.78%之间，MgO含量介于0.26%～0.61%之间，FeO含量介于0.52%～2.04%之间。

图6　富县地区延长组外源碳酸盐胶结物形成机理及镜下特征

Fig. 6　Genetic mechanism and microscopic features of out-source carbonate cementation in the Yanchang Formation of Fuxian area

a—正交偏光；b—阴极发光

为了深入探讨外源碳酸盐胶结作用及其胶结物特征，本次研究特选择鄂尔多斯盆地南部西端的镇泾地区延长组中具有碳酸盐基底式胶结、不含油层段的薄片样品进行了电子探针分析，发现两者化学成分具有一定差异。富县地区外源碳酸盐胶结物样品中CaO和CO_2含量偏高，FeO和MgO含量较低，此外还缺少镇泾地区样品中检测出的Si和Al等成分，充分说明两者物质来源不同。通过岩心观察、薄片鉴定识别出，镇泾地区延长组碳酸盐基底式胶结是由断裂带附近的微裂缝中充填的方解石脉所致（图5中HH26－13样品），是一种局部的、具有地区构造背景的现象。

由此可见，富县地区外源碳酸盐胶结作用的流体成分，取决于暗色泥岩中释放出的二氧化碳溶解于水中形成碳酸的浓度、运移途中与渗透性单元不断反应后的成分及其最终所充填岩石孔隙中的物质成分等因素。后期油气只能充填所剩无几的孔隙，因此对该类碳酸盐胶结物成分的影响甚微[11]。

4 外源碳酸盐胶结作用机理及其对储层的影响

4.1 外源碳酸盐胶结作用机理

泥岩中的有机质在成熟作用和烃类热降解过程中，会产生有机酸、二氧化碳等酸性物质，其中的二氧化碳与水中的 Ca^{2+} 结合，形成碳酸盐溶液，它们以云朵状、指状向外扩散、运移，由于物化条件的变化，在砂体一定部位沉淀下来，故自形程度较差，多呈他形或连晶状充填于剩余孔隙之中：

$$有机质\xrightarrow[成岩作用]{T,\ P}有机酸（C^0H_3C^0OOH等）\xrightarrow[脱羟]{较高温度}C^0H_4+C^0O_2$$

（C^0 代表同位素较轻的有机碳）

生成的 C^0O_2 溶于水中形成碳酸，碳酸离解产生 H^+，$HC^0O_3^-$ 和 CO_3^{2-}。由此产生的 H^+（有机酸奉献的能力是碳酸的 6～350 倍）[1]，随泥岩压实排水，呈云朵状、指状沿渗透性单元向外运移（图 7a），溶解其中的酸溶性组分，产生次生孔隙，为溶液提供通道和部分充注空间[12]：

$$CaC^MO_3+H_2C^0O_3\longrightarrow Ca^{2+}+HC^MO_3^-+HC^0O_3^-$$

（C^M 代表同位素较重的碳，如海相灰岩中的碳）

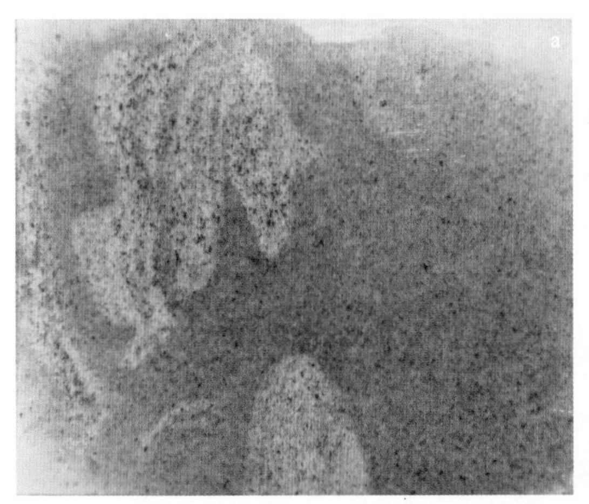

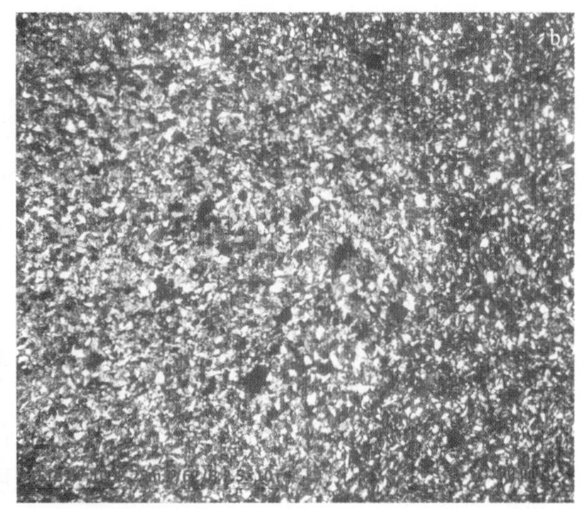

图 7　碳酸盐溶液溶蚀扩散现象

Fig. 7　Corrosion and spread phenomenon of carbonate solution

a—Ⅱ井，长 7，1038.28m，薄片中白色部分为碳酸盐胶结物充填，暗色部分为泥质胶结；
b—Ⅱ井，长 7，1038.28m，左侧碳酸盐呈基底式胶结，外围具黑云母环带，环带外部为泥质胶结

形成的 $C^0O_3^{2-}$ 和 $C^MO_3^{2-}$，与水中的 Ca^{2+} 结合形成碳酸盐，在砂体一定部位形成碳酸盐胶结致密带[13]（由此产生的碳酸盐比砂岩中原生碳酸盐的碳同位素要轻）。

此类碳酸盐胶结物的产生，大大降低了储层的孔隙度。其中，一部分在砂体顶部形成的碳酸盐胶结致密带，可形成碳酸盐成岩圈闭[14-15]，对油气成藏和保护较为有利。

富县地区延长组样品鉴定分析发现，在长 6 砂体与上部泥岩过渡带的泥质粉砂岩中，存在碳酸盐基底式胶结、泥质粉砂岩中的黑云母环带，碳酸盐胶结与泥质胶结界线分明（图 7b），说明外源碳酸盐溶液的来源与富含有机质的厚层暗色泥岩关系密切。电子探针分析结果进一步证实，本区碳酸盐基底式胶结物的成分基本一致，表明其具有相同的来源。而西部镇泾探区碳酸盐基底式胶结物主要来自沿断裂附近分布的微裂缝中充填的方解石脉，两者成分差异较大（图 5）。

4.2 碳酸盐胶结作用对储层的影响

综合研究认为，无论内源碳酸盐胶结作用，还是外源碳酸盐胶结作用，都对本区储层物性、油气充注及圈闭的保护产生了一定程度的影响。而外源碳酸盐胶结物所形成的基底式胶结对储层的控制最为明显。统计发现，鄂尔多斯盆地中生界油田通常分布在碳酸盐含量小于6%的地区。富县地区长6砂体中碳酸盐含量偏高，Ⅰ井、Ⅲ井达到17.6%和16.0%，直接影响了储层质量。因此，碳酸盐胶结物含量相对较低是本区延长组优质储层发育的主要因素之一。

内源碳酸盐胶结作用产生的碳酸盐胶结物，由于其物化性质的特殊性，在占据孔隙空间的同时，也增加了岩石的抗压实能力，后期的溶蚀作用使其溶解或产生部分溶蚀孔隙，可改善储层物性[15]。

外源碳酸盐胶结作用产生的碳酸盐胶结物分布面积大，含量高，部分出现在砂体顶部，由于其基底式胶结的特点，形成了好的盖层，对油气充注和储层保护十分有利；而另一部分出现在砂体中部或底部的碳酸盐胶结物，占据了相当数量的储层孔隙，阻止了油气的充注，对储层是不利的[14]。因此，在优质储层分布预测中，深入研究碳酸盐致密胶结带和碳酸盐成岩圈闭是非常重要的。

5 结 论

通过对鄂尔多斯盆地南部富县地区延长组长6三角洲前缘水下分流河道砂体的岩石学、地球化学等的综合研究，提出碳酸盐胶结作用具有阶段性演化的特点，可分为内源碳酸盐胶结和外源碳酸盐胶结两种成岩模式。内源碳酸盐胶结作用体现在岩心上通常为含油层段，镜下表现为碳酸盐含量较少、自形程度高以及部分颗粒被溶蚀的现象；而外源碳酸盐胶结作用的结果，导致不含油岩心层段，镜下可见呈基底式胶结的碳酸盐矿物充填了绝大部分剩余孔隙。

在地球化学特征上，内源碳酸盐胶结物是由岩石内部碳酸盐溶液过饱和沉淀而成，因此具有较高的CaO含量和较低的FeO及MgO含量。外源碳酸盐胶结物是由外部泥岩中的有机酸释放出的大量二氧化碳与水中的Ca^{2+}结合，形成碳酸盐溶液向外扩散、运移，由于物化条件的变化，在砂体一定部位沉淀而成，相比较而言，具有较低的CaO含量和较高的FeO及MgO含量。这些特征充分反映了两类碳酸盐胶结物在成因上的差异。

参考文献

[1] Meshri ID. On the reactivity of carbonic and organic acids and generation of secondary porosity [C]// Gautier D L, ed. Roles of organic matter in sediment diagenesis. SEPM Special Publication, 1986, 38: 379-380.

[2] Bloch S, Lander R H, Bonnell L, et al. Anomalously high porosity and permeability in deeply buried sandstone reservoirs: origin and predictability [J]. AAPG Bulletin, 2002, 86 (2): 301-328.

[3] 杨晓萍，赵文智，邹才能．低渗透储层成因机理及优质储层形成与分布 [J]. 石油学报，2007, 28 (4): 57-61.

[4] 刘春燕，王毅，胡宗全，等．鄂尔多斯盆地富县地区上三叠统长8砂岩储层物性的主要控制因

素［J］．地质科学，2010，2，(4)：510－516.

［5］郭艳琴，王起琮，庞军刚．安塞油田长2、长3浅油层成岩作用及孔隙结构特征［J］．西北大学学报（自然科学版），2007，37（3)：443－448.

［6］王琪，禚喜准，陈国俊，等．鄂尔多斯盆地西部长6砂岩成岩演化与优质储层［J］．石油学报，2005，26（5)：17－23.

［7］刘春燕，王毅，胡宗全，等．鄂尔多斯盆地富县地区延长组沉积特征及物性分析［J］．世界地质，2009，12，(4)：312－318.

［8］Taylor K G，Gawthorpe R L，Curtis C D，el a1. Carbonate cementation in a sequence stratigraphic framework：Upper Cretaceous sandstones，Book Cliffs，Utah－Colorado［J］．Journal of Sedimentary Research，2000，70（2)：360－372.

［9］Al－Ramadan K A，Hussain M，Iman B，et al. Lithologic characteristics and diagenesis of the Devonian Jauf sandstone at Ghawar Field，Eastern Saudi Arabia［J］．Marine and Petroleum Geology，2004，21（10)：1221－1234.

［10］Alaa M，Salem S，Morad S. Diagenesis and reservoir-quality evolution of fluvial sandstones during pmgressire burial and uplift：evidence from the Upper Jurassic Boipeba Member，Revoncavo Basin，Northeastern Brazil［J］．AAPG Bulletin，2000，84（7)：1015－1040.

［11］Luo J L，Morad S，Zhang X I. Reconstruction of the diagenesis of the fluvial－lacustrine－deltaic sandstones and its influence on the reservoir quality evolution［J］．Science in China（Series D），2002，45（7)：616－625.

［12］朱国华．碎屑岩储集层孔隙的形成、演化和预测［J］．沉积学报，1992，10（3)：114－123.

［13］赵澄林，刘孟慧．碎屑岩储层砂体微相和成岩作用研究［J］．石油大学学报（自然科学版），1993，17：1－7.

［14］徐北煤，鲁冰．硅质碎屑岩中碳酸盐胶结物及其对储层的控制作用的研究［J］．沉积学报，1994，12（3)：56－66.

［15］Houseknecht D W. Assessing the relative importance of compaction process and cementation to reduction of porosity in sandstones［J］．AAPG Bulletin，1987，71（6)：633－642.

波拿巴盆地 NT09－1 区块勘探前景

黄彦庆　熊利平　邬长武

（中国石化石油勘探开发研究院，北京　100083）

摘　要　通过调研波拿巴盆地 NT09－1 区块周边前期勘探历史发现，研究区勘探成功率较高；分析了该区块成藏条件，区块内发育多套烃源岩和储盖组合；并在区块内识别出 3 个远景圈闭，估算这些圈闭总的地质资源量规模较大。总体而言，NT09－1 区块勘探前景较好。

关键词　勘探前景　区块招标　波拿巴盆地　澳大利亚

Exploration Prospect of Block NT09－1 in Bonaparte Basin

HUANG Yanqing，XIONG Liping，WU Changwu

（Petroleum Exploration and Production Research Institute，SINOPEC，Beijing 100083，China）

Abstract　After surveying exploration history around Block NT09－1 in Bonaparte Basin，the exploration success ratio is very high. After analyzing the accumulation conditions of the study area，there are multiple source rocks and reservoir-seal assemblage in Block NT09－1. Three prospective traps are identified in Block NT09－1，and the resource in this place is very large. So the exploration prospect of Block NT09－1 is good.

Key words　exploration prospect；block bidding；Bonaparte Basin；Australia

2009 年 9 月，澳大利亚政府在海域划出 31 个勘探区块，面向国际石油公司招标。经过初步评价，筛选出波拿巴盆地 NT09－1 区块有意进行投标，因此需要对其勘探前景进行研究。

1　区域背景

波拿巴盆地主体位于澳大利亚北部的海上，在澳大利亚陆上和东帝汶水域也有分布（图 1）。盆地面积 $44.3\times10^4km^2$，其中海上 $42.6\times10^4km^2$。截至 2009 年底，已发现 73 个油气田，其中 67 个位于海上；累计发现石油 18.85×10^8bbl❶，天然气 44Tcf❷，合计油当量 92×10^8bbl，天然气约占 79.5%。所以，波拿巴盆地是一个富气的盆地。

该盆地由一个北西走向的古生代裂谷和 3 个北东走向的中生代裂谷组成，前者指 Petrel次盆地，后者包括 Vulcan 次盆地、Malita 地堑和 Calder 地堑（图 2）。这些裂谷为二

❶　1bbl＝$0.159m^3$

❷　1Tcf＝$283.17\times10^8m^3$

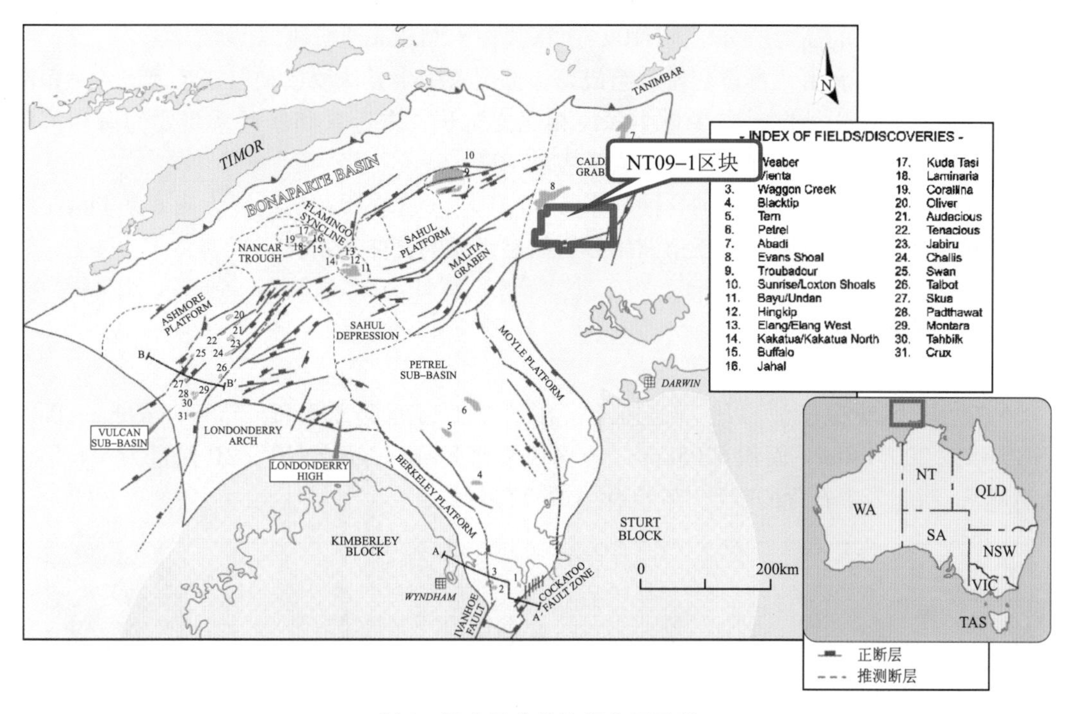

图1　波拿巴盆地地理位置示意

Fig. 1　The location of Bonaparte Basin

（据 I HS，2009）

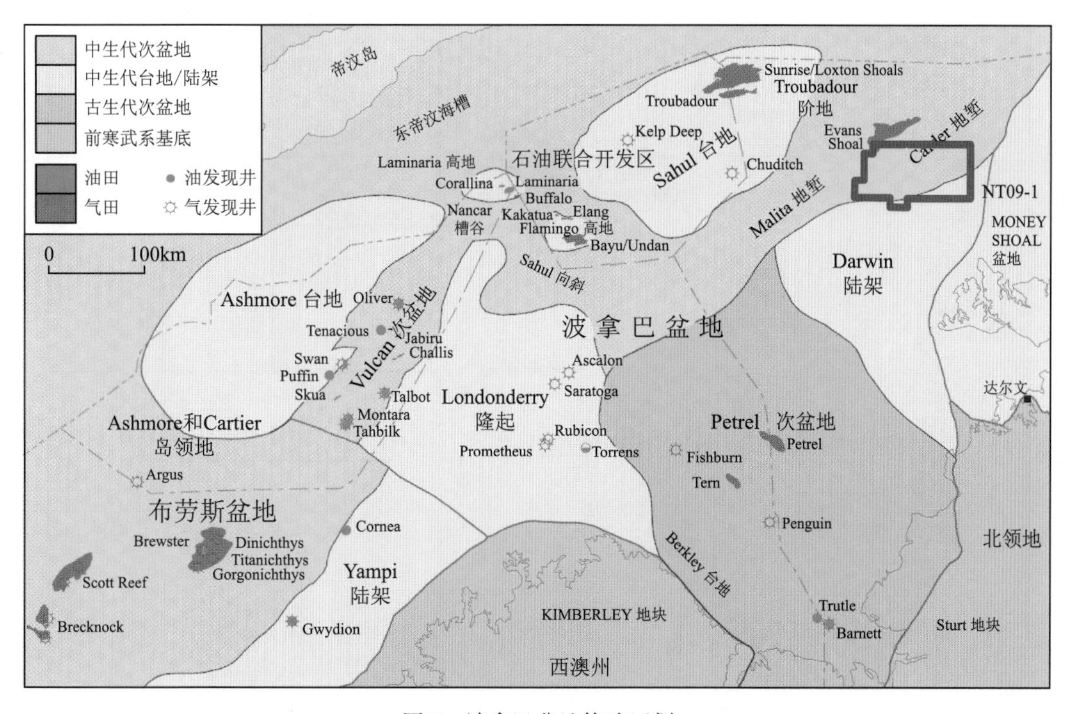

图2　波拿巴盆地构造区划

Fig. 2　Structural framework of Bonaparte Basin

叠纪—三叠纪形成的高地所分割。NT09－1 区块位于 Malita 地堑侧翼。

中生代裂谷基底由元古宙变质岩组成，上部覆盖中生界侏罗系和白垩系河流－三角洲相、滨浅海相碎屑岩地层，夹少量半深海相泥岩沉积；古近系和新近系主要为海相沉积物，下部为海相泥岩，上部以碳酸盐岩为主。

波拿巴盆地发育多套证实的含油气系统，NT09－1 区块所在的区域为侏罗系 Plover 组煤系烃源岩和 Plover 组河流－三角洲相砂岩储层组成的含油气系统。

2 研究区概况

NT09－1 区块位于波拿巴盆地东北，在达尔文市西北 220km，靠近 Wichham Point LNG，水深 20～130m，面积 6305km^2。该区块紧邻 Evans Shoal 气田（2P 储量为 5.6 亿桶油当量），西北为中石化的 NT/P76 区块（图 3）。

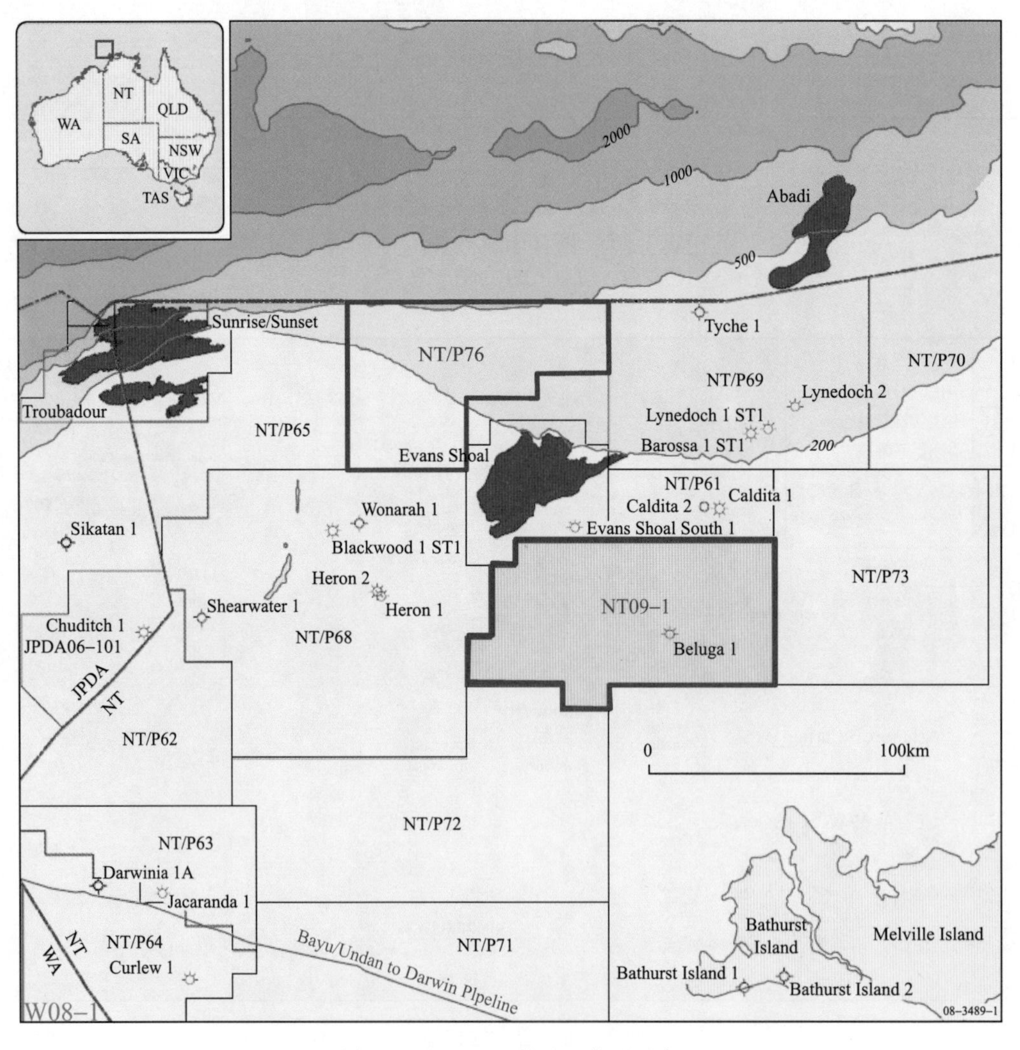

图 3　NT09－1 区块地理位置示意

Fig. 3　The location of Block NT09－1

该区块勘探程度中等，区块内 2D 地震覆盖（图 4），东部地震测线的密度较低（5km × 10km），西部地震测线密度较高（2.5km × 5km）；区块内共有 1 口探井，见弱气显示，测井解释为水层，没有试油。

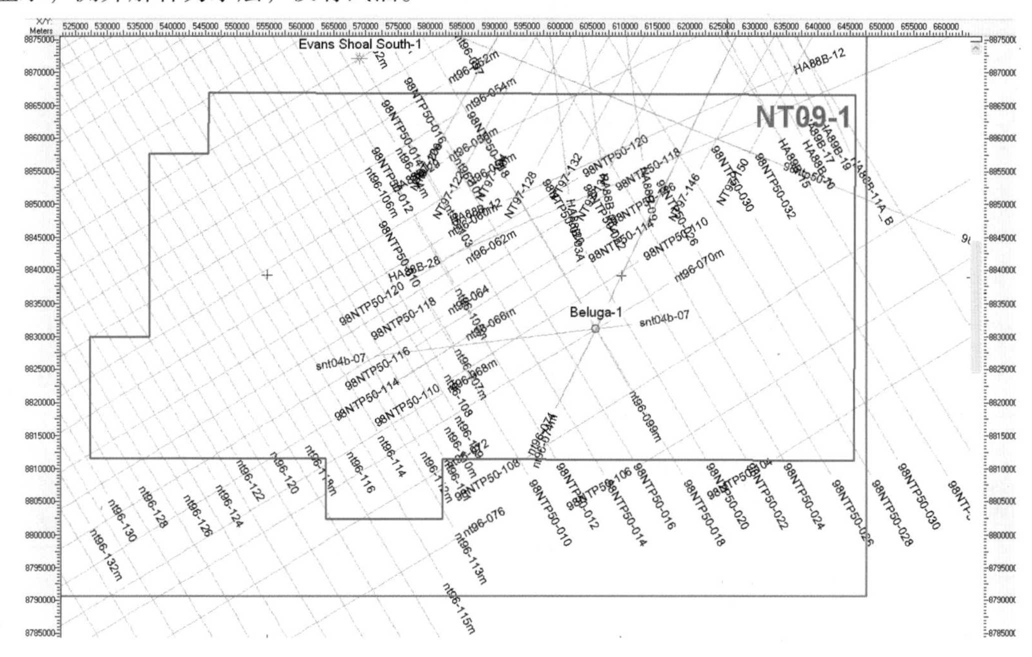

图 4　NT09 - 1 区块测线分布

Fig. 4　The distribution of 2D seismic line in Block NT09 - 1

研究区周边探井成功率较高，多套地层见到气显示；测试井产量较高，多数日产几千万立方英尺，油气发现较多（图 5）。油气发现集中在区块北部和东部地区，全部为气田，多数含凝析油；这些气田储量规模较大，除了 Evans Shoal South 气田天然气可采储量为 100Bcf❶，其他气田天然气可采储量为 3Tcf 左右。

3　区块成藏条件

NT09 - 1 区块位于 Malita 地堑侧翼，西北部是洼陷区，东南部为斜坡区（图 6）。区块油源条件较好，区块内和西部洼陷发育成熟 - 过成熟的侏罗系 Plover 组煤系烃源岩，区块西北洼陷区 Plover 组上部的 Elang 组和 Flamingo 组海相泥质烃源岩可能已经成熟。

该区块周边油气田发育 Plover 组、Elang 组和 Flamingo 组 3 套河流 - 三角洲 - 滨岸相储集砂岩，区块内的 Beluga - 1 井钻遇了 Plover 组和 Elang 组两套储集层（图 7）。虽然研究区储层埋深在 4000m 左右，多数为低孔低渗储层，但是在断裂带附近裂缝较发育，改善了储集能力。NT09 - 1 区块盖层较发育，绝大多数断裂没有断开白垩系厚层泥岩，形成的油气藏能够被较好地保存。

根据 2D 地震资料，区块内识别出多个圈闭，估算这些圈闭总地质资源量规模较大；

❶　$1Bcf = 2831.7 \times 10^4 m^3$

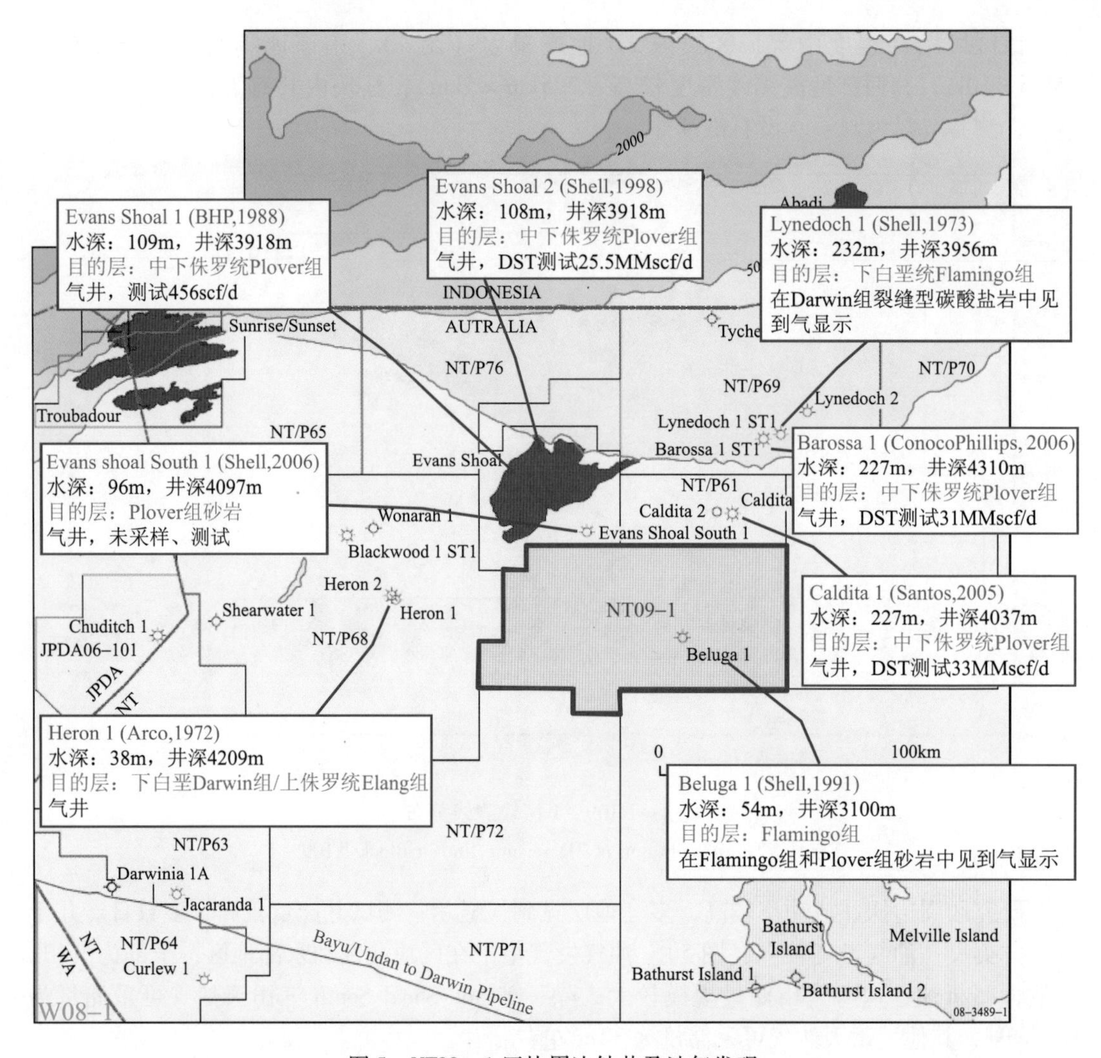

图 5　NT09－1 区块周边钻井及油气发现

Fig. 5　The exploration wells and petroleum discoveries around Block NT09－1

$1MMscf = 2.8317 \times 10^4 m^3$，$1scf = 2.831685 \times 10^{-2} m^3$

根据最新地震解释结果，区块东部识别出一系列北东－南西向断裂，可以形成与断裂相关的圈闭。

4　区块勘探风险

区块内存在两个方面的风险：①储层方面，前面谈到该地区的储层埋深较大，压实作用较强，物性较差，NT09－1 区块 Beluga－1 井在侏罗系 Plover 组和上部 Elang 组钻遇了大套砂体，但是发现泥质胶结严重，孔隙的连通性很差；②圈闭方面，虽然在区块内识别出 3 个圈闭，但是由于地震资料品质较差，且目前掌握的 2D 地震测线较少，所以其中断层的解释存在一定的多解性，识别出的圈闭可靠程度较低。基于以上认识，对规模较大的 1 号圈闭进行了地质风险分析（表 1）。

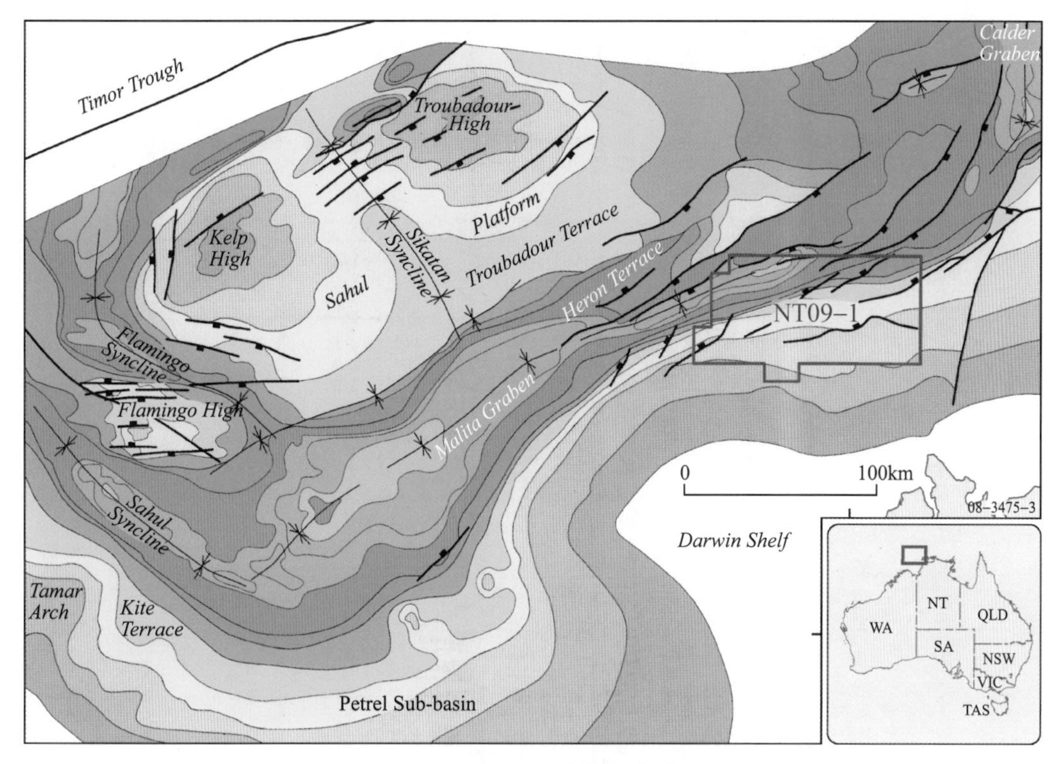

图 6　NT09－1 区块构造划分

Fig. 6　Structural framework of Block NT09－1

表 1　1 号圈闭地质风险分析

Table 1　The analysis of exploration risk of Trap 1

<table>
<tr><th>地质条件</th><th colspan="3">地质参数</th><th>特征描述</th><th>要素评价分值</th><th>权重系数</th><th>评价分值</th></tr>
<tr><td rowspan="2">圈闭</td><td colspan="3">落实程度</td><td>落实</td><td>0.85</td><td>0.6</td><td rowspan="2">0.85</td></tr>
<tr><td colspan="3">圈闭类型</td><td>断背斜</td><td>0.85</td><td>0.4</td></tr>
<tr><td rowspan="3">储层</td><td colspan="3">储层岩性</td><td>砂岩</td><td>0.9</td><td>0.3</td><td rowspan="3">0.8</td></tr>
<tr><td colspan="3">储层厚度/m</td><td>110</td><td>0.9</td><td>0.3</td></tr>
<tr><td colspan="3">平均孔隙度/%</td><td>7</td><td>0.65</td><td>0.4</td></tr>
<tr><td rowspan="7">充注</td><td rowspan="6">烃源岩</td><td rowspan="3">中下侏罗统</td><td>有机质丰度</td><td>TOC：2.25% ~ 13.9%</td><td rowspan="6">0.8</td><td rowspan="6">0.2</td><td rowspan="7">0.88</td></tr>
<tr><td>有机质类型</td><td>Ⅲ型</td></tr>
<tr><td>有机质成熟度</td><td>成熟－过成熟</td></tr>
<tr><td rowspan="3">上侏罗－下白垩统</td><td>有机质丰度</td><td>TOC：0.2% ~ 10%</td></tr>
<tr><td>有机质类型</td><td>Ⅱ型</td></tr>
<tr><td>有机质成熟度</td><td>不熟－成熟</td></tr>
<tr><td colspan="3">运移通道</td><td>断裂，不整合</td><td>0.9</td><td>0.8</td></tr>
<tr><td rowspan="2">保存</td><td colspan="3">盖层封闭性</td><td>好</td><td>1</td><td>0.7</td><td rowspan="2">1</td></tr>
<tr><td colspan="3">破坏程度</td><td>弱</td><td>1</td><td>0.3</td></tr>
<tr><td>综合评价值</td><td colspan="7">0.5984</td></tr>
</table>

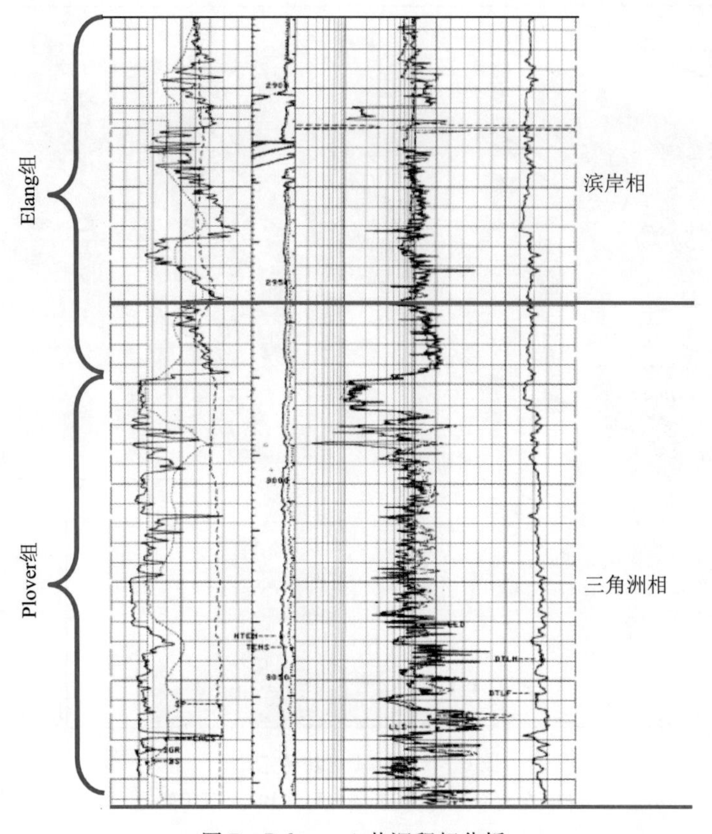

图7 Beluga－1井沉积相分析

Fig. 7 Sedimentary facies of well Beluga－1

5 结 论

1）NT09－1区块位于波拿巴盆地Malita地堑侧翼，处在油气运移的路径上。

2）NT09－1区块油源条件较好，区块内Plover组成熟烃源岩分布广泛，区块西北洼陷区Elang组和Flamingo组烃源岩可能已经成熟。

3）NT09－1区块发育Plover组、Elang组和Flamingo组3套储集层，综合分析，该区储层较发育，在北东－南西向断裂带上裂缝发育。

4）NT09－1区块盖层较发育，绝大多数断裂没有断开白垩系厚层泥岩，形成的油气藏能够被较好地保存。

5）根据地震解释结果，区块西部发育多个与断裂相关的圈闭，总地质资源量规模较大。

6）区块的储层和圈闭具有一定的风险。

参考文献

[1] Bonnie S, Lowe－Young, Darren Rutley. The Evans Shoal Field, Northern Bonaparte Basin, APPEA, 459－469.

[2] Ainsworth R B. Sequence stratigraphic-based analysis of reservoir connectivity: influence of depositional architecture-a case study from a marginal marine depositional setting [J]. Petroleum Geoscience, 2005, 11 (3):257 -276.

[3] Alderson R. Petroleum exploration and development prospects in Australia [J]. Energy Exploration and Exploitation, 1990, 8 (3): 194 -215.

[4] Anonymous. Jabiru-investors see it as a "new era" [J]. Oil and Gas Australia, 1984, February: 31 -33.

[5] Anonymous. Surface disconnection is key to viable Jabiru [J]. Offshore Engineer, 1985, July: 27 -28.

[6] Anonymous. All eyes on new drilling in the Timor Sea [J]. Oil and Gas Australia, 1986, December/Jannuary: 6 -7.

[7] Anonymous. Jabiru-clear indication of the Timor Sea's oil potential [J]. Petromin (Singapore), 1987, May: 7 -9.

[8] Anonymous. Challis shows the shape of latest BHP thinking [J]. Offshore Engineer, 1988, August: 48 -50.

[9] Archbold N W. Peri - Gondwanan Permian correlations: the Meso - Tethyan margins [C]. In: Keep M, Moss S J, eds. The Sedimentary Basins of Western Australia 3: Proceedings of the Petroleum Exploration Society of Australia Symposium, Perth, WA, 2002. Perth: Petroleum Exploration Society of Australia, 2002: 223 -240.

[10] Arditto P A. A sequence stratigraphic study of the Callovian fluvio-deltaic to marine succession within the ZOCA region [J]. Journal Australian Petroleum Production and Exploration Association, 1996, 36 (1): 269 -283.

[11] Barrett A G, Hinde A L, Kennard J. M. Undiscovered resource assessment methodologies and application to the Bonaparte Basin [C]. In: Ellis G K, Baillie P W, Munson T J, eds. Timor Sea Petroleum Geoscience: Proceedings of the Timor Sea Symposium, Darwin, Northern Territory, 19 - 20 June, 2003. Northern Territory Geological Survey, Special Publication 1, 2004.

[12] Bhatia M R, Thomas M, Boirie J M. Depositional framework and diagenesis of the Late Permian gas reservoirs of the Bonaparte Basin [J]. Journal Australian Petroleum Exploration Association, 1984, 24 (2), 299 -313.

[13] Cadman S J, Temple P R. Australian Petroleum Accumulations Report 5: Bonaparte Basin [R]. 2nd ed. Northern Territory (NT), Western Australia (WA): Department of Industry, Tourism and Resources, Geoscience Australia , 2004: 1 -335.

[14] Chomat C, Coisy P. The Tern gas field case history [C]. In: Extended Abstracts 4th Australian Society of Exploration Geophysicists Conference, 1985: 186 -189.

泥质烃源岩中粘土矿物结合有机质的不同赋存状态

卢龙飞[1,2]　蔡进功[3]　刘文汇[1]　腾格尔[1]　胡文瑄[2]

（1. 中国石化石油勘探开发研究院无锡石油地质研究所，江苏无锡　214151；
2. 南京大学，江苏南京　210093；3. 同济大学，上海　200092）

摘　要　为研究泥质烃源岩粘土矿物中有机质的赋存状态，提取东营凹陷古近系沙河街组泥质烃源岩和东海陆架表层泥质沉积物中粘土组分（小于2μm），依次进行索氏抽提、碱性水解和酸性水解处理，得到原始和相继处理过程所得碱解和酸解粘土样品及相应的有机组分，继而进行原始和碱解、酸解粘土样品的微观形貌（SEM）、比表面积（BET）和X射线衍射（XRD）对比分析。结果表明，索氏抽提有机质主要赋存于粘土矿物外表面和堆积孔隙中，碱解有机质主要赋存于粘土矿物边缘破键处，而酸解有机质主要赋存于膨胀型粘土蒙皂石层间，前者为物理吸附或束缚的游离有机质，后两者为化学吸附的结合有机质。有机质与粘土矿物的不同结合关系对源岩的生烃多阶段性产生影响。研究不同赋存状态有机质的相对和绝对数量对深入研究油气成因和烃类初次运移具有十分重要的意义。

关键词　粘土矿物　有机质　赋存状态　烃源岩

Occurrence of Organic Matter Bound by Clay Minerals in Hydrocarbon Source Rocks

LU Longfei[1,2], CAI Jingong [3], LIU Wenhui [1], TENGER [1], HU Wenxuan [2]

(1. Wuxi Institute of Petroleum Geology, SINOPEC, Wuxi, Jiangsu 214151, China;
2. School of Earth Science, Nanjing University, Nanjing, Jiangsu 210093, China;
3. School of Ocean and Earth Science, Tongji University, Shanghai 200092, China)

Abstract　To examine the occurence of organic matter adsorbed in clay minerals of muddy source rocks, clay size fraction (<2μm) which from hydrocarbon source rocks in Paleogene of the Dongying Sag and surface argillaceous sediment in the East China Sea shelf were extracted and subjected to sequential treatments including Soxhlet extract, base hydrolysis and acid hydrolysis. Extracted clay samples, base hydrolysed clay sample and acid hydrolysed clay sample were obtained. Mineralogical analysis of clay minerals (X - ray diffraction, surface area analyzer and scanning electron microscope) was performed on the original clays and residues after base and acid hydrolysis. Results shown that extracted organic matter occur in micropores of clay minerals, base hydrolysed organic matter occur in stacking margin pores, and acid hydrolysed organic matter occur in internal layers of clay minerals. The amount of organic matter with various occurrence is significant for hydrocarbon generation and migration.

Key words　cay mineral; organic matter; occurrence; hydrocarbon source rock

---

基金项目：国家自然科学基金项目（40872089，41072089）；中国博士后科学基金项目（20100480496）。

粘土矿物和有机质是泥质烃源岩的两大重要组成部分。泥质源岩中有机碳含量与粘土矿物的关系极为密切[1-2]，现代沉积物和土壤的研究结果也显示有机质含量与粘土矿物呈正相关关系[3-6]。由此可见，无论是现代沉积物和土壤，还是黑色页岩和油页岩，均呈现粘土矿物含量高则有机质丰富的特征，反映了在自然环境下粘土矿物对有机质的富集性和二者的共生关系。不同地质历史时期的油气储量与粘土矿物中的蒙脱石含量密切相关[7]，世界许多含油气盆地生油门限深度均与粘土矿物的成岩演化，特别是与膨胀型的蒙脱石向非膨胀型的伊利石的转化深度接近[8-9]，表明粘土矿物与有机质的相互作用关系和有机质的生烃演化二者之间存在着极为紧密的内在联系。最近非常规油气领域的研究结果显示，页岩气的聚集成藏也与粘土矿物的吸附作用密切相关[10-11]，页岩气气体分子吸附于粘土矿物的不同孔隙当中。然而人们对有机质在粘土矿物中的赋存状态以及二者间的相互结合关系了解甚少，严重影响和制约了对泥质烃源岩生烃机理和页岩气成藏机理的深入研究。

沉积有机质的赋存状态研究常采用电子显微手段，Ransom 等、Furucawa 和 Pichevin 等先后运用 SEM 和 TEM 对泥质沉积物中的有机质进行了微观显微研究[12-14]，但由于粘土结构含水，易受电子损伤形成非晶化结构，从而影响图像质量[15]，故难以获得理想的粘土结合有机质的赋存特征。比表面积分析是纳米学科中用以表征纳米颗粒比表面积大小和孔隙结构分布特征的有效手段，以 N_2 为探针分子，可探测直径在 0.35nm 以内的纳米级微孔隙，能够刻画研究样品超微尺度（纳米级）三维空间的分形特征[16]。本文综合运用 N_2 比表面积分析技术、SEM、X 射线衍射和热重/微分热重分析手段对泥质烃源岩和现代沉积物中粘土粒级组分以及它们经氯仿抽提、碱性水解和酸性水解相继处理后的样品进行分析，研究依次处理前后外部表面孔隙和内部结构的变化特征，从而探讨有机质在粘土矿物中的赋存状态以及它们的热稳定性。

1 样品及实验方法

1.1 样品

泥质烃源岩选取自济阳坳陷东营凹陷半咸－咸水湖相泥岩段沙河街组下第三段富有机质泥岩。表层沉积物样品采自东海泥质沉积区，包括长江口沿岸泥质区和闽浙沿岸泥质区；样品用蚌式挖泥斗取得，采集沉积物 0～5cm 表层样品，用锡箔纸包好，放入铝盒中，然后冷冻（－20°C）保存。表 1 为样品全岩有机碳和粘土粒级的有机碳及矿物组成。

1.2 粘土提取

由于粘土矿物主要集中在 2μm 以下的粒级中[17]，故利用沉降法提取沉积物中总粘土粒级组分（小于 2μm）。具体步骤为：鉴于研钵体积有限，将泥岩（粉碎）和沉积物样品分为多份，分多次将适量沉积物放入铜质研钵内，加适量去离子水进行反复、充分湿磨，以保证泥质沉积物充分分散。用去离子水反复清洗及超声波分散，直至充分悬浮，制成稳定的悬浮液，合并多次悬浮液。整个过程不进行任何化学分散处理。小于 2μm 粒级组分的提取时间严格按照斯托克斯方程计算结果执行。提取出悬浊液，离心分离，去液后将所得粘土组分在室温下（25℃）晾干，待试。

表 1　有机碳及粘土矿物组成特征

Table 1　TOC of whole rocks and clay size fraction and clay minerals composition

样品	位置	*TOC*/%	粘土含量/%	粘土 *TOC*/%	粘土矿物组成/%			
					蒙皂石	伊利石	高岭石	绿泥石
3	A 井	2.91	59	4.42	75	19	3	3
6	B 井	2.06	52	2.62	58	28	5	8
26	C 井	12.49	67	9.76	83	9	6	2
72	东海	0.58	55.3	0.77	40	44	9	7
73	东海	0.69	59.5	0.85	45	36	10	9
NH69	东海	0.49	41.3	0.59	36	37	13	14

1.3　相继分散处理

将粘土样品充分研磨后（35g）在索氏抽提器中用二氯甲烷/甲醇（3/1，v/v）抽提72h，水浴温度为76～82℃，每25～30min回流一次（有机质处理及结果另文详述）。抽提且粘土晾干后，在6%的KOH的MeOH（含15%水）溶液中80℃下微沸碱性水解12h，氮气保护，冷却后过滤。碱解粘土晾干后，加6mol/L HCl在氮气保护70℃下水解12h，过滤，晾干。在每一步处理前，均取少量粘土样品以进行矿物学分析，由于粘土提取量限制，为保证后续处理的进行，本文在抽提处理后仅取少量样品用以比表面测定，原始粘土和碱解、酸解粘土则均进行了下文全部项目的分析测试。

1.4　分析方法

有机碳（*TOC*）测定由CS－444完成。测试前用5%盐酸除去碳酸盐，直至无泡为止。测试条件为氧气0.17MPa，燃烧时为0.055MPa，分析精度小于0.5%。

SEM分析由FEI Quanta 200型扫描电镜完成。将粘土样品烘干后研磨至粉末，取适量置于表面附有双面胶的铝胚上，喷金处理后让粘土表面镀有薄层的金以使分析中导电降低电荷量。采用二次电子成像技术采集图像。

BET测定在Micromeritics Tristar 3000上进行，吸附质为N_2。粘土样品预先在Micromeritics Flowprep 060脱气仪中进行脱气预处理，脱气在110℃的N_2环境中进行，选用100个点的程序吸附/脱附程序，脱气时间为20h，冷却时间为2h。比表面积由Brunauer－Emmett－Teller（BET）方程计算得出，总孔体积为$P/P^0=0.995$的氮气吸附量转换为液氮的体积。孔隙分布特征采用Barrett－Joyner－Halenda（BJH）法计算。仪器精度：重复性误差小于1.5%。

XRD分析采用定向薄片法对粘土原样、皂化后残渣和酸解皂化后残渣分别进行测试。每个样品取30～50mg放入离心管中，加入适量去离子水，在超声波分散仪中充分分散制成悬浮液，采用滴片法制成定向薄片，自然晾干。XRD 分析使用 Panalytical Xpert - MPD 衍射仪，CuKα 辐射，管压 30kV，管流 40mA，扫描速度为 2°（2θ）/min。每一样品均制作 3 张薄片，其中自然片直接进行 X 衍射分析，然后在乙二醇蒸汽浴中静置 12h，进行再次衍射分析。另外两片分别用烘箱在 250℃ 加热 1h 和在 550℃ 加热 3h 后稍加冷却即进行测试。测角仪精度为 0.002°（2θ）。

2 结果分析

2.1 扫描电镜分析（SEM）

图 1 是 73 号粘土样品和经依次分散后粘土组分的 SEM 图像。将原始经过相继分散处理的粘土组分进行对比，发现经处理后，粘土矿物开始变得分散，由边缘圆滑、表面平坦的较大粘土矿物片变为边缘尖锐、表面具刺状和丝状的不规则较小粘土颗粒聚集体，随着分散的进行，细颗粒聚集体的比重逐渐增加。可以看出，依次分散处理明显改变了有机 - 粘土聚集体的表面形貌和大小，表明本分散处理对有机 - 粘土复合体起到有效的分散作用。

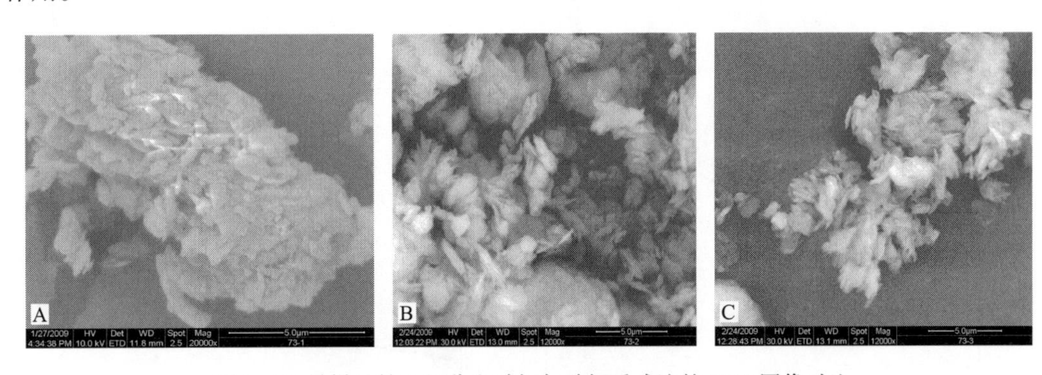

图 1 73 号样品粘土组分和碱解与酸解后残渣的 SEM 图像对比

Fig. 1 SEM images of original clay, base hydrolysis and acid hydrolysis clay for No. 73 sample

A—原始粘土；B—碱解粘土；C—酸解粘土

2.2 比表面积测定（BET）

图 2 是粘土组分和经碱解和酸解相继分散后残渣的 N_2 吸附等温曲线，曲线显示为Ⅱ型吸附等温线，并具有 H3 型滞后回线，与纯粘土矿物和其他板状颗粒聚合体矿物的 N_2 吸附等温曲线特征类似。碱解和酸解处理后，吸附等温曲线和脱附曲线均有明显变化，二者形成的滞后圈的起始和结束压力以及圈面积大小也发生了变化，此外饱和压力下的最大吸附量也有所不同，特别是曲线急剧上升的起始压力发生明显变化，表明经相继分散处理后，沉积物粘土组分的表面特征和孔隙结构发生了变化。

表 2 列出了 N_2 吸附测定出的相继抽提前后粘土组分的比表面积。为了对比，本文还测定了粘土矿物协会纯蒙脱石（美国怀俄明州）及其吸附硬脂酸后的比表面积。吸附前蒙脱石比表面积为 78.8m^2/g，吸附后比表面积降为 24.7m^2/g，这是因为硬脂酸占据了粘

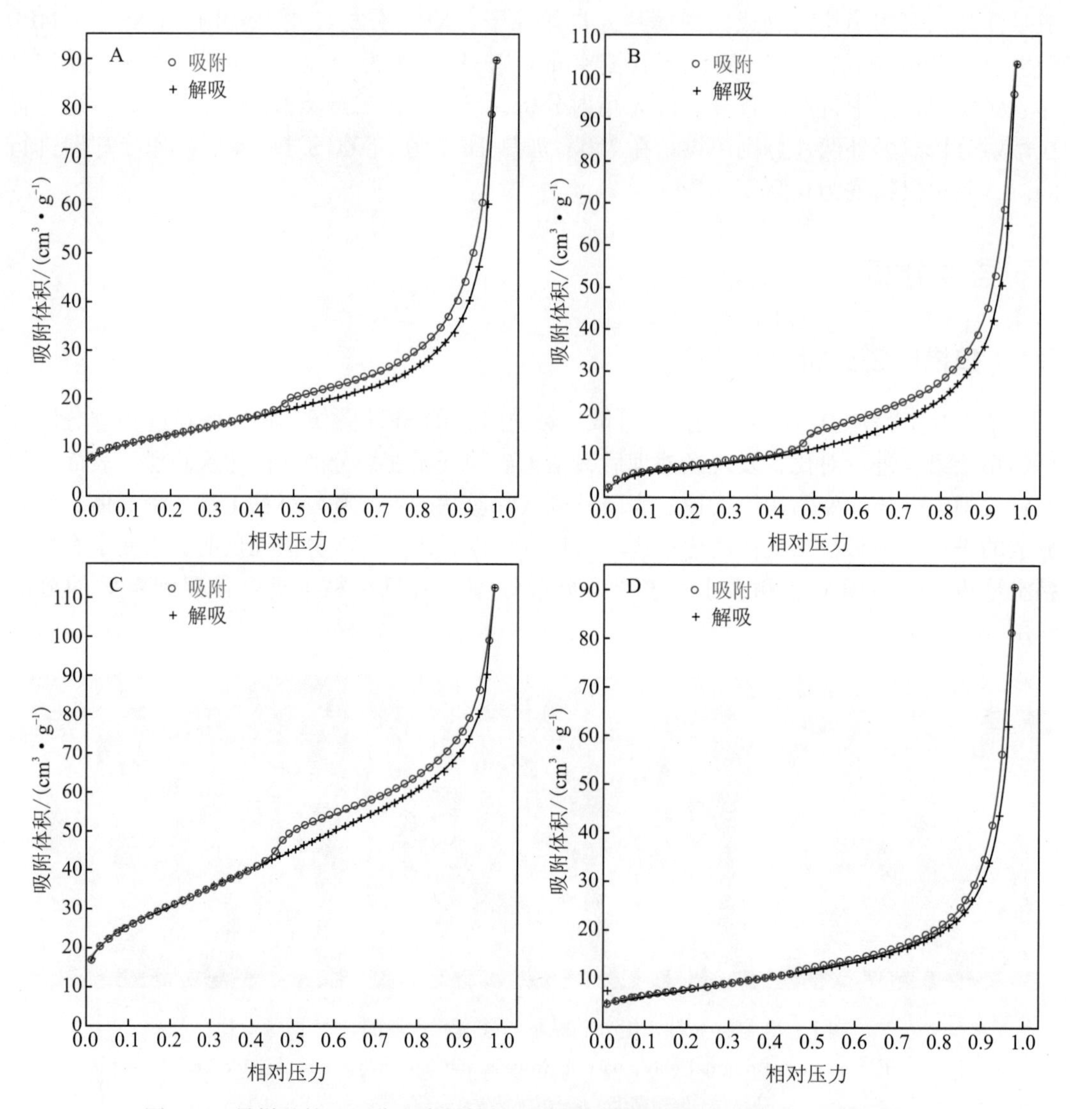

图2　72号样品粘土组分和溶剂抽提、碱解与酸解后残渣的等温 N_2 吸附曲线

Fig. 2　N_2 isothermal adsorption curves of original clay, base hydrolysis and acid hydrolysis clay for No. 72 sample

A—原始粘土；B—抽提粘土残渣；C—碱解粘土残渣；D—酸解粘土残渣

土表面孔隙，从而阻碍 N_2 的吸附，使比表面积降低。泥岩和沉积物中粘土的初始比表面积在 30～50m²/g 范围内变化，一般纯粘土矿物的比表面积在 60～100m²/g 之间[16,18-19]，前者明显低于后者。氯仿抽提后比表面积明显增大，结合蒙脱石吸附硬脂酸前后比表面变化特征，说明抽提将占据粘土矿物表面孔隙的有机质部分地分离出来，孔隙增多，从而使比表面积增大。碱解处理后，比表面积继续增加，增至 80～110m²/g，说明有机质继续得到了有效分离。酸解处理后，比表面积没有继续增加，而是大幅降低，这与一般粘土矿物酸化后比表面积增大特点相反，可能与膨胀型粘土层间收缩引起孔隙降低有关。

表 2　粘土矿物组分相继处理前后的比表面积变化

Table 2　Surface area of clay minerals with sequential treatments

样品号	S_{BET}/ ($m^2 \cdot g^{-1}$)			
	原始粘土	氯仿抽提粘土	碱解粘土	酸解粘土
3	10.7	47.5	100.3	20.4
6	15.7	43.4	102.3	18.9
26	7.1	40.7	87.8	13.5
72	41.1	63.4	80.2	48.6
73	36.5	59.2	87.4	39.1
NH69	47.6	76.5	100.3	52.2
蒙脱石	78.8	—	—	—
蒙脱石吸附硬脂酸	24.7	—	—	—

2.3　X 射线衍射分析（XRD）

对比原始粘土样品和碱解、酸解粘土残渣自然片、乙二醇片和加热片的 XRD 曲线特征（图3），发现存在以下主要变化规律：①对于自然片，原始粘土中1.43nm 左右的蒙皂石 d_{001} 衍射峰经碱解和酸解后逐步向 1.01nm 处移动，并造成位于 1.1 ~ 1.25nm 处的平台略有增高，显示蒙皂石层间逐渐坍塌。处理前后粘土自然片的蒙皂石 d_{001} 衍射峰见表 3。②对于乙二醇片，原始粘土中 1.75nm 处的蒙皂石 d_{001} 衍射峰经碱解和酸解后强度大大减弱，与绿泥石衍射峰形成一个弱的宽峰。③对于 250℃片，原始粘土中 1.20nm 处的蒙皂石 d_{001} 衍射峰经碱解和酸解后移至 1.10nm 附近，导致 1.1 ~ 1.25nm 处平台增高增宽。④对于 550℃片，无论是原始粘土还是处理后残渣，伊/蒙间层矿物衍射峰平台接近消失，1.01nm 处的伊利石衍射峰对称性大大增强。

表 3　粘土矿物组分相继处理前后蒙皂石 d_{001} 衍射峰的变化（自然片 XRD）

Table 3　d_{001} diffraction peak values of smectite with sequential treatments

样品号	蒙皂石 d_{001} 衍射峰/nm		
	原始粘土	碱解粘土	酸解粘土
3	1.44	1.29	1.16
6	1.48	1.11	1.05
26	1.53	1.32	1.27
72	1.43	1.18	1.05
73	1.41	1.23	1.11
NH69	1.47	1.29	1.08

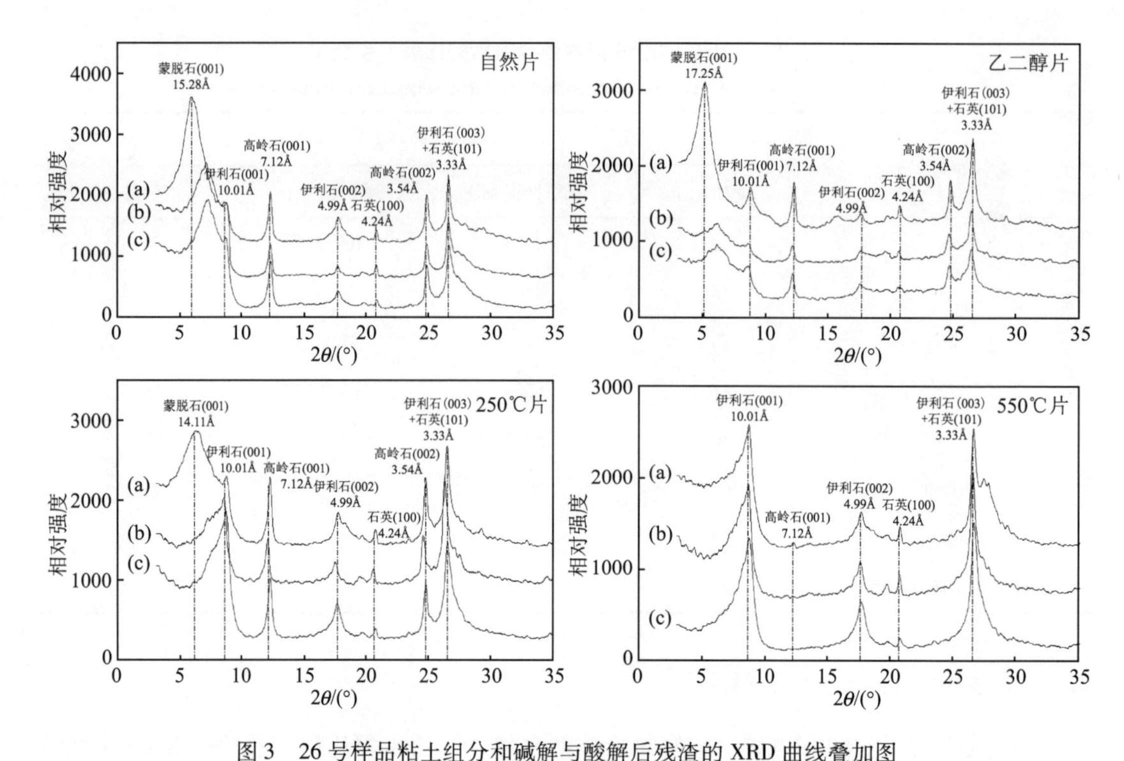

图3 26号样品粘土组分和碱解与酸解后残渣的XRD曲线叠加图

Fig. 3 XRD patterns of original clay, base hydrolysis and acid hydrolysis clay for No. 26 sample

(a) 原始粘土；(b) 碱解粘土残渣；(c) 酸解粘土残渣

3 讨 论

3.1 表面和团聚孔隙吸附有机质

首先利用有机溶剂的抽提处理进行有机质的分离，溶剂选择二氯甲烷/甲醇溶液，目的是希望利用具有弱极性的有机溶剂尽可能较充分地将游离有机质分离出来，同时又不对有机-粘土复合体结构产生明显影响。通常认为通过有机溶剂对沉积物（岩）、土壤和黄土抽提得到的有机组分是游离态的有机质[22-25]，即与矿物无关的有机分子。陆现彩等对沉积物中的粘土组分进行抽提后开展了XRD和红外光谱（IRFT）研究，未发现抽提前后XRD和IRFT结果有明显变化[26]，笔者等对泥岩和人工合成复合体（钠蒙脱石吸附16烷基铵）进行索氏抽提和超临界抽提后的红外光谱进行了系统对比研究，也未发现抽提前后各官能团振动吸收峰有明显变化[27]，表明抽提过程对粘土复合体的结构影响极小，分离出的有机质与粘土矿物是物理吸附或物理共生关系。纯粘土矿物的比表面积一般在60～120m^2/g，原始粘土的比表面积仅为7～50m^2/g，远低于前者，这是由于抽提前有机质占据着粘土矿物表面的孔隙和空隙，阻碍N_2吸附[28]；抽提后有机质脱附，粘土表面孔隙裸露出来，N_2吸附量增加，比表面积有所增大。由此可见，溶剂抽提所得有机质主要赋存于粘土矿物结构外部，是物理吸附于粘土表面（结构孔）或束缚于粘土矿物微孔隙（堆积孔）中的游离态有机质。

3.2 结构边缘孔隙吸附有机质

碱解处理后，N_2 吸附分析结果显示吸附曲线斜率增高（图 2），孔容积增大，比表面积升高至 70～120m^2/g（表 2），表明粘土吸附有机质经碱解分散解离后进一步释放出大量孔隙。纯粘土矿物碱解前后的孔隙结构和比表面积均无明显变化[29]，说明泥岩和沉积物中粘土矿物比表面积的变化主要由有机质的碱解脱附引起。图 4 显示所增加的孔隙主要为 2nm 左右的微孔隙，这类微孔隙是粘土矿物片晶锯齿状边缘结构所形成的，因此碱解有机质可能主要赋存于其中（图 4A）。

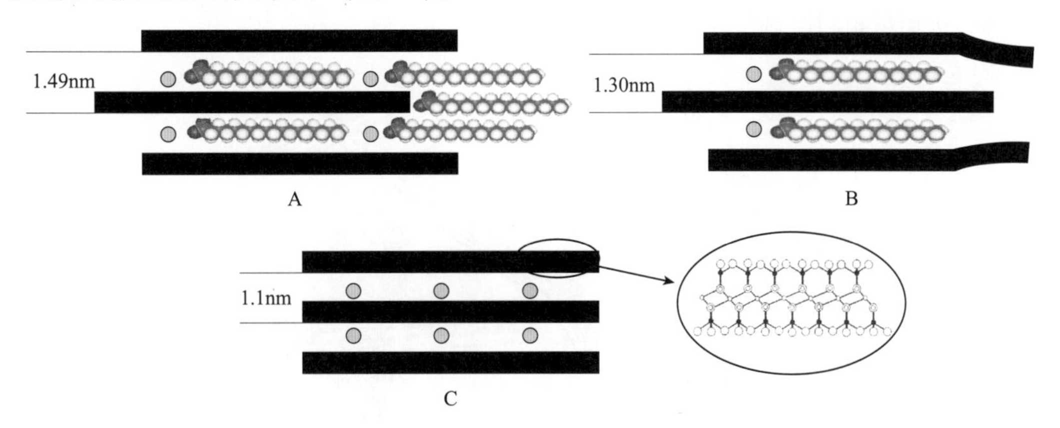

图 4　相继处理过程中粘土矿物孔隙结构变化示意

Fig. 4　Schematic diagram of pore structure upon original clay, base hydrolysis and acid hydrolysis clay

A—原始粘土；B—碱解粘土残渣；C—酸解粘土残渣

XRD 结果也支持这一认识。原始粘土自然片中蒙皂石的 d_{001} 衍射峰为 1.43nm，碱解后衍射峰向高角度移至 1.23nm 附近（图 3），表明碱解后蒙皂石层间有所收缩。纯蒙皂石层间收缩一般是由层间水脱附引起，且收缩后层间距缩至 1.01nm[30-32]。泥岩和泥质沉积物中蒙皂石层间坍塌程度有限，并未缩至 1.01nm，因此推断有机质的吸附为探入方式，一端进入粘土层之间，另一端及大部分处于层外边缘。当它们分离出去后，就会引起比表面积增大，同时也造成蒙皂石层间略微坍塌（图 4B）。

3.3 层间域吸附有机质

酸解处理后，粘土比表面积没有继续增加而是明显降低，与纯粘土矿物经酸处理后比表面积增大特征相反[33-35]。由于 N_2 吸附法只能测定粘土矿物外表面面积，不能测定内表面面积，而外比表面积降低的原因不是粘土边缘孔隙长度缩短就是孔隙高度降低，孔隙长度在酸解处理中不变，故最可能的就是粘土边缘微孔隙的高度降低。碱解处理粘土边缘有机质的脱附尽管也使微孔隙高度有所降低，但其主体部分所腾出大量空间致使总比表面积增高。那么什么变化因素能通过降低孔隙高度使总比表面积降低呢？粘土层间有机质同样对粘土层起支撑作用，若粘土样品层间存在有机质且被酸解分离，粘土矿物层间将发生坍塌，粘土层间边缘的微孔隙高度必然减小（图 4C），势必导致比表面积显著降低。XRD 分析结果证实了这一推测。酸解后残渣自然片中蒙皂石的 d_{001} 衍射峰进一步向高角度的

1.01nm 处移动，引起 1.01nm 衍射峰对称性和强度的明显增强（图 3）。加热到 250℃时，该衍射峰基本消失，与纯蒙脱石 250℃时的特征接近。加热到 550℃时，该衍射峰完全消失，同时 1.01nm 处衍射峰的对称性和强度进一步增强。这些结果表明在酸解处理过程中，有机质分离引起蒙皂石层间进一步坍塌，同时使比表面积减小，充分说明有大量有机质赋存于蒙皂石层间。

综合上述分析，得到泥岩和泥质沉积物中粘土矿物颗粒与所吸附有机质的结合关系示意图（图 5）。可以看出，有机质与粘土矿物片晶紧密地结合在一起，粘土矿物作为骨架支撑，有机质则充当填充、胶结甚至内部结构的组成部分，从而构成了复杂的有机—粘土团聚体，进而影响和控制有机质的成烃演化。

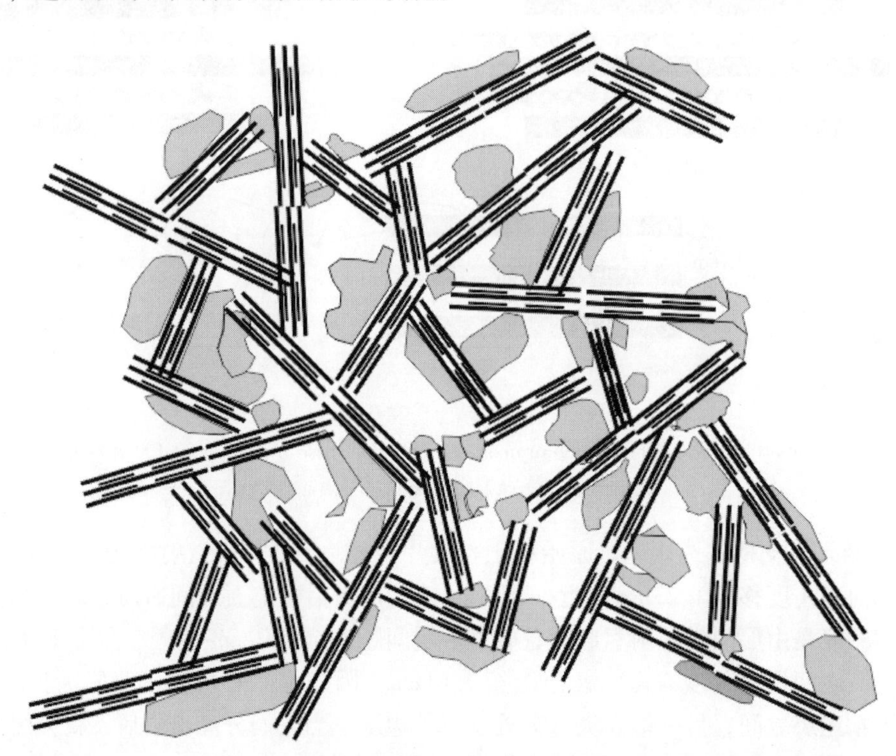

图 5　泥岩和泥质沉积物中有机 - 粘土团聚体结构示意

Fig. 5　Schematic diagram of structure upon organo-clay complexes in muddy rocks and sediments

3.4　对油气地质研究的启示

粘土矿物对有机质的影响作用长期被理解为催化效应，但实际上粘土矿物参与了有机质生烃反应，蒙脱石向伊利石转化过程与有机质成熟度和生烃过程均密切相关，且该过程中蒙脱石结构内 Fe^{3+} 被还原成 Fe^{2+}[36-37] 就是明证。然而在大多数研究矿物在有机质生烃过程中作用的热模拟实验中，未能充分考虑粘土矿物作为反应剂与有机质的复杂作用关系，只是将纯矿物和干酪根进行简单物理混合后即开展模拟研究[38-40]，这与地层烃源岩中有机质的真正赋存状态有很大差异，所得结果无法反映矿物所起到的真实地质作用。因此，如何完善矿物催化模拟实验中有机质与矿物相互混合的制备方法，使其更接近地质实际，值得进一步研究。

最近页岩气的攻关研究表明，传统认识的作为油气重要源岩的泥岩还是天然气（页岩气）的有效“储集岩”。页岩气不仅包括储存在泥页岩天然裂隙和粘土粒间孔隙内的游离气，而且也包括粘土表面的吸附气和粘土孔隙内干酪根与沥青中的溶解气[41-44]，可见粘土矿物的表面孔隙、团聚孔隙和边缘结构微孔隙均是页岩气的主要赋存空间，不同赋存形式页岩气的存在是由其所吸附粘土矿物的不同类型孔隙控制的。泥岩演化过程中，干酪根和沥青演化成烃，粘土矿物孔隙和结构发生变化，从而改变孔隙容纳空间和吸附-脱附平衡状态，影响页岩气的吸附和解吸行为。因此深入开展泥岩（页岩）中粘土矿物不同类型孔隙的识别、数量确定和所吸附气体在其中分布的动态演化过程研究，将对页岩气的成藏机理研究和脱附与开发研究起到非常积极的推动作用。

4 结　论

由于粘土矿物自身的结构特点和集合特性，所吸附有机质按赋存空间可分为3种类型，即表面与团聚孔隙吸附的有机质、结构边缘孔隙吸附的有机质和内部层间域吸附的有机质。粘土矿物与所赋存的有机质相互作用形成结构复杂的有机—粘土复合体。不同赋存类型有机质与粘土矿物的结合关系有所差异，有物理吸附和化学吸附之分，物理吸附以分子间范德华力为主，而化学吸附则包括离子交换、阳离子桥、水桥和离子偶极力等多种机制，从而导致所吸附有机质的热稳定性差异，引起各赋存态有机质生烃门限的分异，使源岩生烃过程表现出多阶、连续的特点。正确认识有机质在粘土及其他矿物中的赋存状态、不同赋存状态决定的具体吸附机制和各赋存态有机质的分配比例，是烃源岩研究的前提和基础，对油气的生成、排出和运移研究具有十分重要的意义，并且也将对页岩气的勘探和开发研究予以重要启示。

参考文献

[1] Kennedy M J, Pevear D R, Hill R H. Mineral surface control of organic carbon in black shale [J]. Science, 2002, 295 (25): 657-660.

[2] Salmon V, Derenne S, Largeau C, et al. Protection of organic matter by mineral matrix in a Cenomanian black shale [J]. Organic Geochemistry, 2000, 31 (5): 463-474.

[3] Kaiser K, Guggenberger G. The role of DOM sorption to mineral surfaces in the preservation of organic matter in soils [J]. Organic Geochemistry, 2000, 31 (7-8): 711-725.

[4] Bergamaschi B A, Tsamakis E, Keil R G, et al. The effect of grain size and surface area on organic matter, lignin and carbohydrate concentration, and molecular compositions in Peru Margin sediments [J]. Geochimica et Cosmochimica Acta, 1997, 61 (6): 1247-1260.

[5] Mayer L M. Extent of coverage of mineral surfaces by organic matter in marine sediments [J]. Geochimica et Cosmochimica Acta, 1999, 63 (2): 207-215.

[6] Keil R G, Montlucon D B, Prahl F G, et al. Sorptive Preservation of Labile Organic-Matter in Marine-Sediments [J]. Nature, 1994, 370: 549-552.

[7] Weaver C E. Possible uses of clay minerals in research for oil [J]. AAPG Bulletin, 1960, 44 (9): 1505-1578.

[8] Velde B, Espitalie J. Comparison of kerogen maturation and illite/smectite composition in diagenesis

[J]. Journal of Petroleum Geology, 1989, 12 (1): 103 - 110.

[9] Seedwald J S. Organic-inorganic interactions in petroleum-producing sedimentary basins [J]. Nature, 2003, 426 (20): 327 - 333.

[10] Jarvie D M, Hill R J, Ruble T E, et al. Unconventional shale-gas systems: the Mississippian Barnett shale of north-central Texas as one model for thermogenic shale-gas assessment [J]. AAPG Bulletin, 2007, 91 (4): 475 - 499.

[11] Loucks R G, Ruppel S C. Mississippian Barnett shale: lithofacies and depositional setting of a deep-water shale-gas succession in the fort worth basin, Texas [J]. AAPG Bulletin, 2007, 91 (4): 579 - 601.

[12] Ransom B, Bennett R H, Baerwald R, et al. TEM study of in situ organic matter on continental margins: occurrence and the "monolayer" hypothesis [J]. Marine Geology, 1997, 138 (1-2): 1-9.

[13] Pichevin L, Bertrand P, Boussafir M, et al. Organic matter accumulation and preservation controls in a deep sea modern environment: an example from Namibian slope sediments [J]. Organic Geochemistry, 2004, 35 (5): 543 - 559.

[14] Furukawa Y. Energy-filtering transmission electron microscopy (EFTEM) and electron energy-loss spectroscopy (EELS) investigation of clay-organic matter aggregates in aquatic sediments [J]. Organic Geochemistry, 2000, 31 (7-8): 735 - 744.

[15] Kogure T. Investigation of micas using advanced TEM [J]. Rev Mineral Geochem, 2002, 46: 281 - 312.

[16] Aringhieri R. Nanoporosity characteristics of some natural clay minerals and soils [J]. Clays and Clay Minerals, 2004, 52 (6): 700 - 704.

[17] Christensen B T. Physical fractionation of soil and organic matter in primary particle size and density separates [J]. Advances in Soil Science, 1992, 20: 1 - 221.

[18] Mayer L M. Surface area control of organic carbon accumulation in continental shelf sediments [J]. Geochimica et Cosmochimica Acta, 1994, 58 (4): 1271 - 1284.

[19] Mayer L M. Relationships between Mineral Surfaces and Organic-Carbon Concentrations in Soils and Sediments [J]. Chemical Geology, 1994, 114 (3-4): 347 - 363.

[20] Lu Longfei, Ray L Frost, Cai Jingong. Desorption of benzoic and stearic acid adsorbed upon montmorillonites: a thermogravimetric study [J]. Journal of Thermal Analysis and Calorimetry, 2010, 99 (2): 377 - 384.

[21] Lu Longfei, Cai Jingong, Ray L Frost. Desorption of stearic acid upon surfactant adsorbed montmorillonite [J]. Journal of Thermal Analysis and Calorimetry, 2010, 100 (1): 141 - 144.

[22] Von Luetzow M, Kögel-Knabner I, Ekschmitt K, et al. SOM fractionation methods: Relevance to functional pools and to stabilization mechanisms [J]. Soil Biology & Biochemistry, 2007, 39 (9): 2183 - 2207.

[23] Zegouagh Y, Derennel S, Largeau C, et al. Organic matter sources and early diagenetic alterations in Arctic surface sediments (Lena River Delta and Laptev Sea, eastern Siberia) - Part I. Analysis of the carboxylic acids released via sequential treatments [J]. Organic Geochemistry, 1996, 24 (8/9): 841 - 857.

[24] Kawamura K, Ishiwatari R. Tightly bound aliphatic acids in Lake Biwa sediments: Their origin and stability [J]. Organic Geochemistry, 1984, 7 (2): 121 - 126.

[25] Derenne S, Largeau C. A review of some important families of refractory macromolecules: Composition, origin, and fate in soils and sediments [J]. Soil Science, 2001, 166 (11): 833 - 847.

[26] 陆现彩，胡文瑄，张林晔，等．烃源岩中可溶有机质与粘土矿物结合关系 [J]．地质科学，1999，34 (1)：69 - 77.

[27] 蔡进功，卢龙飞，宋明水，等．有机粘土复合体抽提特征及其石油地质意义 [J]. 石油与天然气地质，2010，31 (3)：300 – 308.

[28] Kaiser K, Guggenberger G. Mineral surfaces and soil organic matter [J]. European Journal of Soil Science, 2003, 54 (2): 219 – 236.

[29] Christidis G E, Moraetisa D, Keheyan E, et al. Chemical and thermal modification of natural HEU-type zeolitic materials from Armenia, Georgia and Greece [J]. Applied Clay Science, 2003, 24 (1 – 2): 79 – 91.

[30] Grim R E. Clay Mineralogy [M]. New York: McGraw – Hill Book Co, 1952.

[31] Nemecz E. Clay Minerals [M]. Budapest: Akademiai Kiado, 1981.

[32] Yariv S, Shoval S. The effects of thermal treatment on associations between fatty acids and montmorillonite [J]. Israel Journal of Chemistry, 1982, 23 (3): 259 – 265.

[33] Christidis G E, Scott P W, Dunham A C. Acid activation and bleaching capacity of bentonites from the islands of Milos and Chios, Aegean, Greece [J]. Applied Clay Science, 1997, 12 (4): 329 – 347.

[34] Wu Zhansheng, Li Chun, Sun Xifang, et al. Characterization, acid activation and bleaching performance of bentonite from Xinjiang [J]. Chinese Journal of Chemical Engineering, 2006, 14 (2): 253 – 258.

[35] Bayari O R, Musleh S M, Tutungi M F, et al. Bleaching of some vegetable oils with acid-activated Jordanian bentonite and kaolinite [J]. Asian Journal of Chemistry, 2008, 20 (3): 2385 – 2397.

[36] Devey R, Curtis C D. Moss bauer and chemical investigation of mud rocks [J]. Clay Minerals, 1989, 24 (1): 53 – 65.

[37] Antonio M R, Karet G B, Guzowskijr J P. Iron chemistry in petroleum production [J]. Fuel, 2000, 79 (1): 37 – 45.

[38] 李术元，林世静，郭绍辉，等．无机盐类对干酪根生烃过程的影响 [J]. 地球化学，2002，31 (1)：15 – 20.

[39] 李术元，林世静，郭绍辉，等．矿物质对干酪根热解生烃过程的影响 [J]. 石油大学学报（自然科学版），2002，26 (1)：69 – 75.

[40] 张在龙，王广利，劳永新，等．未熟烃源岩中矿物低温催化脂肪酸脱羧生烃动力学模拟实验研究 [J]. 地球化学，2000，29 (4)：322 – 326.

[41] 宋一涛，廖永胜，张守春．半咸 – 咸水湖相烃源岩中两种赋存状态可溶有机质的测定及其意义 [J]. 科学通报，2005，50 (14)：1531 – 1534.

[42] Montgomery S L, Jarvie D M, Bowker K A, et al. Mississippian Barnett Shale, Fort Worth basin, north-central Texas: Gas-shale play with multi-trillion cubic foot potential [J]. AAPG Bulletin, 2005, 89 (2): 155 – 175.

[43] Curtis J B. Fractured shale-gas systems [J]. AAPG Bulletin, 2002, 86 (11): 1921 – 1938.

[44] Jarvie D M, Hill R J, Ruble T E, et al. Unconventional shale-gas systems: the Mississippian Barnett shale of north-central Texas as one model for thermogenic shale-gas assessment [J]. AAPG Bulletin, 2007, 91 (4): 475 – 499.

基于数据挖掘技术的火成岩岩性识别方法

张　军[1,2]　李　军[1]　胡　瑶[1]

（1. 中国石化石油勘探开发研究院，北京　100083；
2. 中国石油大学博士后流动站，北京　102249）

摘　要　火成岩化学成分变化大、矿物组成多，因此其测井响应具有复杂性和多解性，给利用测井资料识别火成岩岩性带来了困难。为给松南气田火成岩气藏测井精细评价奠定基础，研究了火成岩岩性识别的方法。常用的交会图法利用两种测井参数识别岩性，精度不高。为了提高岩性识别的准确性，利用开源数据挖掘软件 weka，将关联规则、决策树、聚类分析、支持向量机等数据挖掘技术应用于火成岩岩性识别，对识别过程和结果进行分析得到：其中 3 种方法能提高岩性识别的准确性，特别是决策树模型识别准确率最高，同时较容易理解，可以作为火成岩岩性识别的辅助工具。将决策树模型应用于实际井资料的处理，与岩石薄片鉴定资料对比，岩性识别符合率高，证明了模型的可用性。

关键词　岩性识别　交会图　数据挖掘　决策树

The Identification Method of Igneous Rock Lithology Based on Data Mining Technology

ZHANG Jun[1,2], LI Jun[1], HU Yao[1]

(1. Petroleum Exploration and Production Research Institute, SINOPEC, Beijing 100083, China; 2. Post Doctoral Center, China University of Petroleum, Beijing 102249, China)

Abstract　Igneous rock is featured with complex lithology, its logging response is multiplicity, therefore, it is difficult to identify igneous rock lithology with logging data. To lay the foundation for fine logging evaluation of igneous reservoir in Songnan Gasfield, the identification method of igneous rock lithology is researched. Common crossplot method identify lithology with only two logging parameters, its precision is not high. To improve the accuracy of identification, the data mining software, named as the weka, is used, four data mining methods, including Association Rule, Decision Tree, Clustering Analysis, Support Vector Machine, are applied in lithology identification. The results show that three methods can improve the accuracy of lithology identification, in particular, Decision Tree model has the highest recognition accuracy, while it is relatively easy to understand, so it can be used as auxiliary tools for recognition of igneous rocks. Decision Tree model is used to process logging data of exploratory well, and its computation results are well consistent with the core thin section data.

Key words　lithology identification; crossplot method; data mining; Decision Tree

火成岩是由岩浆冷凝固结而成的岩石，其岩性非常复杂。按其在地壳中形成的部位分为侵入岩和火山岩两大类。根据岩浆侵入深度部位不同，侵入岩又可分为深成岩、浅成岩、超浅成岩。根据成因的不同，可将火山岩分为火山熔岩、火山碎屑岩、火山碎屑熔岩。根据浆源化学性质的不同，所形成的火山岩岩石可分为碱性系列和亚碱性系列等。根据酸度的差别，火山岩岩石又分为超基性、基性、中性和酸性岩石[1-9]。

研究区松南气田位于松辽盆地南部长岭断陷，已有十余口井钻遇营城组火成岩气层，其中腰深1井区探明含气面积16.83km^2，探明天然气地质储量433.6×10^{8}m^3，可采储量260×10^{8}m^3；腰深2井区也获得了工业天然气流，显示了该区良好的勘探开发前景。松辽盆地南部深层火成岩地层形成于多期喷发，岩性复杂，岩石类型多样，在岩石成分上，从基性岩到酸性岩都有出现；从岩石成因上看，包括火山熔岩、火山碎屑岩、火山碎屑熔岩和侵入岩等。为给研究区火成岩储层测井精细评价奠定良好的基础，本文探索了利用常规测井资料识别松南气田火成岩岩性的方法。

由于常规测井资料仅能反映岩石化学成分，难以区分岩石结构[3]，综合分析研究区测井、录井、薄片鉴定等资料，将研究区火成岩分为玄武岩类、粗面岩类、安山岩类、流纹岩类。利用开源数据挖掘软件weka，运用关联规则、决策树、聚类分析、支持向量机4种数据挖掘技术建立岩性识别模型，利用本区薄片鉴定资料进行测试，与测井解释中常用的交会图版法识别岩性效果进行比较，挑选较好的识别模型，应用于实际井资料的处理，分析其应用效果。

1　岩性识别方法

1.1　数据准备

对研究区录井、测井等资料进行分析，选择其中10口井岩性确定的井段读取测井响应值：自然伽马（GR）、中子孔隙度（CNL）、密度（DEN）、纵波时差（AC）、深侧向电阻率（RD），计算与孔隙度无关、仅反映岩石骨架特征的测井参数M，N[10]，共读取416条数据，作为训练集，用来建立岩性识别模型，其中玄武岩94条，粗面岩43条，安山岩85条，流纹岩194条。

以研究区岩心薄片鉴定资料作为测试集，对岩性识别模型的推广能力进行测试。在各薄片鉴定深度点读取与训练集同样的测井响应参数，计算相应的M，N参数，共97条数据，其中玄武岩23条，粗面岩15条，安山岩7条，流纹岩52条。

训练集和测试集的属性共7个，分别为：GR，CNL，DEN，AC，M，N；分类为玄武岩类、粗面岩类、安山岩类、流纹岩类。

1.2　交会图版法识别岩性

测井交会图法是识别火山岩岩性直观而且有效的方法，它把两种测井参数在平面图上交会，根据交会点的坐标定出所求参数的数值和范围。在交会图上能直观地看出各种岩性的分界和分布的区域，能比较直观地识别火山岩[3,11]。

对训练集数据中的7种测井参数两两作交会图，发现GR－DEN交会图版对岩性分类效果最好。对GR－DEN交会图中各岩性范围划定界限，416条数据中，正确地落在各岩类界限内的点有363条，识别准确率为87.3%（图1）。

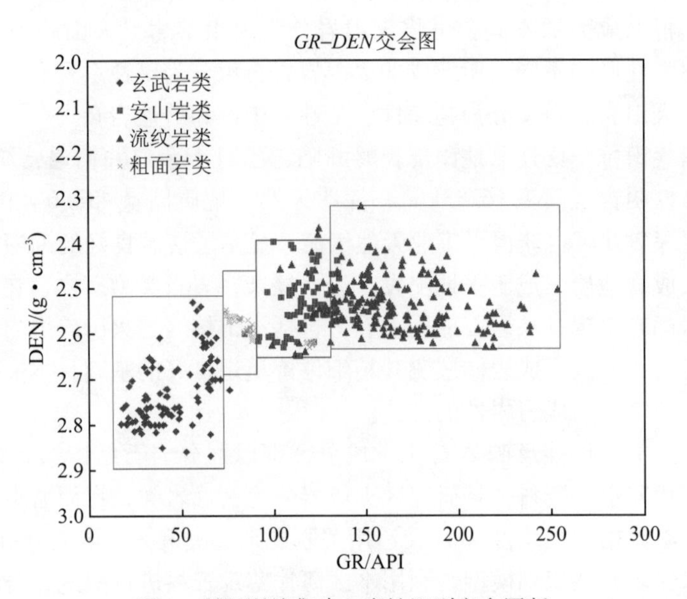

图1　利用训练集建立岩性识别交会图版

Fig. 1　Use the training set to draw lithology identification plot

将交会图版应用于测试集，检验图版识别的准确性，97条数据中，有76条数据被正确地识别到其所属的岩类，识别准确率为78.4%（图2）。

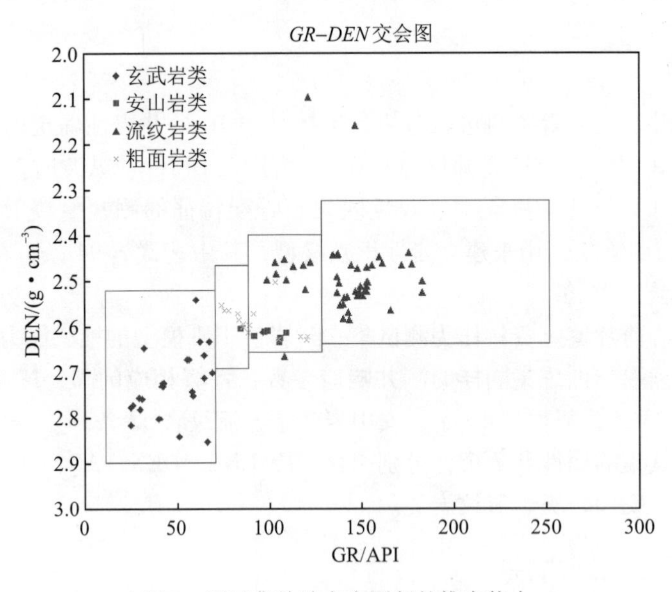

图2　测试集检验交会图版的推广能力

Fig. 2　Use the test set to verify prediction capability of crossplot

1.3　数据挖掘技术之一：关联规则

关联规则挖掘的目标是从大量的数据中挖掘出有价值的描述数据项之间相互联系的知识。关联规则的一个典型应用实例是“购物篮分析”：通过被放到同一个购物篮的商品记录来发现不同商品之间所存在的关联知识，从而帮助商家分析顾客的购买习惯。支持度（support）和信任度（confidence）是度量规则的参数，分别描述规则的有用性和确定性。挖掘关联规则至少包含两个步骤：①发现所有的频繁项集，这些项集的频度应大于或等于预设的最小支持度；②根据所获得的频繁项集，产生所有的强关联规则，这些规则的信任度应大于或等于预设的最小信任度[12-13]。

由于关联规则只能处理属性为分类型的数据，而测井参数为数值型数据，因此须将数据离散化。利用 weka 软件的 weka. filters. unsupervised. attribute. Discretize 工具将各属性数据按大小分成 20 等份，从而将属性转换成分类型。其中深侧向电阻率 RD 由于幅度范围较大，在测井曲线图上常常用对数刻度，因此将 RD 先取对数，然后离散化。采用关联规则最常用的 Apriori 算法，设置最小支持度为 0.05，最小信任度为 0.60。利用训练集挖掘共得到 2009 条规则，针对每种岩性挑选能直接得到岩性分类的信任度最高的 3 条规则，如表 1 所示。将得到的规则应用于测试集 97 条数据中，有 78 个点至少满足一条规则，其中 64 个点依据规则判断岩性准确（当一条数据同时满足两条规则时，按照信任度更高的规则判断岩性），如表 2 所示，识别准确率 64/78 = 82.1%。有 19 条数据不满足任一规则，原因在于对每个岩类只挑选了信任度最高的 3 条规则。

表 1　挖掘得到的规则及信任度

Table 1　Rules and their supports

岩类	规则	信任度
玄武岩类	GR =' (-inf -64.7] '	76/76 =1
	DEN =' (2.67 -2.80] '	65/65 =1
	M =' (0.725 -0.769] '	50/54 =0.93
粗面岩类	CNL =' (10.425 -12.68] ' DEN =' (2.543 -2.608] '	29/29 =1
	GR =' (64.7 -88.2] ' M =' (0.812 -0.856] ' N =' (0.585 -0.625] '	28/29 =0.97
	GR =' (64.7 -88.2] ' LGRD =' (1.53 -1.84] '	28/30 =0.93
安山岩类	GR =' (111.8 -135.4] ' CNL =' (3.66 -5.915] '	32/34 =0.94
	GR =' (88.2 -111.8] '	26/35 =0.74
	GR =' (111.8 -135.4] ' LGRD =' (2.14 -2.444] '	25/35 =0.71
流纹岩类	GR =' (158.9 -206.0] '	74/74 =1
	CNL =' (1.405 -3.66] ' N =' (0.625 -0.665] '	28/29 =0.97
	GR =' (135.4 -158.94] ' M =' (0.8564 -0.900] '	42/47 =0.89

表 2　规则在测试集上的应用效果

Table 2　The result identified by rules

岩类	规则		识别准确率
玄武岩类	GR =' (-inf -64.7] '	17/17 =1	20/21 =0.95
	DEN =' (2.67 -2.80] '	11/11 =1	
	M =' (0.725 -0.769] '	11/12 =91.7	

续表

岩类	规则		识别准确率
粗面岩类	CNL =' (10.425 - 12.68] ' DEN =' (2.54 - 2.61] '	6/6 = 1	6/6 = 1
	GR =' (64.7 - 88.2] ' M =' (0.812 - 0.856] ' N =' (0.585 - 0.625] '	6/6 = 1	
	GR =' (64.7 - 88.2] ' LGRD =' (1.53 - 1.84] '	6/6 = 1	
安山岩类	GR =' (111.8 - 135.4] ' CNL =' (3.66 - 5.915] '	0/1 = 0	6/20 = 0.30
	GR =' (88.2 - 111.8] '	6/18 = 0.33	
	GR =' (111.8 - 135.4] ' LGRD =' (2.14 - 2.444] '	0/1 = 0	
流纹岩类	GR =' (158.9 - 206.0] '	8/8 = 1	32/32 = 1
	CNL =' (1.405 - 3.66] ' N =' (0.625 - 0.665] '	2/2 = 1	
	GR =' (135.4 - 158.94] ' M =' (0.8564 - 0.900] '	23/23 = 1	

利用关联规则挖掘建立岩性识别模型，得到的规则与测井解释识别岩性常用的约束条件表达方式接近，因此较容易理解。模型对测试集的识别准确率（82.1%）相比于常规交会图法（78.4%）略高，准确率不高的原因在于数据预处理中对各测井参数数据进行了离散化，每个参数按照数据大小被分成20等份，导致离散化后的数据区间和各测井参数在不同岩类上的特征区间不对应。

1.4 数据挖掘技术之二：决策树

所谓决策树就是一个类似流程图的树型结构，其中树的每个内部结点代表对一个属性（取值）的测试，其分支就代表测试的每个结果；而树的每个叶结点就代表一个类别，树的最高层结点就是根结点。为了对未知数据对象进行分类识别，可以根据决策树的结构对数据集中的属性值进行测试，从决策树的根结点到叶结点的一条路径就形成了对相应对象的类别预测。决策树可以很容易转换为分类规则[12-13]。

利用训练集建立决策树岩性识别模型，选用决策树挖掘最常用的C4.5算法，由于模型参数 C（confidence）对模型精度影响较大，采用weka提供的weka.classifiers.meta.CVParameterSelection工具对 C 进行优化，利用10折交叉验证方法检验模型性能。得到最优模型参数 $C=0.1$，决策树如图3所示（由于决策树较大，此处只画出部分），训练集416条数据中，380条被模型正确识别，模型精度为380/416 = 91.3%。将模型应用于测试集，效果如表3所示。

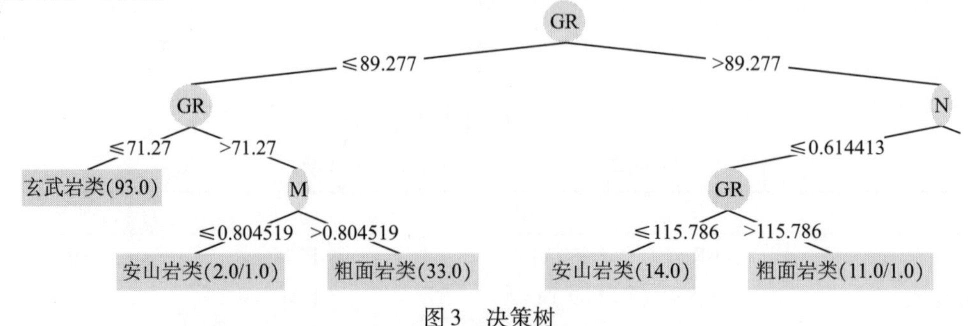

图3 决策树

Fig. 3 Decision Tree model

表 3　决策树模型在测试集上的应用效果

Table 3　The results identified by Decision Tree model

岩类	数据数/条	识别结果/条				识别准确率/%	
		玄武岩类	粗面岩类	安山岩类	流纹岩类		
玄武岩类	23	22		1		95.7	
粗面岩类	15		11	3	1	73.3	(平均 88.7)
安山岩类	7			7		100	
流纹岩类	52			6	46	88.5	

利用决策树方法建立的岩性识别模型精度和泛化能力均远好于测井交会图法识别模型，同时，决策树模型采用条件判断的表达方式识别岩性，较容易理解，因此决策树岩性识别模型可在本区作为岩性识别的辅助工具。

1.5　数据挖掘技术之三：聚类分析

聚类分析挖掘的目标是将数据分簇（clusters），使“各簇内部数据对象间的相似度最大，而各簇对象间相似度最小”。常用欧式距离来描述数据之间的相似度。聚类分析最常用的算式是 K 均值算法（K-means），它的步骤是：①随机指定 K 个簇中心；②将每个实例分配到距离最近的簇中心，得到 K 个簇；③计算各簇中数据的均值，将之作为各簇新的簇中心。重复步骤②和③，直到 K 个簇的中心固定，簇的分配也固定[12-13]。

采用 K 均值算法，利用训练集数据进行挖掘，簇的个数指定为 10（当簇的个数为 4 时，安山岩类混杂在流纹岩中，难以识别，因此此处 K 取更大的值），各簇的中心及与岩类的对应关系如图 4 所示。训练集 416 条数据中，337 条数据被归到正确的簇，79 条数据被归到错误的簇，模型精度为 337/416 = 81.0%。

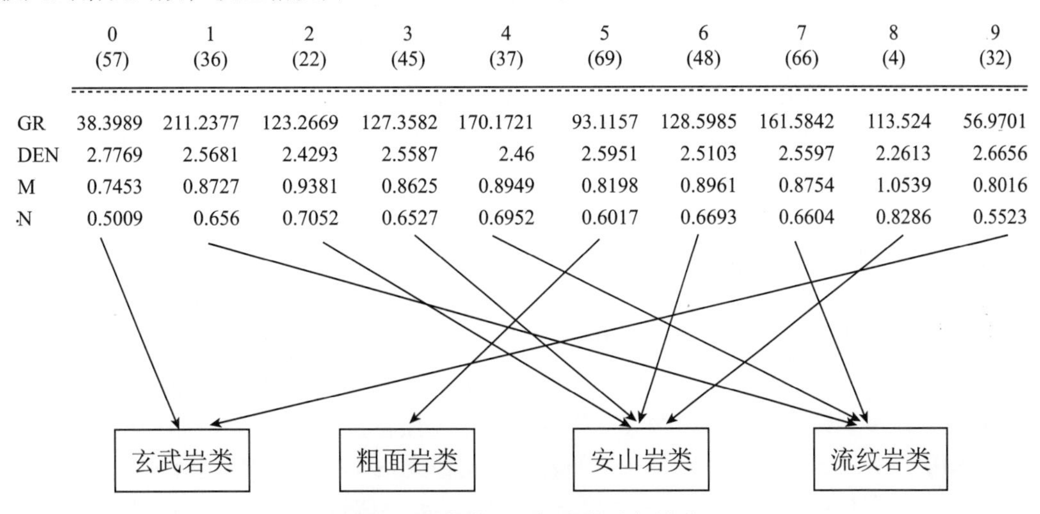

图 4　各簇中心及与岩类对应关系

Fig. 4　The cluster centers and correspondence with lithology

将聚类分析模型应用于测试集，97 条数据中 65 条数据被归到正确的簇，识别准确率仅为 65/97 = 67.0%。识别准确性差的原因在于聚类分析属于无监督的机器学习方法，仅根据数据之间的距离进行分类，在建模过程中没有用数据实际归属的簇对模型进行约束和修正。

1.6 数据挖掘技术之四：支持向量机

支持向量机是建立在统计学习 VC 维理论和结构风险最小化原则基础上的，它以训练误差作为优化问题的约束条件，以置信范围最小化为优化目标构造函数，并将函数转化为二次规划凸优化问题来求解，保证解的唯一性和全局最优性。它的基本思想是在线性可分的数据中寻找最大边缘超平面，使其不仅能正确分开二元样本，而且泛化误差最小。在非线性情况下，对数据进行坐标空间变换，将非线性问题转换为高维空间的线性问题，在高维空间中寻找最大边缘超平面[14]。

利用训练集建立支持向量机岩性识别模型，采用 RBF（Radial Basis Function）核函数，由于模型参数中惩罚因子 C 和核函数参数 γ 是影响模型精度的关键参数，利用 weka 软件提供的 weka. classifiers. meta. GridSearch（网格搜索）工具对参数寻优，得到最优参数 $C = 256$，$\gamma = \text{power}(2, -15)$，训练集 416 条数据中，369 条被模型正确识别岩性，模型精度为 369/416 = 88.7%。将支持向量机模型应用于测试集，效果如表 4 所示。

表 4　支持向量机模型在测试集上的应用效果

Table 4　The results identified by Support Vector Machine model

岩类	数据条数	识别结果				识别准确率/%	
		玄武岩类	粗面岩类	安山岩类	流纹岩类		
玄武岩类	23	21		1	1	91.3	（平均 85.6）
粗面岩类	15		11	2	2	73.3	
安山岩类	7			6	1	85.7	
流纹岩类	52	2		5	45	86.5	

支持向量机模型精度（88.7%）比常规交会图法（87.3%）略高，但其推广能力远好于常规交会图法（对测试集的识别准确率为 85.6% 对 78.4%）。支持向量机模型属“黑盒”模型，不容易理解。

2　方法优选及实际应用

运用关联规则、决策树、聚类分析、支持向量机 4 种数据挖掘技术建立岩性识别模型，与常规交会图法比较可知：关联规则模型、决策树模型和支持向量机模型的精度和推广能力均好于常规交会图法，而聚类分析方法属于无监督机器学习方法，应用效果较差；关联规则模型表述方式与测井解释常用的岩性识别约束条件类似，因此最容易理解，决策树模型次之，支持向量机模型属于“黑盒”模型，可理解性最差。综合比较 4 种模型，决策树模型精度最高，推广能力最好，较容易理解，可作为研究区岩性识别工作的辅助工具。

将决策树模型应用于研究区实际井资料的处理，图5为决策树模型对腰深6井火成岩岩性大类的识别成果，与该井岩石薄片鉴定结论进行对比，只有在深度为4221.50m时识别错误，该深度点岩石薄片鉴定结论为“粗面质角砾岩”，识别结果为“安山岩类”，由于某深度点的测井响应实际是该深度点附近一定深度范围内地层的综合测井响应[9]，该点的测井响应可能是受到了下方安山岩地层的影响，导致了识别错误。识别结果在其他深度点上均与岩石薄片鉴定结论吻合，显示了模型良好的应用效果。

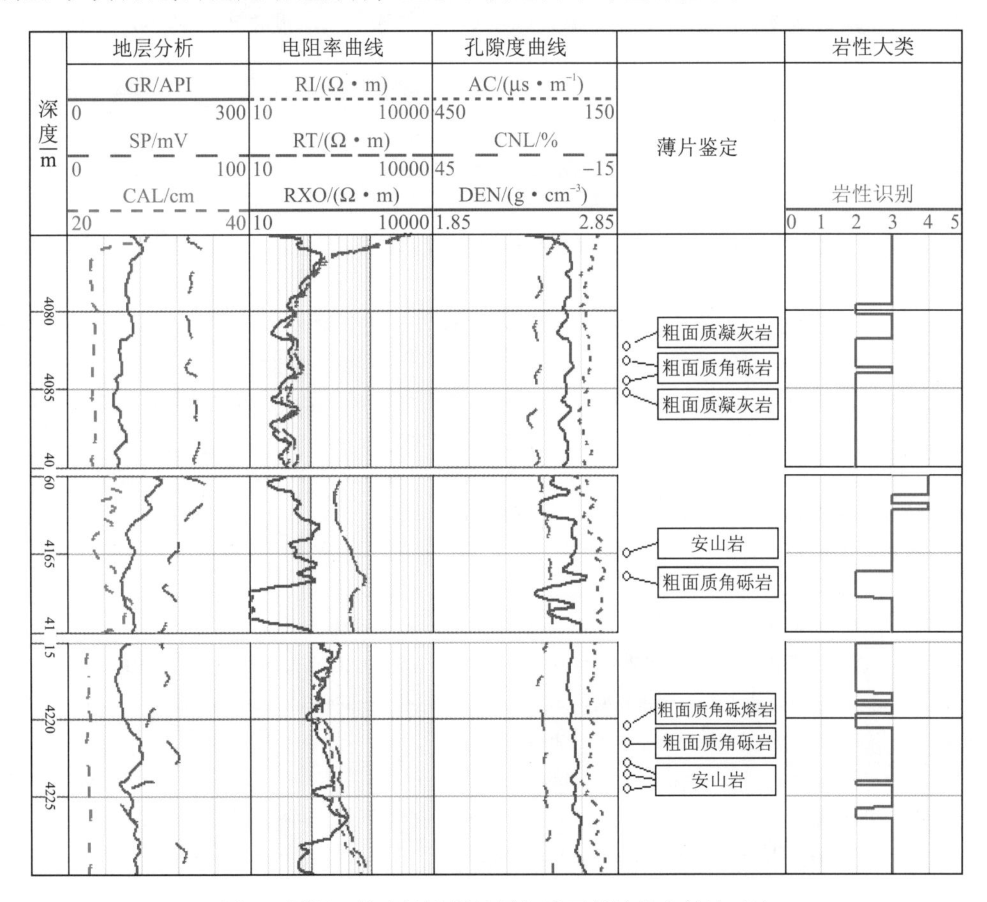

图5 腰深6井岩性识别结果与岩石薄片鉴定结论对比

Fig. 5 The comparison chart of lithology identification result and core thin section data in well Yaoshen 6

“岩性识别”曲线为识别结果：1—玄武岩类；2—粗面岩类；3—安山岩类；4—流纹岩类

3 结 论

1）在4种数据挖掘技术建立的岩性识别模型中，关联规则模型、决策树模型和支持向量机模型的精度和推广能力均好于常规交会图法，只有聚类分析方法应用效果较差。

2）对4种岩性识别模型的应用效果进行综合分析后认为：决策树模型精度最高，推广能力最好，较容易理解，可作为研究区岩性识别工作的辅助工具。

3）将决策树模型应用于研究区实际井资料的处理，与岩石薄片鉴定资料进行对比，取得了良好的应用效果，证明了模型在研究区的适用性，同时对解决同类地质问题有一定的借鉴意义。

参考文献

[1] 王璞珺，冯志强，刘万洙，等．盆地火山岩（岩性·岩相·储层·气藏·勘探）[M]．北京：科学出版社，2008.

[2] 中国石油勘探与生产分公司．火山岩气藏测井评价技术及应用 [M]．北京：石油工业出版社，2009.

[3] 李宁，陶宏根，刘传平，等．酸性火山岩测井解释理论、方法与应用 [M]．北京：石油工业出版社，2009.

[4] 潘保芝，李舟波，付有升，等．测井资料在松辽盆地火成岩岩性识别和储层评价中的应用 [J]．石油物探，2009，48（1）：48－52.

[5] 杨申谷，刘笑翠，胡志华，等．储层分析中火山岩岩性的测井识别 [J]．石油天然气学报，2007，29（6）：33－37.

[6] 杨申谷，吴红珍．大洼油田中、新生界火山岩的测井识别方法 [J]．江汉石油学院学报，2003，25（2）：58－59.

[7] 潘保芝，闫桂京，吴海波．对应分析确定松辽盆地北部深层火山岩岩性 [J]．大庆石油地质与开发，2003，22（1）：7－9.

[8] 罗静兰，林潼，杨知盛，等．松辽盆地升平气田营城组火山岩相及其储集性能控制因素分析 [J]．石油与天然气地质，2008，29（6）：748－757.

[9] 谢晓安，周卓明．松辽盆地深层天然气勘探实践与勘探领域 [J]．石油与天然气地质，2008，29（1）：113－119.

[10] 洪有密．测井原理和综合解释 [M]．东营：石油大学出版社，1993.

[11] 孙建孟，王永刚．地球物理资料综合解释 [M]．东营：石油大学出版社，2001.

[12] Witten I H, Frank E. Data mining: practical machine learning tools and techniques [M]．董琳，邱泉，于晓峰，等译．北京：机械工业出版社，2006.

[13] Groth R. Data mining: Building Competitive Advantage [M]．侯迪，宋擒豹，译．西安：西安交通大学出版社，2001.

[14] Vapnik V N. The nature of statistical learning theory [M]．NY: Springer－Verlag, 1995.

地球物理勘探

鄂尔多斯盆地大牛地气田盒3段波形地震相

许　杰[1,2]　董　宁[1]　宁俊瑞[1]　张永贵[1]　周小鹰[1]　佘　刚[1]

（1. 中国石化石油勘探开发研究院，北京　100083；
2. 中国石油大学，北京　102249）

摘　要　鄂尔多斯盆地大牛地气田二叠系下石盒子组盒3段属于辫状河道沉积，地震属性及反演预测受地震分辨率限制以及上覆上石盒子组底砂岩影响，造成河道砂岩储层预测的多解性。在高分辨率层序地层格架控制下，通过合成记录对比及地震反射特征剖析，认清了盒3段顶界面地震反射波 T_9^f 的4种地质含义。在此基础上，应用波形地震相分析方法，通过地震相、测井相及沉积相综合研究，较好地预测出辫状河道沉积微相展布及河道砂岩发育的有利区。在D61井附近目标区的实践中，砂岩预测结果与实钻吻合率达90%。由此表明，以沉积相、沉积特征约束下的波形地震相划分，能实现对复杂地质体的准确预测和描述。

关键词　高分辨率层序地层　河道砂岩　波形地震相　测井相　沉积相　大牛地气田　鄂尔多斯盆地

Waveform Seismic Facies of P_1h^3 in Daniudi Gasfield, the Ordos Basin

XU Jie[1,2], DONG Ning[1], Ning Junrui[1], ZHANG Yonggui[1], ZHOU Xiaoying[1], SHE Gang[1]

(1. Petroleum Exploration and Production Research Institute, SINOPEC, Beijing 100083, China; 2. China University of Petroleum, Beijing 102249, China)

Abstract　The reservoirs of the 3rd member of the Permian Lower Shihezi Formation (P_1h^3) in Daniudi Gasfield of the Ordos Basin are typical of braided channel sediments. Seismic attribution prediction and inversion of channel sand are uncertainty because of seismic resolution and overlying sandstone of the Upper Shihezi Formation. By a comprehensive analysis of synthetic seismograms and seismic reflection features and applying of the principle of the high-resolution sequence stratigraphy theory in this paper, we recognized clearly four geological meanings of seismic reflection wave T_9^f. On this basis, we can predict braided channel sediment facies and the development of favorable areas of sandstone by the analysis of neural network seismic facies. The predicted results had a consistent rate of 90% with the well data in D61 well field. The accuracy of braided channel sand reservoir prediction is improved greatly by this method in Daniudi Gasfield.

Key words　high-resolution sequence stratigraphy; channel sandstone; waveform seismic facies; electrofacies; sedimentary facies; Daniudi Gasfield; Ordos Basin

鄂尔多斯盆地一级构造伊陕斜坡带北部大牛地地区二叠系下石盒子组盒3段属于辫状河道沉积，辫状河道砂坝是主要的勘探开发对象，针对性的储层预测主要是通过以地震振幅属性和地震反演为主的地球物理方法来进行[1]，储层预测技术在寻找岩性油气藏方面取得了良好的效果。但随着勘探开发的进一步深入，在非主河道区域，储层横向非均质性强，地震反射复杂，地震储层预测结果的多解性增大[2-3]；尤其是在 T_9^f 强波峰反射中存在上石盒子组底砂发育、造成盒3段砂岩发育的假象。T_9^f 强波谷反射之下的短轴反射波实际上是盒3段砂岩发育的特征。如何更准确、精细地刻画盒3段沉积相（辫状河道砂岩）展布，从而提高储层预测的精度，降低储层预测的多解性，是盒3段亟待解决的技术问题。

相控储层预测思路从宏观上将地震与地质等进行了多学科融合，但其可行的操作技术及方法仍需深入探讨。本文在前期研究的基础上，应用高分辨率层序地层理论，进行了层序格架下的沉积相分析、地震反射特征与测井相对比，明确了地震反射波的地球物理意义及地质含义，划分出4种波形地震相。研究发现，波形地震相与测井相、沉积相有良好的对应关系，从而实现了地震相向沉积相的转化。

地震相是由地震反射波组成的三维单元，其地震参数如反射结构、几何外形、振幅、频率、连续性等，皆与相邻相单元不同，它代表产生反射的沉积物的岩石类型、岩石组合及沉积特征。因此可以说，地震相是沉积相在地震剖面上的反映。地震相可以通过地震波形横向变化表现出来[4]。

Vail 认为，地震相分析是根据地震资料来解释沉积环境背景和岩相的[5]。传统地震相分析主要针对地球物理参数、地震反射构型和地震相单元边界反射结构等进行“相面”描述。定量地震道波形分类方法利用神经网络算法，将地震信息变化程度通过地震相与地震信息的总体变化度相联系，以波形相似性为基础，在等时窗内分析地震波波形的变化特征。

神经网络波形地震相分析技术在大牛地气田塔巴庙区块勘探开发中的运用，较好地预测出了辫状河道沉积微相的展布及河道砂岩发育的有利区，满足了大牛地气田生产的需要。

1 层序地层划分与沉积相特征

根据层序边界特征和沉积旋回的组合关系，应用高分辨率层序地层理论，在地震、钻测井、露头及岩心等资料综合研究的基础上，将鄂尔多斯盆地大牛地地区二叠系下石盒子组盒3段划分为一个三级层序（相当于 Vail 的Ⅲ级层序，图1）。该三级层序为一个完整的长期基准面旋回，由两个中期旋回叠加组成，其准层序大多表现为粒级向上变细，形成河道（滞留沉积）－心滩－洪泛滩的相序组合[6]，代表了可容空间逐渐减小的过程。岩性以砂质岩为主夹少量紫棕、棕褐及灰绿色泥岩、粉砂质泥岩和少量炭质泥岩，沉积序列底部普遍含砾。该时期辫状河发育，主河道位于工区西南部，水动力强、粗粒沉积发育、泥质含量低，是气田已发现的最好储层；中东部地区，水动力条件相对较弱，砂岩粒度相对较细、泥质含量较高、储层较为致密。平面上，通过对工区内730余口井的层序地层对比分析，用砂岩厚度图较好地反映了辫状河道沉积相的分布[7-9]（图2），它由多条近南北向主河道组成。

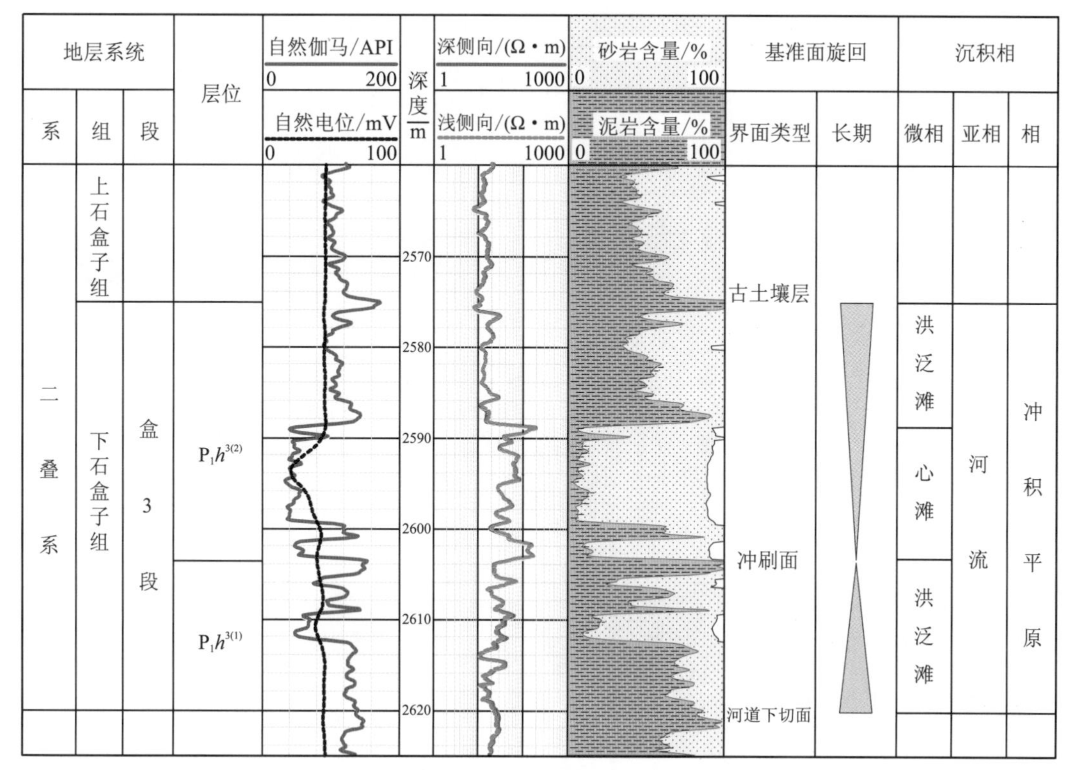

图 1　D61－12 井盒 3 段层序地层及沉积相

Fig. 1　Sequence stratigraphy and sedimentary facies of P_1h^3 in well D61－12

2　地震反射特征的地质含义

地震沉积学[10－11]认为，地震同相轴既不简单地反映等时界面、也不单纯反映岩性界面，而是与地震资料频率有关。不同频段的地震数据反映的地质信息是不同的；不同频率成分的地震资料，其反射同相轴具有不同的倾角和内部反射结构。低频资料中，反射同相轴更多地反映岩性界面信息，反映粗颗粒，以岩性调谐为主（共振）；而高频资料中，反射同相轴更多地反映等时沉积界面信息，反映细颗粒，以薄层厚度调谐为主。大牛地气田地震资料的主频为 25～30Hz，地震反射主要为岩性界面反射，正演模拟结果支持该结论。

根据合成记录标定，T_9^f波标定在下石盒子组盒 3 段顶部，盒 3 段地层大致位于从 T_9^f波至其向下 20ms 的时间段内。T_9^f波在整个塔巴庙工区范围内能量和相位变化较大，振幅为强－弱的反射，具体概括为 4 种反射特征：

1）在盒 3 段辫状河道砂岩发育区，地震反射以 T_9^f波强波峰反射为特征，反射波与层位 T_9^f 吻合，其下伴有强波谷，T_9^f波为盒 3 段砂岩顶界面与上覆上石盒子组底部泥岩的反射。

2）当盒 3 段辫状河道上砂或下砂发育，即砂体规模较小时，地震反射以 T_9^f层位之下出现强波峰反射为特征，其强波峰为盒 3 段砂岩与泥岩的界面反射。

3）当盒 3 段辫状河道砂岩不发育而泥岩发育时，地震反射以 T_9^f 波零相位或者波谷反射为特征。

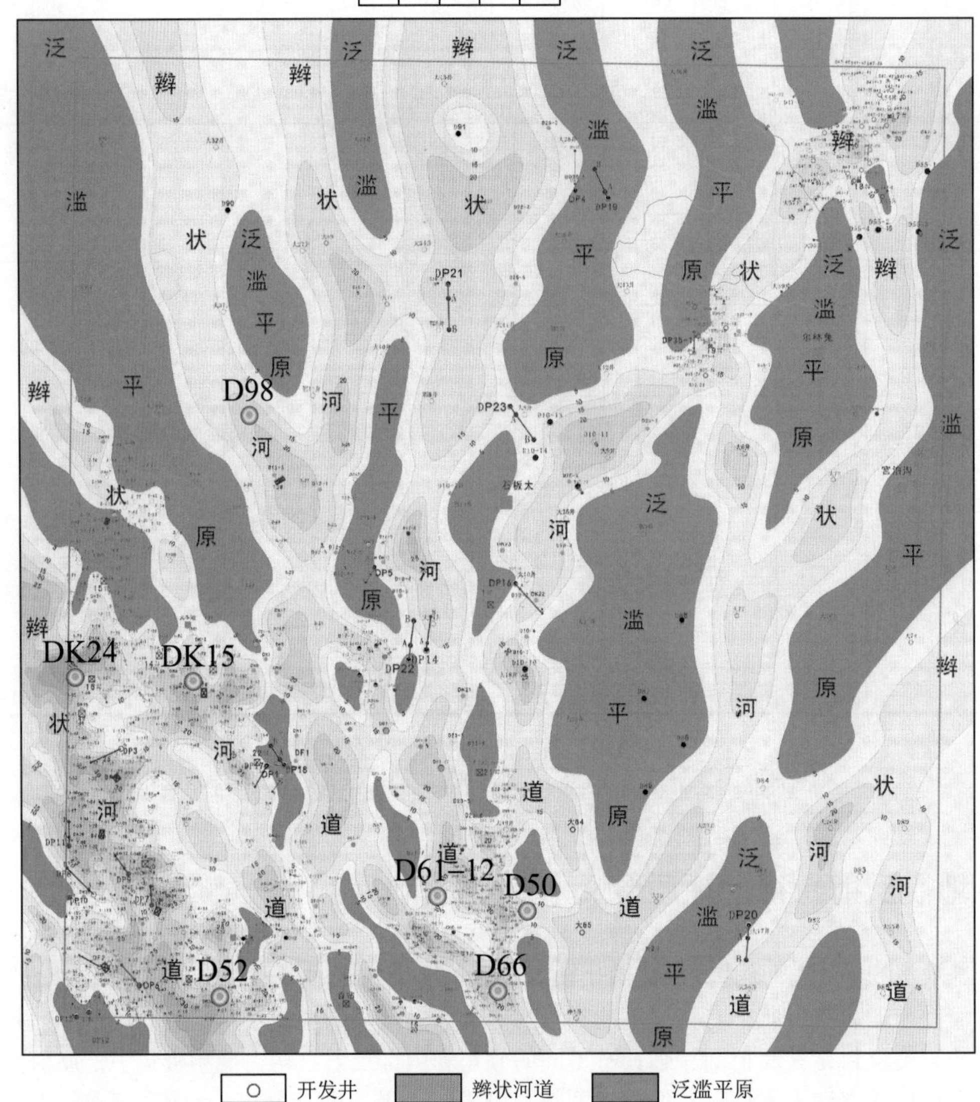

图 2 塔巴庙工区盒 3 段沉积相

Fig. 2 Sedimentary microfacies of P_1h^3 in Tabamiao field

4）当上石盒子组底部发育砂岩时，地震反射以 T_9^f 层位之上出现强波峰反射为主要特征。

此外，在层位 T_9^f 之上 10ms 至 T_9^f 之下 20ms 时窗内均无强振幅，说明没有明显的砂、泥岩反射界面（砂岩不发育）。

3 盒 3 段 T_9^f 神经网络波形分类

在地震层位 T_9^f 精细解释基础上，选取对地震相划分结果起重要作用的 3 个主要参数：目的层段的等厚时窗、波形分类数和迭代次数。根据参数选取条件，经过反复试验和筛选，时窗选取 T_9^f 波之上 10ms 至 T_9^f 波之下 20ms、大约为一个完整波形，波形分类数划分为 10 个，迭代次数选取 30，最终得到 T_9^f 波的 10 种波形分类结果（图 3）。根据上述目的层段 4 种地震反射特征的地质含义，将波形进行沉积微相归类。其中，第 1，2 类波形（黄色，为Ⅱ类波形）划分为心滩（代表单个沉积旋回的砂岩发育）；第 3，4，5 类波形（红色，为Ⅰ类波形）划分为心滩（代表两个沉积旋回的砂岩发育）；第 6，7 类波形（蓝色，为Ⅲ类波形）及第 8，9，10 类波形（蓝色，为Ⅳ类波形）划分为泛滥平原（或心滩间）沉积。由此可见，地震波形分类具有明确的地球物理意义及地质含义。

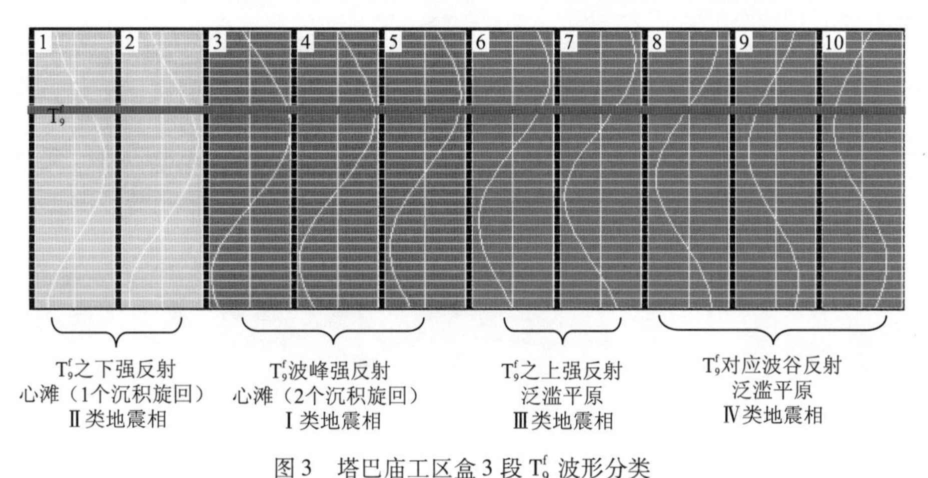

图 3　塔巴庙工区盒 3 段 T_9^f 波形分类

Fig. 3　T_9^f seismic waveform classification of P_1h^3 in Tabamiao field

4　地震相、测井相及沉积相对比

盒 3 段的辫状河沉积环境决定了盒 3 段储层薄，横向非均质性强。在井－震合成记录精细标定的基础上，应用地震相、测井相及沉积相等进行对比分析[12-14]，将盒 3 段地层标定在从 T_9^f 波至其向下 20ms 的时间段内。盒 3 段沉积相的地震反射波及测井相有如下特征：

1）主河道心滩沉积：地震反射特征为连续、强－中强反射，T_9^f 波峰强、波峰相对较宽，测井相以箱形、齿化箱形等为主，反映了盒 3 段砂岩发育，或为多旋回的叠置砂层组（图 4a）。

2）主河道心滩（单个沉积旋回）沉积：地震反射特征为在 T_9^f 之下出现局部强波峰（短轴强反射），测井相以钟形、箱形－钟形等为主，反映了盒 3 段上砂岩或下砂岩发育，即单沉积旋回砂岩发育（图 4b）。

3）洪泛沉积：洪泛沉积包括心滩间和河道间的泥质沉积，在地震上表现为 3 种形式的反射特征，即 T_9^f 对应在强波峰下部（即 T_9^f 之上为强波峰）、T_9^f 对应零轴和 T_9^f 对应弱波谷，测井相以局部指状、线形或齿化线形为主，反映了盒 3 段砂岩不发育，为泛滥平原沉积（图 4c）。

分析表明，波形地震相与测井相、沉积相有良好的对应关系。因而，可将地震相（图 5a）转化为沉积微相：心滩、泛滥平原（图 5b）。

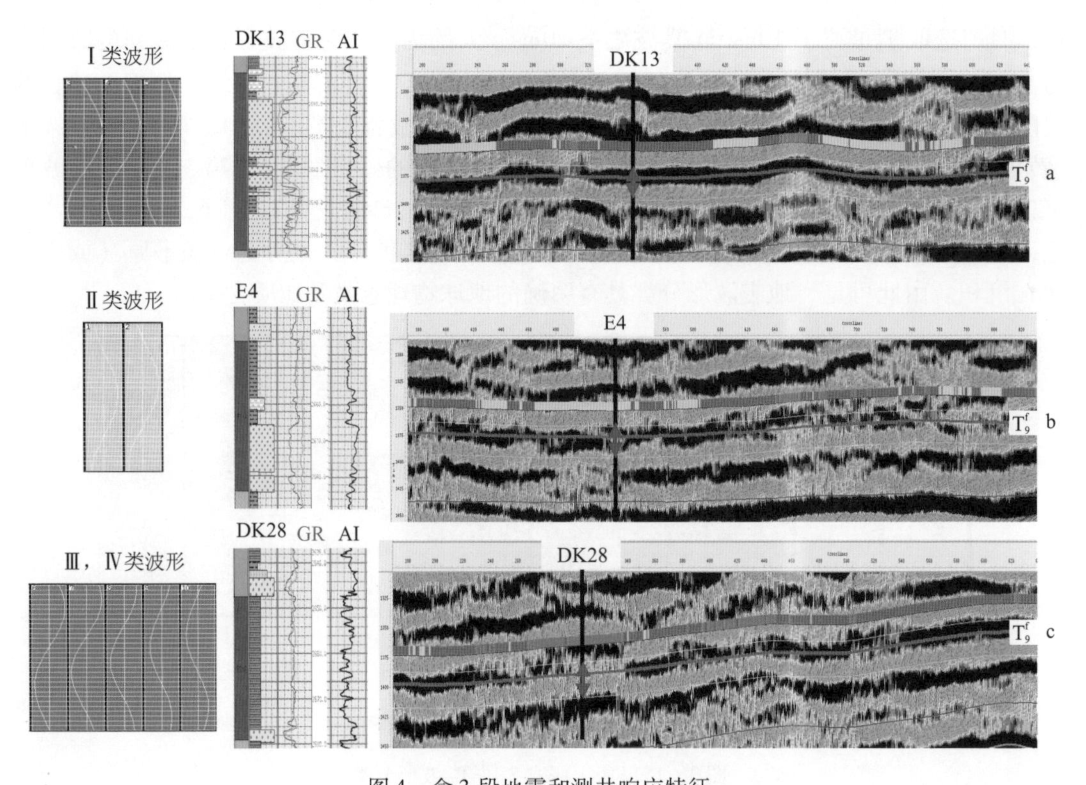

图4　盒3段地震和测井响应特征

Fig. 4　Seismic and logging characters of P_1h^3

a，b—井旁道为主河道地震反射特征；c—井旁道为泛滥平原地震反射特征；

左边为地震相分类的模型道；右边为地震反射；中间为钻井剖面

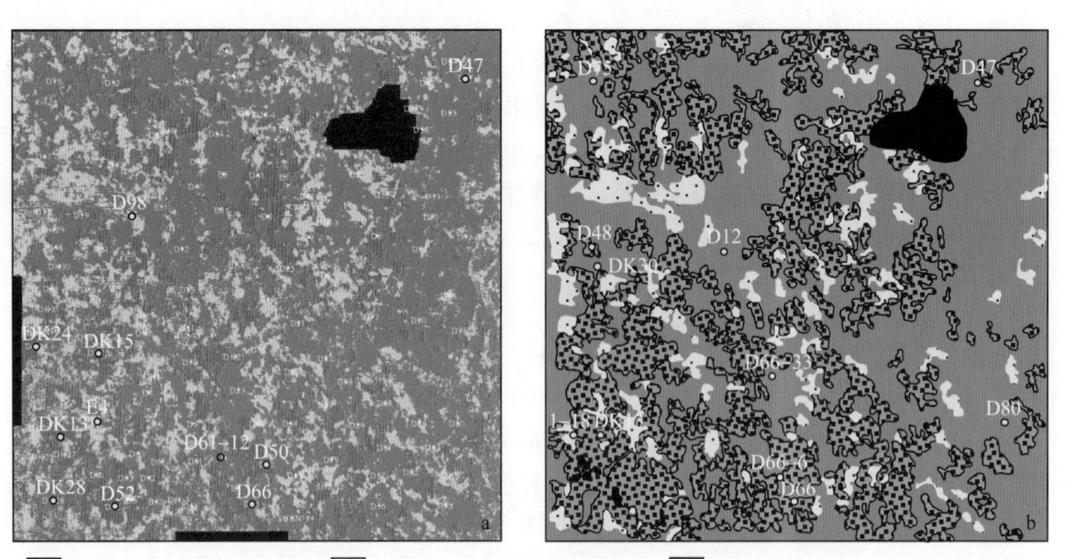

图5　塔巴庙工区盒3段 T_9^f 神经网络波形地震相及其转化的沉积相

Fig. 5　T_9^f seismic facies and sedimentary microfacies of P_1h^3 in Tabamiao field

对比地质认识的沉积相（图2）和地震相预测的沉积相（图5），宏观上主河道展布方向一致，尤其在工区西南角的老开发区主河道心滩展布方向、大小形态非常吻合。根据工区内钻井统计，盒3段砂岩厚度小于4m的井有73口，其中61口位于蓝色Ⅲ类和Ⅳ类地震相内，吻合率达到84.72%；盒3段砂岩厚度大于5m的井有236口，其中201口井位于红色和黄色Ⅰ类和Ⅱ类地震相内，吻合率达到85.17%。但在工区东北的大47井区，地震相与砂岩的发育情况存在一定的矛盾。2009年在D61井区部署的10口准备井，盒3段地震相与砂岩钻遇吻合率达90%。

盒3段地震相应用存在的问题是：①T_9^f反射波与盒3段顶界面地质界面存在偏差时会影响振幅属性预测的准确性；②井旁地震道与合成记录的反射特征不符，如井旁道的T_9^f波为强反射，而合成记录为弱反射，造成T_9^f地震相与盒3段砂岩发育与否的矛盾。以上问题的存在，会造成盒3段砂岩发育区的预测失利[15-16]。

5 结论和认识

1）地震波形分类充分利用了三维地震资料中的地质信息，提高了沉积微相预测的准确性。其地震相平面图色彩丰富且直观，通过合理的沉积微相转换，有效地解决了无井区沉积微相分布难题，弥补了仅用钻、测井资料进行沉积微相划分和人为性推测的不足，能为勘探开发提供有力的技术支持。

2）精细的合成记录标定是建立地震相、测井相及沉积相认识的桥梁。通过地震相、测井相与沉积相的对比分析认为，主河道心滩沉积微相和泛滥平原沉积微相在测井曲线和地震反射特征上有较好的对应关系。

3）精细的层位解释、目的层段厚度、波形分类数及迭代次数等是影响地震相分析的主要因素。

4）地震反射特征分析认为，不同的波形代表了不同的岩性组合，从而以相似的波形预测沉积微相，这是波形地震相的实质。因此，在地震相分析中，搞清地震反射特征的地质含义至关重要。

5）在大牛地气田沉积相研究中，经神经网络波形分析得到的地震相非常清晰地勾画了心滩、心滩间、泛滥平原等沉积微相，单井测井相分析与地震相结果较吻合，表明地震、测井、地质结合的重要性。

参考文献

[1] 李明，侯连华，邹才能，等．岩性油气藏地球物理勘探技术与应用［M］．北京：石油工业出版社，2005：74－93.

[2] 关达，张卫华，管路平，等．相控储层预测技术及其在大牛地气田D井区的应用［J］．石油物探，2006，45（3）：231－233.

[3] 刘忠群．大牛地气田盒3段三维地震储层预测研究［J］．勘探地球物理进展，2008，31（2）：133－136.

[4] 印兴耀，韩文功，李振春，等．地震技术新进展［M］．东营：石油大学出版社，2006：90－95.

[5] Vail P R. Seismic recognition of depositional facies on slopes and rises [J]. AAPG Bulletin, 1977, 61 (5): 837.

[6] 罗东明，谭学群，游瑜春，等. 沉积环境复杂地区地层划分对比方法——以鄂尔多斯盆地大牛地气田为例 [J]. 石油与天然气地质，2008，29 (1)：38 – 43.

[7] 樊太亮，吕延仓，丁明华. 层序地层体制中的陆相储层发育规律 [J]. 地学前缘，2000，7 (4):315 – 321.

[8] 张尚锋，张昌民，李少华. 高分辨率层序地层学理论与实践 [M]. 北京：石油工业出版社，2007：9 – 19.

[9] 周心怀，王昕，魏刚，等. 辽中中洼东陡坡带古近系层序地层格架控制下的储层预测 [J]. 中国海上油气，2007，19 (5)：306 – 310.

[10] 董春梅，张宪国，林承焰. 地震沉积学的概念、方法和技术 [J]. 沉积学报，2006，24 (5)：698 – 704.

[11] 刘保国. 实用地震沉积学在沉积相分析中的应用 [J]. 石油物探，2008，47 (3)：266 – 271.

[12] 夏庆龙，赵志超，赵宪生. 渤海浅部储层沉积微相与地球物理参数关系的研究 [J]. 天然气工业，2004，24 (5)：51 – 55.

[13] 宋子齐，赵宏宇，唐长久，等. 利用测井资料研究特低渗储层的沉积相带 [J]. 石油地质与工程，2006，20 (6)：18 – 25.

[14] 武文来. 地震相控预测技术及其在 QHD32 – 6 油田的应用 [J]. 中国海上油气，2006，20 (3)：157 – 161.

[15] 陆基孟. 地震勘探原理 [M]. 东营：石油大学出版社，1993.

[16] 王世瑞，彭苏萍，凌云，等. 利用地震属性研究准噶尔盆地西北缘拐 19 井区下侏罗统三工河组沉积相 [J]. 古地理学报，2005，7 (2)：170 – 183.

火成岩裂缝性储层测井评价

陈　冬[1,2]

(1. 中国石化石油勘探开发研究院，北京　100083；2. 中国石油大学，北京　102249)

摘　要　以准噶尔盆地石炭系火成岩油藏为研究对象，从油藏地质特点和测井特征入手，利用分析化验资料结合多种测井数据，分析研究区域性火成岩裂缝的成因及特点。在考虑裂缝对孔渗影响的基础上，提出了裂缝各种弹性参数的计算方法。最后，结合电成像测井资料、试油资料以及取心实验数据等资料，构建了该地区火成岩测井评价方法。以弹性参数结合常规测井与成像测井资料对火成岩裂缝性储层裂缝系统进行评价的方法，能够较好地满足该地区裂缝性油藏研究的需要。

关键词　裂缝　弹性参数　成像测井　测井评价　火成岩

Well-logging Evaluation of Fractured Igneous Reservoirs

CHEN Dong[1,2]

(1. Petroleum Exploration and Production Research Institute, SINOPEC, Beijing 100083, China; 2. China University of Petroleum, Beijing 102249, China)

Abstract　The Carboniferous igneous reservoirs of the Junggar Basin were taken as the research object. Beginning with the reservoir geology and the logging characteristics and combined with chemical analytical data and many kinds of logging information, the origin and characteristics of regional igneous rock fractures were analyzed. Considering the effects of fractures on porosity and permeability, the calculation methods of various elastic parameters for fractures were proposed. Finally, the logging evaluation method for igneous rocks in the area was constructed, unified imagery log information, test data and coring experiment data and so on. The method can meet the needs of the study on fractured reservoirs in this area.

Key words　fracture; elastic parameter; imagery logging; logging evaluation; igneous rock

火成岩油藏作为裂缝－溶蚀孔洞双孔隙介质非均质储层，由于其固有的矿物成分复杂、岩石各向异性强烈、储层孔隙类型多样的特点，具有比碎屑砂岩和碳酸盐岩更为复杂的岩电关系[1-2]。在火成岩储层中，裂缝大多数分布在基岩电阻率较高的硬地层中，它既是油气储集空间，又是油气渗流的通道。裂缝的发育程度和有效性在一定程度上决定了油气的产出量，而常规测井数据和先进的成像测井技术为我们研究裂缝提供了丰富的岩石物理参数信息。因此，综合各种测井资料对裂缝进行识别和评价对于火成岩的研究具有重要的指导意义。本文在对准噶尔盆地潜山火成岩测井响应特征进行细致分析的基础上，根据弹性力学参数“三低两高”的特征，结合常规测井与FMI成像资料，给出了该地区火成岩裂缝性储层测井评价的方法。

1 区域构造及岩性识别

本文研究的具体对象准噶尔盆地西北缘车排子地区构造上属于准噶尔盆地西部的一个二级隆起单元，东面紧邻红车断裂带，南面为南缘冲断带的四棵树凹陷，北西伸入扎伊尔山山前[3]。由于受多期构造运动作用，该地区形成多条南北向大型逆冲断裂和自东向西抬起的断裂带，是一个构造十分复杂的断块区域。西北缘地区石炭系油藏是在新疆准噶尔盆地腹部发现的一个深层、低孔隙、低渗透、裂缝性的古潜山火山岩油藏。

国内外学者多采用直方图和交会图来分析不同火成岩在测井曲线上的响应特征，并辅以数学统计方法来进行火成岩储层测井岩性识别，取得了许多不错的成果[4-10]。根据贾春明[3]对36口井的取心资料分析，该地区火成岩岩性主要是中基性火山熔岩、火山碎屑岩，含少量酸性岩，火山碎屑沉积岩也占有一定比例，发育少量沉积岩，个别井出现中性侵入岩。在本次研究中，笔者利用 $M-N$ 交会图对该地区的火成岩岩性进行了划分(图1)。

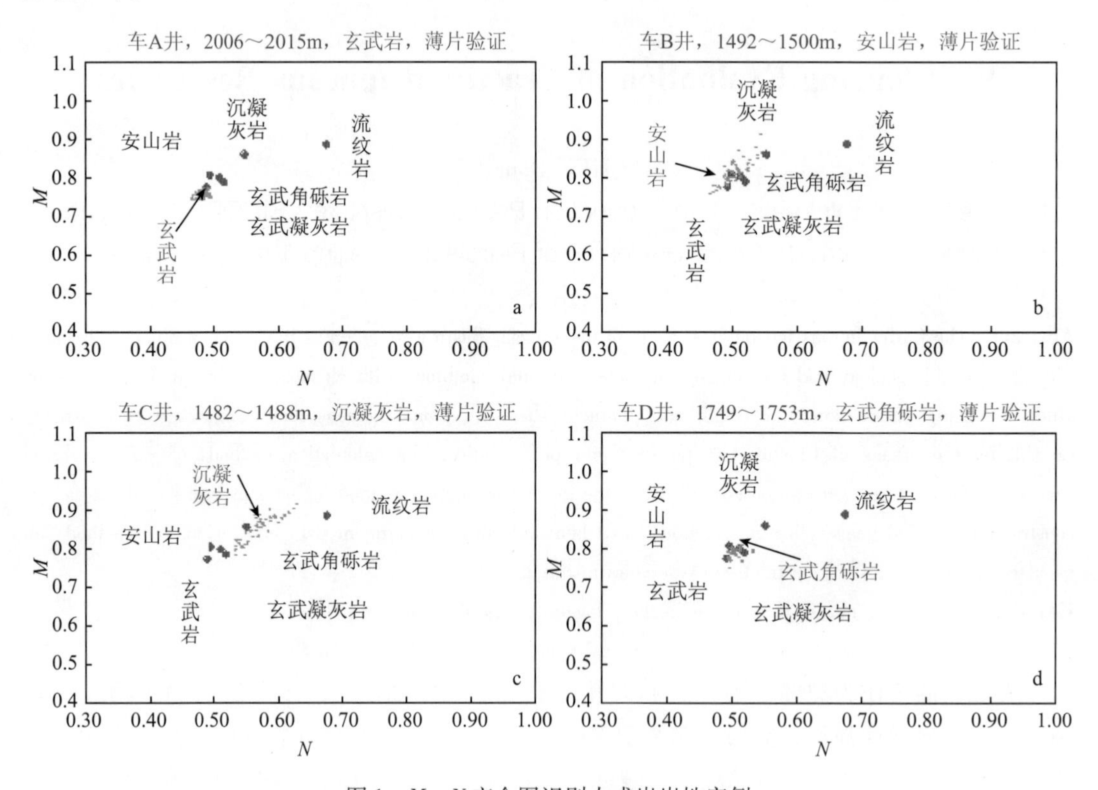

图1 $M-N$ 交会图识别火成岩岩性实例

Fig. 1 Igneous rock lithologies identified by $M-N$ crossplots

由图1可见，从基性到酸性火山岩，$M-N$ 值有递增的趋势。玄武岩（图1a）$M-N$ 值最小；安山岩（图1b）、玄武角砾岩（图1d）$M-N$ 值大于玄武岩；安山岩 M 值大于玄武角砾岩，N 值较之小；沉凝灰岩（图1c）和流纹岩 $M-N$ 值大，沉凝灰岩 $M-N$ 值比流纹岩都小。

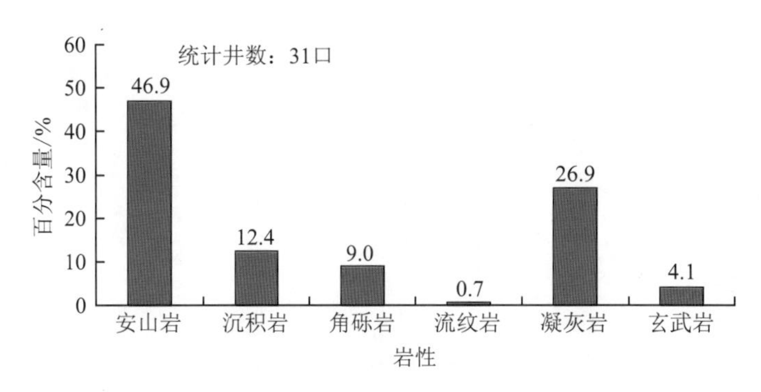

图 2　不同岩性裂缝发育统计

Fig. 2　Histogram of statistics of fractures in different lithologies

2　火成岩裂缝测井响应

裂缝是岩石受力形成的一种没有明显位移的脆性构造，其形成的根本原因是岩石所受的应力超过其强度[11]。火成岩储层中裂缝宽度一般较大，具有裂缝成因和产状多样、裂缝多期产生、相互切割成裂缝网络、裂缝充填度高、充填物分层次、裂缝密度变化大的特点。

从对该地区 31 口取心井资料的研究，统计出裂缝在各种岩性地层中的发育情况（图 2）。裂缝在 6 种岩性的地层中都有发育，其中安山岩中的裂缝发育最为普遍，凝灰岩、沉积岩中发育情况次之，角砾岩和玄武岩中也有大量裂缝发育，流纹岩中出现裂缝的情况较少。

结合岩心实验资料和 FMI 成像资料，统计准噶尔盆地西北缘车排子地区 42 口井的常规测井资料、FMI 成像测井和岩心资料，将所有裂缝划分为垂直裂缝、高角度裂缝、斜交裂缝、水平裂缝和网状裂缝 5 种。图 3 是车峰 X 井 1600～1900m 井段（石炭系）的测井资料，左边为常规测井曲线，右边为 FMI 成像测井图像。表 1 是根据 FMI 成像测井资料和岩心观察得到的裂缝成果数据。

对照表 1 和图 3 可以看出，在裂缝发育段，冲洗带电阻率 Rxo 曲线出现毛刺状跳跃现象，声波时差 AC 在裂缝无充填时变大，有时会伴随有周波跳跃的现象，但是如果深度太

表 1　车峰 X 井 FMI 裂缝识别成果

Table 1　Results of fracture identification by FMI in the well Chefeng X

深度/m	裂缝类型	深度/m	裂缝类型
1600～1639	溶洞型裂缝	1740～1760	垂直裂缝
1639～1649	垂直型充填裂缝	1760～1804	水平裂缝
1649～1657	水平裂缝	1804～1837	高角度斜交裂缝
1687～1718	网状充填裂缝	1837～1869	斜交裂缝
1718～1721	垂直裂缝	1869～1890	网状充填裂缝
1730～1740	水平/低角度裂缝	1890～1900	斜交裂缝

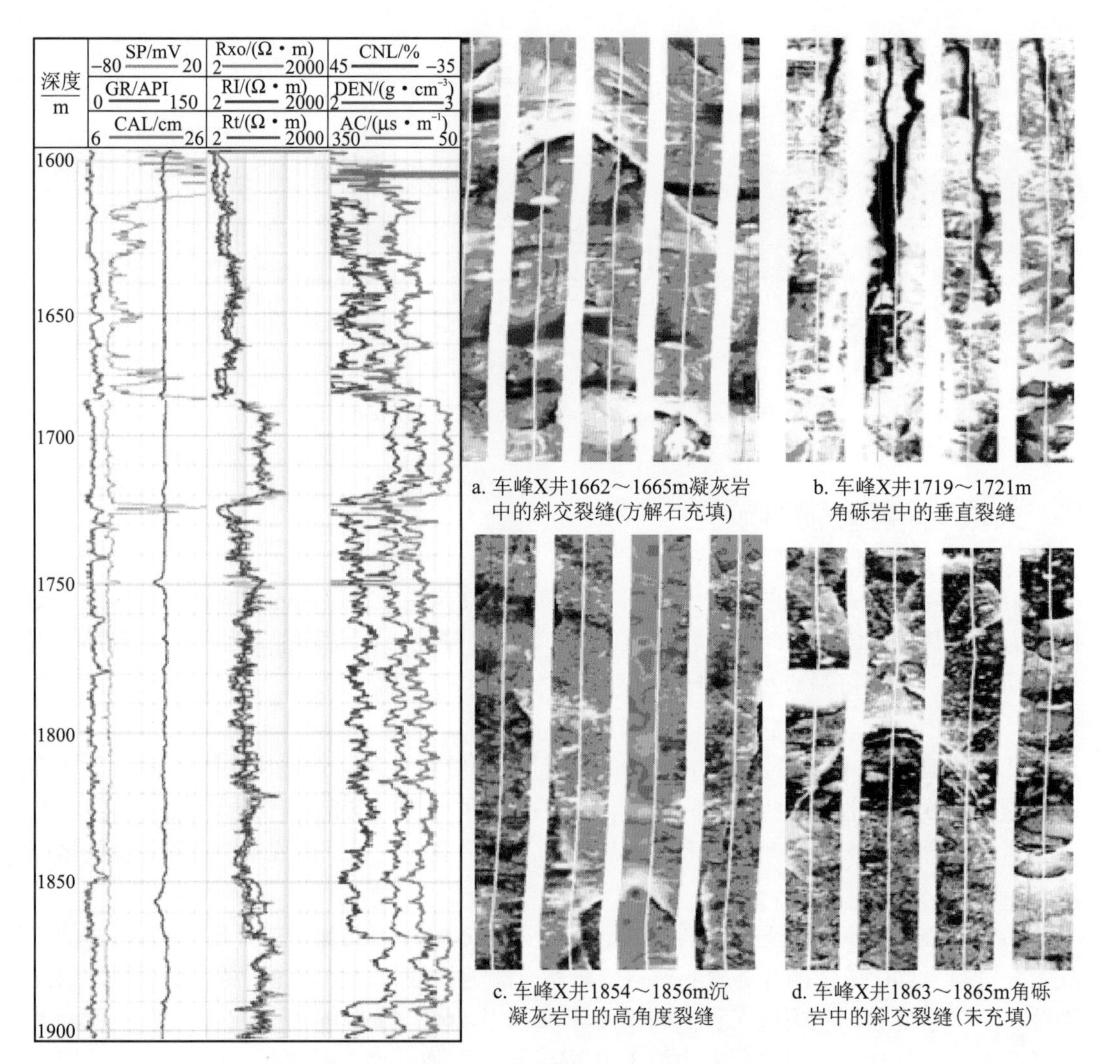

a. 车峰X井1662～1665m凝灰岩中的斜交裂缝(方解石充填)

b. 车峰X井1719～1721m角砾岩中的垂直裂缝

c. 车峰X井1854～1856m沉凝灰岩中的高角度裂缝

d. 车峰X井1863～1865m角砾岩中的斜交裂缝(未充填)

图3　车峰X井石炭系火成岩测井响应特征

Fig. 3　Well logging response features of the Carboniferous igneous reservoirs in the well Chefeng X

深的时候这种现象变得不明显；电阻率Rt、冲洗带电阻率Rxo在裂缝发育且无充填的时候变小，密度DEN有变小的趋势，自然伽马GR、声波时差AC和中子CNL相对没有裂缝发育的地方会变大。当裂缝有充填时，上述常规测井曲线变化特征不明显，裂缝变得不容易识别。在微电阻率扫描成像（FMI）资料上，由于围岩的电阻率比泥浆电阻率高，所以各种类型的开启裂缝在成像图上都表现为深色正弦线；而闭合缝由于被高电阻率的方解石等充填，表现为亮的正弦线。由FMI图可定出裂缝的倾角和走向。

3　弹性力学参数计算

部分裂缝利用常规测井曲线难以识别，这是因为网状或不规则裂缝多被填充或半填充后成为无效缝；或者垂直裂缝在测井过程中，测井仪器的探头刚好错过了裂缝，裂缝就无法在测井曲线上反映出来。因此，为了提高裂缝识别准确率，引入杨氏模量等弹性力学参数来综合识别裂缝。

根据波动理论，利用纵波声波时差和密度等测井资料，可以计算得到岩石的泊松比、杨氏模量等表征岩石机械强度的弹性参数。在这些弹性参数的计算中，需要有地层的横波速度，但在常规测井中并没有直接的横波测量结果，因此只能通过声波纵波测井资料和地层岩性资料转换而得到。在岩性相对均一的地层中，采用下式来确定横波速度：

$$V_S = \left[1 - 1.15\left(\frac{\rho^2 + 1}{e^{-\rho}\rho^3}\right)\right]^{1.15} V_P \tag{1}$$

式中：V_S 为利用纵波速度计算的横波速度；ρ 为地层体积密度；V_P 为纵波速度，纵波速度即为测井纵波声波时差的倒数。求取横波速度 V_S 之后，其他弹性参数的求取就变得容易多了[12]。依次得到各弹性参数计算如下：

$$泊松比:\sigma = \frac{0.5(V_P/V_S)^2 - 1}{(V_P/V_S)^2 - 1} \tag{2}$$

该参数表征在岩石的比例极限内，材料的伸长（缩短）量与截面尺寸的相对缩小（增大）量。由于横波传播不受储集空间流体的影响，地层含气以后，V_P 下降而 V_S 基本不变。故当泊松比明显降低时，可认为是储气层。

$$杨氏模量:E = \frac{(3V_P^2/V_S^2 - 4)\rho}{V_P^2 - V_S^2} \tag{3}$$

该参数表征岩石对受力作用的阻力。固体介质对拉伸力的阻力越大，弹性越好，E 值越大。

等效弹性模量 EC 表征剪切应力和在剪切应力上发生的应变的比值：

$$EC = \rho V_P^2 \tag{4}$$

岩石的稳定参数 RG 表征岩石在受到外力情况时稳定性的指数：

$$RG = 8.836\rho^2\left(V_P^2 V_S^2 - \frac{4}{3}V_S^4\right) \tag{5}$$

4 应用实例

利用上面的横波速度和4个弹性力学参数，对车排子地区石炭系所有取心井的裂缝段进行统计研究，发现一个“三低两高”的现象：杨氏模量（E）低，等效弹性模量（EC）低，岩石的稳定参数（RG）低；横波速度（V_S）高，泊松比（σ）高。图4为取心井车峰X井裂缝的弹性参数特征示意。该井在2055.0～2058.5m取心，裂缝段主要成分为火山碎屑，具凝灰结构，岩石致密，不规则裂缝发育，裂缝密度为每10cm有10～15条，缝长0.5～10cm，缝宽0.2～2mm，大部分被硅质和方解石半充填或充填，见斜层理及波状层理，并具错动构造。

为了简化裂缝识别的方法，用杨氏模量（E）和泊松比（σ）就可以体现这5个参数所反映的裂缝特征，再结合其他常规测井曲线特征，以提高裂缝识别的准确率。

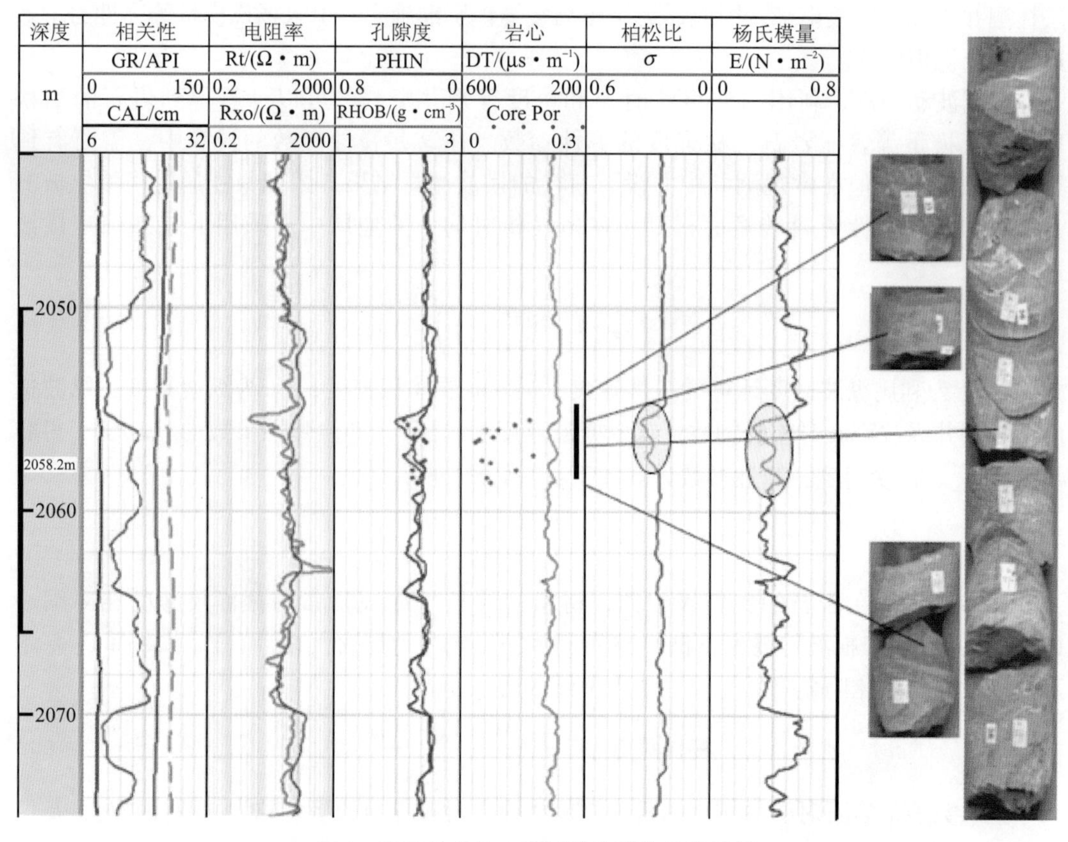

图 4　车峰 X 井取心段裂缝的弹性参数特征

Fig. 4　Features of elastic parameters for fractures in the well Chefeng X with core data

按照上述对取心井裂缝段弹性参数特征的分析方法，本次研究针对车排子地区共识别了 42 口井，累计 410 个裂缝段。图 5 为裂缝识别一例。该井无取心资料，也没有进行成像测井，在 1050～1053m 及 1060～1064m 井段，泊松比变大，杨氏模量减小，表现为裂缝特征。结合常规电测曲线电阻率变小、声波时差变大、井径发生扩径等特征，综合判断上述二井段处于裂缝发育阶段。经后期岩屑录井资料验证，该井段岩性为安山岩，含油显示为荧光级别，地层裂缝较发育。由此，证明了利用弹性参数特征综合识别裂缝的可靠性。

5　结论及建议

通过对车排子地区石炭系火成岩裂缝性储层的研究，认为利用 $M-N$ 交会图能够对该区域发育的 6 种火成岩进行准确的岩性识别。在分析了火成岩不同类型裂缝的测井响应特征的基础上，提出利用泊松比和杨氏模量来识别裂缝，在该地区的裂缝预测中取得了较好的应用效果。针对火成岩裂缝性储层评价的客观复杂性，充分考虑岩石物理模型及孔隙流体对各种地球物理参数的不同影响，进而得到准确的储层参数，实现储量的准确估算，这将是需要进一步深入研究的方向。

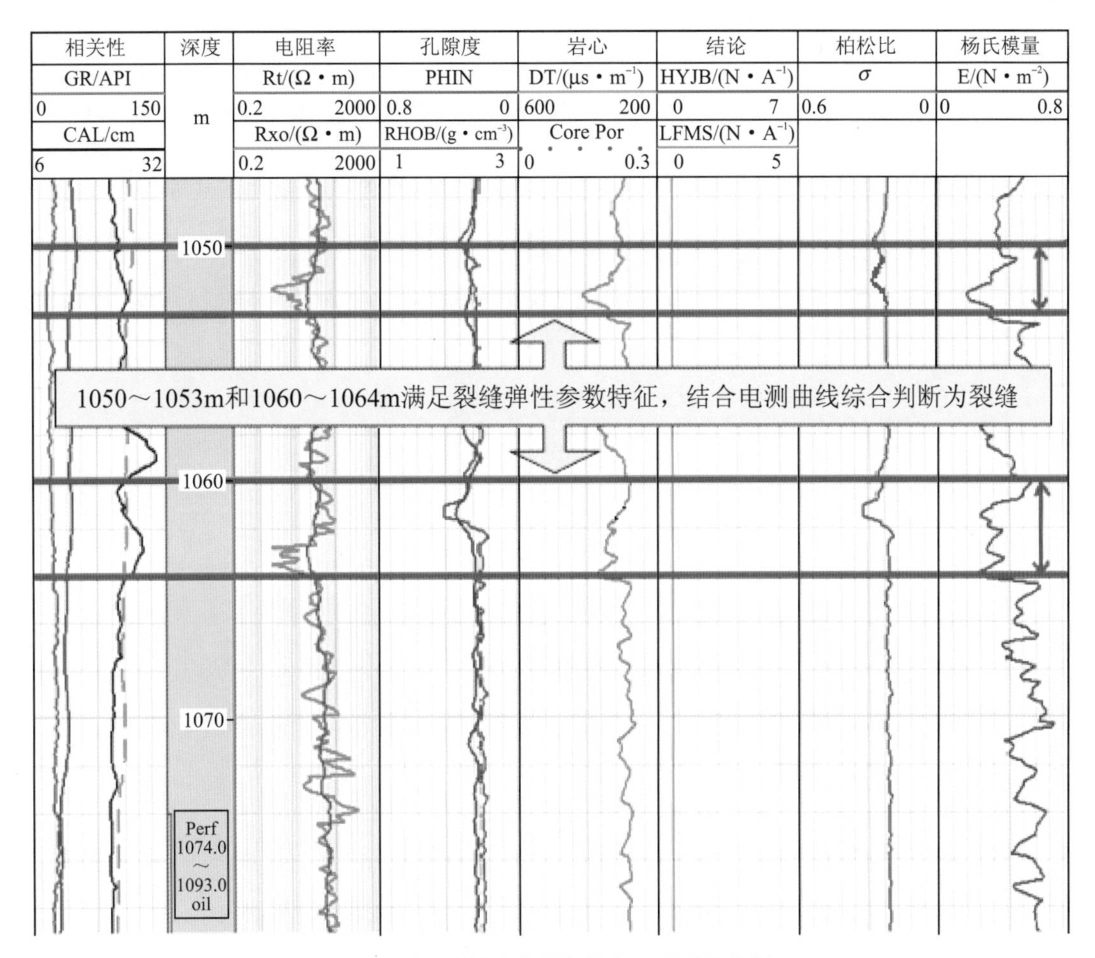

图5 利用弹性参数特征综合识别裂缝实例

Fig. 5 An example of fracture identification by elastic parameters

参考文献

［1］潘保芝，薛林福，李舟波，等．裂缝性火成岩储层测井评价方法与应用［M］．北京：石油工业出版社，2003.

［2］朱海华，赵丹荣，宋明先．成像测井在火成岩中的应用［J］．石油仪器，2007，21（3）：63－66.

［3］贾春明，支东明，邢成智，等．准噶尔盆地车排子凸起火山岩储集层特征及控制因素［J］．地质学报，2009，29（1）：33－36.

［4］Kerherve J. An introduction to volcanic reservoirs and to their evaluation from wireline electrical measurements［Z］. Note for a seminar，1977.

［5］Scott Keys W. Borehole geophysics in igneous and metamorphic rocks［J］. The Log Analyst，1979，July－August：14－28.

［6］Sanyal S K，Juprasert S，Jubasche J. An evaluation of rhyolite-basalt-volcanic ash sequence from well logs［J］. The Log Analyst，1980，Jan－Feb.

［7］Benoit W R，Sethi D H，Fertl W H，Geothermal well log analysis at Desert Peak［Z］. Navada：21st

SPWLA annual logging symposium transactions，1980.

［8］石强．火成岩测井解释方法研究［J］．中国海上油气（地质），1996，10（6）：402－406.

［9］肖尚斌，姜在兴，操应长，等．火成岩油气藏分类初探［J]，石油实验地质，1999. 21（4）：324－327.

［10］张天云，陈奎，陶文宏．BP 网络在火成岩岩石分类中的应用［J］．甘肃科技，2003，19（9）：44－45.

［11］王志章．裂缝性油藏描述及预测［M］．北京：石油工业出版社，1999.

［12］徐伯勋，白旭滨，于常青．地震勘探信息技术——提取、分析和预测［M］．北京：地质出版社，2001.

基于稀疏约束贝叶斯估计的地震相对波阻抗反演方法

刘喜武　宁俊瑞　张永贵
（中国石化石油勘探开发研究院，北京　100083）

摘　要　地震道积分是一种利用地震资料进行的无约束反演技术，可以方便地得到地层的相对波阻抗，实现90°相移，反映地质意义。基于一种新的反褶积技术，可实现地震相对波阻抗反演，拓展频带。依据贝叶斯反演理论，通过对反射系数进行Cauchy稀疏约束，应用预条件共轭梯度法同时反演估计反射系数和地震子波，将反子波与地震道褶积，提高地震资料的分辨率，进一步通过地震道积分得到地层的相对波阻抗剖面。采用理论模型和实际数据对算法进行检验，结果表明基于稀疏约束贝叶斯估计的地震相对波阻抗反演方法是可行的。与阻尼最小二乘直接稀疏反演相比，预条件共轭梯度法稀疏反演算法精度高、收敛快，且数值稳定。

关键词　道积分　预条件共轭梯度法　贝叶斯估计　Cauchy稀疏约束　波阻抗反演

The Inversion Algorithm of Seismic Relative Acoustic Impedance Based on Cauchy Sparseness Constraint Bayesian Estimation

LIU Xiwu, NING Junrui, ZHANG Yonggui
(Petroleum Exploration and Production Research Institute, SINOPEC, Beijing 100083, China)

Abstract　Seismic trace integration is a non-constraint inversion technique for relative acoustic impedance profiles. Based on a new seismic de-convolution method, seismic relative acoustic impedance inversion was realized. Starting from the Bayesian inversion theory, a pre-conditional conjugate gradient inversion algorithm was adopted to realize the simultaneous estimation of reflectivity and wavelet from the Cauchy sparseness constraint of reflectivity, and reversed wavelet was carried out convolution with seismic traces to get high-resolution de-convolution results. Furthermore, seismic trace integration was applied to obtain relative acoustic impedance. Theoretical models and real 2 – D seismic data were applied to test the algorithm. The results showed that the proposed inversion algorithm was correct. Compared with the direct sparseness inversion algorithm, the results indicated that the pre-conditional conjugate gradient sparseness inversion algorithm was stable, with higher accuracy and faster converging speed.

Key words　trace integration; pre-conditional conjugate gradient; Bayesian estimation; Cauchy sparseness constraint; acoustic impedance inversion

地震波阻抗反演是指从有限频带地震观测数据中恢复宽频带波阻抗的方法。地震反演方法大致可分为基于波动理论的波动方程反演和基于褶积模型的反演两大类。以褶积模型为基础的地震波阻抗反演，由于算法简单，对地震噪音敏感性小，一般情况下都能得到一个稳定的解，在生产中得到了广泛的应用[1-2]。地震道积分是一种简单方便的基于褶积模型的无约束地震反演技术，通过对地震资料直接积分得到相对波阻抗剖面。它具有计算简单、无人为参与等优点，实现简便，处理速度快，其处理结果与地层的波阻抗有一定的对应关系[3-4]。反演效果取决于地震资料本身的分辨率、信噪比和振幅保真度。因此，获得高分辨率的地震资料是进行地震相对波阻抗反演的前提。反褶积技术是地震资料拓频的主要方法，其技术方法十分丰富，但基于二阶统计的方法是实际处理中最为有效和稳定的方法[5-7]。

文献［2］试图采用稀疏反演的反射系数递推反演相对波阻抗，但横向连续性差，结果可用性差。本文改进了稀疏反演方法，提出了反褶积和相对波阻抗反演新的策略，给出了一种基于稀疏约束贝叶斯(Bayesian)估计的地震相对波阻抗反演算法。在反射系数Cauchy概率分布稀疏约束下，基于贝叶斯最大后验概率估计，采用预条件共轭梯度法估计地震子波和反射系数，将反子波与地震道褶积得到高分辨率的反褶积结果。进一步对反褶积结果做道积分，得到相对波阻抗剖面。在理论方法阐述的基础上，对模型和实际数据进行试算，并对结果加以分析。

1 基于稀疏约束贝叶斯估计的地震相对波阻抗反演方法原理

1.1 Cauchy 稀疏约束反演

1.1.1 Cauchy 稀疏约束化与贝叶斯反演[7-8]

若噪声近似为零，地震褶积模型写成褶积矩阵形式

$$\boldsymbol{C}_{\mathrm{w}}\boldsymbol{q} \approx \boldsymbol{s} \tag{1}$$

式中：$\boldsymbol{C}_{\mathrm{w}}$ 为子波褶积矩阵；$\boldsymbol{q}$ 为反射序列向量；$\boldsymbol{s}$ 为地震记录向量。

假设反射系数先验信息服从正态分布，根据贝叶斯公式，则反射系数的后验概率分布为

$$P(\boldsymbol{q} \mid \boldsymbol{s}) \propto \left(\frac{1}{2\pi\sigma_{\mathrm{q}}^2}\right)^{n_q/2} \exp\left(\frac{-\boldsymbol{q}^{\mathrm{T}}\boldsymbol{q}}{2\sigma_q^2}\right)\left(\frac{1}{2\pi\sigma_n^2}\right)^{n_s/2} \exp\left(\frac{-(\boldsymbol{C}_{\mathrm{w}}\boldsymbol{q}-\boldsymbol{s})^{\mathrm{T}}(\boldsymbol{C}_{\mathrm{w}}\boldsymbol{q}-\boldsymbol{s})}{2\sigma_n^2}\right) \tag{2}$$

式中：σ_q 和 σ_n 分别代表反射系数和噪声的方差；n_q 和 n_s 分别代表反射系数和地震记录的个数。使（2）式最大时得到的反射系数称为最大后验概率（MAP）贝叶斯反演估计。两边取自然对数，略去常数项，重新定义贝叶斯反演的目标函数，并进一步改进广义最小二乘为

$$J = \sum_k \rho_1\left(\frac{\varepsilon_k}{\sigma_n}\right) + \sum_k \rho_3\left(\frac{q_k}{\sigma_q}\right) \tag{3}$$

式中：$\rho_1(u) = \frac{1}{2}u^2$ 和 $\rho_3(u) = \frac{1}{2}\ln\left(1+\frac{u^2}{2}\right)$代表概率密度函数，$u$ 代表随机变量；q_k（$k=1，\cdots，n_q$）为反射稀疏序列；$\varepsilon_k = s_k - \sum_j w_j\hat{q}_{k-j}$（$k=1，\cdots，n_s$）为误差序列，$w_k$（$k=1，\cdots，n_w$）为子波序列。

在规则化过程中，通过对反射系数的约束，可以提高反演的精度和解的稳定性。研究表明，Cauchy约束准则在反射系数位置检测和抗噪性等方面较为优越[9-10]。反射系数的

Cauchy 分布可以表示为

$$J_C(\boldsymbol{q}) = \sum_{i=1}^{n_q} \frac{q_i^2}{1+q_i^2} \tag{4}$$

引入了 Cauchy 约束准则，(3) 式进一步写成矩阵形式

$$J = \frac{\| \boldsymbol{C}_{\mathrm{w}}\boldsymbol{q} - \boldsymbol{s} \|^2}{\sigma^2} + \lambda \left\| \ln\left[1 + \frac{\mathrm{diag}(\boldsymbol{q}) \cdot \boldsymbol{q}}{\delta^2}\right] \right\| \tag{5}$$

其中，$\sigma^2 = 2\sigma_n^2$，λ 为折中参数，$\delta^2 = 2\sigma_q^2$。规则化得到：

$$(\boldsymbol{C}_{\mathrm{w}}^{\mathrm{T}}\boldsymbol{C}_{\mathrm{w}} + \boldsymbol{Q})\boldsymbol{q} = \boldsymbol{C}_{\mathrm{w}}^{\mathrm{T}}\boldsymbol{s} \tag{6}$$

其中，$\boldsymbol{Q}$ 为约束对角矩阵。观察到（6）式为非线性隐格式，应采用迭代方法求解。在每一步迭代中，线性系统（6）可用矩阵求逆、矩阵分解或共轭梯度法（CG）等方法求解[2,7,11]。本文将采用 CG 法求解（6）式，称为直接法。

1.1.2　预条件共轭梯度法稀疏约束反演

用共轭梯度法直接对（6）式求解，但相关矩阵的条件数仍可能很大，会造成迭代次数增加，解的精度降低。建议进行预优处理改善计算性能，提高反演精度[7]。

稀疏约束反演问题（6）对应的原始问题可写作：

$$\begin{cases} \boldsymbol{C}_{\mathrm{w}}\boldsymbol{q} \approx \boldsymbol{s} \\ \sqrt{\boldsymbol{Q}}\boldsymbol{q} \approx 0 \end{cases} \quad \text{或} \begin{bmatrix} \boldsymbol{C}_{\mathrm{w}} \\ \sqrt{\boldsymbol{Q}} \end{bmatrix} \boldsymbol{q} \approx \begin{bmatrix} \boldsymbol{s} \\ 0 \end{bmatrix} \tag{7}$$

引入约束参数 ε，对矩阵 $\boldsymbol{C}_{\mathrm{w}}$ 采用预条件矩阵$\frac{1}{\sqrt{\boldsymbol{Q}}}$进行处理[2,12]，得到：

$$\left(\frac{1}{\sqrt{\boldsymbol{Q}}}\boldsymbol{C}_{\mathrm{w}}^{\mathrm{T}}\boldsymbol{C}_{\mathrm{w}}\frac{1}{\sqrt{\boldsymbol{Q}}} + \varepsilon\boldsymbol{I}\right)\boldsymbol{x} = \frac{1}{\sqrt{\boldsymbol{Q}}}\boldsymbol{C}_{\mathrm{w}}^{\mathrm{T}}\boldsymbol{s} \tag{8}$$

该处理相当于在（6）式的相关矩阵对角线引入与所求算子有关的扰动，从而保证线性系统稳定，加速收敛，提高反演精度[2,7]。本文称用共轭梯度法求解（8）式的方法为预条件共轭梯度法（PCG）。

1.1.3　反射系数与地震子波迭代反演流程

采用预条件共轭梯度法可以很容易地实现反射系数和子波高精度快速同时迭代反演[2,13]。具体流程[2,6-7]可以概括为：①给出初猜的子波或反射系数；②分别用 Cauchy 准则的预条件共轭梯度法稀疏反演子波和反射系数；③求子波与反射系数褶积与地震记录的误差；④根据误差判断收敛条件，若收敛，结束；否则返回②继续迭代。

1.2　地震相对波阻抗反演

1.2.1　地震道积分法

理想情况下，地震褶积模型可以表示为

$$s_n = \omega_n r_n \tag{9}$$

式中：s_n 表示地震记录；r_n 表示地层反射系数序列；ω_n 表示地震子波。

若以 AI_n 表示地层的波阻抗，则波阻抗递推反演公式[14-15]可以表示为

$$AI_{n+1} = AI_1 \prod_{k=1}^{n} \frac{1+r_k}{1-r_k} \tag{10}$$

对（10）式两边取对数，并作泰勒展开，略去高阶项，可得

$$\lg AI_{n+1} = \lg AI_1 + 2\sum_{k=1}^{n} r_k$$

对上式两边施加地震子波因子 ω_n，则

$$\sum_{k=1}^{n} s_k = \frac{1}{2}\omega_n \lg \frac{AI_{n+1}}{AI_1} \tag{11}$$

上式表明，地震道积分等于相对波阻抗对数与地震子波的褶积[4]。

1.2.2 地震相对波阻抗反演

若以 ω'_n 表示地震反子波，则

$$\frac{AI_{n+1}}{AI_1} = \exp(\omega'_n 2\sum_{k=1}^{n} s_k) \tag{12}$$

利用稀疏约束反演可以较为准确地估计地震子波 ω_n，进而求得反子波 ω'_n，再采用（12）式即可得到相对波阻抗。

2 数值算例

首先利用理论模型对算法进行了验证。图 1 给出了理论模型的试验结果，其中图 1a 为理论相对波阻抗曲线，图 1b 为理论地震子波模型，图 1c 为用直接法（CG）稀疏反演得到的相对波阻抗曲线（实线）与理论相对波阻抗曲线（虚线）对比图，图 1d 为用直接法（CG）稀疏反演得到的地震子波（实线）与理论子波模型（虚线）对比图，图 1e 为用预条件共轭梯度法（PCG）稀疏反演得到的相对波阻抗曲线（实线）与理论相对波阻抗曲线（虚线）对比图，图 1f 为用预条件共轭梯度法（PCG）稀疏反演得到的地震子波（实线）与理论子波模型（虚线）对比图。对比分析两种方法的反演结果，波阻抗曲线与子波的主要特征都得到了较好的恢复，表明算法是正确和有效的。与直接法（CG）稀疏反演结果相比，预条件共轭梯度法稀疏反演方法更好地恢复了模型的波阻抗特征，与理论相对波阻抗模型拟合效果更佳，且反演速度更快。从（12）式可以看出，相对阻抗的计算精度仅依赖于反子波、子波的精度，即依赖于反演子波的精度。比较理论子波模型与两种方法反演的地震子波可以发现，预条件共轭梯度法稀疏反演可以估计得到更为准确的地震子波，提高相对波阻抗反演的精度。

进一步利用实际地震资料对算法进行了验证。图 2 给出了一段实际地震资料及相对波阻抗反演结果，其中图 2a 为实际二维地震剖面（50 道，每道 300 个采样点，采样间隔 2ms），图 2b 为对原始资料进行道积分得到的相对波阻抗剖面，图 2c 为直接法（CG）稀疏反演得到的地震子波，图 2d 为直接法（CG）稀疏反演得到的相对波阻抗剖面，图 2e 为预条件共轭梯度法（PCG）稀疏反演得到的地震子波，图 2f 为预条件共轭梯度法（PCG）稀疏反演得到的波阻抗剖面。从图中对比和算法返回结果可以看出，预条件共轭梯度算法估计的子波精度要比直接法稀疏反演精度高，而且收敛较快，在此基础上反演得到的相对波阻抗剖面中层位特征更为明显，分辨率得到提高，并且避免了由于反演算法不稳定而造成的异常值，增强了算法的实用性。

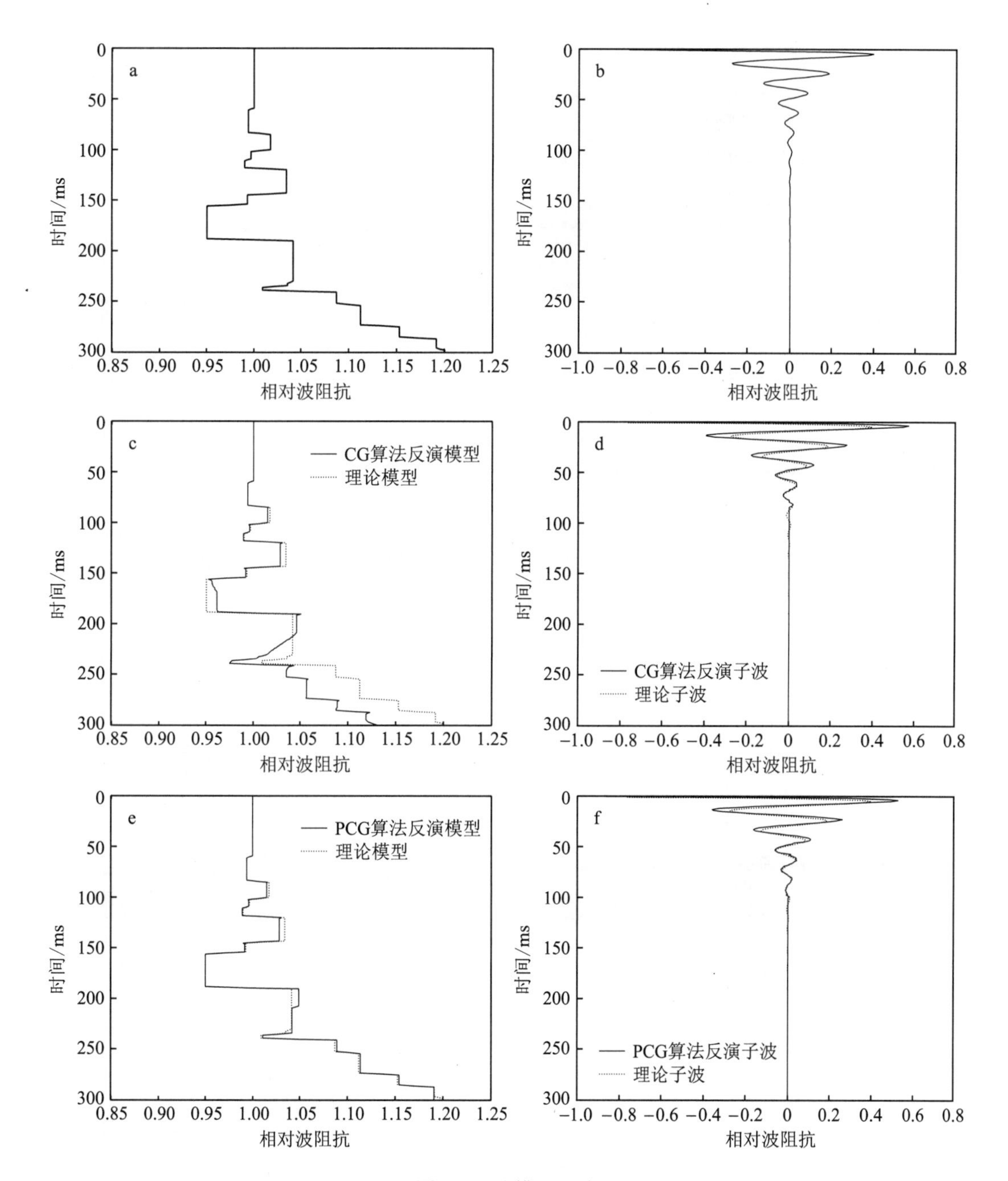

图 1　理论模型试验

Fig. 1　Theoretical model tests for inversion algorithms

a—理论波阻抗模型；b—理论地震子波模型；c—直接法（CG）稀疏反演的波阻抗曲线（实线）与理论波阻抗模型（虚线）；d—直接法（CG）稀疏反演的地震子波（实线）与理论子波模型（虚线）；e—预条件共轭梯度法（PCG）稀疏反演的波阻抗曲线（实线）与理论波阻抗模型（虚线）；f—预条件共轭梯度法（PCG）稀疏反演的地震子波（实线）与理论子波模型（虚线）

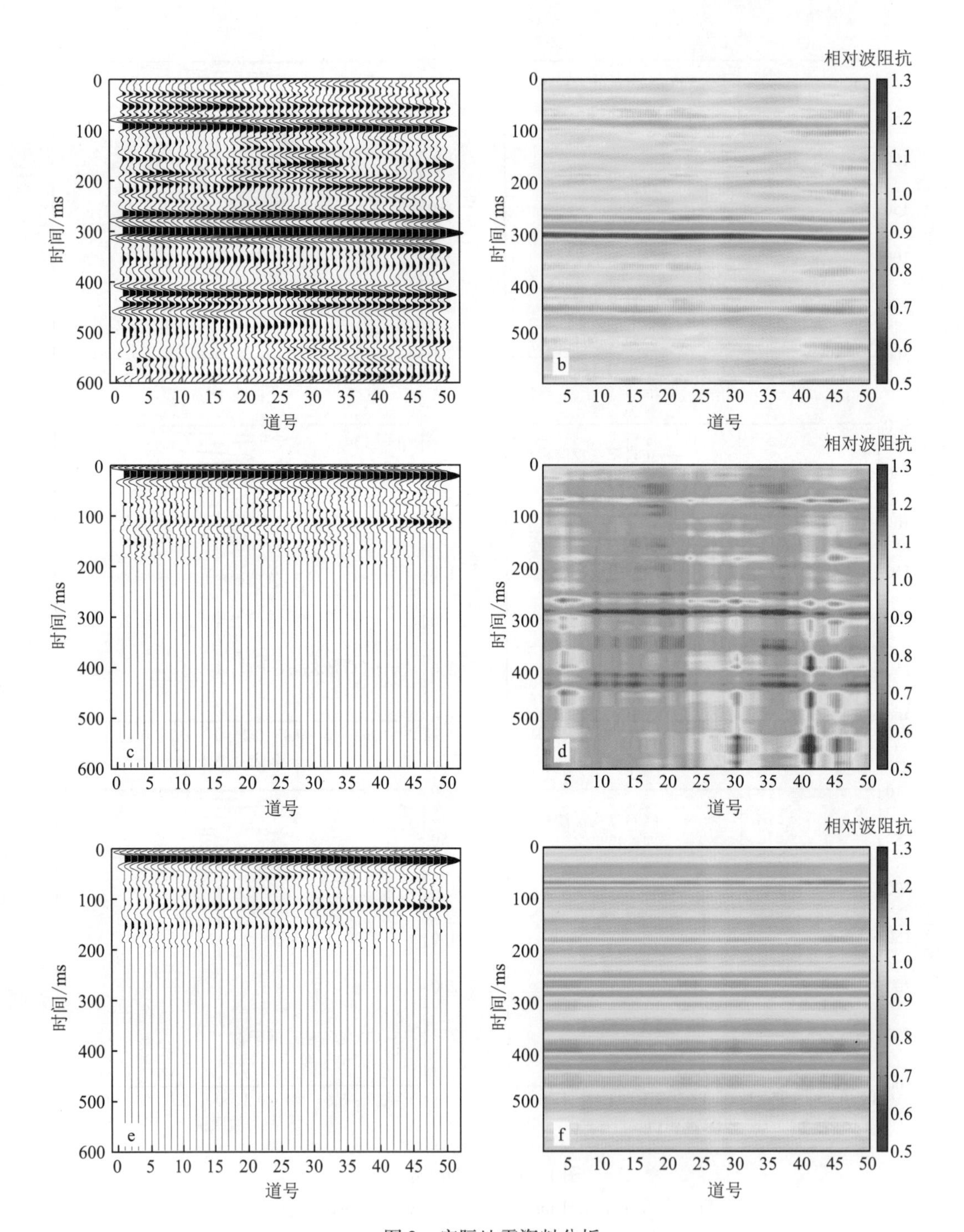

图 2　实际地震资料分析

Fig. 2　Real 2D seismic data analysis

a—实际 2D 地震剖面；b—实际相对波阻抗剖面；c—直接法（CG）稀疏反演的地震子波；d—直接法（CG）稀疏反演的相对波阻抗剖面；e—预条件共轭梯度法（PCG）稀疏反演的地震子波；f—预条件共轭梯度法（PCG）稀疏反演的相对波阻抗剖面

3 结束语

基于稀疏约束贝叶斯估计的反演方法可以较好地估计地震子波和反射系数，提高地震资料的分辨率。在此基础上进行相对波阻抗反演，可以拓展相对波阻抗剖面的有效频带宽度，获得清晰的波阻抗剖面，恢复宽频带的波阻抗信息，极大地提高层位识别的能力，提高地震勘探的分辨能力和勘探精度。针对构建的反演系统，同直接稀疏反演相比，预条件共轭梯度法稀疏反演算法具有精度高、收敛快、数值稳定等优点，从而保证反演结果的准确。实际数据试算表明，算法策略正确、有效，可应用于实际工作中。

参考文献

[1] 张永刚．地震波阻抗反演技术的现状和发展［J］．石油物探，2002，41（4）：385－389.

[2] 黄文松，年静波，刘喜武．地震波阻抗反演的预条件共轭梯度法［J］．新疆石油地质，2006，27（4）：425－428.

[3] 刘胜，邱其祥，程增庆，等．利用相对波阻抗识别煤层缺失变薄带［J］．物探与化探，2008，32（6）：682－684.

[4] 姚建阳．用地震道积分方法提高地层的识别能力［J］．石油物探，1990，29（1）：40－49.

[5] 刘喜武．地震盲反褶积综述［J］．地球物理学进展，2003，18（2）：203－209.

[6] 张繁昌，刘杰，印兴耀，等．修正柯西约束地震盲反褶积方法［J］．石油地球物理勘探，2008，43（4）：391－396.

[7] 刘喜武，宁俊瑞，张改兰．Cauchy 稀疏约束 Bayesian 估计地震盲反褶积框架与算法研究［J］．石油物探，2009，48（5）：459－464.

[8] Sacchi M D. Statistical and transform method in geophysical signal processing [Z]. Department of Physics University of Alberta，2002：96－114.

[9] 刘喜武，刘洪，李幼铭．反射系数和子波同时迭代反演的预条件共轭梯度法［J］．物探化探计算技术，2006，21（3）：211－215.

[10] 孟小红，吴何珍，刘国峰．盲源反褶积方法与应用研究［J］．石油地球物理勘探，2005，40（6）：642－645.

[11] Claerbout J F. Fundamentals of geophysical data processing—with application to petroleum prospecting [M]. New York：Blackwell Scientific Publications，1985.

[12] 刘喜武，刘洪．实现稀疏反褶积的预条件共轭梯度法［J］．物探化探计算技术，2003，25（3）：215－219.

[13] Cheng Q. 对反射地震信号同时进行子波估计和反褶积［J］．朱海龙，译．石油物探译丛，1996，6：41－50.

[14] 赵宪生，梁桂容，罗运先．子波反演与波阻抗反演［J］．物探化探计算技术，1999，21（3）：207－211.

[15] 牟永光．地震数据处理方法［M］．北京：石油工业出版社，2007：227－232.

平面波叠前偏移及共成像点道集

谢 飞 魏修成 黄中玉

（中国石化石油勘探开发研究院，北京 100083）

摘 要 基于平面波合成的叠前深度偏移技术，在选择适当的射线参数数量后能得到很好的偏移成像，同时有效地提高偏移效率。文中阐述了偏移距域共成像点道集生成方法及其如何转化为角度域共成像点道集，并阐明了两者之间的等价性。将平面波偏移用于共成像点道集能提高计算效率，利用共成像点道集是否被拉平能判断偏移速度场是否准确。

关键词 偏移距域共成像点道集 角度域共成像点道集 射线参数 平面波叠前深度偏移

Plane-wave Pre-stack Depth Migration and Common Image Gather

XIE Fei, WEI Xiucheng, HUANG Zhongyu

(Petroleum Exploration and Production Research Institute, SINOPEC, Beijing 100083, China)

Abstract By choosing a reasonable number of ray parameters, we got a good migration results and highly effective computation based on the plane-wave pre-stack depth migration technology. In this paper, the Offset Domain Common Image Gather (ODCIG) and the Angle Domain Common Image Gather (ADCIG) were produced, which are essentially equal. Using plane-wave pre-stack depth migration to produce common image gather can reduce the time of computation. Whether the Angle Domain Common Image Gather is flattened or not can indicate if the migration velocity is correct or not.

Key words Offset Domain Common Image Gather; Angle Domain Common Image Gather; ray parameter; plane-wave pre-stack depth migration

目前，叠前深度偏移技术是解决复杂地质构造的有效手段。克希霍夫（Kirchhof）叠前深度偏移技术因为其计算效率高而被广泛采用，尤其在三维地震资料的叠前深度偏移中，克希霍夫方法的计算效率高的优势显得尤为重要。然而，许多研究表明基于波动方程波场延拓理论的炮域叠前深度偏移方法能产生比克希霍夫叠前偏移方法更好的成像。不过，由于炮域波动方程偏移的计算效率低，特别是在三维情况下其计算效率要远低于克希霍夫方法，因而阻碍了波动方程偏移方法在工业界的推广。

炮域波动方程叠前深度偏移由 3 部分构成：一是向下逐步递推炮点波场；二是向下逐步延拓接收排列波场；三是逐层相关两个波场，施加成像条件成像。对所有的单炮记录重复上述 3 个步骤，将所有单炮的成像结果叠加起来就是最终的成像。因此，炮域偏移的计算量与要偏移的炮集数量成正比。所以，如果能减少偏移次数，就能降低偏移的总体计算量。

研究人员已经提出了很多减少偏移次数的方法，最直接的就是选择部分炮集来偏移成像，然而这会降低最终成像的空间分辨率。另一类方法就是将多个炮集组合在一起，同时偏移这些炮集，这将有效地减少偏移计算量。

这一方法的本质是偏移时用到的波场外推算子——单程波算子，是一个线性算子，因此不但能外推单炮波场，而且可以外推由多炮波场线性组合而成的波场。由惠更斯原理可知，一个平面波可由多个球面波叠加得到。多炮波场的线性合成正是形成的平面波场。Berkhout[1]，Mosher[2]，Zhang[3]，Liu[4]等都研究了平面波偏移的算法，从不同的角度揭示了平面波偏移的本质。

Shan 等[5]通过将平面波偏移与坐标轴旋转结合起来，成功地利用单程波算子实现了对回转波的成像，从而避免了逆时偏移的巨大计算成本，体现了平面波偏移的巨大潜力。

在复杂地质构造区域，为了得到准确的深度域的像，我们必须为叠前深度偏移提供准确的层速度。如何通过偏移技术来得到准确的层速度，即是偏移速度分析理论要解决的问题。

在偏移速度分析理论方法的发展中，研究人员提出了一个新的概念：共成像点道集。早期，人们用克希霍夫偏移方法得到偏移距域的共成像点道集，由它包含的信息来改善偏移速度。然而，这一道集是在成像点对反传的地震波按照地表的偏移距进行排列的，它是数据域的道集；当上覆地层复杂时，它不能准确地反映成像点的速度信息。Sava 等[6-8]在成像域附近引入了局部地下偏移距的概念，通过波动方程延拓方法将地震波延拓到成像点，得到地下共偏移距道集；然后，由倾斜叠加技术将地下共偏移距道集分解为成像点处的角度域道集，这一角度域道集是真正的反射角度域道集，能准确地反映反射点处的速度信息。当偏移速度准确时，地震波能量聚焦良好，在地下共偏移距道集上表现为一个能量聚焦点，分解为角度域道集则为一个水平的角度域道集，其中包含了深度聚焦方法与剩余曲率类方法的等价性。

通过观测角度域道集是否水平，就能判断用于偏移的速度场是否准确，这一判定准则十分的直观。而且，利用角度域道集中包含的曲率信息即可反演速度扰动，修改偏移速度场。Sava 等[9]发展起来的波动方程偏移速度分析方法，通过角度域道集产生偏移成像与准确成像的成像误差来反演速度扰动。

刘奇琳等[10]将平面波偏移方法与波动方程偏移速度分析方法结合起来，用来改善偏移速度建模的效率，其中也包含了利用平面波偏移方法快速地生成共成像点这一步骤。

1　平面波偏移原理

如图 1 所示，平面波偏移由 3 部分构成：震源波场的平面波合成、检波点波场的平面波合成及对新合成的平面波场偏移成像。

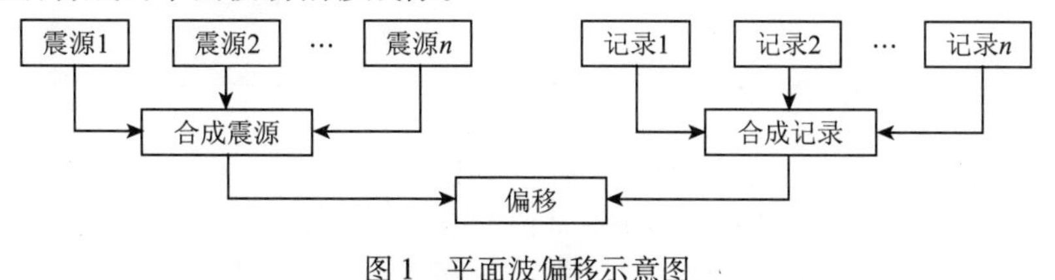

图 1　平面波偏移示意图

Fig. 1　Sketch map of plane-wave migration

由惠更斯原理可知，所有炮点按一定时间间隔延时激发，各个炮点产生的球面波场传播一段时间后，这些球面波前相互重叠，会生成一个平面波（图2）。

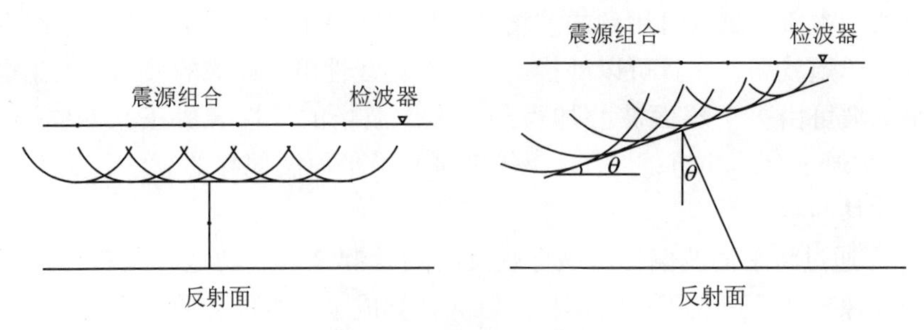

图2　平面波合成示意图

Fig. 2　Sketch map showing the synthesis of plane-waves

Zhang[3]等已经证明，在共检波点道集上，施加一个时间延迟量就可以得到对应的平面波波场：

$$u(x_r, z = 0; p; \omega) = \int U(x_r, z = 0; x_s; \omega) \mathrm{e}^{\mathrm{i}\omega p x_s} \mathrm{d}x_s \tag{1}$$

这一平面波波场对应的线震源即为：

$$d(x_r, z = 0; p; \omega) = \mathrm{e}^{\mathrm{i}\omega p x_r} \tag{2}$$

这里 p 代表射线参数，

$$p = \frac{\Delta t}{\Delta x_s} = \frac{\sin\alpha_s}{v_s} \tag{3}$$

Zhang[3]等给出了平面波偏移所需要的平面波波场个数（图3）：

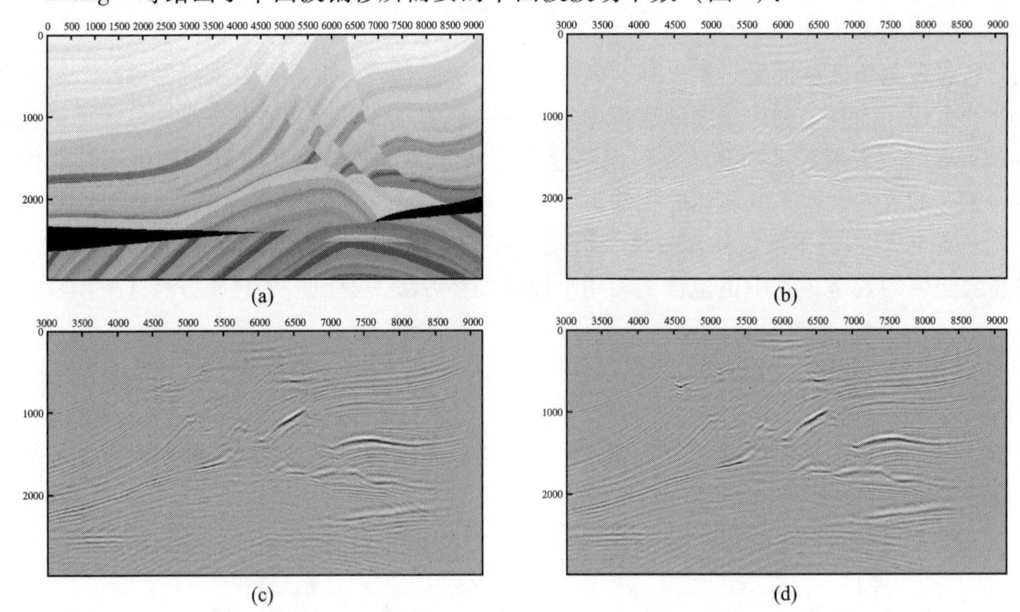

图3　平面波偏移结果

Fig. 3　Results of plane-wave migration

（a）Marmousi 速度模型；（b）21 个射线参数偏移结果；（c）51 个射线参数偏移结果；（d）121 个射线参数偏移结果

$$N_p \geqslant \frac{N_s \Delta x_s f(\sin\alpha_2 - \sin\alpha_1)}{v_s} \tag{4}$$

式中：N_p 为需要的平面波个数；N_s 为炮点个数；Δx_s 为炮点间隔；v_s 为地表速度；α_2 为最大出射角度；α_1 为最小出射角度。

2　共成像点道集

2.1　偏移距域共成像点道集

在地震波叠前深度偏移技术中采用非零偏移距成像技术，在每个成像点按偏移距大小排列的成像道集即为偏移距域共成像点道集。偏移距域共成像点道集可以通过偏移成像直接得到，它又可分为两类：通过克希霍夫偏移获得的共成像点道集和通过波动方程偏移获得的共成像点道集。二者之间有本质的区别。克希霍夫偏移得到的共成像点道集是数据域参数，而波动方程偏移得到的是模型域参数。尤其是在复杂构造下，由克希霍夫偏移得到的共成像点道集易受上覆盖层的影响而不能准确地反映单个成像点的信息；而在波动方程偏移时，通过波场延拓算子反射数据已经被聚焦到反射点上了，得到的是确切的反射点信息。

Rikett 等深入阐述了如何通过炮域波动方程偏移方法生成共成像点道集的原理，并给出了产生偏移距域共成像点道集的表达式：

$$I(x,h,z) = \sum_s \sum_\omega q_-(x-h,z,\omega,s)\,q_+(x-h,z,\omega,s)^* \tag{5}$$

然而在复杂地质构造区域，偏移距域共成像点道集会产生假象，这给解释和速度分析带来很大困难。Fomel 和 Sava 等的研究表明，可以通过引入角度域共成像点道集来减少假象。

2.2　角度域共成像点道集

在通常情况下，在以速度 v 为常速度的均匀介质模型中，假设存在炮点 s、检波点 r 和反射点 o，三者构成了一个三角形。γ 和 α 分别为射线的反射角和反射界面倾角，z 为反射点深度，m 为中点，半偏移距为 h（图 4）。

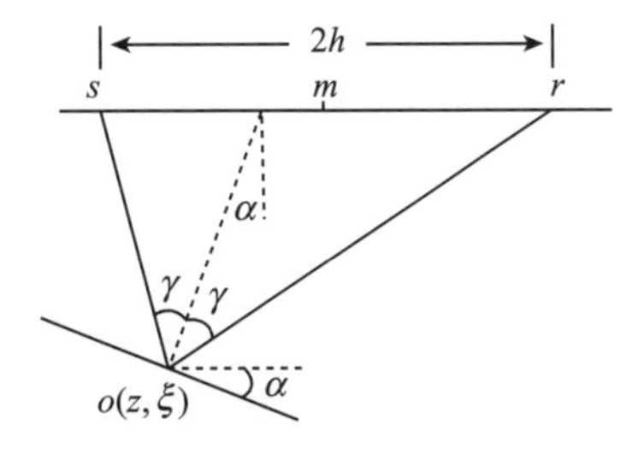

图 4　常速度单层反射界面示意图

Fig. 4　Sketch map showing the reflection surface of a constant velocity layer

则根据三角公式，旅行时 t 满足关系式

$$t = \frac{z}{v}\left[\frac{1}{\cos(\gamma+\alpha)} + \frac{1}{\cos(\gamma-\alpha)}\right] = \frac{2z\cos\alpha\cos\gamma}{v(\cos^2\alpha - \sin^2\gamma)} \tag{6}$$

半偏移距和深度的关系满足

$$h = \frac{z}{2}[\tan(\gamma + \alpha) + \tan(\gamma - \alpha)] = z\frac{\sin\gamma\cos\gamma}{\cos^2\alpha - \sin^2\alpha} \tag{7}$$

中点到反射点的横向距离为：

$$m - \xi = h\frac{\cos(\alpha - \gamma)\sin(\alpha + \gamma) + \cos(\alpha + \gamma)\sin(\alpha - \gamma)}{\sin2\gamma} = h\frac{\sin\alpha\cos\alpha}{\sin\gamma\cos\gamma} \tag{8}$$

公式（6），（7），（8）从运动学上描述了匀速介质下波场的传播角度关系。简单的代数运算后还可以得到

$$t = \frac{2h\cos\alpha}{v\sin\gamma} \tag{9}$$

为了满足上述方程，如果不考虑回转波，则构造倾角和入射角的关系必须满足以下关系式：

$$|\alpha| + |\gamma| < \frac{\pi}{2} \tag{10}$$

或者

$$\cos^2\alpha > \sin^2\gamma \tag{11}$$

在任意介质模型中进行波动方程偏移时，随着波场的向下延拓，成像空间偏移距（局部偏移距）也随之逐步缩小。当延拓到成像点附近的时候，局部偏移距也缩小到了成像点附近很小的范围内，在空间里可以将速度看作是常速度（图5）。

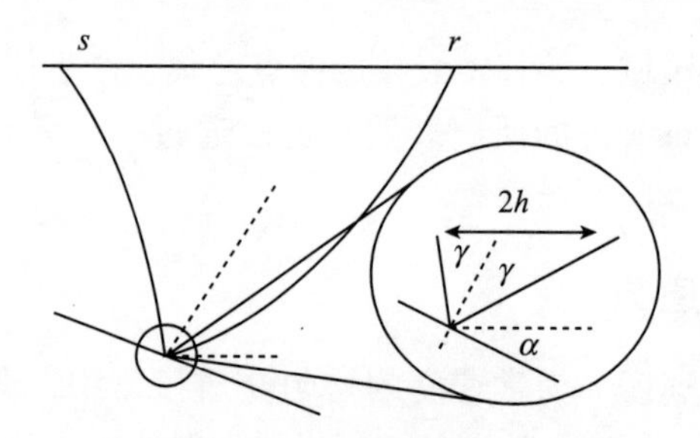

图5　局部反射示意图

Fig. 5　Sketch map of local reflection

假设波场延拓后地下震源和检波点的横向坐标分别为 s 和 r，根据 Snell 定理，则在成像点附近旅行时 t 关于震源和检波点坐标的偏导公式为：

$$\frac{\partial t}{\partial s} = \frac{\sin(\alpha - \gamma)}{v} \tag{12}$$

$$\frac{\partial t}{\partial r} = \frac{\sin(\alpha + \gamma)}{v} \tag{13}$$

而中心点和半偏移距与在地表一样满足

$$m = \frac{r + s}{2} \tag{14}$$

$$h = \frac{r - s}{2} \tag{15}$$

因此有

$$\frac{\partial t}{\partial m}=\frac{\partial t}{\partial r}\frac{\partial r}{\partial m}+\frac{\partial t}{\partial s}\frac{\partial s}{\partial m}=\frac{2\sin\alpha\cos\gamma}{v} \tag{16}$$

$$\frac{\partial t}{\partial h}=\frac{\partial t}{\partial r}\frac{\partial r}{\partial r}+\frac{\partial t}{\partial s}\frac{\partial s}{\partial h}=\frac{2\cos\alpha\sin\gamma}{v} \tag{17}$$

而旅行时 t 关于深度的偏导公式为：

$$\frac{\partial t}{\partial z}=-\left[\frac{\cos(\alpha+\gamma)}{v}+\frac{\cos(\alpha-\gamma)}{v}\right]=-\frac{2\cos\alpha\cos\gamma}{v} \tag{18}$$

由于偏移是沿着深度反方向延拓，所以上式中，我们对关于深度的偏导取负号。于是，在成像点附近可以将对时间的偏导转换成对深度的偏导，将公式（17）代入公式（18）：

$$\frac{\partial z}{\partial h}=\frac{\partial t}{\partial h}\Big/\frac{\partial t}{\partial z}=-\tan\gamma \tag{19}$$

将公式（19）转换到频率域有

$$\tan\gamma=-\frac{k_h}{k_z} \tag{20}$$

从上式可以看出，波动方程偏移结果在角度域得到完好的表现，因为偏移成像的输出可以精确地通过反射点附近的局部偏移来描述，只需要利用纵、横向波数比就可以轻松地将偏移输出结果转换到角度域。

2.3 角度域共成像点道集的实现方法

波场的角度分解本质上是数据域的转换，通过一定的运算规则将数据从空间域映射到角度域。以成像空间域角度道集为例，可对偏移距共成像点使用倾斜叠加来完成。根据倾斜叠加的原理可得：

$$A(z,\mu)=\int_h H(z+\mu h,h)\,\mathrm{d}h \tag{21}$$

这里，$A(z,\ \mu)$ 表示角度域共成像点道集；$H(z,\ h)$ 为偏移距域共成像点道集；μ 是 $\tau-p$ 变换中积分曲线的曲率，在倾斜叠加中代表倾角的斜率。对（21）式中 z 坐标做傅立叶变换，将其转换到纵向波数域：

$$\bar{A}(k_z,\mu)=\int_z\int_h H(z+\mu h,h)\,\mathrm{e}^{\mathrm{i}k_z z}\,\mathrm{d}h\mathrm{d}z \tag{22}$$

对方程做变量代换：

$$\bar{A}(k_z,\mu)=\int_z\int_h H(z+\mu h,h)\,\mathrm{e}^{\mathrm{i}k_z(z+\mu h)}\,\mathrm{e}^{-\mathrm{i}k_z\mu h}\,\mathrm{d}h\mathrm{d}z(z+\mu h) \tag{23}$$

进一步将偏移距域共成像点道集变换到纵向波数域有

$$\bar{A}(k_z,\mu)=\int_h \bar{H}(k_z,h)\,\mathrm{e}^{-\mathrm{i}k_z\mu h}\,\mathrm{d}h \tag{24}$$

再对偏移距方向进行傅立叶变换，积分后得到

$$\bar{A}(k_z,\mu)=\bar{\bar{H}}(k_z,\ -\mu k_z) \tag{25}$$

以上两式中一根上划线表示一维傅立叶域，两根上划线表示二维傅立叶域。根据傅立叶变换的定义应该有

$$\bar{A}(k_z,\mu) = \bar{\bar{H}}(k_z,k_h) \tag{26}$$

由此可以推导出，空间域进行倾斜叠加的效果等同于在波数域对数据体沿横向波数方向拉伸，拉伸方法可通过 Sinc 插值对数据进行重排列，斜率与波数的映射关系满足：

$$k_h = -\mu k_z \tag{27}$$

这与公式（20）吻合，说明了斜率μ即为角度的正切函数。

通过一个均匀单层模型，我们生成了偏移距域共成像点道集和对应的角度域道集（图6）。其中，图6（a），（c），（e）为偏移距域共成像点道集，对应的慢度场分别为90%，100%，120%；图6（b），（d），（f）为通过对应的偏移距域共成像点道集产生的角度域共成像点道集。从图6上能看到，当慢度偏小，即为90%时，偏移距域共成像点道集的聚集深度变浅、横向位置偏右、能量聚焦差，而对应的角道集向上翘；当慢度准确，即为100%时，偏移距域共成像点道集的聚集深度、横向位置均准确，能量聚焦好，而对应的角道集是水平的；当慢度偏大，即为120%时，偏移距域共成像点道集的聚集深

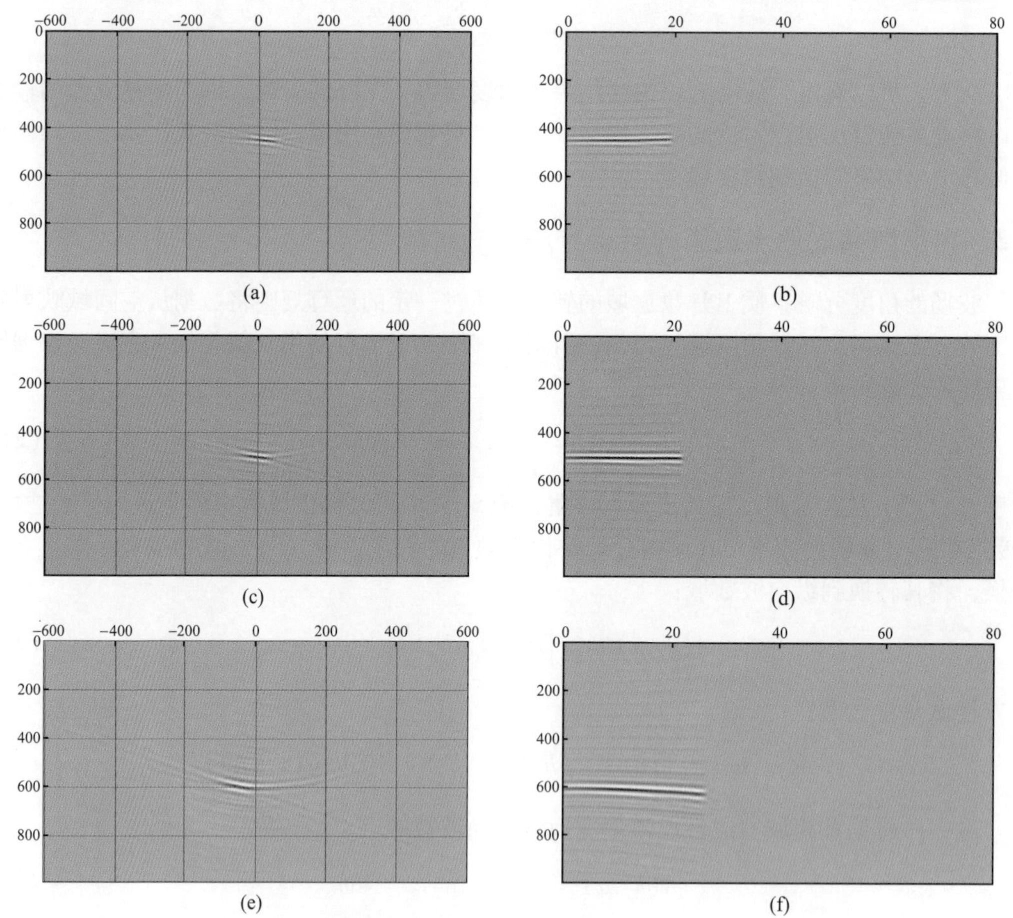

图6　偏移距域共成像点道集和角度域共成像点道集

Fig. 6　ODCIG & ADCIG

（a），（c），（e）偏移距域共成像点道集，慢度场为90%，100%，120%；

（b），（d），（f）对应的角度域共成像点道集

度变深、横向位置偏左、能量聚焦差，而对应的角道集向下弯曲。

我们将共成像点道集算法用于 Marmousi 模型。图 7 是利用准确的速度场，在模型 4500m 处产生的偏移距域和角度域共成像点道集。在生成共成像点道集前，我们用互换原理将原始炮集补为中间放炮、两边接收的炮集数据。

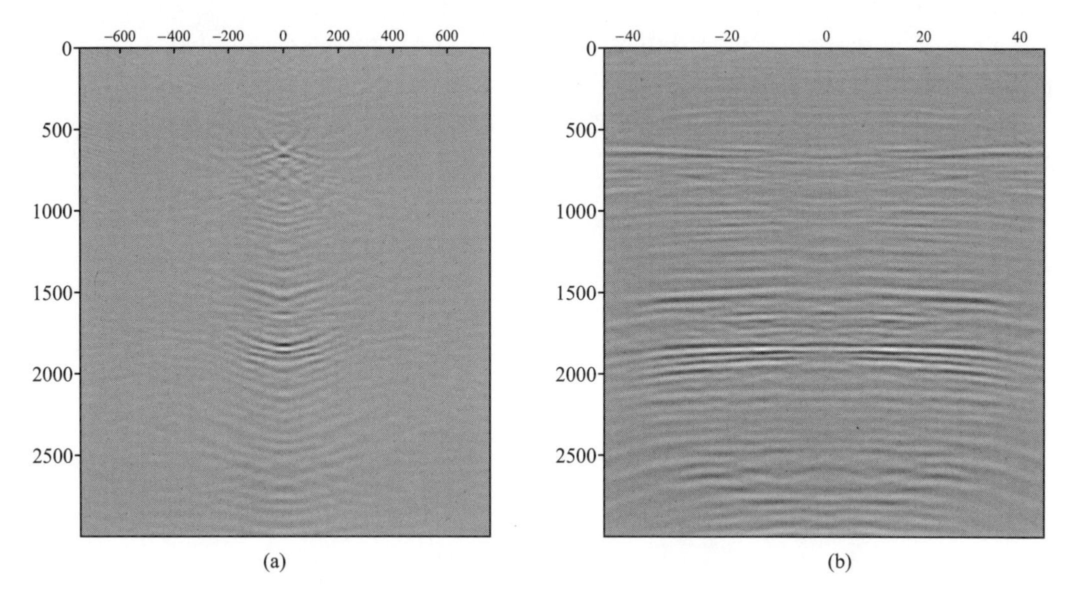

图 7　Marmousi 模型 4500m 处的共成像点道集

Fig. 7　CIG on the 4500m of the Marmousi velocity model

（a）偏移距域共成像点道集；（b）角度域共成像点道集

3　结　论

通过简单的倾斜叠加变换，就能很容易地实现平面波偏移；利用平面波偏移计算效率高的优势，能高效地计算共成像点道集。通过简单的三角关系，能导出角度域共成像点道集的计算原理；同样，利用倾斜叠加技术，能快速地将偏移距域共成像点道集转换为角度域共成像点道集。

参考文献

[1] Berkhout A J. A real shot-record technology [J]. Seis Expl, 1992, 3: 251 - 264.

[2] Mosher C, Foster C. Common angle imaging with offset plane waves [Z]. Expanded Abstract of 67th Annual Internat SEG Mtg, 1997: 1379 - 1382.

[3] Zhang Y. Delayed-shot 3D depth migration [J]. Geophysics, 2005, 70: E21 - E28.

[4] Liu F. Toward a unified analysis for source plane-wave migration [J]. Geophysics, 2006, 71: S129 - S139.

[5] Shan Guojian, Biondi Biondo. Plane-wave migration in tilted coordinates [J]. Geophysics, 2008, 73: S185 - S194.

[6] Sava P, Fomel S. Angle-domain common-image gathers by wavefield continuation methods [J]. Geo-

physics, 2003, 68: 1065 – 1074.

[7] Mosher C, Jin S, Foster D. Migration velocity analysis using common angle image gathers [Z]. Expanded Abstracts of 71th Annual Internat SEG Mtg, 2001: 889 – 892.

[8] Rickett J, Sava P. Offset and angle-domain common image-point gathers for shot-profile migration [J]. Geophysics, 2002, 67: 883 – 889.

[9] Sava P, Biondi B. Wave-equation migration velocity analysis—I: theory [J]. Geophysical Prospecting,2004, 52: 593 – 606.

[10] 刘奇琳, 刘伊克, 常旭. 双平方根波动方程偏移速度分析 [J]. 地球物理学报, 2009, 52 (7):1891 – 1898.

鄂尔多斯盆地镇泾地区延长组水下河道砂体地震预测

张 宏 国庆鹏 武 丽 张永贵
(中国石化石油勘探开发研究院，北京 100083)

摘 要 上三叠统延长组的长6段和长8段是鄂尔多斯盆地镇泾区块中生界石油勘探的主要目的层。前期勘探表明，长6期和长8期主要发育三角洲前缘亚相沉积，其中的水下分流河道砂体构成该区主要储集层。在地震剖面上砂体呈“下凹顶平”的强振幅亮点反射特征，据此优选敏感的地震属性参数，对长6和长8砂体进行有效识别，预测出区内水下主河道砂体的平面延展范围，并采用烃类检测方法对河道砂体发育区进行了含油性指示分析。实钻结果证实，利用地震属性技术预测水下河道砂体是可行的，其结果是可靠的。

关键词 地震储层预测 河道砂体 延长组 鄂尔多斯盆地

Seismic Prediction of Subaqueous Distributary Channel Sandbodies in the Yanchang Formation of Zhenjing Region, the Ordos Basin

ZHANG Hong, GUO Qingpeng, WU Li, ZHANG Yonggui
(Petroleum Exploration and Production Research Institute, SINOPEC, Beijing 100083, China)

Abstract The Chang 6 and Chang 8 members of the Upper Triassic Yanchang Formation are important oil exploration objects in Zhenjing area of the Ordos Basin. The primary target reservoirs in Chang 6 and Chang 8 layers are subaqueous distributary channel sandbodies. Based on the seismic response analysis of the reservoirs, a seismic analysis multi-attribute technique was applied to determine the areas of high potential reservoirs (channel sandbodies) and the oil-bearing possibilities. The results of the drilled wells demonstrated that the reservoir seismic prediction was feasible and effective in the study area.

Key words reservoir seismic prediction; channel sandbodies; Yanchang Formation; Ordos Basin

鄂尔多斯盆地西南部的镇泾区块在构造区划上隶属天环向斜二级构造单元，中生界石油勘探的主要目的层为三叠系延长组和侏罗系延安组，尤其是延长组长6段和长8段。储层主要为三角洲前缘水下分流河道砂体。近年的勘探已在区内多个井点的延长组钻遇良好的油气显示层，其中红河105井和红河26井已在延长组试获工业油流。而区块东北角与之毗邻的西峰油田，自2001年以来已先后在延长组累计探明三级石油储量近4×10^{8}t。

钻井揭示，镇泾地区延长组普遍缺失长1段—长2段地层及部分长3段和长4+5段地层，残余地层厚度为430~620m。地层构造呈东南高、西北低的单斜构造形态，仅在局部发育微幅鼻状隆起。这种平缓的区域构造决定了该区油气勘探主要以岩性油气藏为主，而岩性油气藏勘探成功的关键就在于能否对三角洲前缘水下河道砂体进行准确的识别和预测。

本文在区域沉积特征和已钻井测井特征分析的前提下，利用地震模型正演方法，从分析河道砂岩地震响应特征入手，由点到面，优选反映优质储层的敏感地震属性参数，据此对延长组砂体进行预测研究，为勘探开发增储上产提供钻探依据。

1　储层沉积特征

鄂尔多斯盆地上三叠统延长组为一个由水进－水退序列构成的完整沉积旋回，长8—长7期为湖进阶段，湖盆逐渐扩大，水体逐渐加深，纵向上沉积物由粗变细，其中长7期达到最大；长6—长1期为水退阶段，虽有反复，但总体上水体逐渐变浅，湖盆逐渐缩小直至消亡。延长组沉积后，晚印支运动使鄂尔多斯盆地整体抬升，遭受长期风化剥蚀，导致长1段、长2段、长3段和长4+5段地层的部分缺失。

镇泾区块主要位于由西南－东北物源形成的辫状河三角洲扇裙上，延长期主要发育辫状河三角洲沉积体系，亚相类型为辫状河三角洲平原和辫状河三角洲前缘，以辫状河三角洲前缘亚相为主。长8期该区发育有3条主要的三角洲水下分流河道，包括镇原水下分流河道、川口水下分流河道和泾川水下分流河道。长8早期，镇原地区水下分流河道发育规模较大，在区内分布范围宽且延伸较远，主河道区砂体厚度大于12m，最大砂体厚度可达30m。长8晚期，延续了长8早期的沉积特征，中部川口地区水下分流河道规模大，呈南西－北东向纵贯整个探区，进入邻区西峰油田。

工区内长6油层组亦发育3条水下分流河道，砂体分布广、厚度大，主河道区砂岩厚度大于28m，东部川口、泾川地区最厚达到60m，是长6油层组的主要含油区。长8和长6油层组以岩屑长石砂岩为主，少量长石砂岩；砂岩以细粒者为主，少量中粒砂岩。

利用区块内红河105井钻井资料编制的长8砂体等厚图（图1）基本反映出水下分流河道的平面展布特点，表明该砂体分布明显受水下分流河道控制。砂体分布与从西南至东北方向的3条河道流向一致，河道延伸方向上砂体连续度相对较好，而垂直河道走向砂体连续度相对较差。水下分流河道中部砂岩发育，两侧变薄。砂体剖面形态在北西－南东方向呈明显的透镜体或侧向加积叠置，沿北东－南西方向则延伸距离较远。根据镇泾地区储层物性测定结果统计，区内砂体发育，其中分流河道砂体、河口坝等储集体物性较好。

2　储层地震反射特征

由储层沉积特征分析得知，本区河道主体部位砂体的累计厚度（20m左右）大于地震调谐厚度，完全能够利用地震反射波有效识别和预测砂体。

根据地震波形成的机理可知，地震反射波的波形特征（即地震相位个数、同相轴间的宽窄、外形形状、振幅强弱、频率高低等）是对地层埋深产状、沉积环境、岩性、厚度、物性以及含流体等情况的综合表征。这种混合响应特征实际上就是地震勘探多解性问题的根源所在。为了有效降低多解性，需要在储层预测前对地震反射波组作出有效判别和分析。

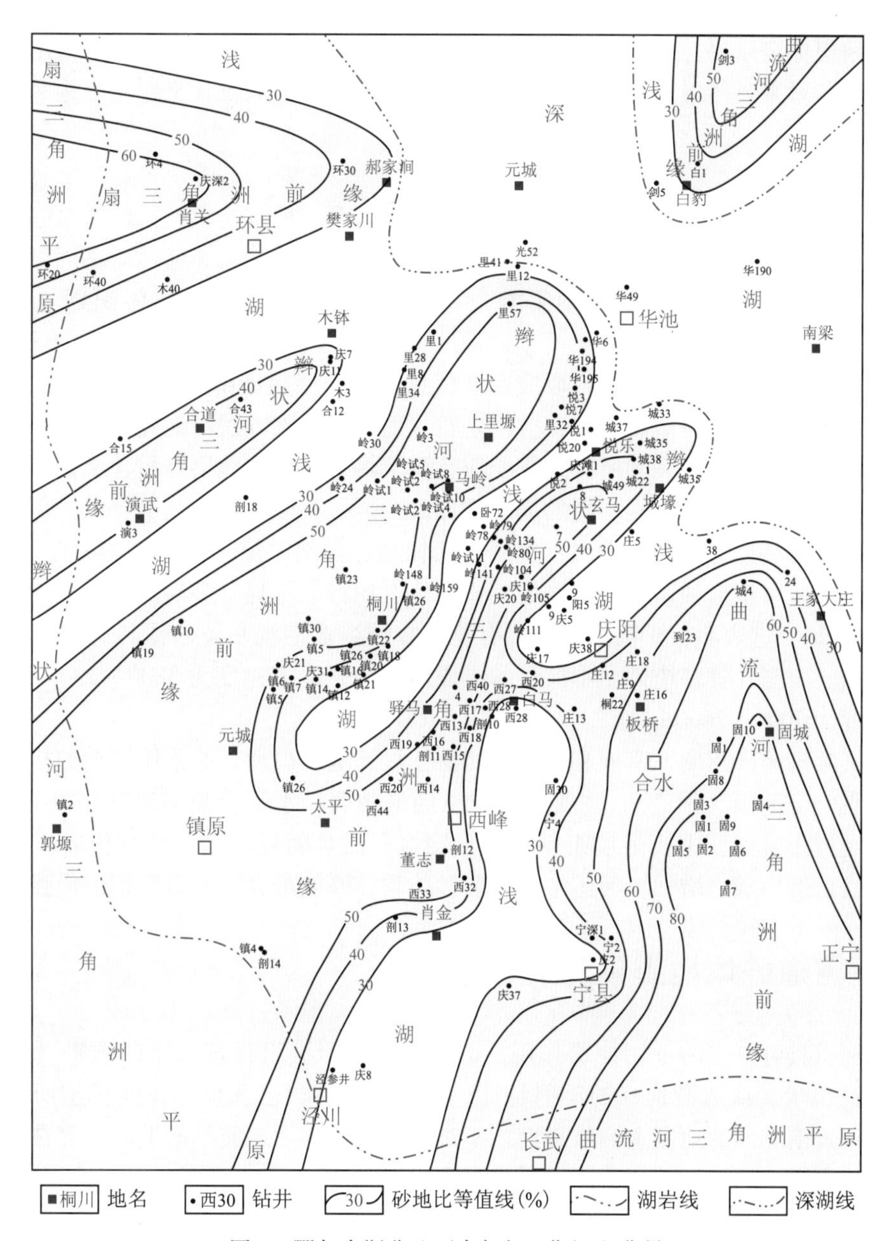

图 1　鄂尔多斯盆地西南部长 8 期沉积背景

Fig. 1　Sedimentary palaeogeography of the Chang 8 Member in southwestern area of the Ordos Basin

2.1　储层标定

储层标定是研究储层范围内波形的变化，这与常规构造解释中地震反射界面的简单标定有所不同，储层标定是对目的层层段内各个地震反射波组的地质含义进行阐释。为提高储层标定的精度，选择上、下层岩性变化剧烈、物性变化大、波阻抗差异大的界面作为井－震标定的标志层。本区选取两个标志层，即延安组底煤层和延长组长 7 段底界，前者是煤层与砂泥岩的界面，后者是张家滩页岩与砂泥岩的界面，两者波阻抗差异都十分明显，而且在全区能够连续追踪解释。以上、下两个标志层为约束指标，精细获得目的层段内精确的波组标定结果。但是，为了更精确地阐释波形的横向变化，还需要采用地震模型正演的方法，对主要储层段内地震反射波特征所反映的地层地质含义作出合理解释。

2.2 模型正演

地震正演模型的建立具有重要意义，它将地质模型和地震响应有机地联系起来，使地震反射特征既具有确切的地球物理意义，又具有明晰的地质含义。通过对不同岩性和岩性组合地震响应模型的研究，揭示地震响应所反映的沉积特征，为砂体识别与描述提供依据。

地震模型正演技术就是采用声波或密度信息充填地层界面框架，建立地层介质模型；再从实际地震中提取井旁地震子波，应用垂直入射自激自收方法由地震褶积方法模拟出叠后地震合成记录。由此得到的所有地震响应特征都具有明确的地层介质含义，因此就可以根据它来指导或验证实际地震资料的地质解释。

从测井曲线特征分析可以看出，本区自然伽马、自然电位和声波等测井曲线（图2）均表现为中等幅度箱形加积型或钟形的河道砂体沉积特征，且呈多期河道的正旋回复合叠加序列（图2）。这表明，该河道主体具有稳定、持续多期沉积，砂体具有多期叠置、厚度大等特点。由测井资料统计，本区目的层段河道砂岩地震速度为3800～2900m/s，而泥岩地震速度为3000～2600m/s。

根据实际砂泥岩速度、密度和河道下切特征设计地质模型，并采用简单的褶积模型模拟得到地震响应剖面（图2）。地震模型正演结果表明，水下分流河道砂岩“下凹顶平”的特征在地震正演模型中反射波组特征依然明显；而且随着河道主体部位砂体厚度的增加，地震反射振幅随之增强。河道中心叠置砂体累计厚度最大，地震振幅也最强。

3 水下河道砂体地震预测

由于河道具有一定的下切冲刷作用，造成地震反射波组呈现出下凹顶平（或下凹顶凸）的半透镜状（或透镜状）的反射特征，这种反射特征已为地震正演模型所证实。通过抽取显示近南北向的地震主测线剖面，不难发现本区实际地震剖面上同样存在明显的典型河道几何地震响应特征，即下凹顶平的亮点反射（图2）。根据地震储层标定和已钻井分析认为，这些地震反射特征主要系主河道砂体所致。

在对全区长6段和长8段砂体地震反射特征精细解释的基础上，沿层提取地震反射振幅切片，获取河道砂体地震反射的平面展布规律。图3为研究区长8段和长6段分流河道沉积地震反射强度平面图，图中红黄色区域指示地震振幅能量强，而蓝绿色区域指示地震振幅能量弱。图中红黄色地震能量强的区域即为河道砂体主体部位。

由于多期河道横向叠置、交叉和改道，以及后期成岩作用的影响，造成河道砂体的岩性、物性的变化规律异常复杂，进而导致地震反射波复合叠置及振幅强弱关系的复杂变化。但是从切片上还是可以看出，长6段河道特征更为清晰；而长8段河道较为宽泛，河道主体部位较模糊。由此大致推测出，长8期水下河道改道频繁，但主体河道位置变化不大；而长6期继承了长8期河道的位置，且较为稳定，但期间出现过一次明显的河道摆动和分岔。

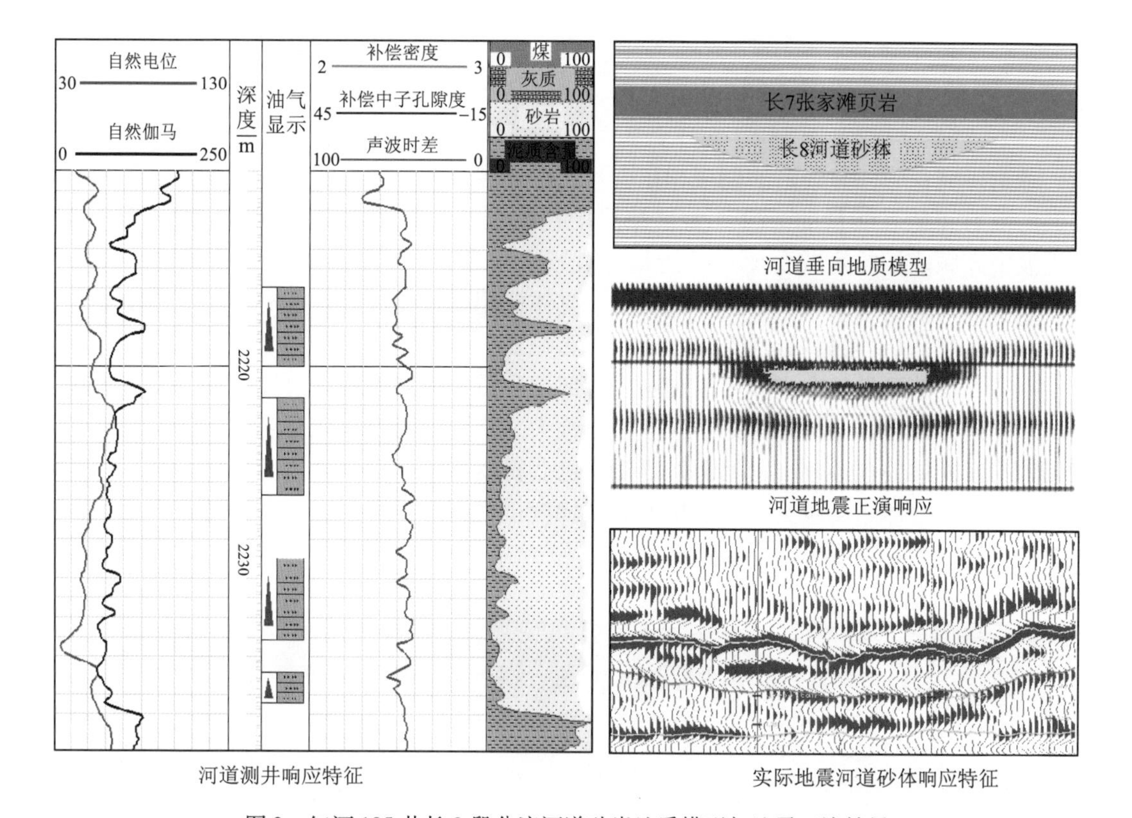

图2　红河105井长8段分流河道砂岩地质模型与地震正演结果

Fig. 2　Geologic model and seismic response of distributary channel sandbodies in the Chang 8 member of well Honghe 105

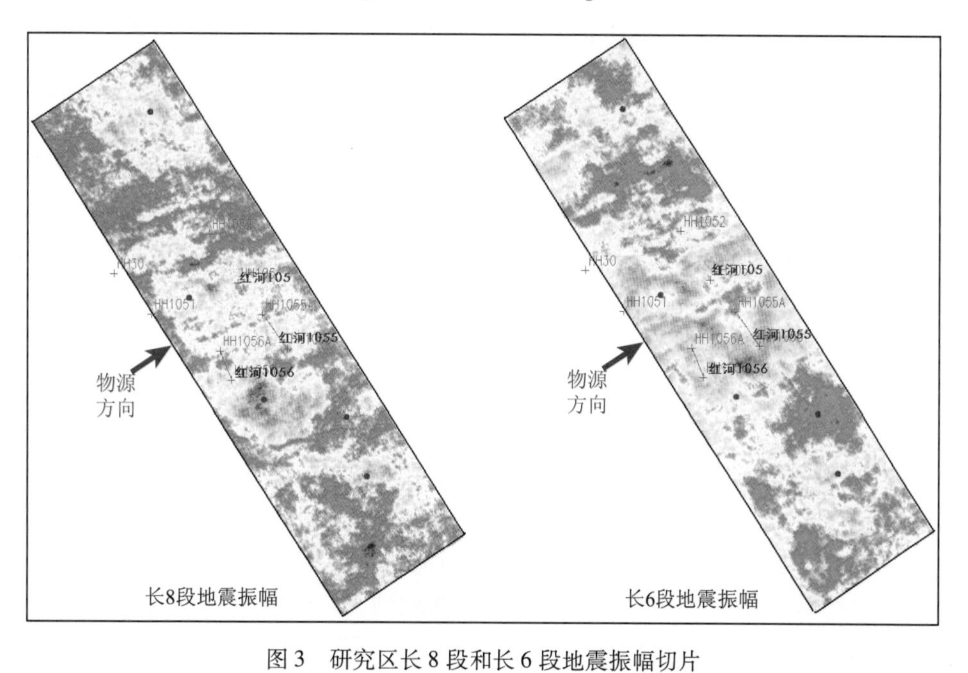

图3　研究区长8段和长6段地震振幅切片

Fig. 3　Seismic amplitude slices along the Chang 8 and Chang 6 members of the Upper Triassic in the study area

4 地震频率衰减油气检测

理论研究证明，与致密的储层相比，当孔隙储层含有流体如油、气或水时，会引起地震波的散射和地震能量的衰减。如果储层中孔隙较发育且富含流体（特别是充气）时，地震波中高频能量的衰减要比低频能量的衰减大得多。由此，度量高频端能量的衰减程度，就可以间接指示出储层含流体的状况。具体应用衰减属性时，还需注意地震能量的衰减程度还受到储层埋深和岩性变化等因素的影响。

由图4清楚可见，在主体河道储层发育部位，沿目的层地震反射波能量出现明显的降低，表明这些部位储层孔渗性好，含油可能性大。从地震资料提取反射波能量衰减的平面图用以指示储层的含油性，其结果指导钻探已获得良好的钻探效果。而且往往是，在地震所预测的河道砂体厚度越大、且反射波衰减梯度也很大的重叠区域，其钻遇高产油井的几率越大。

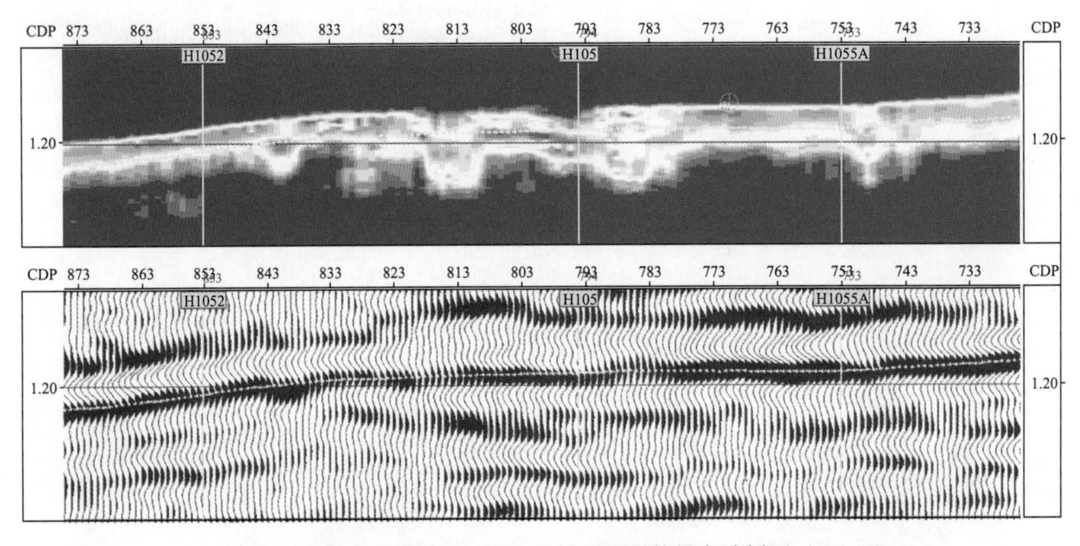

图4 研究区连井剖面（下）和沿层地震能量衰减剖面（上）

Fig. 4 Seismic attenuation section along the Chang 8 member of the upper Triassic in the study area

5 结 论

1）研究区为黄土塬区，经过多年地震采集攻关，本区采集处理所得的地震主频已达32Hz以上，而据此推算本区地震纵向理论分辨率为30m左右；但由于是目的层为砂包泥沉积结构，地震实际分辨率可能会更高。而且该区为多期河道叠置区，许多区域砂体最大厚度可达30m以上，实际应用情况表明地震资料能够满足该区储层地震预测的需求。

2）从已钻井资料出发，建立准确的地震正演模型，用以指导储层地震反射波形参数特征分析和属性参数遴选。在此基础上，由点及线，再线到面，由已知推未知，就能够根据地震资料获取有效的储层分布信息。

3）应用研究表明，在研究区内采用地震振幅等敏感属性参数能够大致定性预测出长

6 段和长 8 段水下河道砂体的主体覆盖区，但更精确的定量化预测还需要进行多井约束下的地震岩性反演研究。

4）频率衰减属性对该区含油性预测具有一定的指导作用，对其解释时需要区分非流体因素所带来的干扰。

参考文献

[1] 何自新. 鄂尔多斯盆地演化与油气 [M]. 北京：石油工业出版社，2003.

[2] 刘震. 储层地震地层学 [M]. 北京：地质出版社，1997.

[3] 邹才能，张颖. 油气勘探开发实用地震新技术 [M]. 北京：石油工业出版社，2002.

[4] 张哨楠，胡江柰，沙文武，等. 鄂尔多斯盆地南部镇泾地区延长组的沉积特征 [J]. 矿物岩石，2000，20（4）：25－30.

梨树断陷盆地结构、构造样式与构造演化

郭利果[1,2] 周卓明[2] 王果寿[2] 胡 凯[1]
（1. 南京大学地球科学系，江苏南京 210093；2. 中国石化石油勘探开发研究院无锡石油地质研究所，江苏无锡 214151）

摘 要 通过对梨树断陷部分二维、三维地震资料解释结果的整理与分析，以全局的角度将其扩展于整个研究区，在此基础上对梨树断陷盆地结构、构造样式、构造演化过程进行了较为详细系统的解析。结果表明，梨树断陷是一个由桑树台断裂控制的西断东倾的基底卷入型复杂半地堑，具有“断陷+坳陷”的典型二元结构；梨树断陷发育了伸展、走滑、反转3种构造样式，发育了成因上密切相关的双龙－小宽、皮家、秦家屯－秦东3条走滑断裂带和孤家子－后五家户、小五家子－四家子、秦家屯、皮家－毛北－张家屯、双龙5个反转构造带；梨树断陷构造演化经历了初始裂陷、主断陷、断陷萎缩、坳陷、抬升剥蚀5个演化阶段。

关键词 盆地结构 构造样式 构造演化 梨树断陷

Basin Structure, Structural Styles and Tectonic Evolution of Lishu Fault Depression

GUO Liguo[1,2], ZHOU Zhuoming[2], WANG Guoshou[2], HU Kai[1]
(1. Department of Earth Sciences, Nanjing University, Nanjing, Jiangsu 210093, China; 2. Wuxi Research Institute of Petroleum Geology, SINOPEC, Wuxi, Jiangsu 214151, China)

Abstract Based on the analysis and interpretation of the 2D and 3D seismic data, some conclusions of basin structure, structural styles and tectonic evolutions of the Lishu Fault Depression have been reached: Lishu Fault Depression is a complicated “faulting in the west and overlapping in the east” “basement involved” half graben that controlled by Sangshutai Fault, and it has the dual structure of “fault depression” and “depression”. It involves the extensional, strike-slip, reversal structural styles, and occurs the Shuanglong – Xiaokuan, Pijia, Qinjiatun – Qindong strike – slip zones, and the commensal Gujiazi – Houwujiahu, Xiaowujiazi – Sijiazi, Qinjiatun, Pijia – Maobei – Zhangjiatun, Shuanglong inversion structures. Lishu Fault Depression has underwent five stages: the original rift stage, the major rift stage, the faulted depression stage, the depression stage and the uplift-denudation stage.

Key words basin structure; structural style; tectonic evolution; Lishu Fault Depression

梨树断陷位于松辽盆地东南缘，区域上位于NE走向的佳伊断裂和近EW走向的西拉木伦缝合带的交汇部位（图1）。梨树断陷是一个在中生界浅变质基底上发育而成的晚中生代陆缘裂谷含油气盆地，面积约为2300km^2，总体上经历了从晚侏罗世－早白垩世伸展断陷、中－晚白垩世伸展拗陷和晚白垩－新生代隆升剥蚀等构造演化过程。

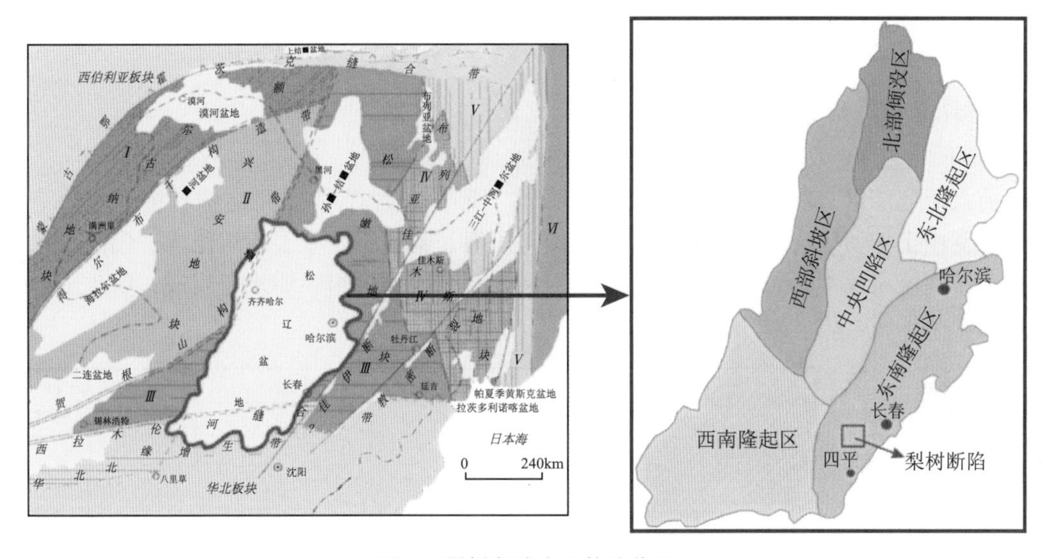

图 1　梨树断陷大地构造位置

Fig. 1　The tectonic location of the Lishu Fault Depression

前人关于梨树断陷构造方面的研究已进行过多轮[1-16]，但研究多建立在 20 世纪 80 ~ 90 年代施工的一系列区域二维地震和少部分地区的三维地震资料基础上，由于地震勘探精度等原因，存在一系列问题，具体表现在：①断陷各期区域边界不清，存在着一定的争议；②断陷深部层系（断陷期）地震资料品质较差，影响了对整个梨树断陷构造方面研究的深度；③断陷三维地震资料的缺乏，影响了断陷次级断裂及局部构造整体上的认识。20 世纪 90 年代后期以来，针对梨树断陷，中石化东北油田分公司先后开展了数轮高精度三维地震勘探，目前，三维地震数据基本覆盖了断陷的中北部，覆盖面积约占断陷总面积的 70% 左右（图 2）。以此为基础，东北油田分公司与多家研究单位正重新对梨树断陷三维、二维地震资料进行处理和解释，为深入研究梨树断陷的构造特征奠定了坚实的基础。本次研究主要运用了这些新三维地震资料和部分二维地震资料及部分解释成果，结合了多口钻井 VSP 资料和 Check-shot 标定结果，对整个梨树断陷的盆地结构、构造样式、构造演

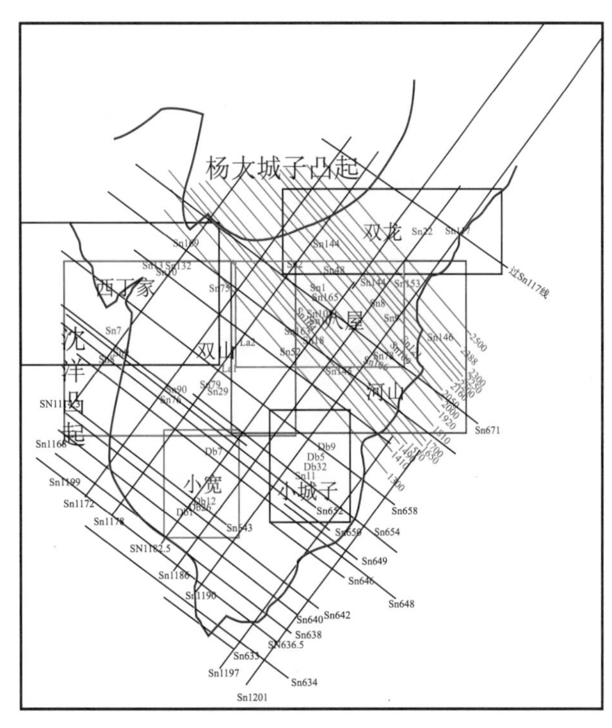

图 2　梨树断陷部分二维测线 - 三维地震测网分布

Fig. 2　The sketch map of the 2D and 3D surveys in the Lishu Fault Depression

化过程进行较为详细系统的解析。

1 梨树断陷盆地结构

前人研究结果表明，梨树断陷具有明显的“断陷 + 坳陷”二元结构特征，其中断陷层系主要由上侏罗统火石岭组和下白垩统沙河子组、营城组、登娄库组组成；坳陷层系主要由上白垩统泉头组、青山口组、姚家组、嫩江组、四方台组、明水组组成；明水组上直接覆盖了第四系（图3）。

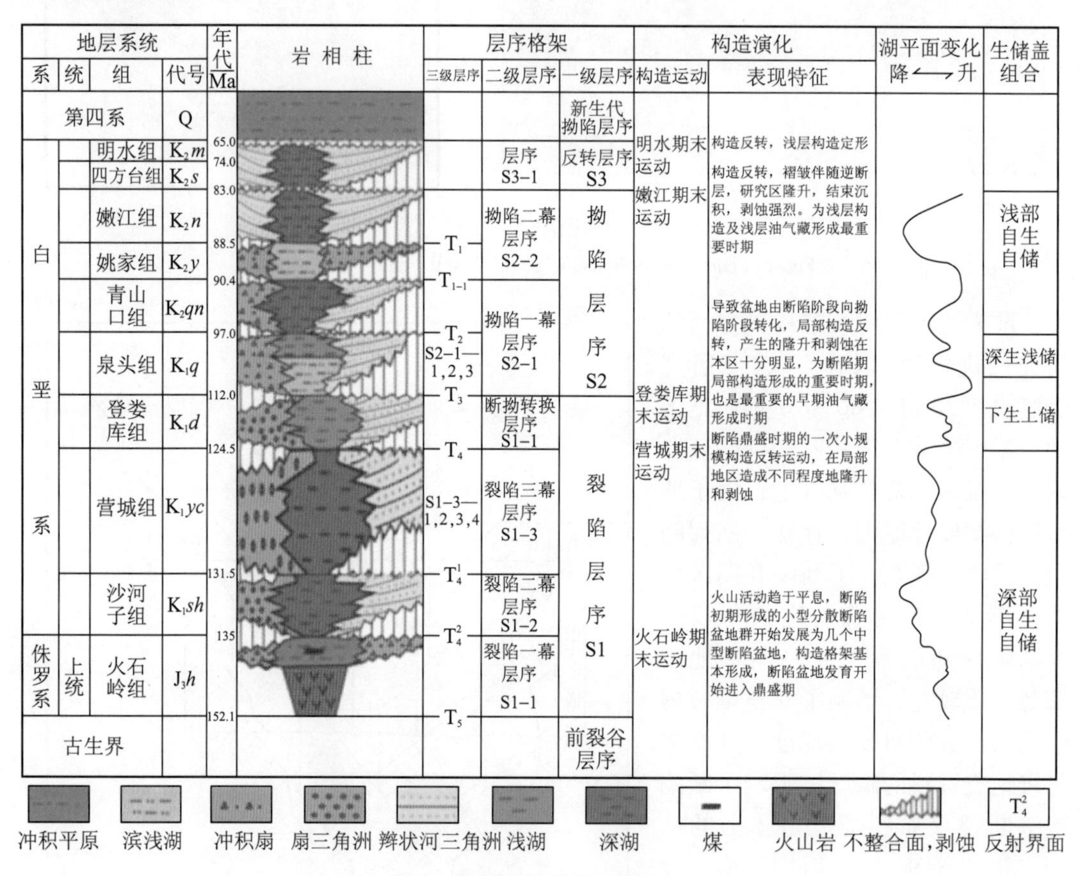

图3 梨树断陷层序地层格架

Fig. 3 The sequence stratigraphic framework of the Lishu Fault Depression

（据单伟[15]，有修改）

1.1 梨树断陷剖面地质特征

梨树断陷沉积和沉降中心位于中西部，沉积厚度向北东、东、南东方向均表现出减薄的特点，剖面形态均表现为一个典型的受桑树台大断裂控制的“西断东超”半地堑（图4至图6），在半地堑内部，不同程度地受北东走向的小宽断裂、秦家屯断裂改造，形成了两个比较明显且规模较大的反向断阶（图5，图6）。其中桑树台大断裂在盆地中南部SN650测线处表现为“犁式”正断层（图6），在南部SN640测线处表现为“坐椅式”正断层（图7），表明断层在多起活动中伸展方向、沉降中心发生了明显改变；秦家屯断裂两侧火石岭组厚度差异较大，代表了该断裂对该时期沉积具有较明显的控制作用。

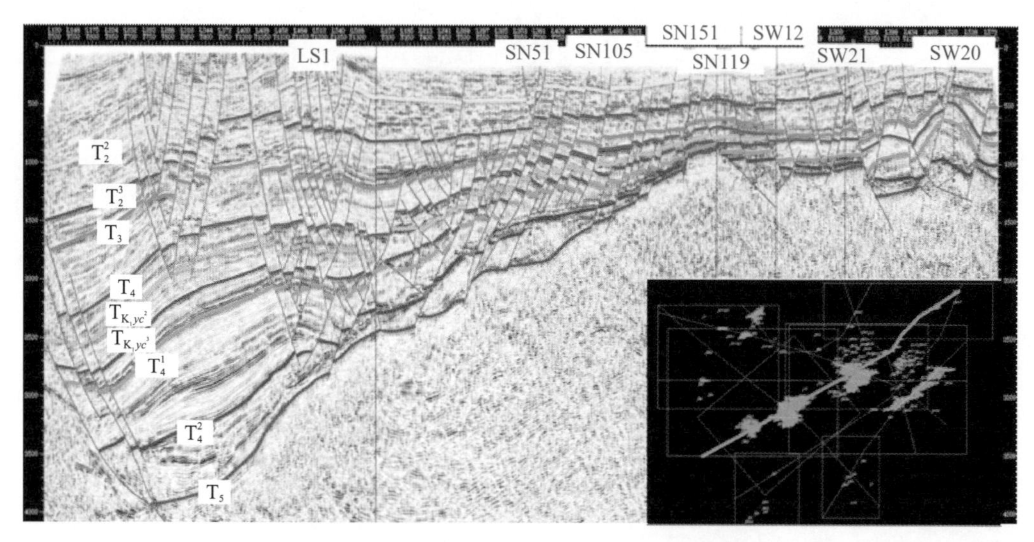

图4　双山—八屋—双龙三维工区连井剖面

Fig. 4　The connecting-well section of 3D survey areas in the Shuangshan—Bawu—Shuanglong

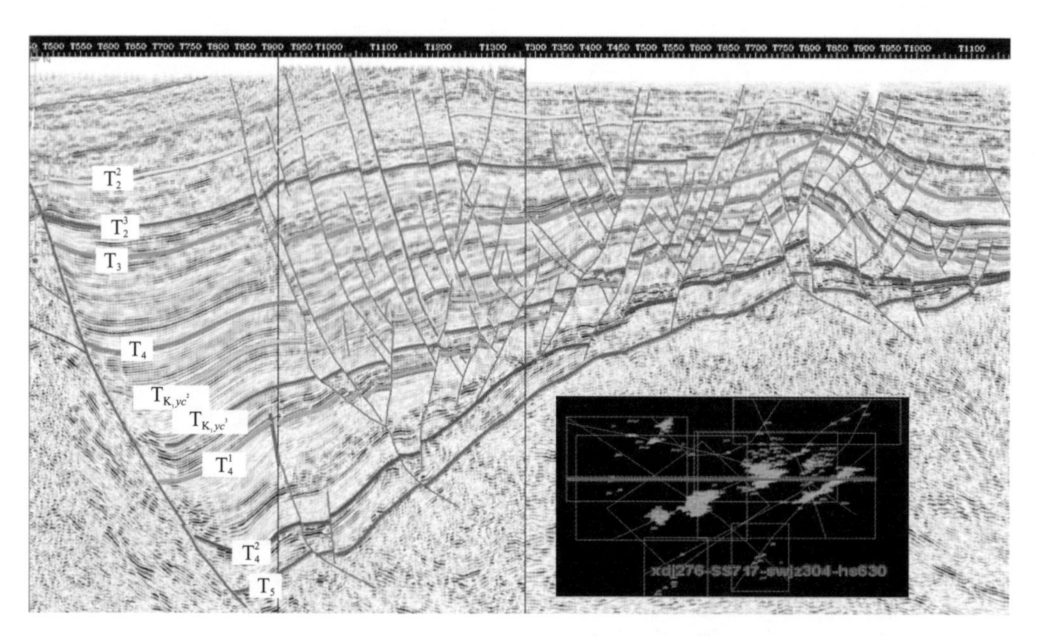

图5　西丁家三维 L276—双山三维 L717—八屋三维 L304—河山三维 L630 地震剖面

Fig. 5　The 3D seismic sections of L276 in Xidingjia，L717 in Shuangshan，L304 in Bawu，L630 in Heshan

梨树断陷北部剖面地质形态变得比较复杂，基底起伏显然大于中南部，而且这种起伏多与区域性大断层如皮家、小宽、秦家屯、秦东断裂有关，也正是这些断层将断陷分割为几个相对较独立的二级单元（图8，图9）。

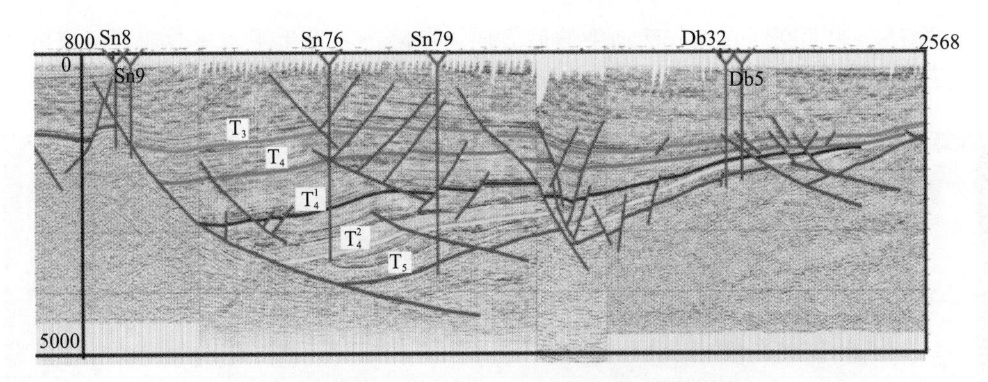

图 6　梨树断陷 SN650 地震测线剖面地质图

Fig. 6　The seismic section of the line SN650 in the Lishu Fault Depression

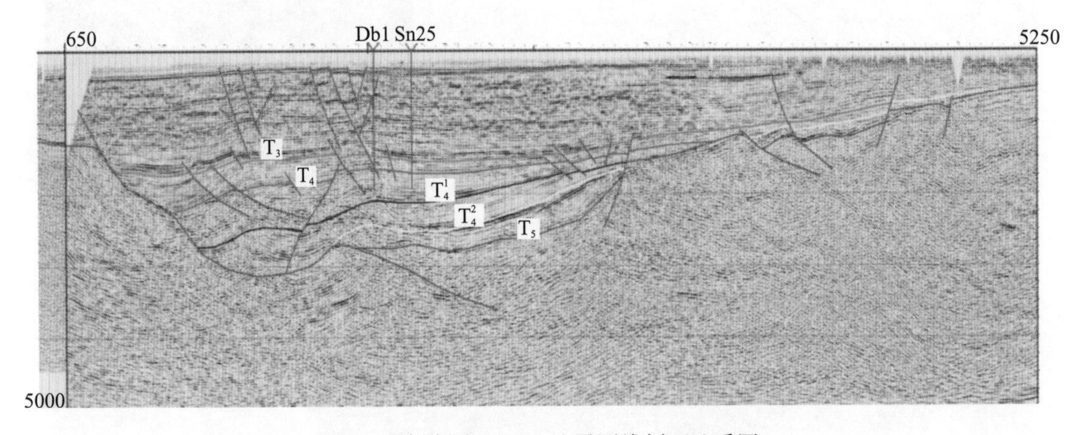

图 7　梨树断陷 SN640 地震测线剖面地质图

Fig. 7　The seismic section of the line SN640 in the Lishu Fault Depression

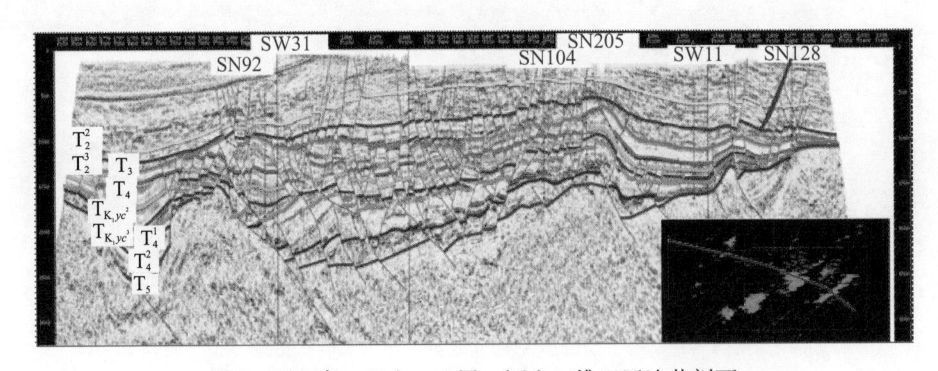

图 8　西丁家—双山—八屋—河山三维工区连井剖面

Fig. 8　The connecting - well section of 3D survey areas in the Xidingjia—Shuangshan—Bawu—Heshan

1.2　梨树断陷构造层特征

梨树断陷基底主要为一套晚侏罗世之前形成的浅变质岩系，主要由一套板岩、千枚岩、片岩等变质碎屑岩系和花岗岩、安山岩侵入体组成。其中，南部相对起伏较小，中北部起伏明显。基底最大埋深位于断陷中西部桑树台大断裂东侧，约 9000m，最小埋深位于断

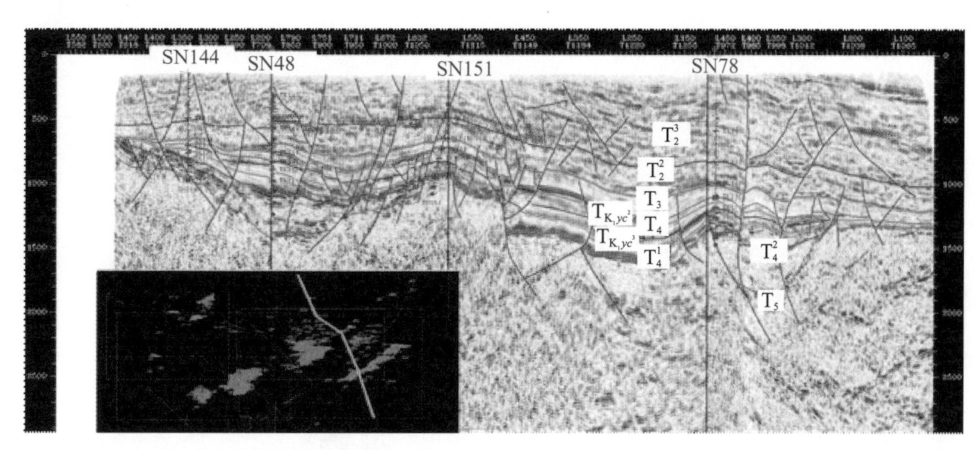

图 9　双龙—河山三维工区连井剖面

Fig. 9　The connecting-well section of 3D survey areas in the Shuanglong—Heshan

陷东北部双龙断裂东侧，小于 200m。整体而言，基底埋深从桑树台断裂东侧最深处向北东、东、南东方向逐步减小；但就局部来说，基底埋深的变化规律明显受北东、北北东向切穿基底的大断层控制，表现出明显的“NW - SE 向分带，SW - NE 向渐变”的特点（图 10）。

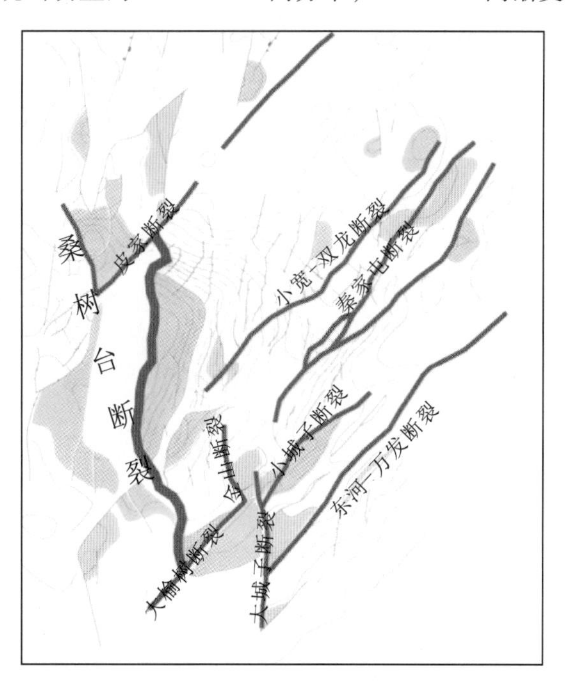

图 10　梨树断陷基底构造

Fig. 10　The basement structural map of the Lishu Fault Depression

（底图据东北油田分公司，2010）

梨树断陷的断陷层系火石岭组最大埋深约 8100m 左右，分布于断陷中西部，桑树台断裂东侧；最小埋深约 600m，分布在断陷东北部，双龙断裂北西侧，与基底埋深最浅处相距不远。火石岭组最大残余厚度约 1700m 左右，在断陷中西部，桑树台断裂东侧 SN86 井附近；最小残余厚度仅几十米，主要分布在断陷东北部和中北部。火石岭组最大限度地继承了基底分布格局，沉积范围虽然略小，但更明显地受到断裂控制，并且厚度分布分割性更强，具有多个次沉积中心（图11）。

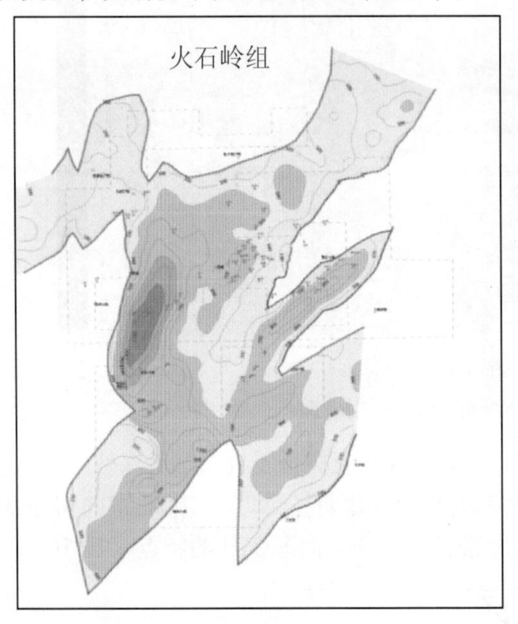

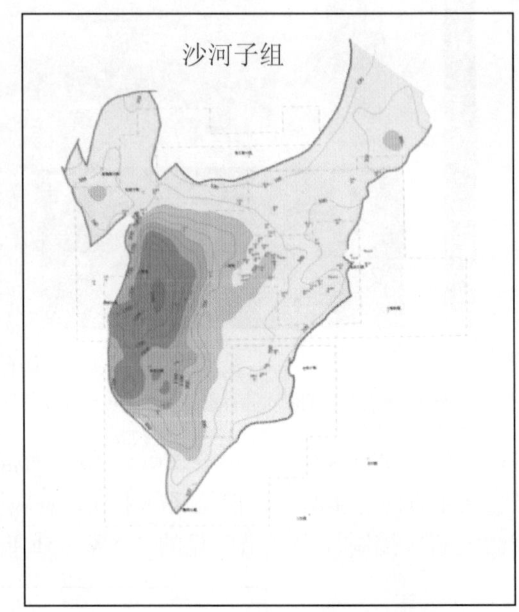

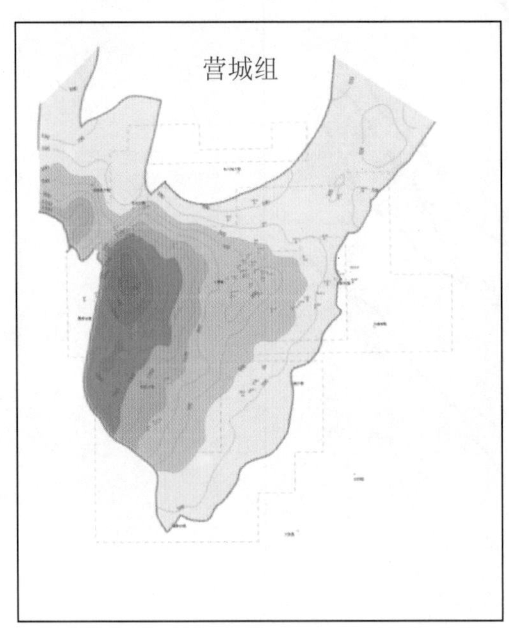

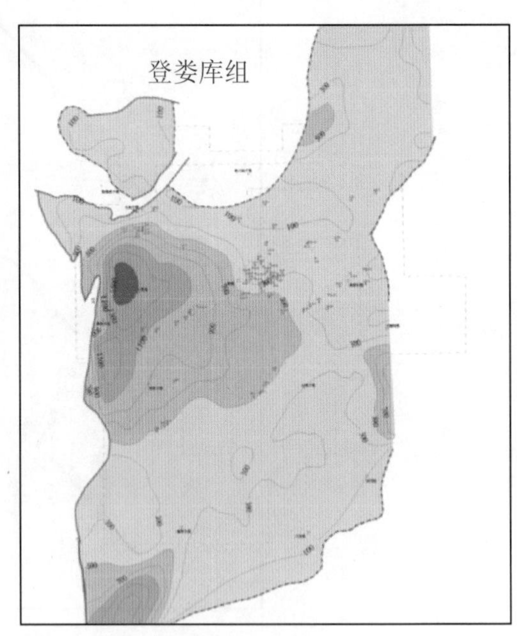

图11 断陷期火石岭组、沙河子组、营城组、登娄库组地层厚度

Fig. 11 The stratum thicknesses of the Huoshiling, Shahezi, Yingcheng, Denglouku Formations of the faulted subsidence layer

沙河子组最大埋深约6600m左右，一南一北地分布在断陷中西部，桑树台断裂西侧，两者之间通过一个构造脊相连；最小埋深约300m，分布在断陷东北部，双龙断裂北西侧，与基底埋深最浅处相距不远。沙河子组最大残余厚度为2100m左右，位于断裂中西部，桑树台断裂东侧SN86井北部2km处，与最大埋深处有所偏离；最小残余厚度仅几十到

100m，呈长条状由南至北、由西向东分布于断陷东侧、北侧边缘。总体而言，沙河子期沉积范围较火石岭期明显变小，各二级带的沉积厚度主要受主断裂控制或影响，总体上由中西部向东、向北、向南逐步减薄（图11）。

营城组最大埋深约4900m左右，位于断裂中西部，桑树台断裂东侧，桑树台镇南约2km处；最小埋深约300m，分布在断陷东北部，双龙断裂北西侧，与基底埋深最浅处相距不远。营城组最大残余厚度为2500m左右，位于十屋镇附近，与最大埋深处偏离较远，而与基底埋深次深处（4200m）基本吻合；最小残余厚度仅几十到100m，主要分布在断陷北侧（杨大城子南5km）、东北侧边缘（SN117井附近）。总体而言，营城组沉积范围比沙河子组略大或基本相当，厚度变化亦与沙河子组类似，各二级带也主要受主断裂控制（图11）。

登娄库组最大埋深约3100m左右，分布在断陷中西部，桑树台镇南约10km附近；最小埋深150m左右，位于断陷东北部，双龙断裂北西侧，SN117井东北约5km处。登娄库组最大残余厚度约1600m左右，分布在断陷中西部，桑树台镇南约8km处；最小残余厚度仅几十米，主要分布在断陷北部、东北部边缘。总体上看，登娄库组沉积范围较营城组扩大较多，基本上恢复到基底所划定的范围，使得某些缺失沙河子组、营城组甚至是火石岭组的“区带”重新接受沉积，导致登娄库组埋深和残余厚度的变化复杂，其规律表现为与基底埋深变化趋同；各二级带分界主断裂活动性减弱，对残余厚度变化的控制性不甚明显（图11）。

梨树断陷拗陷层主要由下白垩统泉头组和上白垩统青山口组、姚家组、嫩江组等组成。相比松辽盆地中央坳陷区，梨树断陷拗陷层系遭受了大规模的构造剥蚀；各组之中，仅泉头组在全区均有分布，其他各组分布均较为局限。由于构造上的强烈剥蚀以及浅层地震资料品质较差等原因，各组界面均不能全区追索。从目前的地震资料上看，拗陷层系各组接触多为平行不整合接触；拗陷层系断裂活动相对较弱，断裂断距较小，对界面埋深及残余厚度影响较小。

2 梨树断陷构造变形特征与构造样式

2.1 梨树断陷构造变形特征

梨树断陷基底岩系构造变形的第一个特点是基底凹凸不平，具有典型的基底卷入型构造特征。切穿基底的断裂中，既有延伸较近或低角度的张性断裂，又有条带状延伸的NE向走滑断裂，控制了梨树断陷的构造-沉积格局及演化；第二个特点是在盆地边缘或反转强烈部位常发育一些古潜山或古隆起构造，具体表现形式有断阶、断隆、断背斜等。

梨树断陷的断陷层系构造变形的第一个特点是发育3条NE-NNE向走滑断裂带，即断陷西部的皮家断裂带、中部的双龙-小宽断裂带、东部的秦家屯-秦东断裂带(图12)；第二个特点是发育了5个反转构造带，即皮家-张家屯-毛北反转构造带、孤家子-后五家户反转构造带、小五家子-四家子反转构造带、秦家屯反转构造带、双龙反转构造带（图13)。值得注意的是，5个反转构造带与3条走滑断裂带在空间上密切相关，多发育在走滑断裂带的端部或方向改变处。

梨树断陷坳陷层系构造变形的第一个特点是断层活动性相对较弱，对沉积控制意义不

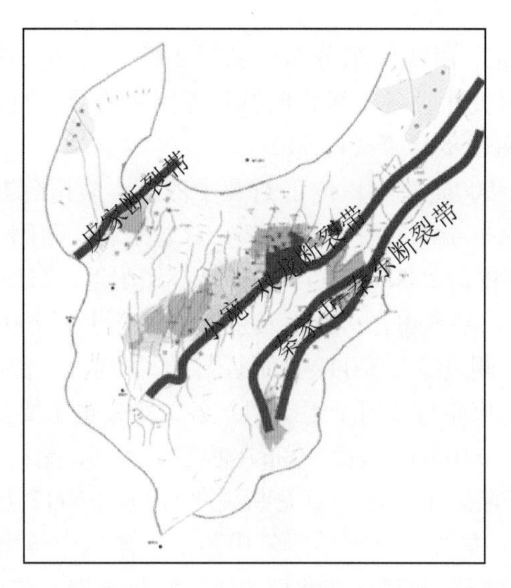

图 12　梨树断陷油气田分布与 3 条走滑断裂带分布叠合图

Fig. 12　The congruent map of the oil-gas pools and 3 strike-slip fault zones in the Lishu Fault Depression

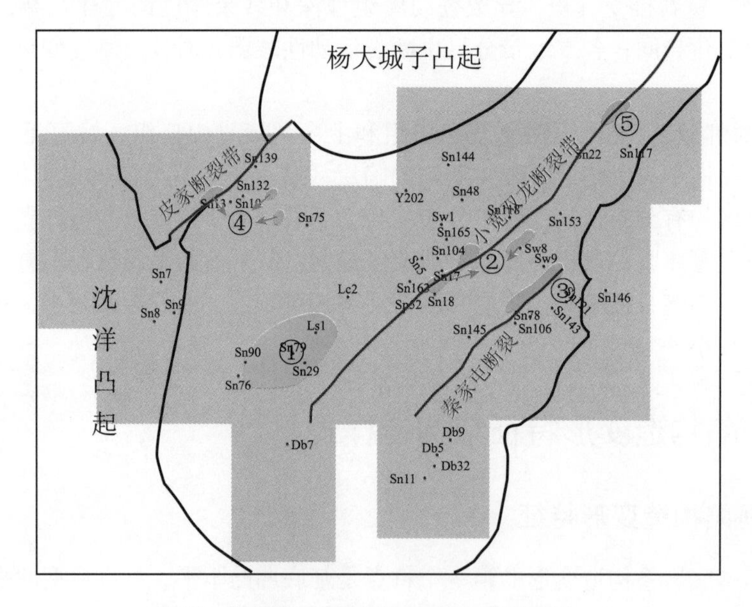

图 13　梨树断陷的断陷层系反转构造带分布

Fig. 13　The sketch map of the inversion structure zones in the faulted subsidence layers of the Lishu Fault Depression

①孤家子 - 后五家户反转构造带；②小五家子 - 四家子反转构造带；③秦家屯反转构造带；④皮家 - 毛北 - 张家屯反转构造带；⑤双龙反转构造带。阴影区为三维区块

大；断层性质以正断层为主，数量大，断距小，分布广，产状自上向下发育；在构造改造强烈部位，断裂较集中，切穿层位也较多。第二个特点是以构造改造强烈部位为核心，往往发育大规模的宽缓背斜构造；这些背斜分布范围大、坡度缓，延伸广；由于夷平作用，背斜核部甚至翼部均遭受了较强烈的剥蚀，仅在部分剖面的泉头组中可见有完整的背斜形态（图 8）。

2.2 梨树断陷构造样式

构造样式是指同一期构造变形或同一期应力作用下所产生的构造的总和[16]。研究区经历了多期构造演化，导致多种应力体制控制下的构造变形纵向上相互叠加，形成了相对复杂的构造样式。研究区构造样式按应力分类，可分为伸展、走滑和反转3种构造样式。

2.2.1 伸展构造样式

伸展构造样式系指盆地边裂陷、边沉积、边沉降、边断裂、边变形过程中，不同类型的正断层及组合的滑移、旋转在不同深度、不同层次和不同构造部位所形成的潜山断块、逆牵引背斜、披覆背斜和压实构造等的构造样式[17]。

梨树断陷为一个典型的复杂半地堑，构造样式发育主要以伸展构造样式为主，其中，在桑树台断裂中段的陡坡带发育有比较典型的逆牵引挠曲或基底卷入型滑动断阶；在逆牵引挠曲内侧的断陷深凹带，同生地发育滚动背斜以及大量的Y字形，反Y字形、耙式与枝状构造；在断陷北部和中东部的缓坡带，发育有以双龙-小宽、秦家屯-秦东断裂为主构成的反向断阶，同时也发育一些同向断阶（图14）。

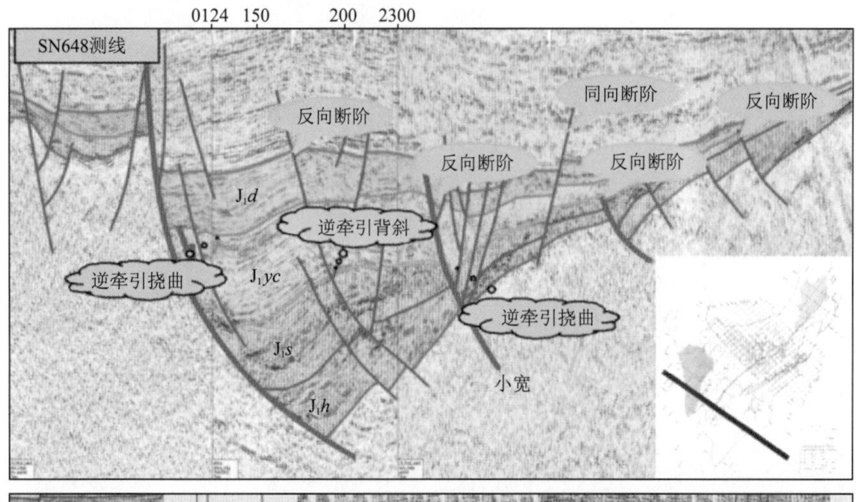

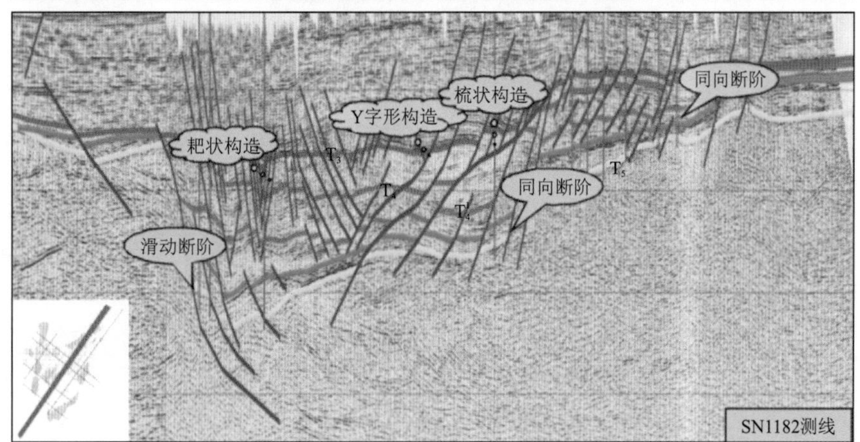

图14 梨树断陷典型的伸展构造样式类型

Fig. 14 The typical extensional structural styles in the Lishu Fault Depression

2.2.2 扭动构造样式

扭动构造样式又称走滑构造样式，是指在水平剪应力作用下产生的压扭性聚敛或张扭性离散断裂变形的总和[17]。最主要的构造样式是花状构造、雁列断层及与其相关的走滑-拉分盆地等。

梨树断陷发育皮家、双龙-小宽、秦家屯-秦东3条走滑断裂带，在剖面上断面较陡，往往直插基底；部分层段发育较典型的正花状、负花状、似花状构造；平面上呈线形延伸或带状展布，断层末端散开呈马尾状，并在主断裂旁伴生一系列雁行状构造；空间上断层时正时逆，断裂两侧地层厚度往往出现不协调现象，表现出明显的"丝带效应"（图15）。

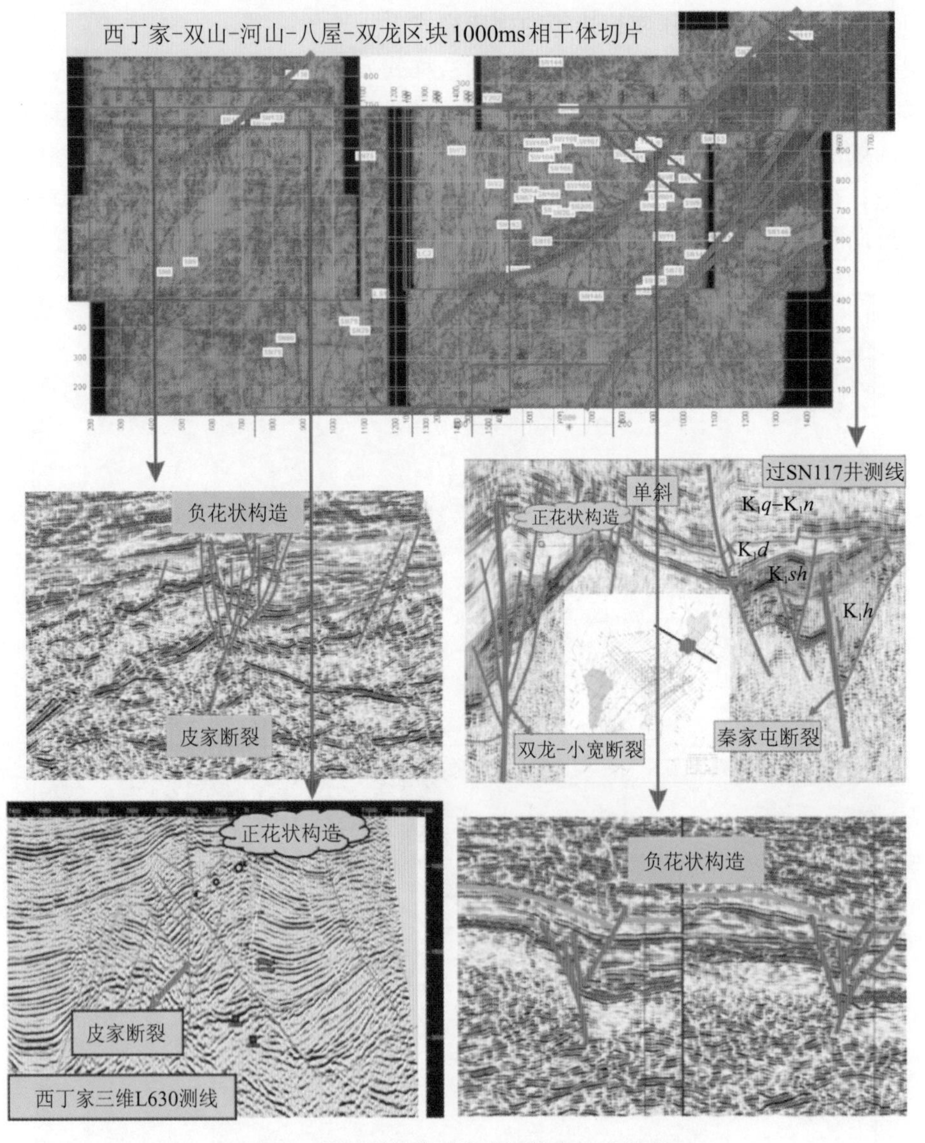

图15　梨树断陷典型的走滑构造样式类型

Fig. 15　The typical strike-slip structural styles in the Lishu Fault Depression

通过三维地震数据体对3条走滑断裂带进行了追踪。由于多期构造形迹的叠加，走滑断裂带内部断裂交切关系非常复杂，总体表现为多条断裂组成的复杂组合体，不同期次的活动往往对应不同的断裂，不同区段表现为不同的构造样式组合。沿每条走滑断裂带的展布方向做连续性的地层切片，不仅可见到正花状构造，而且还可以看到负花状构造。例如双龙－小宽走滑断裂带从北向南依次可见正花状、负花状、正花状、负花状构造，表明研究区3条走滑断裂均为压扭断裂，造成走滑断裂端部或方向改变处表现出不同的构造样式。根据走滑断裂、伴生雁行状断裂、端部马尾状断裂的展布方向，进一步可知研究区3条断裂为左行走滑断裂。

2.2.3 反转构造样式

反转构造是一种叠加、复合构造，在伸展盆地中的地堑、半地堑系统和随后的热冷却拗陷过程中遭受挤压变形产生构造并叠加在伸展构造之上所形成的构造，称为反转构造；而压性－压扭性的构造逆向反转成张性－张扭性地堑、半地堑系统称为负反转构造[17]。

梨树断陷发育的反转构造样式主要为正反转构造样式，具体表现在铲状断层的上盘坳陷层，往往发育隐伏型断层扩展反转褶皱，而断层仍表现出正断层的性质；在构造反转强烈部位，断陷层往往发育断弯褶皱或者正断层逆转为逆断层；在斜坡带则偶尔发育台阶状逆掩断坡型构造样式（图16）。

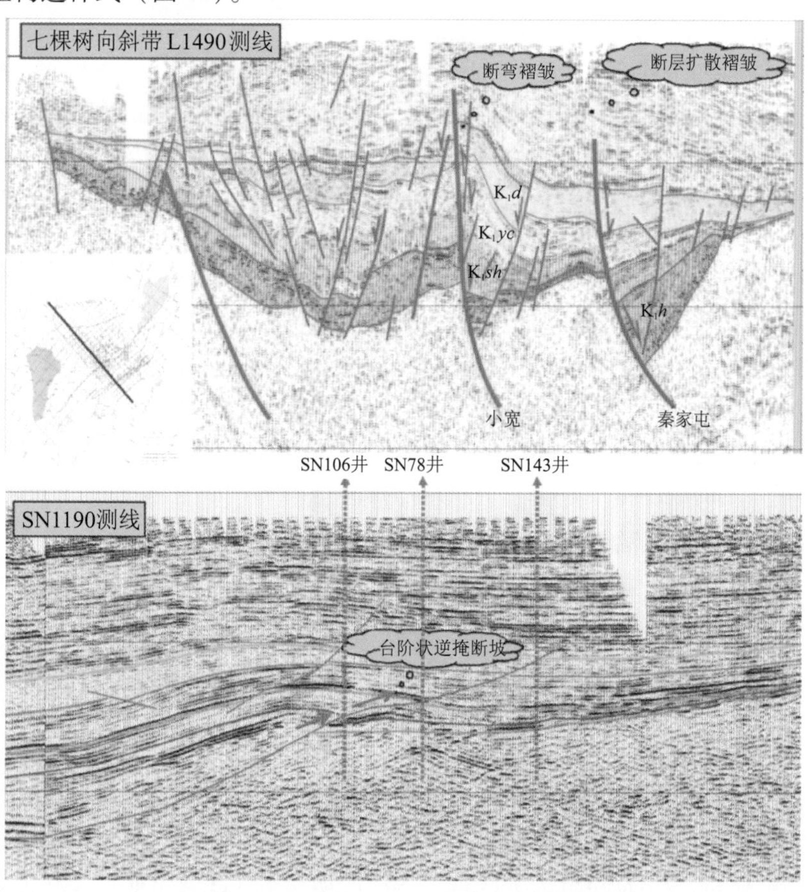

图16 梨树断陷典型的反转构造样式类型

Fig. 16 The typical reversal structural styles in the Lishu Fault Depression

前文分析表明，3 条走滑断裂带与 5 个反转构造带在空间上密切相关，表明二者在成因上存在着一定的联系。以双龙 - 小宽断裂带为例，孤家子 - 后五家户反转构造带位于双龙 - 小宽左行走滑断裂带 SW 端部 NW 侧，主要遭受 NE 向的挤压；而 NE 端部的双龙反转构造则主要遭受 SW 方向的挤压；中部的小五家子 - 四家子反转构造带位于走滑断裂带方向改变处，其南侧遭受 SW 方向的挤压，而北侧则遭受 NE 方向的挤压，因而反转强烈。

3　梨树断陷构造演化

3.1 梨树断陷断裂级别及活动期次分析

3.1.1　梨树断陷断裂级别划分

断陷是一个由桑树台大断裂控制的复杂半地堑。从基底卷入的程度分析，梨树断陷主要发育基底卷入式断裂构造，盖层滑脱断裂构造不甚发育；从构造体制上分析，不仅发育大量的伸展正断层，还发育 NE 向的走滑断层和较多的反转逆断层；从发育规模上分析，既有延伸百余千米的近 SN 向正断层和 NE 向走滑断层，又有延伸仅几千米的正、逆断层；从断裂方向上分析，以 NE、NNE 向断裂最为发育，其次为近 SN 向断裂，NNW 向断裂较为零星。

梨树断陷西侧的桑树台大断裂走向近 SN，延伸长度超过 100km，在北段和南段方向虽略有改变，但整体控制了梨树断陷整体的构造 - 沉积格局，为研究区的一级断裂。断陷西北部的皮家断裂、中部的双龙 - 小宽断裂、东部的秦家屯 - 秦东断裂、南部的小城子 - 大榆树断裂、东河 - 万发断裂，NE 向的延伸长度均超过 20km，且控制了研究区不同时期不同部位的沉积格局。研究区南部近 SN 向的大城子断裂，主要是研究区不同时期不同构造单元的分界，与前述大断裂一起，为研究区的二级断裂。除上述大断裂外，断陷发育了大量的 NNE、SN 向正断层，延伸距离从几千米到十几千米不等，并且主要分布在皮家、双龙 - 小宽、秦家屯 - 秦东断裂两侧，呈雁行状排列，相当一部分与上述 3 条大断裂斜交，可作为研究区的三级断裂。在这些三级断裂中，部分规模较大，并且对断陷期某个时期的沉积具有一定的控制作用。

3.1.2　梨树断陷断裂活动期次分析

梨树断陷经历了多次构造运动，并且经历了构造体制上的多次反转，构造形迹的多期叠加导致断裂组合复杂。通过对断层展布方向、交切关系、上下盘厚度变化等诸多方面的详细研究，结果表明：梨树断陷的断陷期、拗陷期两套断裂系统差异明显，其中断陷期断裂可大致分为 3 期共 4 次活动；拗陷期断裂较简单，归并为 1 期。

断陷期第一期断裂活动集中在火石岭期，主要发育桑树台断裂以及绝大多数 NNE 走向的二级断裂。需要指出的是，这些断裂不仅均控制了局部的沉积充填，而且将梨树断陷分割为多个小断陷，使梨树断陷存在多个沉积中心。

断陷期第二期断裂活动可分为 2 次，第一次活动集中在沙河子期，表现为桑树台断裂持续的大规模活动，主要形成了少数与桑树台断裂配套的近 SN 向控制沉积的断裂，二级断裂的活动相对较弱；第二次活动集中在营城期，仍主要表现为桑树台断裂的持续活动，但二级断裂的活动性有所加强，同时还形成了部分 NNE 向的同沉积三级断裂。需要指出的是，从活动强度、规模上来说，第二期断裂的两次活动主要表现为桑树台断裂的持续大规模拉张，使得梨树断陷整体表现为一个统一的广盆沉积；早先形成的 NNE、NE 向二级断裂活动较弱，仅控制或影响局部的沉积充填。

第三期断裂活动集中在营城期末 - 登娄库期末，使得 NNE、NE 走向的二级断裂活动性加强，但性质由伸展拉张转变为走滑扭动，形成了研究区内规模较大的 3 条走滑断裂带；同时，也形成了区内数量最多、分布最广，但不控制沉积的近 SN 向三级断裂。

拗陷期断裂活动较弱，不控制沉积，主要形成于嫩江期末，分为新生和继承性两种，其中新生断裂总体数量大，分布广，断距小，基本上不切穿坳陷层；继承性断裂一般发育在构造反转强烈部位，多为早期走滑断裂重新活动，切穿层位相对较多。

断裂期次分析中表明，一、二级断裂均形成于火石岭期，但每期的活动性存在一定的差异，多次活动的叠加造就了目前复杂的构造形迹。通过三维地震数据体对各主要二级断裂的追踪，发现研究区规模最为宏大的双龙 - 小宽断裂带在营城期末之前并非是一条轴向互相连通的大断裂，至少为小宽南、小宽北、双龙 3 条分离的伸展断裂，皮家、秦家屯 - 秦东断裂带的规模在营城期末之前也相对较小，主要表现为一个区域性的伸展断裂，营城期末 - 登娄库期末期间的左行走滑形成的扭动构造形迹叠加于之前的伸展构造形迹之上，使得沿 3 条断裂带的构造形迹丰富而复杂。

3.2 梨树断陷构造演化过程

在对梨树断陷地质结构、构造变形与构造样式分析、断裂级别与活动期次分析的基础上，通过典型剖面的构造演化史分析（图 17），结合研究区地层界面及沉积充填研究的结果，认为梨树断陷构造演化主要经历了 5 个阶段。

3.2.1 初始裂陷阶段

侏罗纪末期，研究区发生一次初始裂陷运动，研究区进入初始裂陷阶段，该阶段（火石岭期）受 NW - SE 方向的张应力控制，伸展形成一系列 NE 方向的张性断层，如双龙、小宽北、小宽南、秦家屯、秦东、东河 - 万发、大榆树、小城子断裂，同时形成同生的 NE 向皮家断裂和近 SN 向的桑树台大断裂，并基本奠定了研究区的基本构造格局。这些断裂主要发生 NW - SE 方向的拉张并发育多个沉积中心，形成一个长轴方向大致沿 NE 和 NNE 向展布的小型断陷群。

3.2.2 主裂陷阶段

火石岭期末，由于构造运动，研究区进入主裂陷阶段，该阶段的沙河子期主张应力方向转变为近 EW 向，初始裂陷阶段形成的多数 NE 向断层活动性大大减弱，而近 SN 向的桑树台大断裂则持续大规模伸展拉张，同时形成了一系列同生的配套 SN 向控制沉积的近 SN 向断裂，整个研究区形成统一的广盆沉积；到营城期基本上继承了沙河子期的构造 - 沉积格局，整个研究区依然表现为统一的广盆沉积，但桑树台断裂充填地层长轴方向转变为 NNE 方向，同时 NE 向断层活动性明显加强，表明营城期研究区主张应力方向发生轻微改变，表现出向 NWW - SEE 方向转变的趋势，同时沉积中心也发生了轻微的改变。

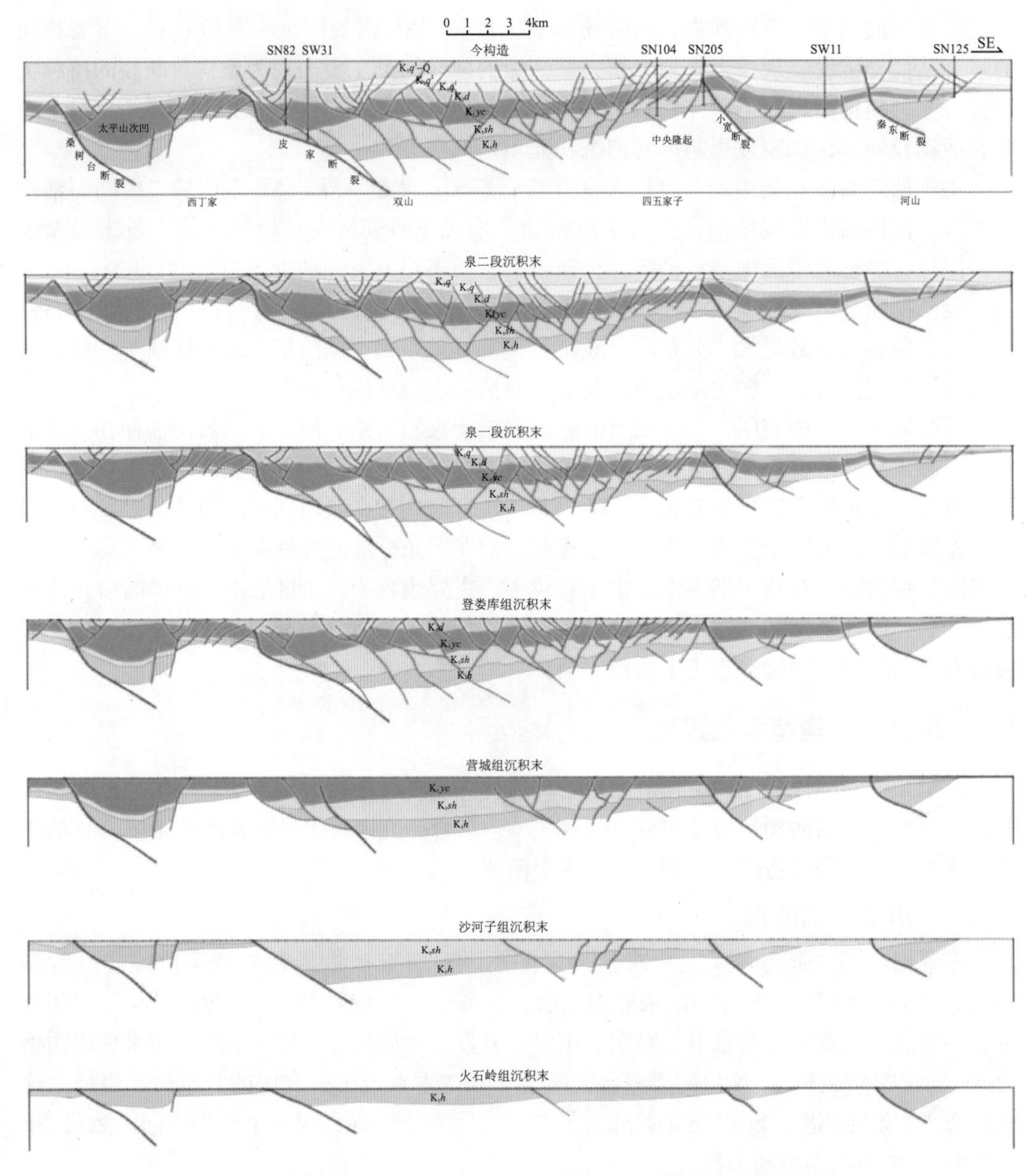

图 17　梨树断陷西丁家—双山—四五家子—河山构造发育演化剖面

（据东北油田分公司，2010）

Fig. 17　The structural evolution sections of the Xidingjia, Shuangshan, Siwujiazi, Heshan 3D surveys in the Lishu Fault Depression

3.2.3　断陷萎缩阶段

营城期末，经过构造运动，研究区登娄库期再次经历了构造应力体制的反转，区域应力由 NNE 向拉张转变为 NE 向左行走滑压扭，进入断陷萎缩阶段。该阶段断层活动逐渐减弱，3 条走滑断裂带由登娄库早期的连续变得不连续，并最终表现为轴向上的隆起；该期同沉积断裂活动较少，沉积充填表现为填平补齐的特征，并发育两个较为明显的沉积中心。构造演化剖面分析表明，研究区局部构造多形成于营城期末－登娄库早期。

3.2.4 拗陷阶段

登娄库期末，经过构造运动，研究区构造热体制发生改变，由之前的热沉降转变为热萎缩，梨树断陷与松辽盆地一起，整体下沉，进入拗陷阶段并重新接受了泉头组、青山口组、姚家组、嫩江组的沉积。该阶段断层活动进一步减弱，发育的断层不仅不控制沉积，而且很少切穿至坳陷层底。构造演化剖面分析表明，研究区的局部构造在登娄库期末－泉头早期定型。

3.2.5 抬升剥蚀阶段

嫩江期末，经过构造运动，研究区应力体制再次发生改变，由之前的拉张下沉转变为挤压抬升，梨树断陷进入抬升剥蚀阶段。就剥蚀程度而言，东部甚于中西部，北部甚于南部；走滑断裂反转强烈部位甚于其他部位。构造演化剖面分析表明，研究区的局部构造在嫩江期末开始，经历了不同程度的调整，部分可能被破坏，部分得到了加强。

4 结 论

1）梨树断陷是一个由桑树台断裂控制的西断东倾的基底卷入型复杂半地堑，具有“断陷＋坳陷”的典型二元结构，并且中北部坳陷层顶部遭受了较严重的剥蚀。

2）梨树断陷发育了伸展、走滑、反转3种构造样式，发育了成因上密切相关的双龙－小宽、皮家、秦家屯－秦东3条走滑断裂带和孤家子－后五家户、小五家子－四家子、秦家屯、皮家－毛北－张家屯、双龙5个反转构造带。

3）梨树断陷经历了初始裂陷、主断陷、断陷萎缩、拗陷、抬升剥蚀5个演化阶段和初始裂陷、火石岭期末、营城期末、登娄库期末、嫩江期末6次构造运动；以及拉张、走滑、挤压3次应力体制变化，发育了火石岭、沙河子－营城、营城期末－登娄库期末、嫩江期末4期断裂。

参考文献

[1] 刘斌，赵春满．松辽盆地梨树凹陷构造特征 [J]．吉林地质，1991，10 (1)：44－49.

[2] 罗群，卢宏，刘银河，等．梨树凹陷断裂特征及对油气的控制 [J]．大庆石油学院学报，1996，20 (30)：6－10.

[3] 龙胜祥，陈发景．松辽盆地十屋—德惠地区断裂特征及其与油气的关系 [J]．现代地质，1997，11 (4)：501－509.

[4] 龙胜祥，陈发景．松辽盆地十屋一德惠含气带反转构造分析 [J]．现代地质，1997，11 (2)：157－163.

[5] 俞凯，闫吉柱，杨振升，等．十屋断陷构造格架演化与油气的关系 [J]．天然气工业，2000，20 (5)：32－35.

[6] 贾宏伟，康立功．十屋断陷构造发育特征及油气分布研究 [J]．安徽地质，2004，14 (3)：180－185.

[7] 刘建，杨飞．利用三维地震资料分析十屋断陷新鲜地区构造演化及油气地质意义 [J]．石油与天然气学报，2005，27 (4)：420－422.

[8] 李瑞磊. 松辽盆地（南部）深层构造特征及油气富集规律研究［D］. 长春：吉林大学，2005.
[9] 张青林. 十屋断陷深层构造－地层分析［D］. 武汉：中国地质大学（武汉），2005.
[10] 张青林，佟殿君，王明君. 松辽盆地十屋断陷反转构造与油气聚集［J］. 大地构造与成矿学，2005，29（2）：182－188.
[11] 张玉明，张青林，王明君，等. 松辽盆地十屋断陷反转构造样式及其油气勘探意义［J］. 地球学报，2006，27（2）：151－156.
[12] 张青林，任建业. 基于构造－地层学的隐蔽圈闭预测——以松南十屋断陷深层为例［J］. 海洋石油，2008，28（2）：52－57.
[13] 解国爱，张庆龙，王良书，等. 松辽盆地南缘十屋断陷构造物理模拟研究［J］. 地质通报，2009，28（4）：420－430.
[14] 单伟. 松辽盆地南部长岭、十屋断陷层构造演化与沉积相研究［D］. 北京：中国地质大学（北京），2009.
[15] 单伟，刘少峰，吴键. 松辽盆地南缘长岭凹陷断陷层的构造特征与应变模式［J］. 地质通报，2009，28（4）：431－438.
[16] Handing T P，Lowell J D. Structural styles，their plate tectonic habitats and hydrocarbon traps in petroleum provinces［J］. AAPG Bulletin，1979，63（7）：1016－1058.
[17] 姚超，焦贵浩，王同和，等. 中国含油气构造样式［M］. 北京：石油工业出版社，2004.

EM－MWD 系统的电磁波衰减特性

刘科满[1,2,3] 刘修善[3] 杨春国[3] 高柄堂[3] 张进双[3]

（1. 中国石化石油勘探开发研究院，北京 100083；2. 中国石油大学，北京 102249；
3. 中国石化石油工程技术研究院，北京 100101）

摘 要 针对 EM－MWD 传输系统中电磁波在地层中传输时存在衰减和畸变的现象，详细分析了影响电磁波传播衰减的因素，研究了井筒中电磁波在不同电阻率地层以及带套管井中的衰减规律，最后对电磁波在有耗媒质以及地层中的传播衰减进行了模拟。理论和实验结果表明：充分认识电磁波的衰减规律，将为设计、开发以及工程应用 EM－MWD 系统提供有益的指导。

关键词 电磁波 衰减特性 电磁波传输 电磁随钻测量

Research on Attenuation Characteristic of Electromagnetic Wave Based on EM－MWD

LIU Keman[1,2,3], LIU Xiushan[3], YANG Chunguo[3], GAO Bingtang[3], ZHANG Jinshuang[3]

(1. Petroleum Exploration and Production Research Institute, SINOPEC, Beijing 100083, China; 2. China University of Petroleum, Beijing 102249, China;
3. Sinopec Research Institute of Petroleum Engineering, Beijing 100101, China)

Abstract EM based wireless telemetry is a highly appropriate technology for oil and gas exploration, which is designed to reduce the drilling cost and increase the energy yield of deep geothermal wells. EM signal will be attenuation by the earth electrical conductivity and dielectric constant. Firstly, the factors that influence the attenuation of an electromagnetic signal are analyzed in detail. Next, the correlation between attenuation and carrier frequency and electrical properties are described. Finally, in order to evaluate the attenuation strength, the result of simulation is given. The result of simulation shows that knowing the attenuation profile with depth of an electromagnetic signal is a helpful guide for predicting successful deployment.

Key words electromagnetic wave; attenuation characteristic; electromagnetic transmission; electromagnetic measurement while drilling

电磁波式 MWD（Electromagnetic Measurement While Drilling，简称 EM－MWD）作为解决气体钻井及各种充气钻井中随钻测量问题的主要技术手段，一直备受国内外石油服务公司的关注。由于 EM－MWD 系统具有传输参数多、速度快、可双向通信、成本相对较低、无堵塞和冲蚀问题等优点，且不受井斜角大小、钻井流体、钻井方式等条件限制，因此在欠平衡钻井中得到了广泛的应用。然而，由于 EM－MWD 工作环境的特殊性，低频电磁波在地层介质中传播不可避免地受到信道介质的影响，特别是在非均匀性分布地层的传输信道介质中，电磁波传播的衰减、畸变更为严重，导致 EM - MWD 系统的传输性能急剧退化，因此地层中电磁波的衰减规律的研究也一直是 EM - MWD 系统研究的重点与难点。

文献［1］采用等效传输线法分析了随钻测量的电磁波传输信道，用于预测随钻电磁传输信道的传输能力预测。文献［2］研究结果表明，由于套管的趋肤深度造成衰减，通过套管传输信号损失大约为 16dB，在裸眼井中，由于大地介质的导电率，每个趋肤深度的信号衰减为 7 ~ 10dB。文献［3］应用改进的等效传输线方法和电极法，研究了影响地面电极检测电压的信道参数，给出了随钻电磁信道最大可测深度与地层电阻率、工作频率及井场干扰噪声的关系。文献［4］将钻杆视为良好导体或有限导流体两种方式，研究了低频电磁波的衰减规律，结果表明在地层电阻率在 10 ~ 100Ω · m 的范围内时，低频电磁在几千米范围内可以有效传输。上述研究都不同程度地分析了 EM - MWD 传输系统受地层信息或套管的影响。这些研究工作极大地促进了 EM - MWD 技术的发展，但由于钻井过程中情况复杂，钻井液、不均匀地层、套管以及井身结构的不同等因素，使得 EM - MWD 系统电磁传输信道的理论研究尚不完善。

为了更为详细地了解电磁波在地层传输中的衰减特性，本文针对影响 EM - MWD 系统电磁波传播的衰减因素进行了详细的分析，并分别对地层电阻率和套管对电磁波衰减的影响进行了研究。

1 EM - MWD 系统工作原理及电磁波衰减模型[4-5]

电磁随钻测量是指以地层为传输介质，以钻柱为传输导体，通过传感器测量井下信息，并将井下测量信息加载到低频载波信号上，通过钻杆天线发射电磁波，再利用地面检波器检测电磁波中的测量信号，通过滤波、放大、解调、运算和处理等技术手段，实时获得井下信息的方法。图 1 为 EM - MWD 系统工作示意图，图 2 为 EM - MWD 系统构成图。

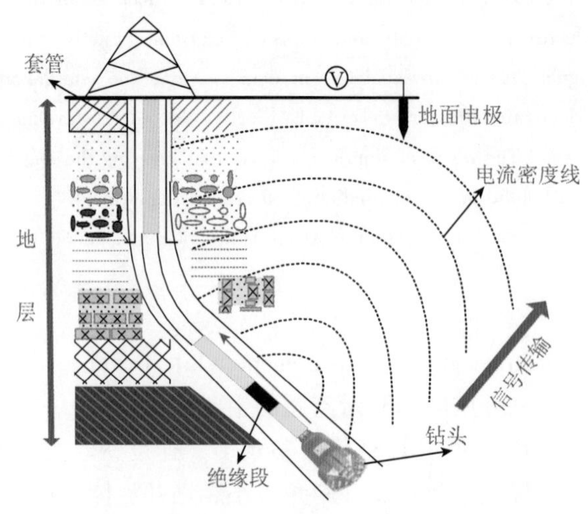

图 1　EM - MWD 系统工作示意

Fig. 1　EM - MWD telemetry schematic diagram

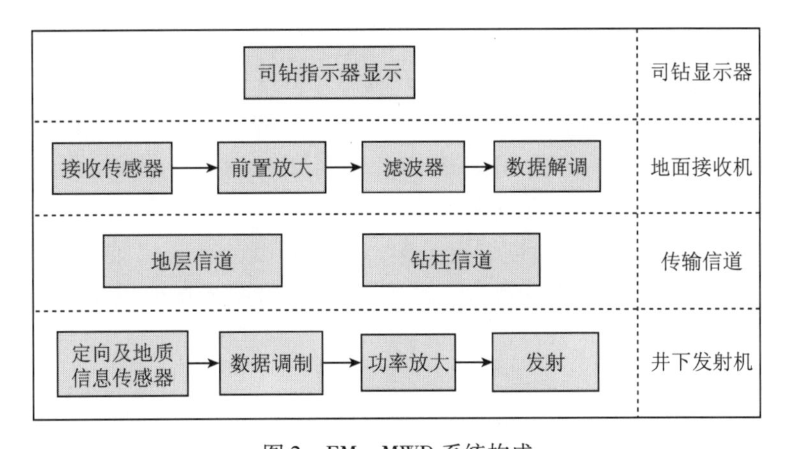

图2 EM－MWD系统构成

Fig. 2 EM－MWD system block diagram

1.1 电磁波随钻测量工作原理

根据图1可以看出，电磁随钻测量利用钻柱为天线，用一绝缘段将钻柱分为上、下两段，激励信号加到上、下两端钻杆之间，在地层中形成一定的电磁场，地面插两根电极，通过两根电极感应的电势差的变化来接收井下发射的数据信息。因此在地面接收到的电流可分为两路：一路由套管短路；另一路耦合到套管外泄漏到地层。地面井口附近电极所测得的电位差主要由套管引导至地面的电流所建立的电场。套管的引导作用受到地层导电性和本身电阻率的影响，在低电阻率地层中，传输深度主要受到地层损耗的严重限制，另外由于趋肤效应，频率较高的激励信号将在导电性好的地层中严重衰减。套管上轴向电流的大小和分布，主要取决于地层电阻率的垂直剖面特性以及激励器功率容量、激励方式与激励装置及其与地层信道的匹配情况。

1.2 影响EM－MWD系统中电磁波的衰减因素

电磁波在地层介质中传播必然会存在衰减现象，即存在电磁波能量的损耗。引起地层电磁波衰减的因素很多，除了电磁波的几何扩散以及在不同电性介质分界面上的反射和散射外，更主要的是地层对电磁波的吸收作用。一般认为，地层对低频电磁波的衰减作用是由于介质在电磁场作用下产生传导、极化和磁化引起的。通常情况下，电导率 σ 产生传导中的焦耳热损耗对电磁波的衰减影响最大，而在不同的地层深度，地层温度梯度不同，也会导致电磁波衰减严重。影响电磁波衰减的因素大致可以归纳为以下作用：

1）地层电阻率：地层电阻率越大，衰减越小，但是导致电磁波难以注入地层中，而电阻率越低，信号衰减越大，传输距离越短，这就是通常选择中等电阻率地层中采用EM－MWD进行随钻测量服务的原因。

2）发射机发射的频率：发射机频率越高，传输速率越快，但是信号衰减大，传输距离短。

3）测量井筒内有无套管或套管的长短。根据钻井现场实验研究表明[6]，当井下发射机位于金属套管内时地面接收机检测到的电位水平与井下发射机位于金属套管外有着显著的不同，当井下发射机位于金属套管外时，地面接收机检测到的电压随发射机的深度衰减规律与发射机位于金属套管外的衰减规律不同。当激励源位于金属套管内时，地面接收电压衰减的快慢是由套管和其等效半径的 $2H$（H 为激励源深度）的地层所构成的等效传输线的传播常数来决定的，一般认为，地面检测到的电位随源深度的衰减在长套管情况下要比短套管情况下慢。当激励源位于金属套管外时，短路效应消失，地面检测到的电位随源深度的衰减规律与短套管情况下的衰减规律近似相同。

4）测量井的温度，主要是温度梯度分布。井底温度分布规律对电磁波衰减的影响，目前已公布的成果较少，主要造成的是仪器工作特性变化导致的电磁波衰减恶化。

5）地层的磁导率。

6）泥浆特性。

以上几种因素都不同程度地影响电磁波的衰减程度，国内外的众多专家学者一直在关注这一领域的研究，然而由于地层的复杂性，电磁波在地层的衰减规律一直都是一个研究难点问题。

1.3 EM – MWD 系统中电磁波的衰减模型

由于不同区块介质不同，地层电阻率的分布情况复杂，造成地下电磁波传播特性远复杂于自由空间下电磁波的传播，也直接导致了地层电磁波传播特性以及传播理论研究成果较少。目前电磁波地下传播理论还处于发展研究阶段。文献［7］和文献［8］提出的电流分布近似公式模型，可用来计算出地层中钻柱上信号电流强度的分布：

$$I(z) \approx I_0 \exp\left(-\frac{Z}{\delta}\right) \tag{1}$$

EM – MWD 系统在损耗较大的地层及岩石层中传播，煤层和岩石属半导电媒质。根据文献［8］，电磁波在半导电媒质中的趋肤系数（δ）为：

$$\delta = \sqrt{\frac{1}{\pi\mu\sigma f}} = \sqrt{\frac{R}{\pi\mu f}} \tag{2}$$

式中：μ 为媒质的磁导率，取 $\mu = 4\pi \times 10^{-7}$ H/m；σ 为地层电导率，S/m；R 为地层电阻率，Ω · m，有 $\sigma = 1/R$；f 为发射机发射的电磁波频率，Hz。

根据式（1），电磁波在地层中的穿透能力与电磁波频率 f 的平方成反比，和地层电阻率 R 的平方成正比。电磁波的频率越高衰减越严重，传播距离越短，这也就是为什么 EM – MWD 选择低频电磁波的原因。根据式（1）和式（2），在发射机电流 I_0 不变的情况下，钻柱上某一深度处的电流强度与电磁波的频率 f 和地层电阻率 R 以及该深度处距信号源的距离有关。

由于不同区块、不同井况下地层电阻率不同，且具有一定程度的分层特性，这直接导致电磁波的衰减总是存在起伏现象。如果信号频率和地层电阻率不变，钻柱上的信号电流 $I(Z)$ 将会随距离 Z 的增加按单一指数规律减小。当电磁波穿过具有不同电阻率的地层时，假设地层电阻率可分为 R_1，R_2，…，R_K，共 K 层，对应的地层深度分别为 Z_1，Z_2，…,Z_K，则，钻柱上的电流分布为：

$$I(Z) \approx I_0 \exp\left(-\sum_{i=1}^{K} \frac{Z_i}{\delta_i}\right) \tag{3}$$

2 EM－MWD 系统中电磁波衰减仿真

为了验证电磁波在地层中的衰减特性，根据公式（1）至公式（3）仿真验证了电磁波的衰减特性。文献［6］也仿真验证了钻杆天线的信道特性，文献［1］仿真分析了地层电阻率、发射频率对电磁波衰减特性的影响，此处不再赘述。

图 3 给出了发射频率在各深度处的衰减特性，可以看出，在同一深度处，发射频率越大，衰减越快，即通信的带宽增大，导致传输距离缩短。同样在发射频率固定时，随着深度的增加，信号衰减增大。

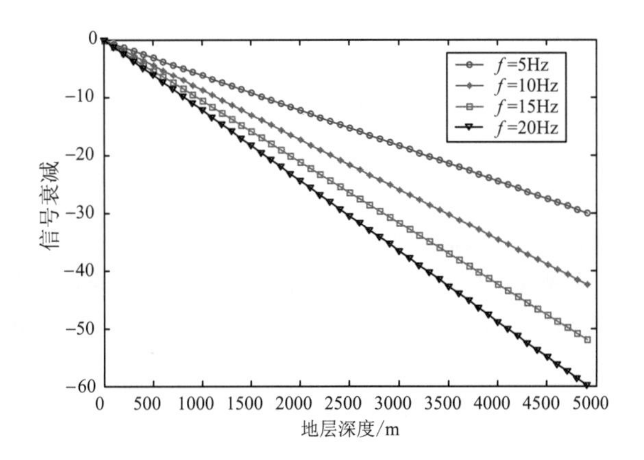

图 3 电阻率为 10Ω·m、不同频率时的电流分布

Fig. 3 Current distribution along a drill string at different frequency

图 4 给出了不同地层条件下，发射频率固定时，电磁波信号的衰减特性。可以看出，地层电阻率越小，电磁波信号的衰减越大。

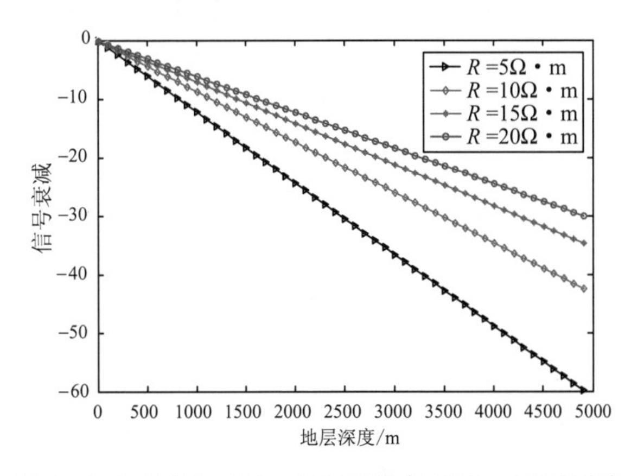

图 4 发射频率为 10Hz、地层电阻率不同时的电流分布

Fig. 4 Current distribution along a drill string at different electrical conductivity

在实际的 EM－MWD 系统中，通常为了在保证系统工作的稳定性和可靠性的前提下，尽可能地增加探测深度，这时就需要根据不同的地层特性，适当调整发射机的载波频率。

3 结　论

EM－MWD系统的电磁波在地层信道中传输时，总是受到不同地层电阻率、不同的载波频率等多种因素影响。文中详细分析了影响电磁波传播衰减的因素，研究了井筒中电磁波在不同电阻率地层以及带套管井中的衰减规律，最后对电磁波在有耗媒质中以及地层中的传播衰减进行了模拟。理论和实验结果表明，充分认识电磁波的衰减规律，将为设计、开发以及工程应用EM－MWD系统提供有益的指导。

致谢：研究工作得到了中国石化石油工程技术研究院教授级高工牛新明、教授级高工陈天成的帮助，表示衷心的感谢。

参考文献

[1] 胡斌杰，熊皓．随钻测量电磁信道分析的等效传输线法［J］．电波科学学报，1995，10（3）：8－14.

[2] 陈廷龙．利用电磁波传播的随钻测井［J］．电波与天线，1989（3）：14－17.

[3] 熊皓，胡斌杰．随钻测量电磁传输信道研究［J］．地球物理学报，1997，40（3）：431－441.

[4] 李林．随钻测量数据的井下短距离无线传输技术研究［J］．石油钻探技术，2007，35（1）：47－48.

[5] 刘修善，杨春国，涂玉林．我国电磁随钻测量技术研究进展［J］．石油钻采工艺，2008，30（5）：1－5.

[6] 胡斌杰，熊皓．金属套管中的钻杆天线［J］．电波科学学报，1992，7（3）：54－62.

[7] DeGauque P U，Grudzinski R G. Propagation of electromagnetic waves along a drill string of Finite conductivity［J］. SPE Drilling Engineering，1987，2（2）：127－134.

[8] Hill D A，Wait J R. Electromagnetic basis of drill rod telemetry［J］. Electron Letters，1978，14（17）：532－533.

油气田开发

不同类型油藏水平井优化设计

丁一萍[1,2]　李江龙[3]

（1. 中国石化石油勘探开发研究院博士后工作站，北京　100083；2. 中国石油大学博士后流动站，北京　102249；3. 中国石化石油勘探开发研究院，北京　100083）

摘　要　不同类型油藏水平井优化设计侧重点不同。该文重点研究了5种不同油藏类型的水平井优化侧重点及应用情况，主要得出以下结论：底水油藏优化重点为距顶高度，无因次锥高在0.7～0.9之间效果最好；低渗油藏优化重点在于裂缝压裂优化，垂直压裂3条裂缝、水平井段长300～600m、中间缝长是端缝的1.1倍时，产量最佳。

关键词　优化设计　避水厚度　水平段长度　裂缝参数优化

Optimization of Horizontal Wells in Reservoirs of Different Types

DING Yiping[1,2], LI Jianglong[3]

(1. Post Doctoral Research Center, Petroleum Exploration and Production Research Institute, SINOPEC, Beijing 100083, China; 2. Post Doctoral Research Center, China University of Petroleum, Beijing 102249, China; 3. Petroleum Exploration and Production Research Institute, SINOPEC, Beijing 100083, China)

Abstract　The optimizations of horizontal wells in reservoirs of different types have different focuses. The focus and application of horizontal well optimization in 5 different types of reservoir were studied. It was concluded that, as to reservoirs with bottom water, the key factor was top height, and the non-dimensional cone height of 0.7～0.9 served the best. As to low-permeability reservoirs, the key factor was fracture parameter. The biggest profit might be gain if 3 vertical fractures were made, and the middle fracture length should be 1.1 times of the end fracture length. The best horizontal well length was 300～600m.

Key words　optimization design; water avoidance height; horizontal length; fracture parameter optimization

随着水平井技术的不断发展，其应用的油藏类型也不断拓宽，由早期的断块、稠油及边底水油藏逐步拓展到低渗透、缝洞型碳酸盐岩、特超稠油、整装正韵律、薄层或薄互层砂岩油藏等[1-5]。不同类型的油藏应用水平井技术情况不同，尤其在水平井优化设计方面侧重点更是存在差异。

1　边底水砂岩油藏

油藏一般具有边底水体积与油体体积比大、天然能量充足，区域含水高、采出程度较低，老井产量低、直井挖潜效益差等特点；适合应用水平井开发此类油藏，达到控水效果好、采收率高的目的。

针对边底水砂岩油藏优化设计主要包括底水锥进定量描述（含油高度、水锥半径）、夹层识别与描述、夹层的优化设计、生产参数优化设计，侧重点为水平井距底水的距离优化。

小型边底水油藏距顶距离越小，避水厚度越大，水平井初期含水越低，最终的累计产油量越高；对较大型边底水油藏，避水厚度可以通过优化设计而定，见图1无因次高度 $Z_w/h_o=0.7\sim0.9$。胜利临盘油田临2块为厚层底水砂岩油藏，储层厚度为140m，含油高度为39m，共钻水平井34口，增加可采储量 101×10^4t，提高采收率16.9个百分点，该区采收率达到61.3%。

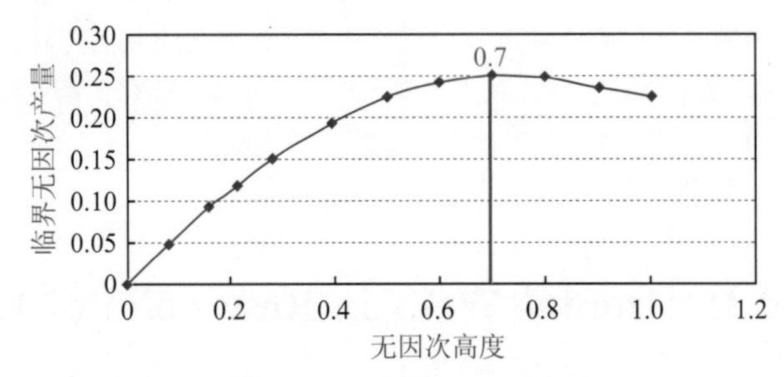

图1　临界无因次产量和无因次高度的关系

Fig. 1　Relationship between critical dimensionless yield and height

2　深层稠油油藏

油藏埋藏一般在900~1400m，原油黏度大，注汽压力高，蒸气比容下降大，热波及范围大幅度减小；应用水平井技术，具有注入压力低、泄油面积大的优势。

对于深层稠油，胜利油田发展了HDCS技术，即将水平井（Horizontal well）+油溶降黏剂（Dissolver）+ CO_2（Carbon dioxide）+亚临界蒸汽（Steam）集成应用，发挥DCS技术扩大蒸气热波及体积、高效降黏、增加能量与水平井注汽压力低、泄油面积大的协同优势。在此基础上，深层稠油优化设计侧重点在于HDCS协同作用的热采参数优化。从图2可以看出，随着 CO_2 的不断注入，油气比和采出程度都相应增加，当注入量为150t时，采出程度和油气比相对值最佳。

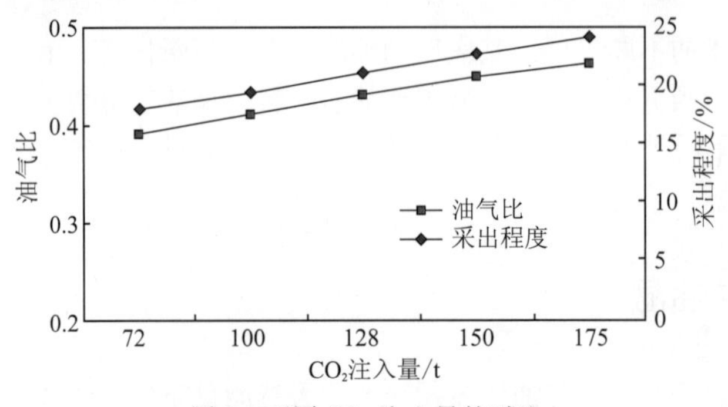

图2　不同 CO_2 注入量的对比

Fig. 2　Curves of different injection volumes of CO_2

3 整装油藏厚油层韵律油藏

整装油藏厚度厚，油层物性呈韵律分布，厚油层是主力油层，开发初期的井网以最大限度适应主力油层开发为主。经过多年注水开发，其采出程度高、含水高，大部分油田进入高含水开发后期。针对该类油藏剩余油的分布特点，水平井开发具有明显的技术优势：横穿油层顶部，控油范围大；有效提高顶部动用程度，水平井挖潜效果突出。

通过开展细化层内剩余油研究，认识到特高含水期正韵律厚油层顶部剩余油潜力较大，剩余油受层内夹层控制明显。优化设计的侧重点在于夹层优化、水平井轨迹和生产参数优化。

对剩余油富集程度的研究认为：存在隔夹层的油层，顶部剩余油富集厚度下限为3m，无夹层的剩余油厚度下限为5m。通过研究表明，无因次夹层面积大于6m^2时，夹层才能起到较好的隔水、挡水作用。

厚层正韵律油层后期挖潜时，水平井轨迹优化设计严重受到井网的控制，特别是水平段长度的优化。如，胜利油田中20－平520井，考虑到井区井网状况，为避免对目前生产油井的干扰，水平井距目前生产井至少100m，为确保水平井有较高的含油饱和度，距水井排200m，因此，水平段长度适宜选择120m，见表1，2007年6月投产，初期产能为周围直井产量的4倍，含水低23.7%，已累产油1.3×10^4t。

表1　胜利油田中20－平520井轨迹设计

Table 1　Design parameters of well trajectory of Zhong 20－Ping 520

靶点	砂体厚度/m	距油层顶/m	水平段长度/m
A	5.2	1	120
B	5.8	1	

对水平井生产参数的优化研究认为，无因次井段比例在0.23～0.36范围较好；存在夹层和无夹层时，其提液时机不同。有夹层分布时，含水f_w大于70%后提液效果最好；若无夹层分布，含水f_w大于85%时，提液效果最好；生产压差优化结果为有夹层时1～1.5MPa，无夹层时0.5～1.0MPa。

胜利油田共投产正韵律厚油层顶部水平井104口，水平井平均单井增加可采储量2.2×10^4t，平均单井初期日产油是直井的2～5倍。

4 低渗透油藏

此类油藏一般具有埋藏深（一般大于2000m）、储层渗透性差（渗透率小于$50\times10^{-3}\mu m^2$）、非均质性严重、油层易被污染、地层能量不足、注水及提液难度较大等特点，单井产量低是有效开发的主要障碍。水平井具有增加单井控制储量、扩大泄油面积、提高单井产能的作用。但单一水平井的应用提高产能有限，往往结合分段压裂技术使用。水力压裂是人为地在井壁上造成拉伸破坏，目的是扩大泄油面积，提高油井产量。

4.1　地应力和水平井及裂缝方向的关系

水平井井眼受 3 个原地主应力分量控制[3]，即上覆岩层压力 σ_v、最大水平地应力 σ_H、最小水平地应力 σ_h。对于油藏埋深范围，地应力分量大小的一般顺序为 $\sigma_H > \sigma_v > \sigma_h$ 或 $\sigma_v > \sigma_H > \sigma_h$。对于水平井压裂系统，一般人工裂缝分为 3 种：横向裂缝、纵向裂缝和水平裂缝（图3）。

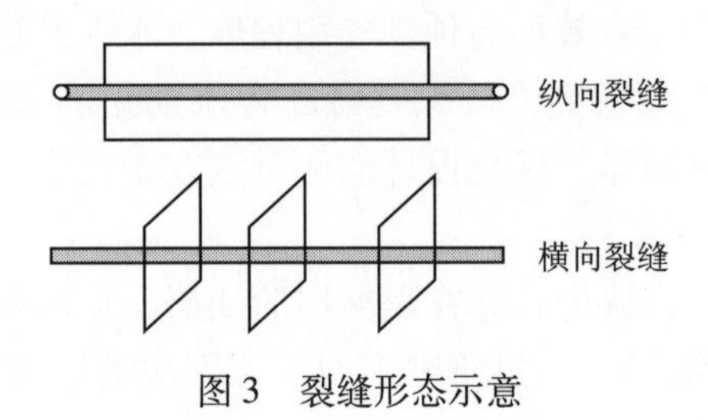

图 3　裂缝形态示意

Fig. 3　Scheme of fracture types

压裂裂缝形态取决于地应力的情况。一般而言，若井筒平行于最小水平主应力方向（即沿最小水平渗透率方向），则产生横向缝；如果水平井筒垂直于最小水平主应力方向（即沿最大水平渗透率方向），则产生纵向缝。

理论研究和实际应用表明：①水平段延伸方向一般应平行于主应力方向；②当水平井井眼方位与主地应力方向一致时，将产生轴向裂缝，裂缝平面可能为水平裂缝或垂直裂缝，主要取决于 3 个主地应力的大小顺序；③垂直于水平段的垂向裂缝生产效果好，胜利油田高 89 – 平 1 井压裂垂向裂缝累油产量高。

4.2　水平井与裂缝配比优化设计

水平井与裂缝参数之间的配比关系，直接影响着压裂水平井的最终产能。

首先水平井的长度受裂缝间距和油藏开发井网的影响。随着水平井长度的增加，井累计产量不断增加，但增大到一定范围时，增油效果就会不断降低。从图 4 可以看出，该水平井段长度在 300 ~ 600m 范围内，增产效果最佳。

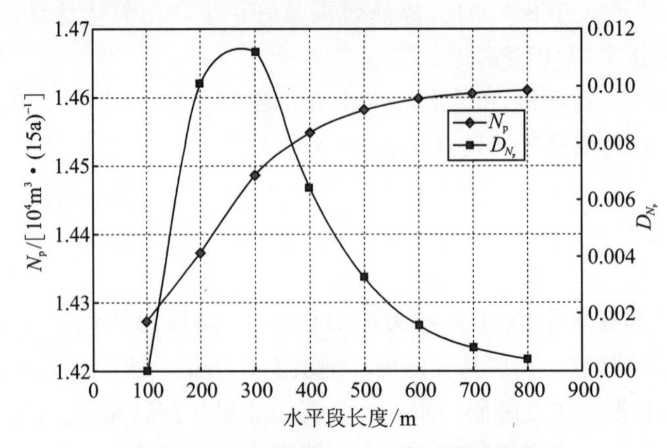

图 4　胜利油田高 89 – 平 1 水平井长度优化

Fig. 4　Horizontal well length optimization in well Gao 89 – Ping 1

裂缝条数并非越多越好，据国内外实验和现场实际应用研究认为，对于水平井段在300～600m 范围内，压裂3条裂缝生产效果最佳[6]。

裂缝长度越长，初期日产量越大，但到最佳范围后，增产效果差异不大。裂缝的长度优化与储层的渗透率和裂缝间距有关。当储层渗透率为（2～8）$\times10^{-3}\mu m^2$ 时，裂缝长度为140m 比较合适[7-8]；将裂缝长度与裂缝间距的比值定义为无因次裂缝长度，在考虑产能、施工难度和经济效益的条件下，根据胜利油田4口井的优化结果[9]，可以将0.5～0.6作为合理的无因次裂缝长度参考值。

由于裂缝间互相干扰，不同位置的等长裂缝其贡献量并非相同，中间位置的裂缝产量相对两端裂缝的产量贡献率要低。从图5和图6可以看出，中间裂缝比两端裂缝长1.1倍时，压裂水平井的总产量相对较高。

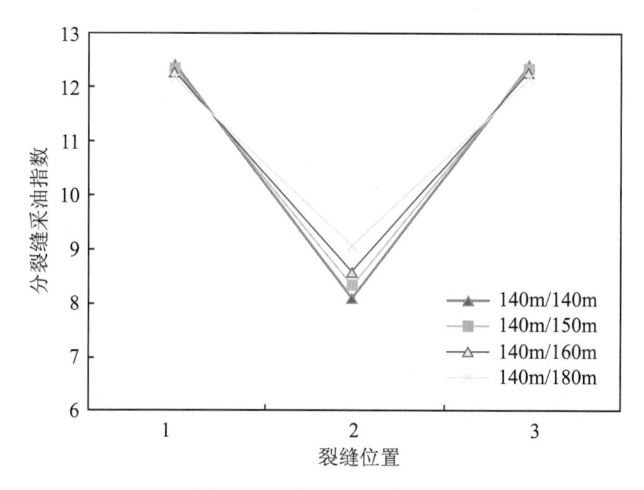

图5　3条不等长裂缝与1条等长裂缝不同位置的采油指数

Fig. 5　Productivity index of 3 unequal-length fractures in different locations

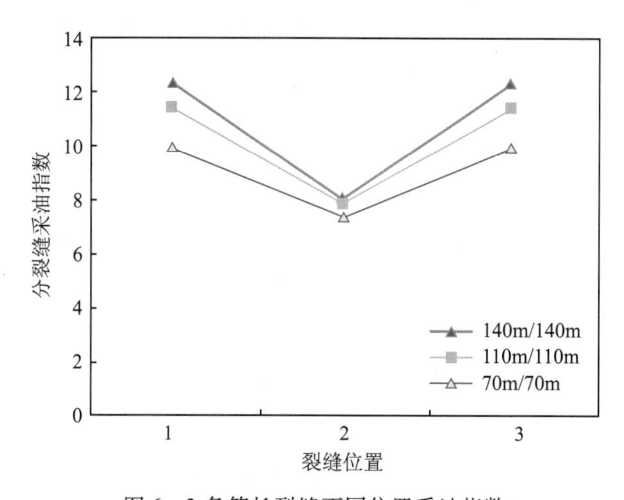

图6　3条等长裂缝不同位置采油指数

Fig. 6　Productivity index of 3 equal-length fractures in different locations

应用低渗水平井压裂优化设计技术，胜利油田具体实施了7口井，初期日产油17.7t，单井累计产油已达到2.24×10^4t，目前单井日产油10t，开发效果较好。其中，高89－平1井压裂投产与直井压裂投产相比（表2），不仅日产油量高，关键是产量稳定；直井产量月递减在4%～－6%。截至2009年6月，高89－平1井压后初期日产油16.2t，含水11.8%，目前日产油8.3t，含水下降至1.6%，累计产油8212t。

表2 胜利油田3口限流压裂水平井数据

Table 2 Data of 3 limited entry fracturing horizontal wells in Shengli Oilfield

井号	层位	压裂工艺	施工排量 ($m^3\cdot min^{-1}$)	加砂量/m^3	压后初产/($t\cdot d^{-1}$)		目前产量/($t\cdot d^{-1}$)	
					液	油	液	油
高89－平1	S_2	限流压裂	5～8.8	68.3	17.0	16.2	8.4	8.3
商75－平1	$S_2^{下}$	限流压裂	7～8	72	20.5	11	7.7	6.19
史127－平1	$S_3^{中}$	限流压裂	6.3～7.1	62	16.7	12	2.1	2

5 薄层油藏

随着油田的不断开发，差薄层成为又一个开发对象，如何有效动用成为关注焦点。该类油藏厚度较薄，储层顶面起伏变化大，横向上储层岩性变化快，一般小于3m左右，单一薄油层油藏储量丰度低，直井开发单井控制储量低，很难达到单井控制储量界限。利用水平井开发薄层油藏，有利于提高单井控制储量，变无效为有效。

地层的起伏复杂以及薄的特性，使薄层油藏储层展布预测难，钻井轨迹控制难。利用水平切片技术、相干分析技术 、地震相分析技术 、三维可视化解释技术，可精细预测储层展布，厚度预测误差控制在1m左右。因此，对于此类油藏的开发，在高精度储层预测基础上，钻井轨迹控制是优化设计的重点。

近几年水平井技术取得了显著进步，水平井钻井的油层厚度由初期的6m发展为目前的1m，单井控制储量由初期10×10^4t至目前的310^4t；水平井设计井型由初期的单一方式发展为阶梯式、弧形、弓形、分支等多种方式；水平段轨迹由上下摆动5m、左右摆动10m降低为上下摆动0.5m、左右摆动2.5m，精度大大提高，为差薄层开发提供了有力的保障。利用水平井钻井轨迹测控技术，可穿越的最薄油层为0.8m。

在胜利油田应用74口井，累计产油87.2×10^4t。单井初期日产油19.2t，目前日产油仍然很高，为9.8t/d。其中，营31－平2井开发厚度只有0.9m油层，同时优化水平井段长254m，初期日产油12.4t，截至2009年6月日产油保持在9.2t，含水96.6%，单井累计产油已达到3.55×10^4t。埕71－平1井目的层有效厚度为0.9m，初期产油25t/d（不含水），为同区块直井产量的12倍，目前累计产油5.25×10^4t。

6 结　论

1）边底水砂岩油藏优化设计无因次高度Z_w/h_o在0.7～0.9范围内，避水效果最好。

2）深层稠油优化设计侧重点在于HDCS协同作用的热采参数优化。

3）特高含水期正韵律厚油层剩余油研究是基础，油藏顶部剩余油潜力较大，剩余油受层内夹层控制明显。优化设计的侧重点在于夹层优化、水平井轨迹和生产参数优化。水平井生产参数：无因次井段（0.23～0.36）；提液时机（有夹层 $f_w>70\%$，无夹层 $f_w>85\%$）；生产压差（有夹层为1～1.5MPa，无夹层为0.5～1.0MPa）。

4）低渗油藏，水平井水平段延伸方向一般应平行于主应力方向，垂直于水平段的垂向裂缝生产效果最好。随着水平井长度的增加，累计产量不断增加，但增大到一定范围后，增油效果不断降低。水平井段长度在300～600m范围内时增产效果最佳。裂缝长度越长，初期日产量越大，但到最佳范围后，增产效果差异不大。不同位置的等长裂缝贡献量不同，中间位置的裂缝产量相对两端裂缝的产量贡献率要低。

5）薄层油藏在高精度储层预测基础上，钻井轨迹控制是优化设计的重点。

参考文献

[1] 葛家理．油气层渗流力学［M］．北京：石油工业出版社，1982.

[2] 孔祥言．高等渗流力学［M］．北京：中国科学技术大学出版社，1999.

[3] 丁一萍，王晓冬，邢静．一种压裂水平井产能计算方法［J］．特种油气藏，2008，15（2）：64－68.

[4] 丁一萍．水平井压裂优化与底水油藏模型求解与应用［D］．北京：中国地质大学，2009.

[5] 李道品．低渗透砂岩油田开发［M］．北京：石油工业出版社，1997：154－170.

[6] 胥元刚，张琪．变裂缝导流能力下水力压裂整体优化设计方法［J］．大庆石油地质与开发，2000，19（2）：42－44，56.

[7] 郎兆新，张丽华．压裂水平井产能研究［J］．石油大学学报，1994，18（2）：43－46.

[8] 张学文，方宏长，裘怿楠，等．低渗透率油藏压裂水平井产能影响因素［J］．石油学报，1999，20（4）：51－55.

[9] 牛祥玉．低渗透油藏压裂水平井地质优化设计技术［J］．石油天然气学报，2009，31（2）：120－122.

[10] 范子菲，方宏长，牛新年．裂缝性油藏水平井稳态解产能公式研究［J］．石油勘探与开发，1996，23（3）：52－63.

塔河油田碎屑岩水平井水平段长度分析

赵 旭[1,2,3] 丁士东[3] 周仕明[3]

（1. 中国石化石油勘探开发研究院博士后工作站，北京 100083；2. 中国石油大学，北京 102249；3. 中国石化石油工程技术研究院，北京 100101）

摘 要 在前人研究的基础上，分析了目前塔河油田碎屑岩水平井水平段长度对产能和油藏开发的影响；然后基于变密度射孔优化计算公式，将水平井筒内的流体流动和油藏内的流体渗流作耦合考虑，并同时考虑流体水平井筒内的摩擦影响，从理论上研究了塔河油田碎屑岩水平井段长度对不同生产条件的变化和防控底水的影响；最后利用先进的完井设计优化软件，对水平井段长度在产能、经济性方面的变化进行了分析。该研究为水平井开采塔河油田碎屑岩底水油藏的水平段长度设计提供了一定的理论基础，对实现塔河油田碎屑岩水平井的高产稳产及延长无水采油期和提高油田的最终采收率具有一定的理论和现实意义。

关键词 水平井段 变密度射孔 合理长度 碎屑岩 塔河油田

Analysis on Horizontal Length of Horizontal Well in Clastic Rocks, Tahe Oilfield

ZHAO Xu[1,2,3], DING Shi dong[3], ZHOU Shi ming[3]

(1. Post Doctoral Research Center, Petroleum Exploration and Production Research Institute, SINOPEC, Beijing 100083, China; 2. China University of Petroleum, Beijing 102249, China; 3. Research Institute of Petroleum Engineering, SINOPEC, Beijing 100101, China)

Abstract Based on former studies, the influence of horizontal wellbore length of horizontal well in clastic rocks in the Tahe Oilfield on productivity and development was analyzed. Based on variable-density perforating optimization calculation formula, taking into consideration the fluid flows in both horizontal wellbore and reservoir, taking into account the friction when fluid flew in horizontal wellbore, the influence of different horizontal wellbore length on product condition and bottom-water control was talked about. With advanced well-complete design optimization software, the relationship between horizontal wellbore length and productivity as well as economy was analyzed. In this way, the theory base of horizontal wellbore length determination was made, providing helps to realize high and stable yield, prolong water-free oil producing period, and improve final recovery ratio in the Tahe Oilfield.

Key words horizontal wellbore; variable-density perforation; fitful length; clastic rock; Tahe Oilfield

近几年来，塔河油田碎屑岩水平井开发技术得到快速发展，水平井数量逐年增多，为塔河油田的稳产和增产做出了重要贡献。经过多年的技术攻关及现场试验，水平井开发技术的综合研究，使水平井的应用范围不断拓宽，应用规模不断扩大，应用效果显著。但随着油田的不断开发开采，其底水上升快、治理措施难的问题也逐渐体现出来。在具有成熟的水平井工艺技术做保障的前提下，如何更有效地发挥水平井的最大产能，需要对现有的塔河油田碎屑岩的水平井开采技术进行更细致、深入的设计和研究。国内外的研究表明，在水平井开发设计和研究中的一个重要问题就是如何确定水平井段的合理长度[1-2]。水平井段的长度不仅影响水平井的单井产量、钻井成本和泄油面积，而且影响油田的钻井数目和开发投资[3-6]。本文从完井工程和经济性角度对塔河油田碎屑岩水平井水平段的长度进行了研究。

1　水平段长度对油气井产量的影响

塔河油田碎屑岩油藏属于低幅度背斜（边）底水油藏，一般储层埋深4200～5100m，压力系数为1.12～1.16，平均孔隙度为19%～27%，渗透率一般为（56～416）×$10^{-3}\mu m^2$，层内非均质程度严重；储层底水极强，油水比高达1:592，油水层厚度比为1:16，具有油层薄、大底水、埋藏深、储集类型复杂、非均质性强、地层水矿化度高等特点。目前塔河油田碎屑岩水平井主要采用射孔完井的方式进行开发。从塔河油田碎屑岩7口水平井的水平段长度与产量的关系来看（表1），水平段长度大部分集中在200～300m。由于水平井的实际打开程度千差万别，因此水平井的水平段长度和产量的关系也不同。

表1　碎屑岩水平井长度与产量关系

Table 1　Relationship between horizontal wellbore length and production in clastic rock oil reserves

井号	水平段打开长度/m	水平段长度/m	日产液/t	日产油/t	射孔优化情况
1	191	200	53.7	18.3	未优化
2	157	200	49.6	22.8	优化
3	173	200	63.3	54.6	优化
4	180	200	64.1	38.4	优化
5	109	200	51	41.7	优化
6	115	170	69	56.2	优化
7	135	200	49.6	22.8	未优化
8	149	201	41.4	41.4	优化
9	187	201	63.6	63.6	优化
10	126	200	56.3	50.4	优化
11	105	150	37.9	27.1	优化
12	199	205	59.2	57.8	优化
13	102	181	51.6	42.3	优化
14	226	300	73.5	73.5	优化
15	149	300	57.1	57.1	优化
16	172	200	12.8	12.8	优化
17	191	200	9.8	9.8	优化

由表1可以看出，除14号和15号井外，其余井水平段长度均在200m左右；水平段较短的5号、11号和13号井，与其他井对比无明显产量差异，说明水平段的长度对水平

井产能的影响较小。通过表1对比相同区块不同水平井实际打开段长度与产量之间的关系，总体上来看，射孔打开段长的水平井的产量还是要高于射孔打开段短的水平井的产量，说明水平井的产能和水平井的实际打开长度相关。当然，表1中也有部分射孔打开段长的水平井的产量要低于射孔打开段短的水平井的产量，这主要是由于采用了射孔优化技术，不同井的射孔密度是完全不同的，另外，不同井之间的水平段长度差距较小也是一个原因。此外，通过表1还可看出塔河油田碎屑岩水平井的出水问题非常严重，开展射孔优化完井、控制产液剖面研究是非常必要的。下面将采用建立水平井变密度射孔优化计算模型的方法对水平井长度对产能的影响进行分析。

2 水平井变密度射孔优化计算模型

2.1 水平井油藏渗流模型

Dikken 指出水平井水平段内的压降是不可忽略的，从 Dikken 的模型可以看出，流体从油藏流到水平井井筒 x 处的压降等于流体从油藏流到水平井筒趾端 x_{wb} 的压降与从趾端再流到 x 处的水平段压降之和，即[7-9]：

$$\Delta p(x) = \Delta p(x_{wb}) + [p_w(x_{wb}) - p_w(x)] \tag{1}$$

向井流的压降 Δp 可以看作由两部分组成：一部分为油藏到井筒有效半径之间的压降 Δp_r，即是油藏渗流问题，可由理想的线源解获得；另一部分为从井筒有效半径流到井筒的压降 Δp_s，即流体流经射孔孔眼产生汇流而造成的压降损失，则有：

$$-[p_w(x) - p_w(x_{wb})] = [\Delta p_r(x) - \Delta p_r(x_{wb})] + \Delta p_s(x) - \Delta p_s(x_{wb}) \tag{2}$$

式中：p_w 为井筒内任意点的压力，MPa。

根据 Karcher 等的研究，有：

$$\Delta p_r = \frac{\mu q_L}{2\pi K}\left[\left(\frac{L_c}{h}\right)\cosh^{-1}\left(2\frac{r_e}{L_c}\right) + \gamma \ln\left(\frac{\gamma \cdot h}{2\pi \cdot r_{ew}}\right)\right] \tag{3}$$

式中：μ 为流体黏度，mPa·s；q_L 为水平井筒单位长度上的产量，$m^3/(s \cdot m)$；K 为油藏的绝对渗透率，μm^2；L_c 为水平井井筒长度，m；h 为油层厚度，m；r_e 为供给半径，m；r_{ew} 为井筒等效半径（$r_{ew} = r_w + C_L L_p$），m，其中，r_w 为水平井筒半径（m），C_L 为经验系数，一般取0.4。

Δp_s 主要是由于油藏流体经过射孔孔眼进入井筒中的流动所引起的，根据非达西流理论，采用 Forchheimer 方程来表示，整理可得：

$$\Delta p_s(x) = \frac{\mu q_L}{2\pi K \rho_p(x) L_p}\ln\frac{1}{r_p \cdot 2\rho_p(x)} + \frac{\beta \rho q_L |q_L|}{(2\pi \rho_p(x) L_p)^2}\left(\frac{1}{r_p} - 2\rho_p(x)\right) \tag{4}$$

式中：ρ_p 为流体密度；L_p 为射孔穿透深度，m；β 为原油体积系数；其他字母意义同上。

2.2 井筒流动模型

假设水平井直径为 D，截面积为 A，摩擦阻力系数为 f，x 处的累积流量为 q，流体密度为 ρ，则当井筒内为单相流动时，由流体力学相关知识可求得沿水平井井筒方向的压力梯度为：

$$-\frac{\mathrm{d}p_{\mathrm{w}}}{\mathrm{d}x}=\frac{\rho f}{2D}\frac{q^2}{A^2} \tag{5}$$

则：

$$-\frac{\mathrm{d}p_{\mathrm{w}}}{\mathrm{d}x}=8f\frac{\rho}{\pi^2D^5}q|q| \tag{6}$$

摩擦阻力系数 f 主要与雷诺数 Re 有关，根据雷诺数的不同，井筒内的摩擦阻力系数 f 的计算方法是不同的，结合油井的实际生产状况，整理可得：

$$f=C_{\mathrm{f}}\left(\frac{1}{Re}\right)^{\alpha}=C_{\mathrm{f}}\left(\frac{\mu\pi D}{4\rho|q|}\right)^{\alpha} \tag{7}$$

当 $Re\leqslant 2000$ 时，$C_{\mathrm{f}}=64$，$\alpha=1$；

当 $Re>2000$ 且 $Re\leqslant\frac{59.7}{\varepsilon^{\frac{8}{7}}}$ 时，$C_{\mathrm{f}}=0.3164$，$\alpha=0.25$，

$$\text{设 } R_{\mathrm{w}}=8\frac{\rho}{\pi^2D^5}C_{\mathrm{f}}\left(\frac{\mu\pi D}{4\rho|q|}\right)^{\alpha} \tag{8}$$

$$\text{则：}-\frac{\mathrm{d}p_{\mathrm{w}}}{\mathrm{d}x}=R_{\mathrm{w}}|q^{1-\alpha}|q$$

2.3 变密度射孔优化模型

射孔优化的目的就是为了使油藏能够均匀开采，获得均匀的水平井流入剖面，从而达到防止水气锥进的目的。设单位长度的流入量为 q_{L}，则水平井筒 x 位置处的累积流量为：

$$q=(x-x_{\mathrm{wb}})q_{\mathrm{L}} \tag{9}$$

将式（9）积分，得：

$$\int_{x_{\mathrm{wb}}}^{x}-\frac{\mathrm{d}p_{\mathrm{w}}}{\mathrm{d}x}\mathrm{d}x=\int_{x_{\mathrm{wb}}}^{x}R_{\mathrm{w}}|q^{1-\alpha}|q\mathrm{d}x \tag{10}$$

将式（9）代入式（10），整理得：

$$p_{\mathrm{w}}(x)-p_{\mathrm{w}}(x_{\mathrm{wb}})=-\frac{R_{\mathrm{w}}}{3-\alpha}|q_{\mathrm{L}}^{1-\alpha}|q_{\mathrm{L}}(x-x_{\mathrm{wb}})^{3-\alpha} \tag{11}$$

将式（11）、式（3）、式（4）代入式（2）中，整理得：

$$\begin{aligned}\frac{R_{\mathrm{w}}}{3-\alpha}|q_{\mathrm{L}}^{1-\alpha}|q_{\mathrm{L}}(x-x_{\mathrm{wb}})^{3-\alpha}&=\frac{\mu q_{\mathrm{L}}}{2\pi K\rho_{\mathrm{p}}(x)L_{\mathrm{p}}}\ln\frac{1}{2r_{\mathrm{p}}\rho_{\mathrm{p}}(x)}+\frac{\beta\rho|q_{\mathrm{L}}|q_{\mathrm{L}}}{(2\pi\rho_{\mathrm{p}}(x)L_{\mathrm{p}})^2}\left(\frac{1}{r_{\mathrm{p}}}-2\rho_{\mathrm{p}}(x)\right)\\&\quad-\frac{\mu q_{\mathrm{L}}}{2\pi K\rho_{\mathrm{p}}(x_{\mathrm{wb}})L_{\mathrm{p}}}\ln\frac{1}{2r_{\mathrm{p}}\rho_{\mathrm{p}}(x_{\mathrm{wb}})}-\frac{\beta\rho|q_{\mathrm{L}}|q_{\mathrm{L}}}{(2\pi\rho_{\mathrm{p}}(x_{\mathrm{wb}})L_{\mathrm{p}})^2}\left(\frac{1}{r_p}-2\rho_{\mathrm{p}}(x_{\mathrm{wb}})\right)\end{aligned} \tag{12}$$

式（12）就是考虑了井筒压差的水平井变密度射孔计算模型。

3 实例分析

3.1 变密度射孔模型计算分析

前面从理论上分析了水平井水平段内摩擦阻力对水平井产能的影响，下面将采用塔河

油田具有一定代表性的一口生产井的实际数据对水平井水平段长度对产能的影响进行更深入的分析。

塔河油田碎屑岩某水平油井的基本参数如下：水平井井筒半径 r_w 为 0.108m，油层厚度 h 为 16.3m，水平平均渗透率 K_h 为 108μm²，垂直平均渗透率 K_v 为 73μm²，流体黏度 μ 为 2.78mPa·s，原油体积系数 β 为 1.056，原油密度 ρ 为 757.9kg/m³，生产压差为 0.78MPa，采用射孔笼统打开油层完井，水平段趾端的射孔密度为 20 孔/m，根据前面所建立的变密度射孔计算模型计算，结果见图 1 和图 2。

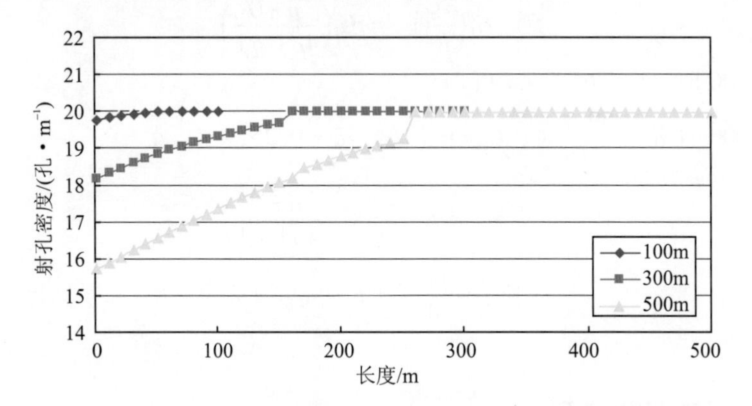

图 1　射孔密度随水平段长度的变化关系

Fig. 1　Relationship between horizontal wellbore length and perforation density

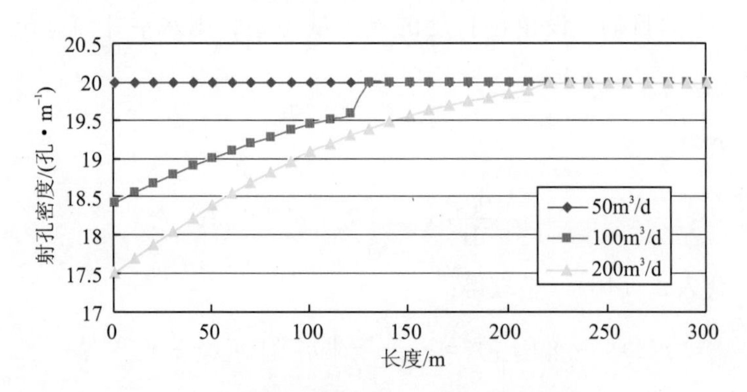

图 2　射孔密度随油井产量的变化关系

Fig. 2　Relationship between productivity and perforation density

图 1 和图 2 显示的是利用公式（12）所计算出的射孔密度随水平段长度和油井产量的变化关系。图 1 计算采用的产量为该井的初期产量 125m³/d，由图 1 可以得到，当水平段长度只有 100m 时，为了维持水平井筒内的压力平衡，射孔密度的改变极其微小，水平井跟端至趾端的射孔密度基本上都是 20 孔/m，说明在 125m³/d 的产量下，100m 长的水平段井筒内的生产压差基本一致。当水平段井筒的长度达到 300m 时，可以看出，在距趾端 100m 左右位置内的射孔密度基本不变，距趾端 100m 后在水平井段内的射孔密度有了一定的改变，水平井跟端和趾端的射孔密度差接近 2 孔/m。这说明 300m 长的水平段井筒内，从水平段跟端到趾端的生产压差已经体现出了不同，但相对较小。而当水平段井筒的长度达到 500m 时，可以看到，水平井段内的射孔密度有了进一步的改变，跟端

与趾端的射孔密度差要高于4孔/m。通过图1中3条线的对比能够得出，水平井的水平段长度越长，水平井筒内跟端与趾端由于油流与井筒之间的摩擦阻力所引起的压力差就越大，因此为了平抑水平井段内的生产压差，射孔密度随着水平段从趾端到跟端就要不断减小。

图2显示的是在水平段长度为300m时不同产量下的水平井段井筒内的射孔密度变化。从图2中可以看出，当产量为每天50m³/d时，整个水平井筒内的射孔密度完全一致，说明在水平井筒内没有产生明显的生产压差；当产量为100m³/d时，整个水平井筒内的射孔密度有了一些变化，说明水平井跟端与趾端出现了一定的压力差异；当油井产量为200m³/d时，在水平井筒内的射孔密度发生了较为明显的变化，说明水平井跟端与趾端出现了更大的压力差。通过对比不同油井产量下的水平井段射孔密度的变化，能够得出随着油井产量的增加，水平井筒内的压差逐渐增大，因此为了平抑水平井段内的生产压差，射孔密度从趾端到跟端就要不断减小。

目前塔河油田碎屑岩水平井的水平段长度大都在300m以下，大部分水平井的产量集中在50~100m³/d，少部分的高产井能达到150m³/d，极少数井的产量能超过200m³/d。根据上面的计算结果可知，水平井水平段的长度在300m以下，产量在低于100m³/d时，水平井筒内趾端至跟端的压力相差不大，可近似地认为整个水平井筒内的压力是一致的。考虑到目前塔河油田碎屑岩水平井大部分为薄油层大底水油藏，在整个开发的过程中，采用防底水、调油嘴控制生产压差的方法进行生产，用以控制生产剖面的均衡抬升，防止底水的快速推进。目前在水平井控制底水推进的方法中，需要考虑的最重要的两个因素是：水平井段井筒内的压力差和水平井段不同位置渗透率的差异。通过上面的计算分析，考虑到目前塔河油田碎屑岩水平井所采用的长度和水平井的产量，可以得出目前塔河油田在进行射孔优化控水设计中，对生产压差的跟端和趾端的不均衡性可作为次要的因素进行考虑，或是不予考虑；应主要以不同位置渗透率的差异进行射孔优化设计。

3.2 水平井完井软件计算分析

以上采用了变密度射孔模型的方法分析了塔河油田碎屑岩水平井水平段长度对生产状况影响，下面将用“水平井完井优化与完井工程设计软件”对塔河油田碎屑岩水平井水平段长度与产能和经济性之间的关系进行分析。

继续采用实例中的油藏数据，并补充表2中所示数据进行计算。

表2 产能分析的补充参数

Table 2 Added parameters for production analysis

设计生产压差/MPa	0.78
射孔相位角/(°)	60
射孔密度/(孔·m^{-1})	16
屏蔽暂堵技术	未采用
相邻直井钻井损害表皮系数	5
射孔穿透深度/m	1
孔眼直径/mm	12
射孔方式	正压

通过软件计算，得出理想无污染裸眼井产能为207.2m/(d·MPa)，射孔完井产能为163.08m/(d·MPa)，设计生产压差下的产量为127.2m/d，实际产能/理想产能为78.7%。通过与实际生产数据对比，软件计算得出的产量与实际生产的初期产量相差在10%以内。

图3和图4显示的是利用“水平井完井优化与完井工程设计软件”所计算出的水平井水平段长度与产量和产能比之间的关系。由图3可以看出，随着水平井水平段长度不断增加，油井的产量是不断增加的。但值得注意的是，当水平段的长度在450m以下时，随着水平段长度不断增加，油井的产量增加较快；而当长度在450m以上时，随着水平段长度的不断增长，产量尽管也在增加，但增加的趋势明显变缓。由图4能够看出，随着水平

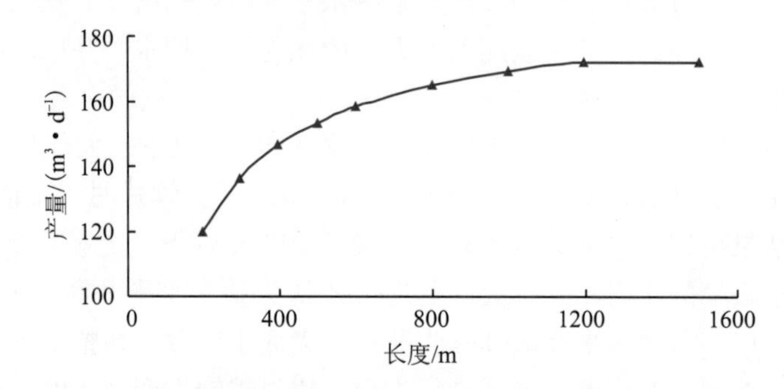

图3　水平段长度与产量之间的关系

Fig. 3　Relationship between horizontal wellbore length and production

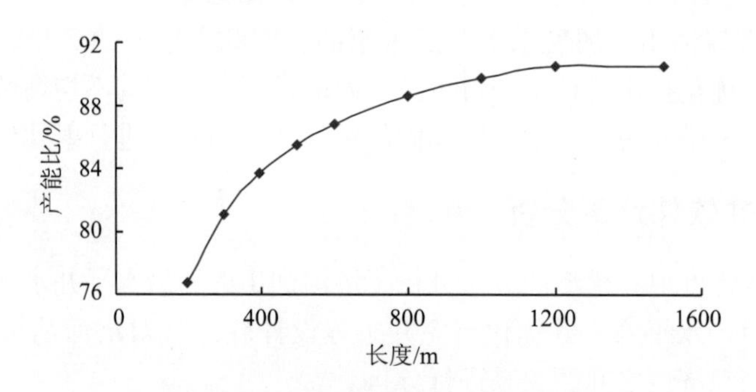

图4　水平段长度和产能比之间的关系

Fig. 4　Relationship between horizontal wellbore length and production rate

井长度的增加，油井的产能比不断地增加；与图3中的曲线变化趋势一样，当水平段的长度在450m以下时，随着水平段长度不断增加，产能比增加较快；而当长度在450m以上时，随着水平段长度的不断增加，产能比尽管也在增加但增加的趋势明显变缓。通过对图3和图4的分析认为，适当增加塔河油田碎屑岩水平井的长度能够提升水平井产量，降低地层污染所造成的产量下降，增加产能比。

为了进一步分析塔河油田碎屑岩水平井长度变化对产能的影响，在油藏数据和表2补充数据的基础上，再增加表3的数据对塔河油田碎屑岩水平井长度的变化进行经济性分析。

表 3　经济性分析补充参数

Table 3　Added parameters for economical analysis

油井产量年递减率/%	24.5
目前原油价格/(元·t^{-1})	3000
完井总费用/万元	150
生产日费用/(元·d^{-1})	3000
贷款年限/a	5
预期采收率/%	60
钻井总费用/万元	2000
地面建设费用/万元	100
银行贷款年利率/%	10

图 5 显示的是利用“水平井完井优化与完井工程设计软件”对水平井水平段长度对经济性影响分析的计算结果。从图中能够看出，随着水平井长度的增加，水平井的总收益是不断增加的，但从图 5 中可以明显看出，当水平井的长度小于 370m 时，伴随着水平段长度的增加水平井的总收益快速增长；而当水平井的长度大于 370m 时，随着水平段长度的增加水平井的总收益增加缓慢。这说明水平井水平段长度对油井的最终收益有着一定的影响，适当的水平段长度能够提升油井的最终收益。

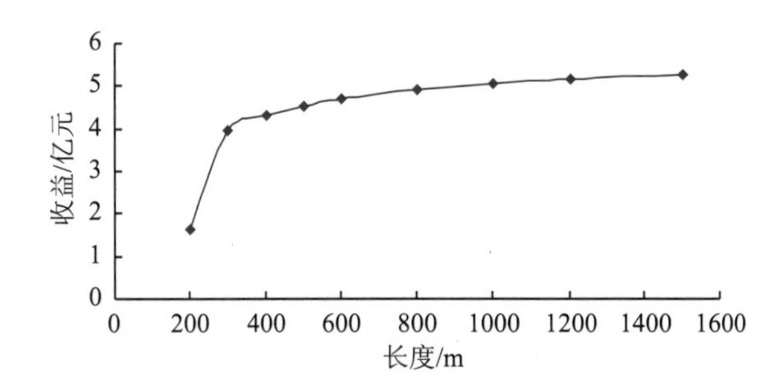

图 5　水平段长度和产能收益之间的关系

Fig. 5　Relationship between production earnings and horizontal wellbore length

4　结　论

1）通过对塔河油田碎屑岩水平井产量的对比分析，得出目前塔河油田碎屑岩水平井的长度与产能的关系并不明确，其对射孔优化设计的影响也不清楚。

2）通过运用考虑水平井筒摩阻压差的变密度射孔模型，得出在目前塔河油田单井产量的状况下，随着水平井筒的增长水平井筒内的摩阻压差增长并不大。

3）在目前塔河油田碎屑岩水平井长度和产量条件下，进行射孔优化控水设计时，应把沿水平井筒不同位置渗透率的变化作为主要考虑因素，水平井筒内的生产压差可以作为次要因素考虑或是不考虑。

4）通过运用完井软件，得出适当增长塔河油田碎屑岩水平井的长度，有利于增加产能，减少地层污染所带来的产能比下降，并且能够增大单井的整体收益。

5）建议在今后的研究中，多增加油藏数值模拟的内容。以油藏精确描述为基础，然后进行近井地带不同完井方式的流动分析、井筒内的压降变化及水平井长度变化分析。

参考文献

[1] 刘文辉．长水平井长度整体优化［J］．吐哈油气，2005，10（1）：90－96.

[2] 陈明，沈燕来．水平井段合理长度的确定方法研究［J］．中国海上油气（地质），2003，17（5）：342－344.

[3] 陈海龙，李晓平，李其正．水平井段最优长度的确定方法研究［J］．西南石油学院学报，2003，25（1）：47－48.

[4] 周金应，万怡妏，侯雨辰．底水油藏水平井射孔最优水平段长度计算方法［J］．断块油气田，2007，14（6）：40－43.

[5] 李福友，叶勤友，许建国，等．吉林油田水平井射孔长度确定［J］．钻采工艺，2008，31（3）：73－74.

[6] 杨勇．水平井变密度分段射孔水平段长度优化设计［J］．石油天然气学报，2008，30（3）：123－126.

[7] 周生田，马德泉，刘民．射孔水平井孔眼分布优化研究［J］．石油大学学报（自然科学版），2002，26（3）：52－54.

[8] 李华．水平井变密度射孔和分段射孔完井技术研究［D］．东营：中国石油大学，2007.

[9] 庞伟．水平井变密度射孔参数优化设计［D］．东营：中国石油大学，2007.

有限元裂缝模拟技术在水力压裂中的应用

孙志宇

（中国石化石油勘探开发研究院，北京 100083）

摘　要　油井岩石的水压致裂过程是多孔介质下的流固耦合过程。建立水力压裂流体渗流连续性方程与岩石变形应力平衡方程，引入二次正应力裂纹起裂及临界能量释放率裂缝延伸准则，考虑流体在裂缝面横向、纵向的流动，采用有限元计算软件 ABAQUS 中的 Soil 模块模拟岩石水力压裂的三维复合裂缝起裂与扩展情况。应用粘结单元设定裂缝延伸方向，并编写用户子程序嵌入 ABAQUS 主程序中，以确定初始地应力场、渗流场、随深度变化的孔隙度及随时间变化的滤失系数。数值模拟结果可以得到水力压裂泵注不同时刻的裂缝几何形态、缝内压力分布，岩石变形及其应力分布，孔隙压力分布，压裂液滤失等，分析压裂液流体特性、排量、上下隔层应力差、滤失系数、闭合应力等参数对裂缝几何尺寸的影响。该研究结果对石油工程中油井压裂方案优化设计及效果分析具有一定的理论指导意义。

关键词　水力压裂　裂缝扩展　流固耦合　有限元　数值模拟

Application of Finite Element Fracture Stimulation in Hydraulic Fracturing

SUN Zhiyu

(Petroleum Exploration and Production Research Institute, SINOPEC, Beijing 100083, China)

Abstract　The hydraulic fracturing of rocks in oil-wells is the coupling effect of fluid and solid in porous media. Establishing continuity equation of fluid seepage and stress equilibrium equation of rock deformation, introducing damage initiation and critical energy release criterion of quadratic direct stress, taking into consideration of the horizontal and vertical flows along fractures, the 3D composite fracture initiation and propagation caused by hydraulic force were modeled with the Soil module of the ABAQUS finite element calculation software. Crack path was pre-defined by cohesive element. User subprograms were embedded into the ABAQUS main program. In this way, initial stress field, seepage field as well as depth-related porosity and time-related leak coefficient were determined. Through simulation, the fracture geometry, fluid pressure distribution along fracture, rock deformation and stress distribution, pore pressure distribution as well as fluid leak-off during different stages of hydraulic fracturing were studied. The influence on fracture geometry by fluid properties, slurry rate, interlayer stress difference, leak coefficient and closure pressure were also analyzed. The simulation results have some theoretically conductive significance in designing and optimizing hydraulic fracturing treatment of petroleum engineering.

Key words　hydraulic fracturing; fracture propagation; fluid-solid coupling; finite element; numerical simulation

---

基金项目：国家科技重大专项（2008ZX05002－005－005）。

裂缝扩展几何形态是水力压裂设计中需要考虑的一个重要因素，对裂缝延伸范围的正确预测可以合理选择压裂施工参数，减少不必要的成本投入，并对产能进行准确评估。随着压裂优化设计技术的发展，压裂裂缝延伸数值模拟模型也从二维发展到拟三维，直到目前的全三维模型[1-8]。对这些模型的数学求解大多采取的是有限差分格式，且计算过程中假设岩石为线弹性材料而不是弹塑性孔隙材料，这样计算的结果必然与实际情况有较大偏差。水力压裂裂缝扩展是岩石力学、断裂力学、渗流力学等学科的综合运用，是孔隙压裂流体渗流与岩石变形及裂缝形态相互耦合的问题，它受储层特性、压裂液流变性、岩石力学物理特性、压裂液排量、储层盖层应力差等多种因素的影响。对这种流固耦合问题的求解，商业化有限元 ABAQUS 大型计算软件能够很好地实现，连志龙等[9]应用 ABAQUS 中的临界应力准则模拟了水力压裂裂缝扩展过程，但仅限于二维裂缝；薛炳等[10]应用 ABAQUS 中 cohesive 单元主要研究了裂缝面流体压力载荷与裂缝扩展及流体渗流的关系，但并未考虑混合型裂缝断裂及裂缝内流体流动压降、应力差及其他压裂参数对裂缝形态的影响。本文采用 ABAQUS 中的 Soil 模块，并编写用户子程序嵌入 ABAQUS 主程序中，模拟岩石水力压裂三维裂缝起裂与扩展的流固耦合过程，分析压裂液流体特性、排量、上下隔层应力差、滤失系数等参数对裂缝几何尺寸的影响。

1　岩石渗流－应力耦合模型

水力压裂过程中，随着排量的增加泵压不断增大，相应地作用于裂缝面上的流体渗流压力也不断增加，使得流体向地层的滤失增加，导致岩石孔隙中应力状态的改变，造成岩石变形，而岩石中应力的变化必然引起储层孔隙度、流体渗流速度等参数的改变，反过来又会影响到裂缝面上渗流场孔隙压力的变化，储层岩石中这种流体渗流与岩石变形的相互制约、相互作用的关系即称为渗流－应力耦合。本文假定储层岩石多孔介质符合Drucker-prager 硬化准则，岩石孔隙中完全饱和不可压缩流体，则岩石变形力学平衡方程为[11]：

$$\int_{\Omega}(\bar{\sigma} - p_{w}I)\delta_{\varepsilon}\delta\mathrm{d}\Omega = \int_{S}T\delta_{v}\mathrm{d}S + \int_{\Omega}f\delta_{v}\mathrm{d}\Omega + \int_{\Omega}\phi\rho_{w}g\delta_{v}\mathrm{d}\Omega \tag{1}$$

流体渗流连续性方程为：

$$\frac{\mathrm{d}}{\mathrm{d}t}\left(\int_{\Omega}\phi\mathrm{d}\Omega\right) = -\int_{S}\phi n v_{w}\mathrm{d}S \tag{2}$$

式中：Ω 为积分空间，m^3；S 为积分空间表面，m^2；p_w 为孔隙流体渗流压力；I 为单位矩阵向量；$\bar{\sigma}$ 为储层岩石中有效应力，MPa；δ_{ε} 为虚应变场；δ_v 为岩石节点虚速度场；T 为单位积分区域外表面力，MPa；f 为不考虑流体重力的单位体积力，MPa；ϕ 为岩石孔隙度；ρ_w 为孔隙流体密度，kg/m^3；n 为与积分外表面法线平行的方向；v_w 为岩石孔隙间流体流动速度，m/s；t 为计算时间，s。

2　裂缝起裂、扩展准则

水力压裂裂缝扩展过程一般都伴随着剪切滑移效应，因此其裂纹模式为复合型裂纹。ABAQUS 中应用 Colesive 单元内聚力模型研究这种裂纹形式的起裂及扩展准则，其主要内容为界面拉伸应力－界面相对位移（Traction－Separation）之间的函数响应关系及断裂过程界面能量之间的关系。对判断初始断裂的应力－应变关系，ABAQUS 提供了好几种标准，本文选用目前广泛应用的二次应力失效准则，即当 3 个方向的应力比平方和达到 1 时初始断裂就会发生，其可表示为：

$$\left\{\frac{\sigma_n}{\sigma_n^{max}}\right\}^2+\left\{\frac{\tau_s}{\tau_s^{max}}\right\}^2+\left\{\frac{\tau_t}{\tau_t^{max}}\right\}^2=1 \tag{3}$$

式中：σ_n 为 Colesive 单元法线方向上的施加应力，MPa；τ_s，τ_t 为单元两个切向上的施加应力，MPa；σ_n^{max} 为单元失效时法线方向临界应力，MPa；τ_s^{max}，τ_t^{max} 为单元切向失效时的两个方向临界应力，MPa。

对复合型裂缝起裂后的扩展，本文应用 B－K 准则，即由 Benzeggagh 和 Kenane 提出的裂缝扩展临界能量释放率准则，其可表示为：

$$G_n^C+(G_s^C-G_n^C)\left\{\frac{G_S}{G_T}\right\}^{\eta}=G^C \tag{4}$$

式中：$G_S=G_s+G_t$，$G_T=G_n+G_s$，G_n^C 为法向断裂临界应变能释放率，N/mm；G_s^C，G_t^C 为两切向断裂临界能量释放率，N/mm，B－K 准则认为 $G_s^C=G_t^C$；η 为与材料本身特性有关的常数；G^C 为复合型裂缝临界断裂能量释放率，N/mm。

当裂缝尖端节点处计算的能量释放率大于 B－K 临界能量释放率时，Colesive 单元当前裂尖节点对绑定部分将解开，裂缝向前扩展（图 1）。

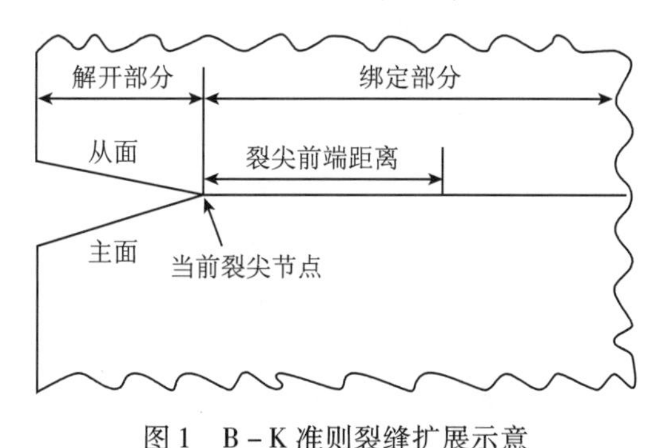

图 1　B－K 准则裂缝扩展示意

Fig. 1　B－K fracture extension criterion

3　裂缝面内流体流动模型

作用于裂缝面上的压裂液流体压力是裂缝扩展的驱动力，假定流体是连续的且不可压缩，则流体在 Colesive 单元裂缝内的流动包括沿裂缝面的切向流动以及垂直裂缝面的法向流动（图 2）。

3.1　流体切向流动

将压裂液视为牛顿流体，在任意时刻的排量为 q，则其在裂缝面上的切向流动根据牛顿流压力传导公式可写为：

$$q=-k_t\nabla p \tag{5}$$

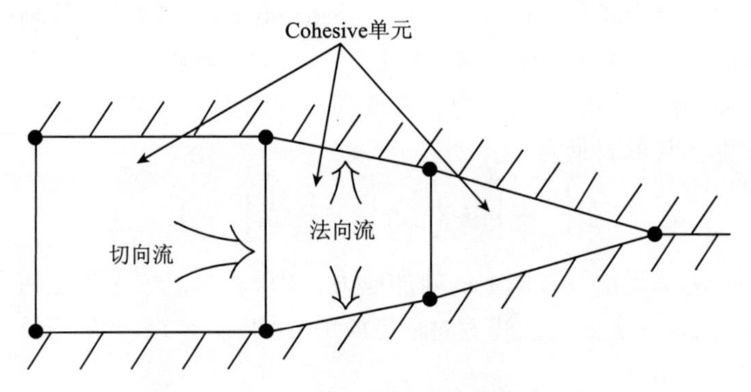

图2 Colesive裂缝单元内流体流动示意

Fig. 2 Fluid flow in Colesive fracture element

式中：q 为压裂液排量，m^3/s；k_t 为流动系数；p 为流动压力，MPa。

根据雷诺数方程，流动系数 k_t 可表示为：

$$k_t = \frac{d^3}{12\mu} \tag{6}$$

式中：d 为裂缝张开宽度，m；μ 为压裂液黏度系数，Pa·s。

3.2 流体法向流动

压裂流体在裂缝面法线方向的流动即为流体向地层的渗流滤失，ABAQUS通过设定滤失系数的方式在裂缝表面形成一个渗透层（图3）。

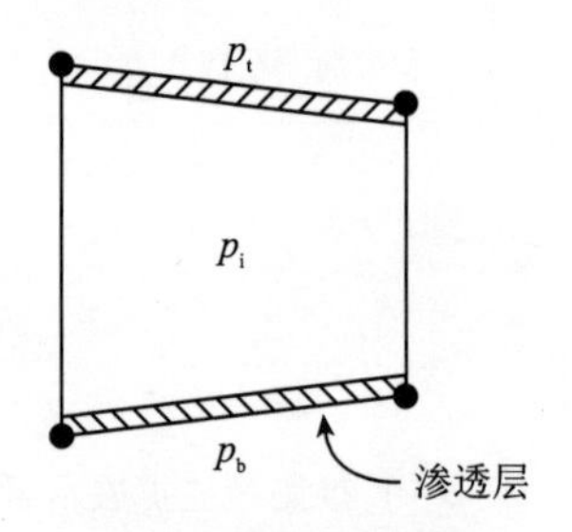

图3 压裂液滤失示意

Fig. 3 Fluid leak-off

压裂流体在裂缝面的法向渗流可表示为：

$$q_t = c_t(p_i - p_t), q_b = c_b(p_i - p_b) \tag{7}$$

式中：q_t，q_b 为流体在裂缝上下表面的渗流流量，m^3/s；c_t，c_b 为流体在裂缝上下表面的滤失系数；p_t，p_b 为流体在裂缝上下表面的孔隙压力，MPa；p_i 为Colesive裂缝单元中间面的流体压力，MPa。

4 实例与分析

应用ABAQUS自带Soil模块对水力压裂流固耦合过程进行了模拟，模型区域如图4所示。在15m高的目标储集层上下方存在泥岩遮挡层，模型整体高度为35m，长宽都为

400m，Cohesive 单元预设裂缝扩展方向与最大水平主应力方向平行。考虑到裂缝模型与井筒的对称性，计算所取的有限元网格划分模型区域如图 5 所示。

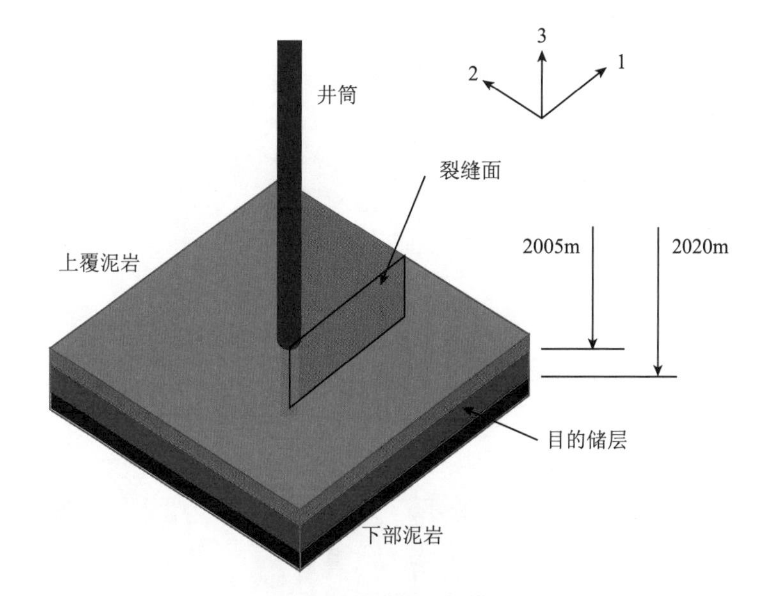

图 4　裂缝模拟几何模型

Fig. 4　Fracture modelling geometry

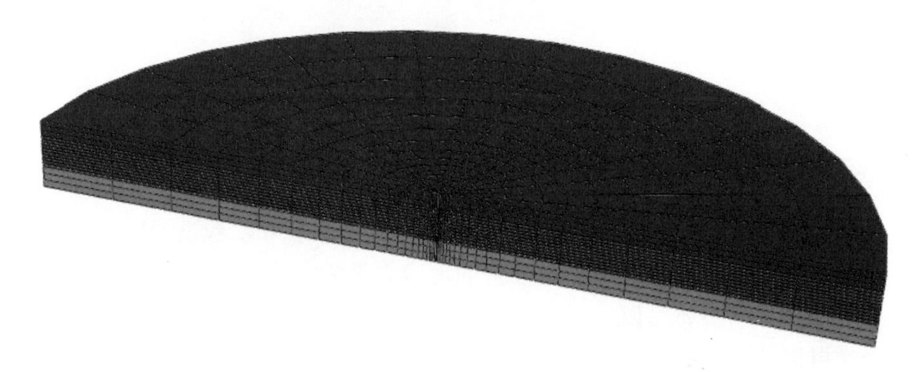

图 5　模型区域有限元网格划分

Fig. 5　Finite element grid in modeling area

编制相应用户子程序完善水力压裂模拟过程，其中 DISP 子程序定义研究区域边界条件；SIGINI 和 UPOREP 子程序分别设定初始地应力场和渗流场；VOIDRI 子程序定义随地层深度而改变的岩石孔隙度，模拟过程中渗透率随着孔隙度的改变而改变；UFLUIDLEA-KOFF 子程序定义裂缝面滤失系数。

其他参数取值为：弹性模量 E 为 20GPa，泥岩层 3 个方向临界应力 σ_n^{max}，τ_s^{max}，τ_t^{max} 都为 10MPa，储层 3 个方向临界应力都取为 6MPa，临界能量释放率 G_n^C 为 26N/mm，$G_s^C = G_t^C$ 为 28N/mm，材料常数 η 为 2.25，压裂液流体黏度 μ 为 1×10^{-3}Pa · s，前置液排量为 $0.04m^3/s$，破胶前压裂液滤失系数为 5.879×10^{-7}Pa · s，前置液泵入时间为 20min。

图 6 为泵入前置液 8min 时裂缝几何形态图。从图 6 中可以看出，压裂前期由于储层、上下部泥岩应力差的作用，裂缝首先在地层阻力较小的储层中扩展，然后突破上部泥岩，

而下部泥岩因地应力较高，裂缝扩展阻力较大，裂缝突破后只是小范围的延伸，这就使得裂缝在上下部泥岩中扩展形态不均匀，而这种裂缝形态显然不利于缝高的控制及压裂效果的改善。

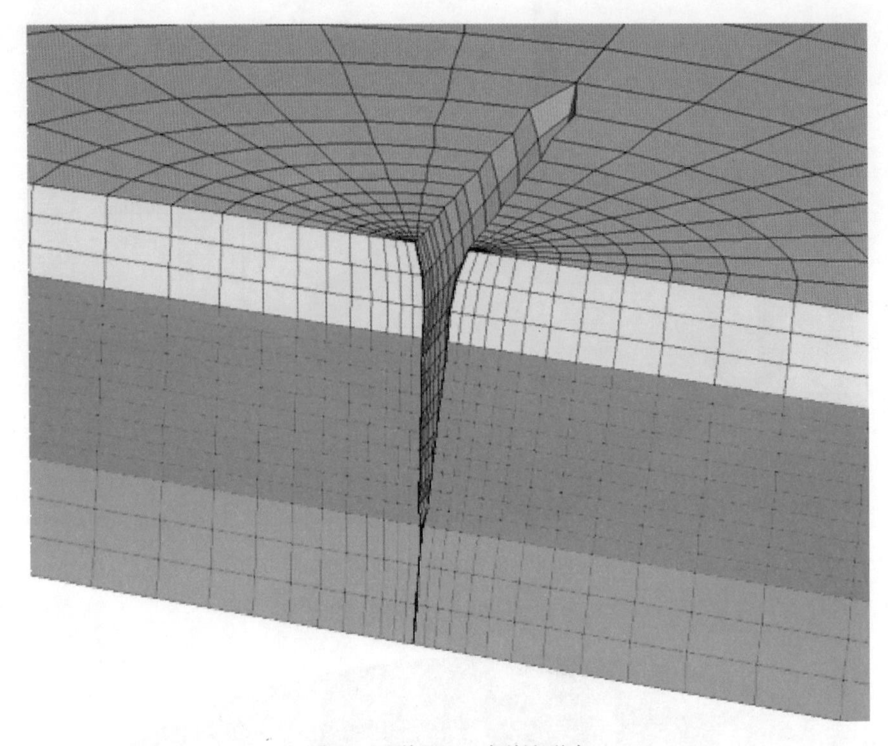

图 6　压裂 8min 时裂缝形态

Fig. 6　Fracture geometry at 8 minute

图 7 为泵入前置液 20min 时裂缝几何形态图。从图 7 中可以看出，随着压裂的深入，压裂中液逐渐突破下部泥岩，但由于受较大的地应力影响，裂缝整体趋势还是在储层及其上部泥岩中扩展。从图中还可以看出，压裂液流体压力沿着裂缝方向变化不大，因此在现场施工中经常可以认为裂缝内压裂液压力等于井底泵入压力。但在垂直裂缝面方向，由于流体滤失作用，存在较大的压力梯度，并且由于渗透率的差异，压裂流体对于储层孔隙压力的影响要远大于对泥岩层孔隙压力的影响。

从垂直于裂缝面的正应力分布图（图 8）中可以看到，产生的水力压裂裂缝尖端存在应力集中现象，岩石应力达到 10MPa，当其与其他两个方向应力达到二次应力失效准则时，裂缝起裂。从图 8 中还可以看出，垂直于裂缝面的岩石有效应力，受岩石边形挤压与孔隙压力梯度的双重影响，在裂缝边缘区域由于孔隙渗透压力的抵消作用，岩石有效正应力减少，而在较远处孔隙压力作用减弱，裂缝扩展产生的岩石挤压使得有效正应力增大，当超出一定的裂缝周围区域时，水力压裂对地层的影响很小，岩石应力又回到初始地应力场状态，裂缝面正应力即为裂缝闭合应力。从以上分析可以看出，在水力压裂不同时刻、不同裂缝位置周围，裂缝闭合应力是不同的。

图 9 为裂缝长度与宽度在不同时刻的相互对应关系，图中曲线反映了与前面立体图相似的结果，即随着压裂时间的增长，缝长与缝宽的关系从无规则变为沿着裂缝方向缝宽逐

渐变小，直到在裂缝尖端变为0，而在20min前置压裂液泵入过程中，裂缝在压裂液泵入10min左右时已在纵向延伸完毕，剩余的大约10min时间只是横向扩展，即增加了裂缝的宽度，所以压裂过程其实也是裂缝长度与裂缝宽度不断调节、不断适应的过程，而影响这一过程的主要参数就是泵入的压裂液排量。

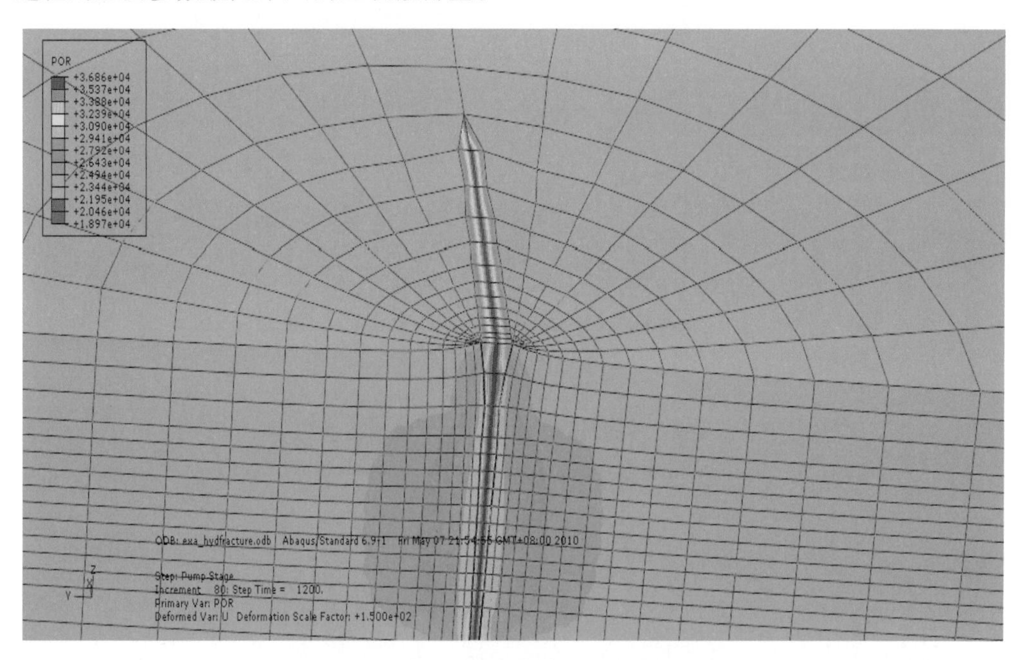

图7　压裂20min时孔隙压力与裂缝形态

Fig. 7　Pore pressure and fracture geometry at 20 minute

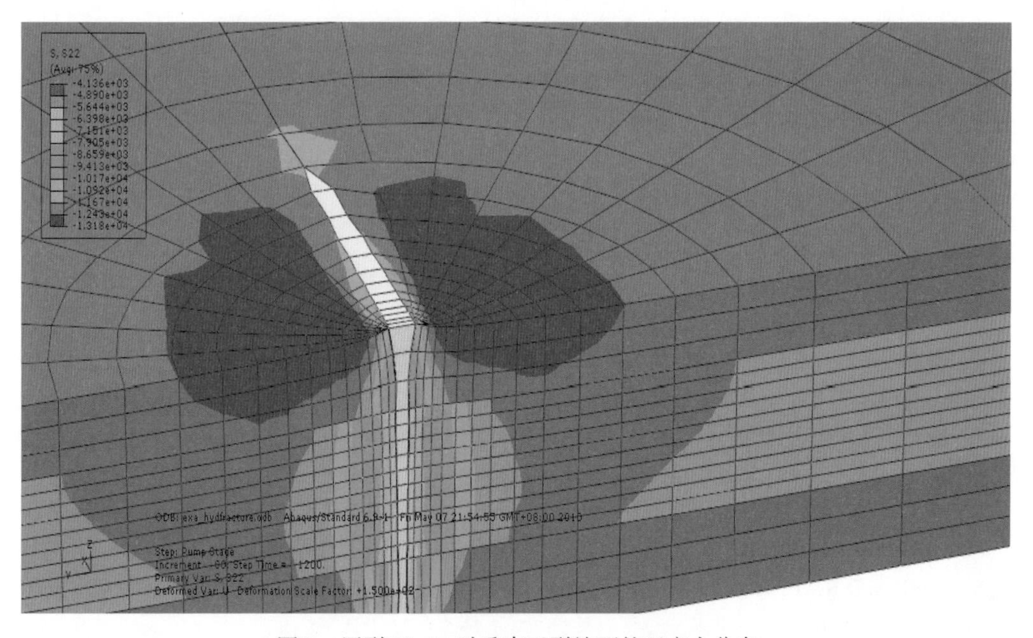

图8　压裂20min时垂直于裂缝面的正应力分布

Fig. 8　Normal stress distribution perpendicular to the fracture at 20 minute

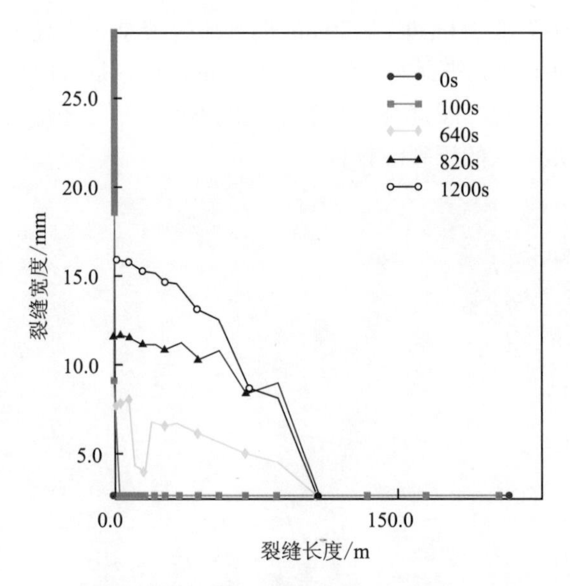

图9　不同时刻裂缝长度与宽度的关系

Fig. 9　Relationship between fracture length and width in different time

5　结　论

1）裂缝在沿射开方向延伸时，由于不同地层应力差的影响，在储层及其上下部泥岩中的扩展程度并不一致，裂缝更趋向于在地应力较小的地层中扩展。

2）在一定的压裂液排量下，压开的裂缝在一定的时间后首先在长度方向上停止延伸，进而不断增大缝宽，形成与排量大小一致的裂缝几何尺寸。

3）驱动裂缝扩展的压裂液流体在裂缝面的切向流动压力变化不大，而在法向的流动由于液体滤失的作用变化较大，液体滤失在裂缝周边产生的孔隙渗流压力与岩石原始应力场的相互作用影响岩石中有效应力及其开裂过程。

参考文献

[1] 赵金洲，任书泉．考虑温度影响时裂缝几何尺寸的数值计算模型和方法［J］．石油学报，1987，8（1）：71－82.

[2] 张平．水力压裂裂缝二维延伸数值模拟研究［J］．石油钻采工艺，1997，19（3）：53－59.

[3] 王鸿勋，张士诚．水力压裂设计数值计算方法［M］．北京：石油工业出版社，1998.

[4] Yew C H，Ma M J，Hill A D. A study of fluid leakoff in hydraulic fracture propagation［C］. SPE 64786，2000.

[5] Jeffrey R G，Settari A. Hydraulic，fracture growth through offset pressur monitoring wells and boreholes［C］. SPE 63031，2000.

[6] van Dam D B，Papanastasiou P. Impact of rock plasticity on hydraulic；fracture propagation and closure［C］. SPE 63172，2000.

[7] Cleary M I，Kavvadas M，Lan K Y. A fully Three－Dimensional Hydraulic Fracture Simulator［C］. SPE11631，1986.

［8］Lee W S，Jantz E L，Halliburton S. A three-dimensional hydraulic propagation theory coupled with two-dimensional proppant transport［C］．SPE 19770，1989.

［9］连志龙，张劲，吴恒安．水力压裂扩展的流固耦合数值模拟研究［J］．岩土力学学报，2008，（29）11：3021－3025.

［10］薛炳，张广明，吴恒安．油井水力压裂的三维数值模拟［J］．中国科学技术大学学报，2008，38（11）：1322－1325.

［11］Tang Zhiping，Xu Jiarrlong. A combined DEM/FEM multiscale method and structure failure simulation under laser irradiation［J］．AIP Conference Proceedings，2006，845（1）：363－366.

海外多层叠合油藏中后期开发潜力及调整对策
——以 V 油田为例

许华明 刘 红 姚合法 张文中 万晓玲 丁增勇
（中国石化石油勘探开发研究院，北京 100083）

摘 要 海外油田开发过分强调投资成本和短期经济效益等因素，一般采用天然能量开发、多层合采，测试资料少。海外多层叠合砂岩油藏含油层系多，油水关系复杂，开发历史长，生产井段长，生产措施多，导致剩余油分布、开发潜力、开发调整方向不明确。通过产量劈分方法研究、采收率标定、剩余可采储量评价、油藏数值模拟等研究，分析了 V 油田调整潜力和潜力层系，提出了实施注水开发、细分开发层系、局部剩余油富集区加密井网等调整对策，提高了油田产量和开发效益，形成了一套适合海外多层叠合油藏开发调整潜力评价的方法，对海外类似油藏开发调整具有指导意义。

关键词 多层叠合砂岩油藏 产量劈分 采收率标定 油藏数值模拟 调整潜力 海外

Overseas Multi-layers Reservoir Production Potential in Mid-later Stages and Adjustment Countermeasures
—a Case Study of V Oilfield

XU Huaming, LIU Hong, YAO Hefa, ZHANG Wenzhong, WAN Xiaoling, DING Zengyong
(Petroleum Exploration and Production Research Institute, SINOPEC,
Beijing 100083, China)

Abstract Too much emphasis on investment development costs and short-term economic and other factors in overseas oil fields, the manners of natural energy development and multi-layers commingled production and less test data are generally conducted. Many factors, including numerous oil pays, complex relationship between oil and water in sandstone reservoir, long development history, long hole length and lots of production measures, cause that the remaining oil distribution, development potential and development intervention are not clear. Through the production split method, recovery factor calibration, the remaining recoverable reserves evaluation, reservoir numerical simulation studies, authors analyze the adjustment potential of the V Oilfield and interest series of production layers and recommend the implementations of water injection, further divided series of development layers and the local residual oil-rich region adjustment by infilling wells. To improve oil production and the development benefits, authors studied a suitable evaluating method to appraise development potential for multi-layers reservoir, which can be used to the development of the similar overseas reservoirs.

Key words multi-layers reservoir; production split method; recovery factor calibration; reservoir numerical simulation; production potential; overseas

目前，国内外学者对砂岩油田剩余油分布规律及调整方案有了较为深入的研究[1-7]，大多建立在充足的基础资料及测试成果基础之上。海外油田开发强调投资成本和短期经济效益，一般射孔井段长，采用多层合采工艺提高油田的整体经济效益。由于多层叠合砂岩油藏含油层系多、油水关系复杂，在开发过程中，不断采取关井、钻加密井、补孔、换层、堵水、压裂、酸化等措施，油田产量、综合含水率波动较大，导致油田剩余油分布、开发潜力、开发调整方向不清。

多层叠合砂岩油藏是海外开发的主要对象，占中石化海外油田产量的80%以上，为提高海外油田开发效益，迫切需要开展海外多层叠合油藏调整对策研究。本文通过分析V油田剩余油分布规律和油田开发潜力，来指导油田的中后期开发调整。

1　油藏地质特征及开发特点

V油田位于南美大陆Middle Magdalena盆地中部，为多层叠合复杂断块边水层状砂岩油藏（图1），油藏埋深4000～8000ft。含油层段为古近系始新统Tune组（下简称T组）-渐新统Guaduas组（下简称G组）辫状河三角洲砂泥岩互层沉积，含油井段3000～4000ft，包括11个砂层组25个小层，不同断块、同一断块不同小层的油水界面不同。油层单层厚度为3～90ft，总厚度为50～500ft；孔隙度为15%～28%，平均22%；渗透率为(30～2000)$\times10^{-3}\mu m^2$，平均$516\times10^{-3}\mu m^2$，为中孔中渗-中孔高渗储层。

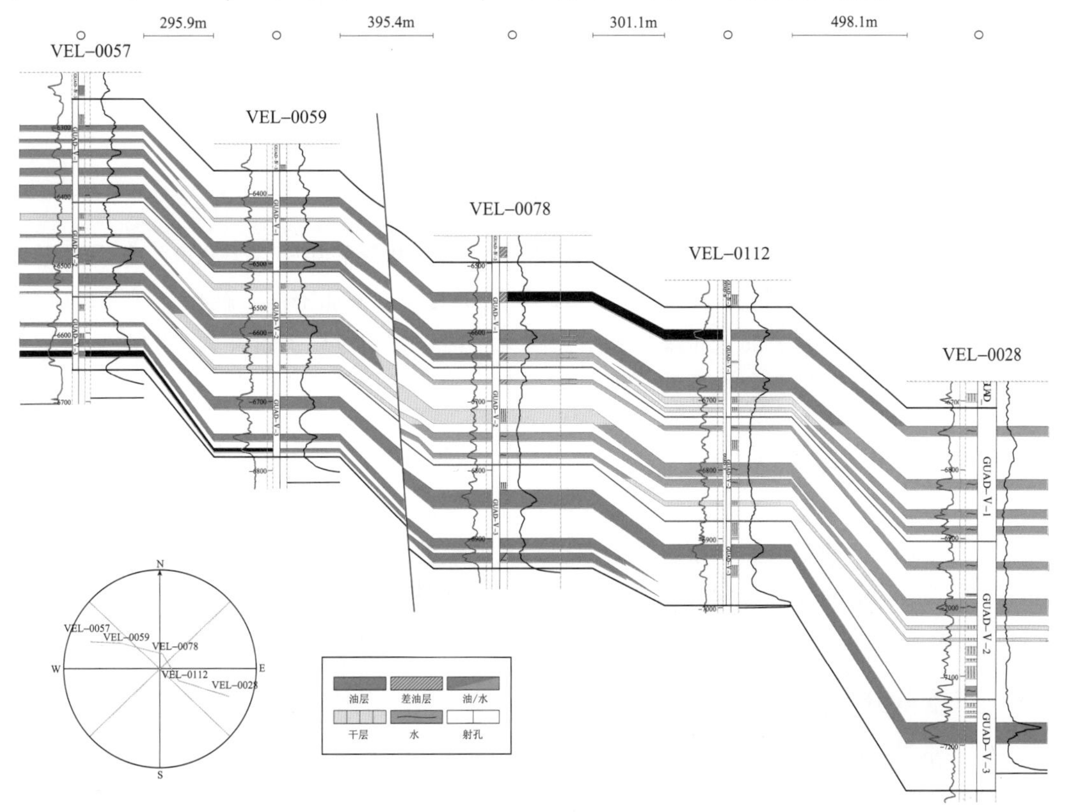

图1　V油田G—V砂层组油藏剖面

Fig. 1　The reservoir profile of G—V sandstone of the V Oilfield

油田自1947年开始，分T组和G组两套开发层系，天然能量开发，经历了投产、稳产、递减、调整等开发阶段（图2，分别对应Ⅰ，Ⅱ，Ⅲ，Ⅳ 4个阶段），于1959年达到最高产量30000bbl/d。目前产量递减至2900bbl/d。目前G组和T组含水率分别为65%和85%，共有生产井274口，目前在产井数78口。

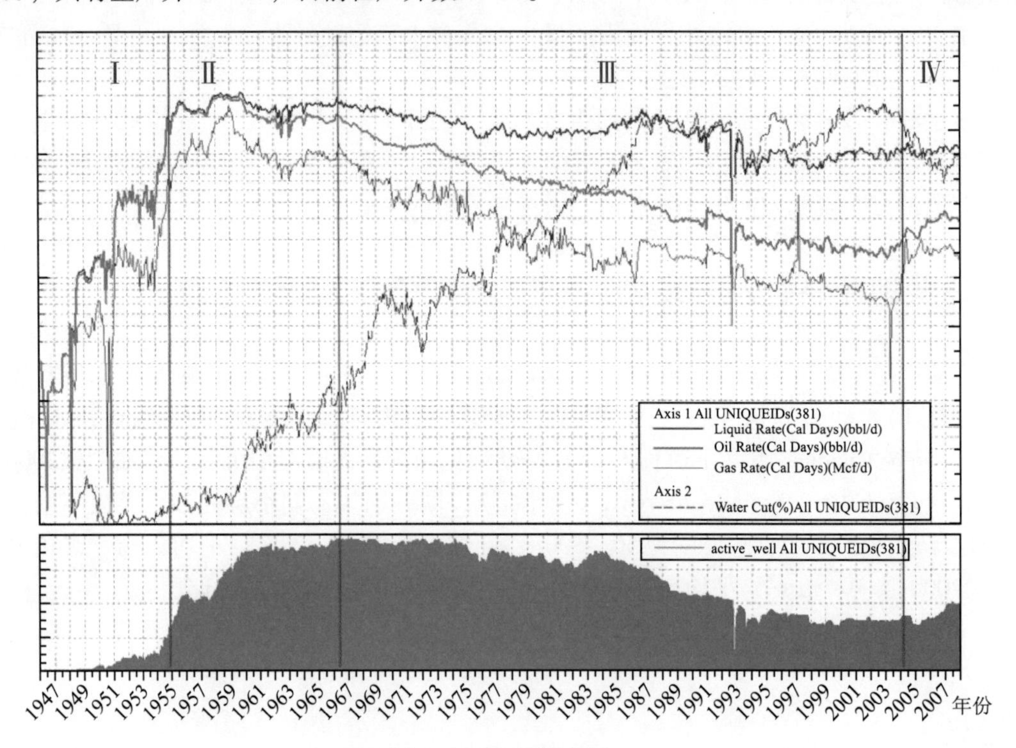

图2 V油田开发历史

Fig. 2 Development history of the V Oilfield

该油田开采60余年来，分两套层系合采，其中G组合采井段达1000ft，合采油层最多70余层，在开采过程中进行了多次调整，采用了关井、钻加密井、补孔、换层、堵水、压裂、酸化等措施，剩余油分布规律和潜力状况不清楚，通过以加密井为主的调整措施效益逐渐变差，新井产量、含水率的不确定性很大。

2 调整潜力分析

开发潜力评价和剩余油分布研究是油田开发调整的基础。采收率标定、产量劈分、油藏数值模拟是剩余油分布研究的主要手段，但如何针对海外多层叠合油藏的地质特征、开发特点、资料状况，提高剩余油分布的研究精度，是开发调整的关键。

2.1 产量劈分

V油田在开发过程中，大多为多层合采，为评价各层系和单砂层的采出程度和产能分布特征，需要对历史产量进行劈分。针对油田开发历史长、含油井段长、一次射孔厚度大、多层合采小层多的特点，需首先分析各小层的储量动用情况以及不同层系之间的产量构成，即建立一种合理的劈产方法对小层储量动用情况进行研究。

V 油田在长期的开发过程中，实施了补孔、射开新层、压裂、防砂、封层等增产措施，产量劈分方法必须解决诸多因素的影响，如增产措施（包括补孔、射开新层、压裂、防砂、封层等）、沉积相、层间干扰等因素的影响。因此，建立产量劈分方法的关键在于将各项措施影响因子量化[8]，用计算机加以实现。

产量劈分方法以 KH 为主劈分因子，同时考虑措施影响因子、泥质含量及渗透率极差等因子，建立如下公式：

$$Q(i) = QY(i)/\Sigma Y(i) \tag{1}$$

$$Y(i) = KH(i) \cdot R_{sh}(i) \cdot R_{measure}(i) \cdot R_{interlamination}(i)$$

$$R_{measure}(i) = Q(i_1)/Q(i_0) \tag{2}$$

式中：Q 为单井月总产量，bbl；$Q(i)$ 为小层劈分月产量，bbl；$Y(i)$ 为单层产量劈分条件值，无量纲；$KH(i)$ 为单层砂岩渗透率与有效厚度的乘积，$10^{-3}\mu m^2 \cdot ft$；$R_{measure}(i)$ 为措施影响因子；$Q(i_0)$，$Q(i_1)$ 为措施前、后的产量，bbl；$R_{sh}(i)$ 为泥质含量影响因子；$R_{interlamination}(i)$ 为层间干扰影响因子。

2.1.1 措施影响因子

V 油田经过 60 多年的开采，进行了 500 项以上的油井措施（射孔和补孔、压裂、堵水、防砂等），经历了油田上产、稳产、递减和新区开发 4 个阶段，相应措施效果具体统计见图 3。从图 3 中可以看出，在油田整个开发过程中，射开新层为主要影响因素，而压裂作业和堵水次之，防砂措施的影响可以忽略。

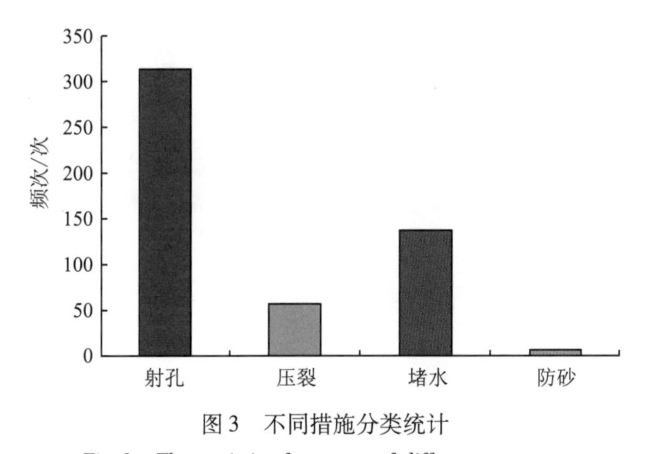

图 3 不同措施分类统计

Fig. 3 The statistics frequency of different measures

射开新层和堵水只是增加了生产小层，对储层物性没有本质的改变，因此可以通过重新计算劈分因子加以解决。由于在生产过程中产量不稳定，在计算过程中分别采用措施前和措施后 3 个月的平均产量进行判断，对于有增产效果的层段，单独计算影响因子：

$$Y'(i) = R_{measure}(i) \cdot Y(i) \tag{3}$$

$$R = Q'/Q \tag{4}$$

式中：$Y(i)$，$Y'(i)$ 为措施前、后的劈分条件值，无量纲；Q，Q' 为措施前、后的产量，bbl；$R_{measure}(i)$ 为影响因子，无量纲。

2.1.2 沉积微相的影响

根据国内油田河流相薄互层油藏产量劈分的经验，可按照泥质含量（V_{sh}）范围确定各单砂层的沉积微相影响因子 $K_{sh}(i)$，判别条件如表 1 所示。

表 1 泥质含量与沉积微相影响系数的对应关系[9]

Table 1 The relationship between K_{sh} and shale contents

泥质含量/%	K_{sh}
≤5	1
5 ~ 10	0.85
10 ~ 15	0.70
15 ~ 20	0.60
20 ~ 25	0.45
25 ~ 30	0.30
30 ~ 35	0.20
35 ~ 40	0.05
≥40	0

2.1.3 层间干扰的问题

表 2 为国内部分油田通常采用的层间干扰级差临界值，结合 V 油田生产历史长、一次射开厚度大、小层多的特点，将渗透率级差大于 10 的低渗透小层定为未动用小层（表 2），其影响因子为 0，渗透率级差为 5 ~ 10 的影响因子为 0.6，渗透率级差小于 5 的影响因子为 1.0。

表 2 油田采用的小层动用级差临界值[10]

Table 2 The experience values in some oilfields

油田	渗透率级差 *JK*	小层动用情况
胜利	5	60% 厚度未动用
辽河	7.57	低渗透小层未动用

考虑到 V 油田实施了补孔换层、压裂、防砂、封层等多项增产措施，产量劈分工作量巨大、计算过程复杂，手工难以实现，因此将油田 274 口井各射孔层段进行分类统计，建立了油井生产数据库，射孔、井史数据库，编制计算机程序实现劈产，按月度对产量进行劈分（1947 ~ 2008 年，共 62 年开发历史）。劈分产量精细到测井解释的单砂体，最后根据地质分层结果合并统计到砂层组。

2.2 采收率标定

V 油田 60 年来一直采用天然能量开发，现井网条件下，根据水驱特征曲线法、童氏图版法等方法标定的最终采收率为 28% 左右，目前采出程度达 27%，根据此数据说明 V 油田调整潜力较低；但是新投产井的产量较高，低含水甚至不含水，实际说明该油田调整潜力较大，则问题的关键转化为如何计算剩余储量，找出潜力层系。

在计算剩余储量之前必须对油田原油最终采收率进行标定，目前国际上常用的方法为美国石油协会（API）下属采收率委员会公布的经验公式（式（5）），该公式是根据72个水驱砂岩油田实际开发数据建立起来的经验公式，具有较高的可信度：

$$E_R = 0.3225\left[\frac{\phi(1-S_{wi})}{B_{oi}}\right]^{0.0422}\cdot\left(\frac{K\mu_{wi}}{\mu_{oi}}\right)^{0.0770}\cdot(S_{wi})^{-0.1903}\left(\frac{P_i}{P_a}\right)^{-0.2159} \tag{5}$$

式中：ϕ 为有效孔隙度，小数；S_{wi}为地层束缚水饱和度，小数；K 为渗透率，$10^{-3}\mu m^{-2}$；μ_{wi}为原始地层压力下地层水黏度，mPa·s；μ_{oi}为原始地层压力下地层原油黏度，mPa·s；P_i为原始地层压力，MPa；P_a为油田废弃时的地层压力，MPa。

根据计算，在注水开发的条件下，标定的V油田G组最终采收率可达41.9%，T组可达39.1%，具有较大的调整潜力。

2.3 剩余可采储量评价及调整潜力

根据产量劈分结果、标定的最终采收率以及油田储量数据，可以计算各小层的剩余可采储量，明确各小层的储量动用情况，从而找出主力层段和剩余油富集层段，指导调整方案设计。

2.3.1 调整潜力层系及有利区块优选

经剩余可采储量对比分析，G组潜力远好于T组的潜力剩余可采储量（图4）。其主要原因为G组含油面积大，物性相对较差，边水能量不足导致该组采出程度较低，剩余油饱和度高，成为V油田开发方案调整的主力层系。Tune-B为T组的主要调整层段；Guad-Ⅱ和Guad-Ⅴ为G组的主要调整层段。

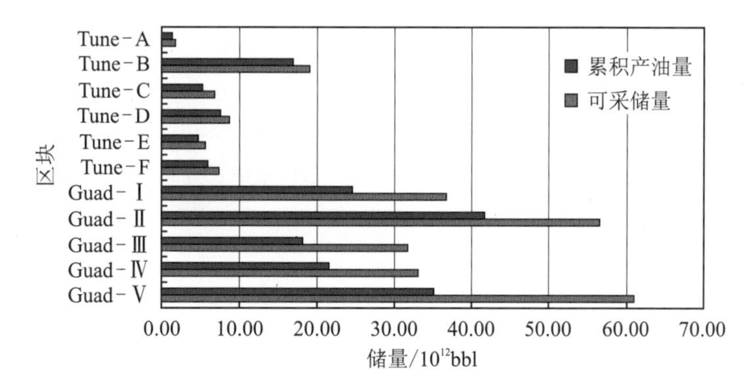

图4 V油田各层系可采储量与累积产油量对比

Fig. 4 The contrast between cumulative recovery and the recoverable volume of different layers in the V Oilfield

2.3.2 平面调整潜力

单井各层系单位厚度（ft）油层累积采油量反映油在井控范围内的采出程度，其值越小，采出程度越大，反映调整潜力越大。由图5可以看出，该层系平面采出程度不均衡，如V67井区、V98井区、V155井区采油强度较低，3口井的每英尺累积采油量分别为4585.0bbl，4208.6bbl，1505.1bbl，与V61井、V42井、V43井的9563.9bbl，12825.1bbl，

5226.0bbl 相差较大，因此这类井区有较大的调整潜力，可以作为挖潜对象。

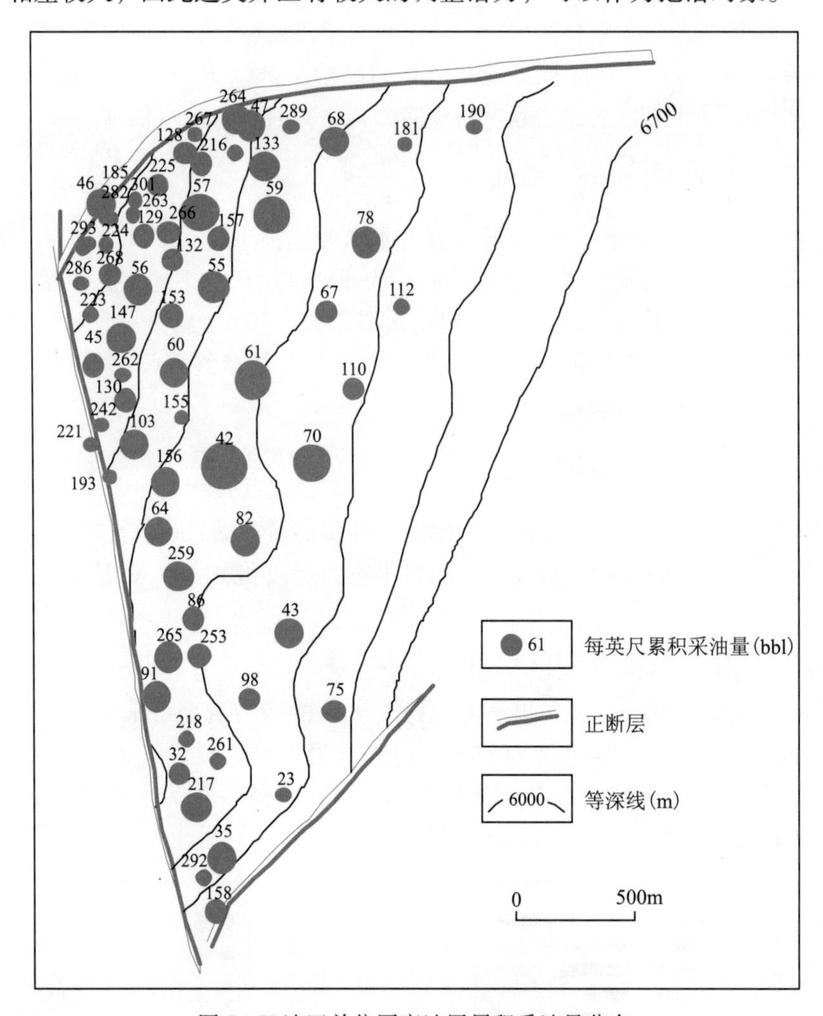

图5 V油田单位厚度油层累积采油量分布

Fig. 5 The distribution of cumulative recovery in the V Oilfield

3 剩余油分布规律

为了定量评价剩余油分布，在油藏工程综合分析和地质建模的基础上，利用 Eclipse 工具，进行油藏数值模拟，研究了剩余油分布特点。

3.1 水驱波及程度低的部位

很多油层由于开采井数少，边水沿高渗层或采液强度较高的井推进，引起水驱波及程度不同；也有部分井由于是多层段射孔，部分层段漏射，造成局部地区油井控制程度低。两种情况下均导致水驱波及程度低，从而产生剩余油。这部分潜力可以通过补射孔或打新井增加采油强度，另外也可以通过注水井增加驱动能量（图6）。

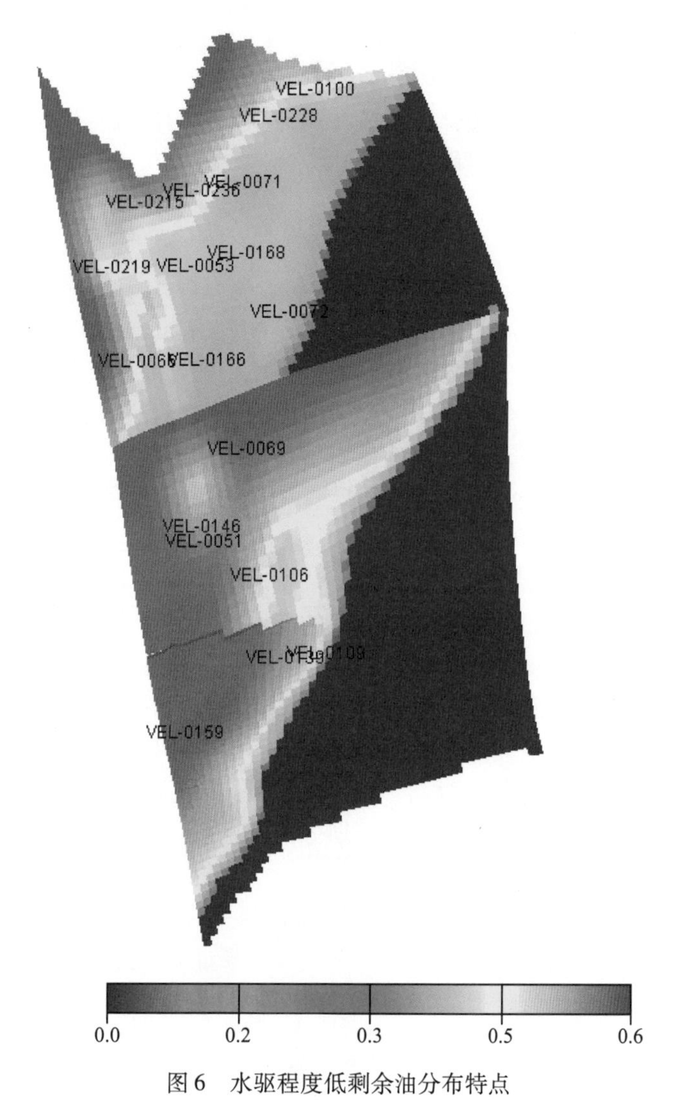

图6　水驱程度低剩余油分布特点

Fig. 6　The distribution of remaining oil in the area of low sweep efficiency

3.2　断层一侧的构造物脊高部位

断层遮挡型是本区形成剩余油的另外一个重要原因。断层遮挡在开发中后期剩余油富集中起着主要的控制作用。因为该油田为复杂断块油藏，边水驱动方式，压力由边部向断层方向波及，油被推到靠近断层一侧的构造物脊高部位，形成剩余油富集区。断层沿线的井大都距断层有一定的距离，难以有效地控制断层附近的储量。这部分剩余油储量可通过钻调整井或更新井挖潜。

3.3　局部构造高部位

由于处在局部高部位，并且无油井控制和能量驱动，所以产生剩余油。这部分剩余油可通过钻加密井来开采。

3.4 油藏边部

边底水比较活跃，在研究区边部，形成井网控制不到的油墙，从而产生剩余油。对于此类剩余油可通过钻新井扩边加以解决。

4 结 论

1）针对海外油田多层叠合砂岩油藏地质特征和开发特点，提出一种改进的产量劈分方法，将油层物性、油层厚度、措施效果影响、沉积相和层间干扰等多个因子纳入到一个统一的计算方法中，引入措施影响因子、层间级差因子和沉积相因子，并实施计算机自动运算，有效避免了油田资料缺乏或者精度低对解释结果的影响。

2）通过产量劈分方法研究、采收率标定、剩余可采储量评价、油藏数值模拟等研究，分析了V油田调整潜力和有利的调整潜力区块及潜力层系，提出了实施注水开发、细分开发层系、局部剩余油富集区加密井网等调整对策，形成了一套适合海外多层叠合油藏开发调整潜力的评价方法，对海外类似油藏的开发调整具有指导意义。

3）虽然V油田缺乏产液剖面或吸水剖面测试成果，但根据多因素产量劈分方法，基本可以分析开发单元的开发特征。可见针对海外缺乏资料的区块仍有切实可行的方法对其进行精细研究，该方法为今后同类油藏的开发提供了一个较好的参考手段。

4）海外薄互层河流相油田以多层合采为主要开采方式，层间干扰严重，在储层物性较差的小层往往剩余油富集，通常采用重新划分开发层系的方法可有效提高此类小层的采出程度。

5）为降低钻井成本，可采用分注合采的方式开采剩余油，既能降低一次性投入成本，也能有效避免层间干扰现象的发生。数字模拟结果证明：此种开采方式可使峰值产量提高200%以上，15年采出程度提高1.2%，效果明显。

参考文献

[1] 万学鹏，陈龙，宋代文，等．高含水低幅度构造油田剩余油评价及挖潜措施［J］．大庆石油学院学报，2008，32（4）：35－60.

[2] 李忠江，杜庆龙，杨景强．高含水后期单层剩余油识别方法研究［J］．大庆石油地质与开发，2001，20（6）：30－31.

[3] 袁向春，杨凤波．高含水期注采井网的重组调整［J］．石油勘探与开发，2003，30（6）：94－96.

[4] Vanegas G，Lozano E，Gomez V，et al. A multidisciplinary approach applied to a mature field re-development，LIanito－Gala Field colombia－G. Vanegas［J］. SPE113309，2008：1－19.

[5] Bellorin William，Castillo Jose，Lopez Sonia，et al. R sand production in an oilfield of Eastern Venezuela Basin Example of change in the operation strategy in a Mature field reactivation［J］. SPE108092，2007：1－6.

[6] Jiang Xiangyun，Wu Shenhe，Yu Diyun. Fluvial reservoir architecture modeling and remaining oil analysis［J］. SPE109175，2007：1－10.

[7] Xu Yunting，Pu Hui，Shi Lianjie. An integrated study of mature low permeability reservoir in Daqing

Oilfield , China [J]. SPE114199, 2008: 1 - 8.

[8] 别爱芳，冀光，张向阳，等．产量构成法中措施产量劈分及预测的两种方法 [J]. 石油勘探与开发，2007，34 (5): 628 - 632.

[9] 黄学峰，李敬功，吴长虹，等．注水井分层累计吸水量动态劈分方法 [J]. 测井技术，2004，28 (5): 465 - 467.

[10] 阚利岩，张建英，梁光迅，等．薄互层砂岩油藏产量劈分方法探讨 [J]. 特种油气藏，2002，9 (S): 37 - 39.

塔河油田12区超深井稠油掺稀降黏开采影响因素

林长志[1]　李宗田[1]　韩欣欣[2]　赵海洋[3]　邓洪军[3]　黄　云[3]

（1. 中国石化石油勘探开发研究院，北京　100083；2. 中国石化胜利油田有限责任公司，山东东营　257000；3. 中国石化西北油田分公司工程技术研究院，新疆乌鲁木齐　830011）

摘　要　基于热量传递原理和多相流动理论，建立了井筒掺稀油降黏工艺中井筒流动与传热的热力学模型。运用该模型对塔河油田12区稠油井掺稀降黏影响因素进行了分析计算，研究了不同工艺参数对掺稀降黏效果的影响。结果表明：①掺入稀油比例越大，掺入深度越深，掺稀油温度越高，原油的产量越高，则掺稀油效果越好；②含水多，则井筒温度高，但井筒压力低，供液能力就弱；③不同掺稀方式具有不同的掺稀降黏效果。

关键词　掺稀降黏　超深井　油田开采　塔河油田

Factors of Ultra-deep Heavy Oil Wellbore Visbreaking Technology for Tahe Oilfield

LIN Changzhi[1], LI Zongtian[1], HAN Xinxin[2], ZHAO Haiyang[3], DENG Hongjun[3], HUANG Yun[3]

(1. Petroleum Exploration and Production Research Institute, SINOPEC, Beijing 100083, China; 2. Shengli Oilfield, SINOPEC, Dongying, Shandong 257000, China; 3. Engineering Institute of Northwest Oilfield, SINOPEC, Urumqi, Xinjiang 830011, China)

Abstract　The flow and heat transfer thermal dynamic model for the fluid flowing along the wellbore by using the blending diluting oil technology was established on the basis of the heat transfer principle and the multiphase flow theory. The affecting factors of the fluid flowing along the wellbore were researched by the model. And the various process conditions effecting on the effectiveness of the blending diluting oil technology were investigated. The results showed that: ①the higher proportion of thin diluting oil, the deeper of blending, the higher temperature of diluting oil, the more production of the well will result in better effectiveness; ②higher cut will get higher temperature of the wellbore, but the pressure will be lower and feed flow be poor; ③the type of blending will have different effectiveness of the blending diluting oil technology.

Key words　blending diluting oil technology; ultradeep well; oilfield development; Tahe Oilfield

塔河油田12区奥陶系油藏区域面积912.2km^2，含油面积295.4km^2，预计储量规模（3～5）×10^{8}t，油藏埋藏深5400～7000m，地层温度130～140℃，原油密度0.9950～1.0990g/cm^3（平均1.0094g/cm^3），地面原油黏度48170～1800000mPa·s（50℃），属于超稠油油藏。塔河油田稠油在油层中具有很好的流动性，但原油在井筒流动过程中，由于克服各种阻力和温度的散失，导致温度下降，原油黏度增加，依靠地层的能量不能将原油举升到地面，无法实现自喷采油或达到油井配产要求。为实现稠油的开采，需要解决原油在井筒内的流动问题，目前主要采用井下掺稀油降黏方式开采[1-2]。目前，塔河 12 区的生产主要存在如下几个方面的问题：①塔河 12 区油品性质差异较大，不同井掺稀比差异大；②掺稀降黏工艺技术不完善，部分油井掺稀量过大；③塔河 12 区建产速度快，稀油资源日益不足。

通过本文的数值模拟方法，研究影响稠油掺稀油井正常生产的关键因素，为塔河 12 区深层超稠油掺稀降黏工艺提供技术支撑。

1 掺稀油开采机理

根据“相似相溶”原理[3]，稀油可溶解沥青质，减小可溶沥青粒子相互缠结的程度。掺稀降黏采油是通过油管或油套环空向油井底部注入稀油，使稀油和地层产出的稠油充分混合，从而降低稠油的黏度和稠油液柱压力及稠油流动中受到的阻力，增大井底生产压差，使油井恢复自喷或达到机械采油条件的一项工艺技术。

2 掺稀降黏井筒流体流动规律

2.1 井筒温度场计算

（1）开式流体反循环温度场

图 1 所示为开式流体反循环掺稀方式。稀油或降黏剂通过油套环形空间流向井底，并与油层中产出的油气混合，混合物由油管返回地面。其能量平衡方程为[4]：

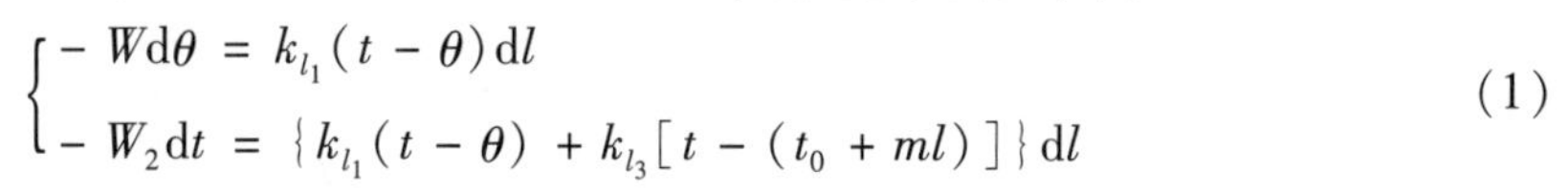

$$\begin{cases} -W\mathrm{d}\theta = k_{l_1}(t-\theta)\mathrm{d}l \\ -W_2\mathrm{d}t = \{k_{l_1}(t-\theta)+k_{l_3}[t-(t_0+ml)]\}\mathrm{d}l \end{cases} \tag{1}$$

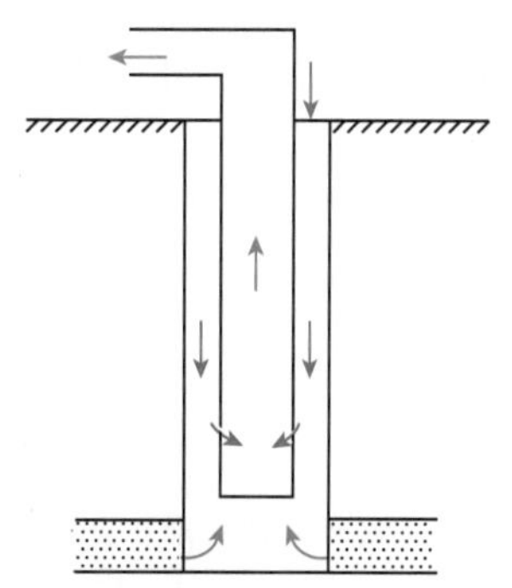

图 1　开式流体反循环

Fig. 1　Reverse circulation of open fluid

（2）开式流体正循环温度场

图 2 所示为开式流体正循环掺稀方式。稀油或降黏剂通过油管进入井筒流向井底，并与产出的原油混合，混合物由油套环形空间返回地面。其能量平衡方程为[4]：

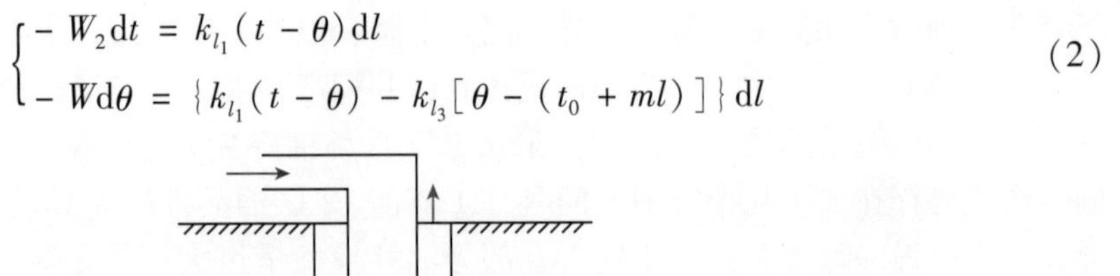

$$\begin{cases} -W_2\mathrm{d}t = k_{l_1}(t-\theta)\mathrm{d}l \\ -W\mathrm{d}\theta = \{k_{l_1}(t-\theta) - k_{l_3}[\theta - (t_0 + ml)]\}\mathrm{d}l \end{cases} \quad (2)$$

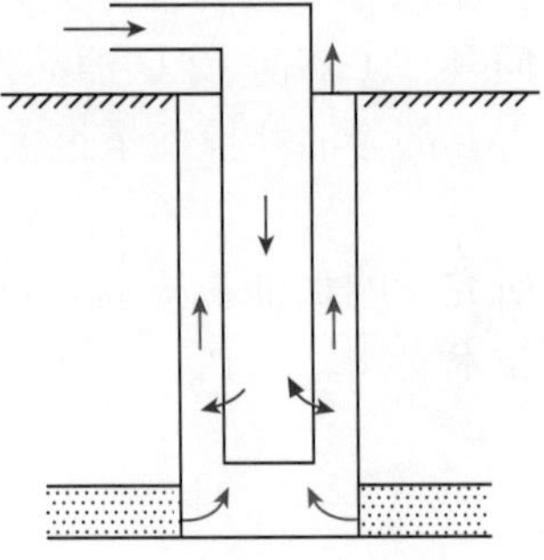

图 2　开式流体正循环

Fig. 2　Positive circulation of open fluid

2.2　井筒压力场计算

井筒多相流体的流动规律反映了采油过程中流体的能量变化状况。多相管流，由于其流体的非均质性和流动形态的多变性，目前还没有切实可用的严格的解析解。目前，国内外许多相关的研究中 Beggs－Brill 方法比较精确[5]。

井筒内油、气、水三相管流的压力降是摩擦损失、势能变化和动能变化的综合结果，即垂直多相管流的压力梯度是静水压力梯度、耗于摩阻的压力梯度以及耗于加速度的压力梯度的压降之和。

3　掺稀降黏自喷工艺敏感性分析

掺稀油降黏工艺是目前塔河油田应用最多的降黏工艺。根据室内实验及理论分析[6]，影响掺稀油降黏工艺效果的因素有掺稀的注采比、掺稀后的降黏率、掺入稀油的相对密度及产液的含水、掺入深度等。下面对影响掺稀效果的各影响因素分别进行分析。

3.1　不同掺稀比例降黏模拟结果

在地层产液量、稀油密度、稀油温度、稠油含水、稀油掺入点、井筒条件相同等条件下，不同掺稀比例，在井口及附近反映的压力不同。表 1 为 AD7 井的计算模拟结果。数值模拟结果表明，掺入稀油量越多，井口压力越高，说明掺入量大有利于提高降黏效果。

表 1　AD7 井掺稀油比例对掺稀井筒压力的影响

Table 1　Effects of the proportion of thin oil mixed on wellbore pressure for well AD7

井深/m	井筒压力/MPa	
	稀稠比＝0.72	稀稠比＝0.88
0	4.03	4.09
1886	21.42	21.46

3.2 不同掺稀温度降粘模拟结果

在地层产液量、稀油密度、稠油含水、稀油掺入点、井筒条件相同等条件下，不同掺稀温度，在井口及附近反映的压力不同，同时井口流体黏度变化剧烈。图3为AD7井掺不同温度稀油对掺稀井筒压力的影响。图4为AD7井掺不同温度稀油对掺稀井筒流体黏度的影响。模拟结果表明，掺入稀油温度越高，井口压力越高，同时井口黏度随掺入温度的升高而降低，说明掺入温度高有利于提高降黏效果。井口黏度随掺入温度的升高而降低表明，掺入的稀油对产出液具有一定的加温效果，从而降低了产出液黏度。

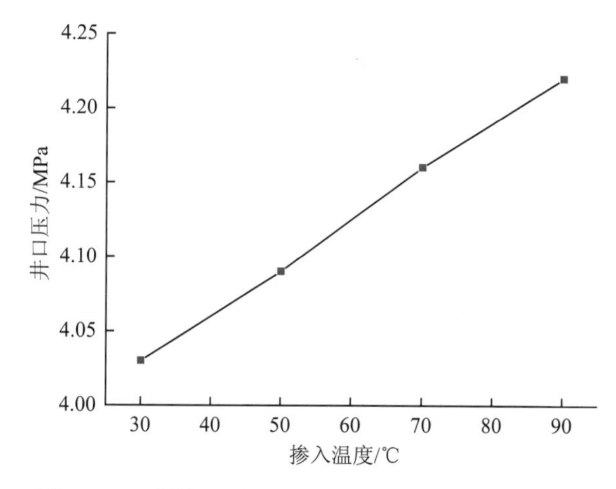

图3　AD7井掺不同温度稀油对掺稀井筒压力的影响

Fig. 3　Effects of the temperature of thin oil mixed on wellbore pressure for well AD7

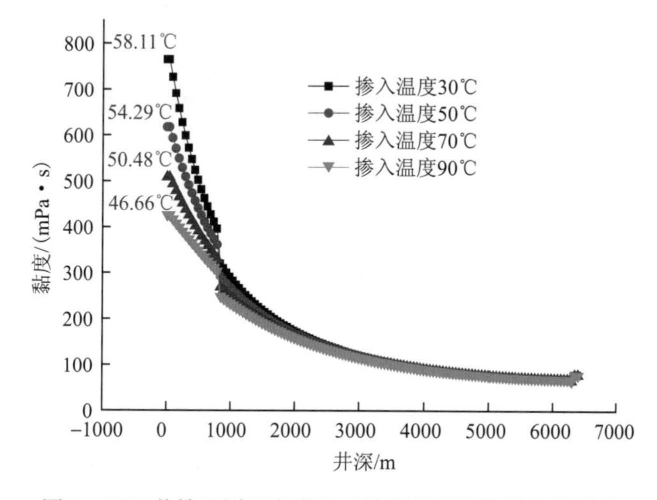

图4　AD7井掺不同温度稀油对掺稀井筒流体黏度的影响

Fig. 4　Effects of the temperature of thin oil mixed on wellbore fluid viscosity for well AD7

3.3 不同掺稀油密度降黏模拟结果

在掺稀比例、稀油温度、稠油含水、稀油掺入点、井筒条件相同等条件下，稀油密度不同，在井口附近反映的压力不同。图 5 为 AD7 井的计算模拟结果。计算结果表明，掺入稀油密度越大，井口压力越小，说明稀油密度高不利于提高降黏效果。

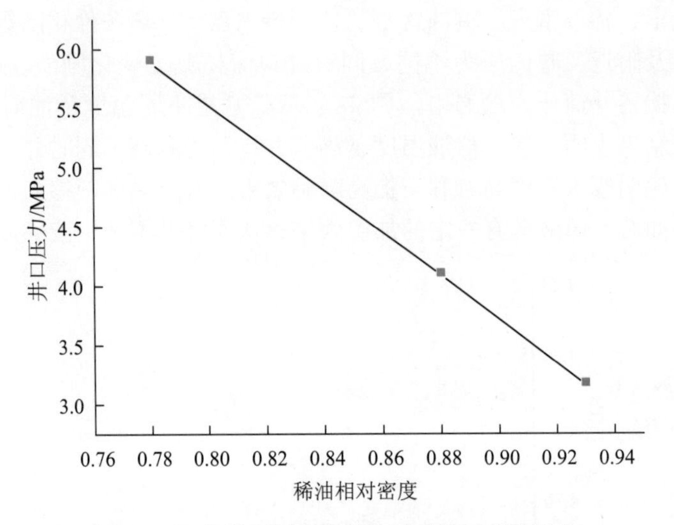

图 5　AD7 井掺不同密度稀油对井筒压力的影响

Fig. 5　Effects of the density of thin oil mixed on wellbore pressure for well AD7

3.4　不同含水率降黏模拟结果

在地层产液量、稀油密度、掺稀温度、掺入深度、井筒条件相同等条件下，不同含水率情况下，在井口及附近反映的压力不同。图 6、图 7 分别为 AD7 井井口压力、温度与含水的关系。井筒中的原油温度与原油中的含水量成正比关系，因为水的热焓值高于油的热焓值，含水多，内能多，则井筒温度高。由于塔河油田地层水密度大，含水后井筒的重力阻力增加，含水越高，则井筒压力越低，供液能力越弱。这说明，高含水条件下掺稀工艺的井筒流动阻力（包括重力阻力和黏滞阻力）大，掺稀降黏效果差。

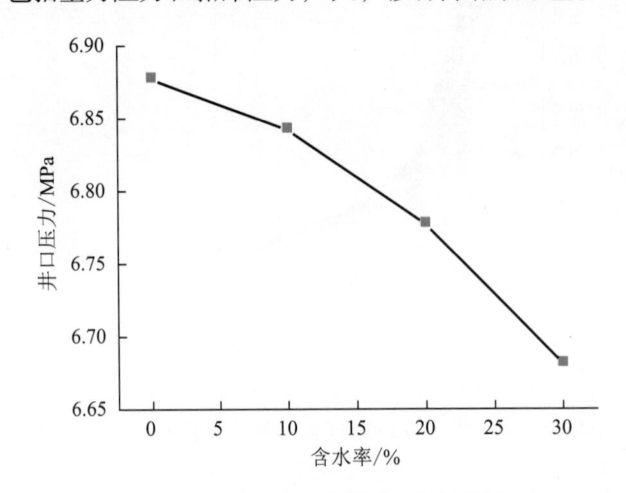

图 6　AD7 井不同含水率对井口压力的影响

Fig. 6　Effects of water cut on wellhead pressure for well AD7

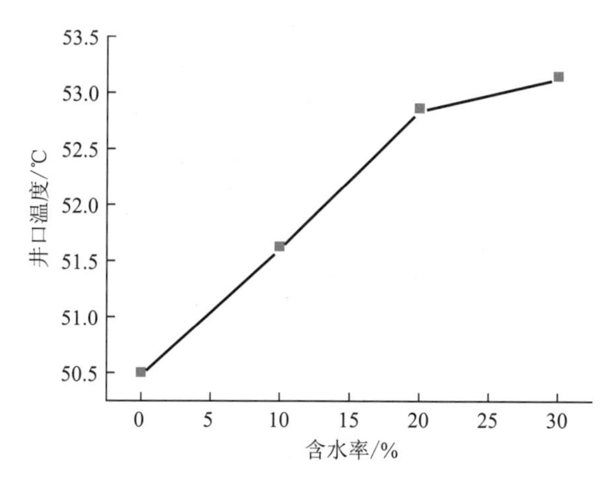

图 7　AD7 井不同含水率对井口温度的影响

Fig. 7　Effects of water cut on wellhead temperature for well AD7

3.5　不同掺入深度降黏模拟结果

在地层产液量、稀油密度、掺稀温度、稠油含水、井筒条件相同等条件下，不同掺入深度，在井口及附近反映的压力不同。图 8 为 AD7 井不同掺入深度的数值模拟结果。掺入深度越大，井口压力越高，井筒中液体的重力阻力及黏滞阻力越小，掺稀降黏效果越好。

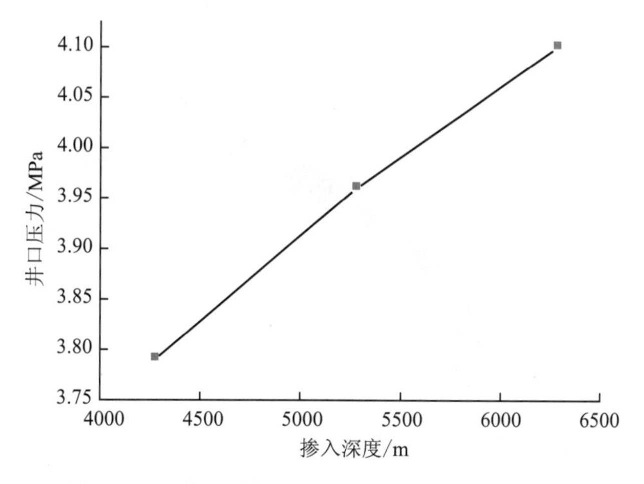

图 8　AD7 井不同掺入深度对掺稀井筒压力的影响

Fig. 8　Effects of mixing depth on wellbore pressure for well AD7

3.6　不同掺入方式模拟结果

图 9 所示为 AD4 井不同掺入方式下的井筒温度模拟结果。由图中可以看出，套管掺稀油、油管采油井筒温度高，表明套管掺稀油、油管生产比油管掺稀油、套管生产更有利于提高降黏效果。

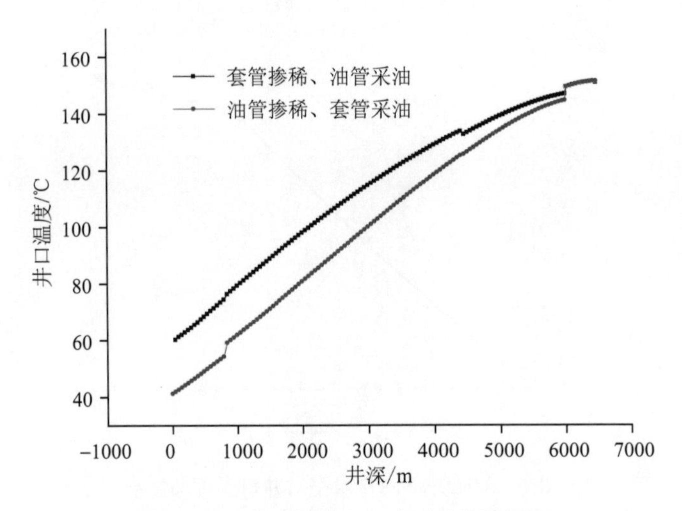

图 9　AD4 井不同掺入方式下的井筒温度

Fig. 9　Wellbore temperature under different mixing ways for well AD4

3.7　产量对井筒温度的影响

图 10 所示为 AD7 井产量对油井井筒温度的影响。由图中可以看出，原油的产量越高，原油从地层中带出的热量越多。原油的质量流量内能多、温度梯度小，则原油在井筒中的温度高、井口出油温度高。

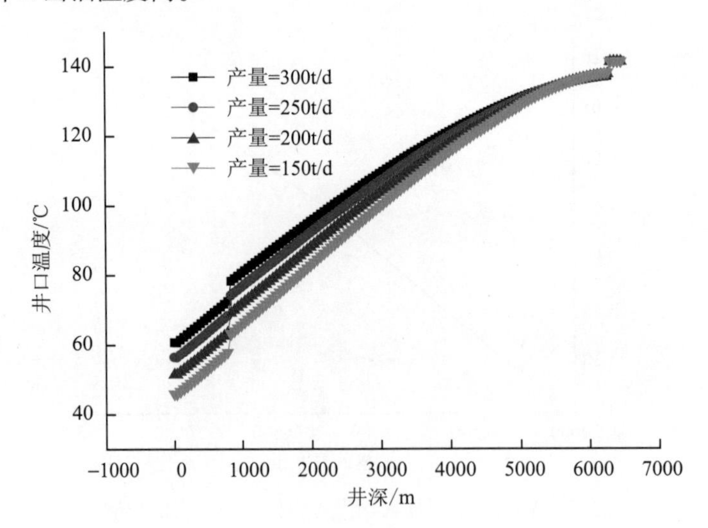

图 10　AD7 井产量对井筒温度的影响

Fig. 10　Effects of output on wellbore temperature for well AD7

3.8　不同降黏方式模拟结果

利用 AD7 井的基础数据及降黏工艺参数，就油管掺稀油、环空掺稀油、环空掺降黏剂 3 种降黏方式，对油层静压分别等于 70MPa，68MPa，66MPa 的情况进行自喷模拟计算。表 2 为不同油层静压（P_r）下各降黏方式的结果对比。图 11 所示为 P_r = 70MPa 同等条件下不同降黏方式的最大自喷产量对比。

表2　不同油层静压下各降黏方式结果对比

Table 2　Results of various visbreaking technologies under different reservoir pressure

油层静压/MPa	最大产量/(t·d^{-1})		
	油管掺稀	环空掺稀	环空掺药
70	260	125	85
68	185	70.1	35.1
66	110		

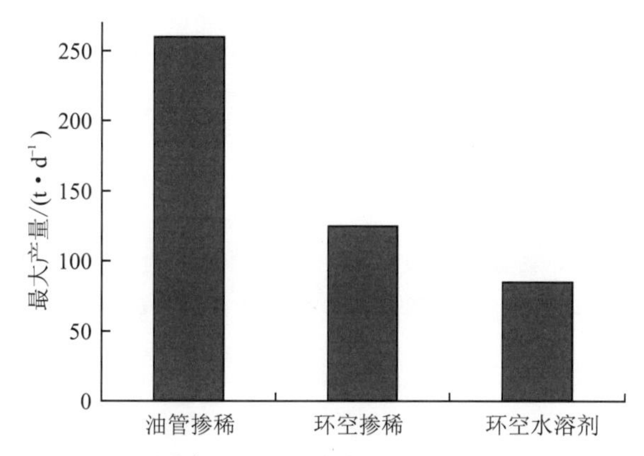

图11　不同降黏方式自喷产量对比（$P_r=70$MPa）

Fig. 11　Flow output for different visbreaking technologies（$P_r=70$MPa）

由图11和表2可以看出，油管掺稀油的产量要比套管环空掺稀油略高，这是因为套管环空截面积比油管截面积大。随着原油黏度的升高，井筒流动过程中摩阻系数增大。在摩阻系数较大的情况下，高流速会得到较大的摩阻压降梯度。在原油黏度较低时，两种掺稀方式产量相差不大；但随着原油黏度的升高，两种掺稀方式的产量差值会加大。

单从产量的角度考虑，掺降黏剂不如掺稀油的产量高，其主要原因是因为降黏液为水，其密度要比稀油大，从而引起较大的重力压力梯度。因此，在掺降黏剂方式下，为保证自喷，只能保持相对较小的生产压差。

4　结　论

通过数值模拟方法，本文模拟研究了塔河油田12区稠油掺稀降黏开采工艺各影响因素对掺稀效果的影响，得到如下结论：

1）掺入稀油比例越大，掺稀油效果越好。

2）掺稀油温度对降黏效果有一定影响，温度越高，混合液黏度越低。

3）掺入稀油密度越大，井口压力越小，说明稀油密度高不利于提高降黏效果。

4）原油中的含水量与井筒中的原油温度成正比关系，含水多，则内能多，井筒温度高；含水后井筒的重力阻力增加，含水越高，则井筒压力越低，供液能力越弱，掺稀降黏效果越差。

5）掺入深度越深，井筒流动阻力越小，井口压力越高，说明掺入深度越深，掺稀效果越好。

6）原油的产量越高，原油从地层中带出的热量越多。原油的质量流量内能多、温度梯度小，则原油在井筒中的温度高、井口出油温度高。

7）套管掺稀油、油管采油井筒温度高、压力高，说明套管掺稀油、油管生产比油管掺稀油、套管生产更有利于提高降黏效果。

参考文献

[1] 杨亚东，杨兆中，甘振维，等．掺稀采油在塔河油田的应用研究［J］，西南石油学院学报，2006，28（6）：53－55.

[2] 宋红伟，任文博．塔河油田超深稠油井井筒掺稀降黏技术研究及应用［M］．北京：中国石化出版社，2005.

[3] 尉小明，刘喜林，王卫东．稠油降黏方法概述［J］．精细石油化工，2002，19（5）：45－48.

[4] 任瑛，梁金国，杨双虎．稠油与高凝油热力开采问题的理论与实践［M］．北京：石油工业出版社，2001.

[5] 张琪，王杰祥，樊灵．采油工程原理与设计［M］．山东东营：石油大学出版社，2000.

[6] 林日亿，李兆敏，王景瑞，等．塔河油田超深井井筒掺稀降黏技术研究［J］．石油学报，2006，27（3）：115－119.

低渗透油藏 CO_2 驱窜流及抑制实验

王 锐[1] 岳湘安[2] 吕成远[1] 伦增珉[1]
(1. 中国石化石油勘探开发研究院，北京 100083；
2. 中国石油大学石油工程学院，北京 102249)

摘 要 低渗透油藏中 CO_2 驱效果的好坏与油藏物性密切相关。低渗透油藏具有基质致密、非均质性强、裂缝发育等特点。低渗基质油藏中 CO_2 的黏性指进随着气驱速度的增大而增强；低渗非均质油藏中的气驱效果随着驱替压差的增大，低渗层的采出程度逐步增大；低渗裂缝性油藏中有效压力的增大有利于增大基质中的动用程度，提高油藏采收率。通过调整气驱过程中的注采参数，能够部分抑制气体窜流，提高气驱效果。除此之外，气驱过程中，CO_2 与油、水的相互作用能够改善油、水黏度比，削弱气驱黏性指进程度；CO_2 对油、水乳化的促进作用有助于暂堵高渗层窜流，提高低渗层的动用程度；CO_2 酸性环境下的复合凝胶体系能够有效抑制低渗裂缝性油藏中裂缝内的气体窜流，提高基质油藏采出程度。

关键词 复合凝胶 乳化 黏度比 窜流 CO_2 驱 低渗透油藏

Gas Channeling Characteristics and Suppression Methods in CO_2 Flooding for Low Permeability Reservoirs

WANG Rui[1], YUE Xiang'an[2], LÜ Chengyuan[1], LUN Zengmin[1]
(1. Petroleum Exploration and Production Research Institute, SINOPEC, Beijing 100083, China; 2. Enhanced Oil Recovery Research Center, China University of Petroleum, Beijing 102249, China)

Abstract The displacement effects in CO_2 flooding are closely related to the properties of low permeability reservoirs. Low permeability reservoirs are characterized by tight matrix, strong heterogeneity and developed fractures. With the increase of gas injection rate, the extent of CO_2 viscous fingering gets worse in low permeability homogeneous reservoirs. The increase in displacement pressure differential contributes to the enhancement of oil recovery in the low permeable layers of low permeability heterogeneous reservoirs. The moderate enlargement in effective pressure is conductive to the improvement of oil recovery in matrix. The displacement effects and gas channeling can be improved through the adjustment of injection-production parameters in gas flooding. Additionally, the interaction among CO_2, oil and brine can improve the water-oil viscosity ratio, and the gas viscous fingering can be weakened. The temporary performance of oil-water emulsion band formed in carbonate water can plug high permeable layers, then the producing extent of low permeable layers can be enhanced. The compound gel system in the sour environment of CO_2 can plug large gas-channeling paths, restrict gas channeling and enlarge gas sweep

基金项目：国家高技术研究发展计划（“863”计划）项目（SQ2009AA06ZX1483630）；国家重点基础研究发展计划（“973”计划）项目（2006CB705805）。

efficiency.

Key words compound gel; emulsification; viscosity ratio; gas channeling; CO_2 flooding; low permeability reservoir

随着油田勘探开发的逐步深入和人类对石油需求量的急剧增加，我国油气田常规储量逐步减少，低渗透油气藏已经成为油气勘探开发的主战场。截至目前，国内外低渗透油藏采收率为20%～30%，大部分原油滞留在油藏中未被开采出来。与中、高渗透油藏相比，低渗透油藏储层物性差、沉积物矿物成熟度低，导致油藏基质致密，孔隙度和渗透率较低。致密基质使得注入水很难进入油藏，常规水驱开发效果较差[1-3]。与注入水相比，气体具有良好的注入性和驱油效果。然而，由于低渗透油藏非均质性强、裂缝发育，注入流体大都沿着高渗层和裂缝通道窜流至生产井，而导致注入气体无效循环。国内外矿场试验表明，大多低渗透油藏在实施 CO_2 驱过程中，生产井均存在不同程度的气体窜流，气驱效果急剧变差[4-13]。因此，研究气驱过程中的气体窜流特征以及抑制气体窜流的方法成为气驱实施效果好坏的关键所在。本文针对基质致密、非均质性强、裂缝发育等低渗透油藏的主要物性特征，利用物理模拟的试验方法，研究了低渗透均质、非均质、裂缝性油藏中气体窜流的主要特征及主控因素。除此之外，根据气体的窜流特征，探索了 CO_2 驱过程中抑制气体窜流的物理化学方法。

1 低渗油藏中 CO_2 窜流特征实验

1.1 低渗均质油藏中的 CO_2 驱指进实验

选用渗透率为 $43.93\times10^{-3}\mu m^2$ 的砂岩岩心分别进行 2.5mL/min，3.0mL/min，4.0mL/min 注入速度下的 CO_2 驱油实验。结果如图 1 所示。

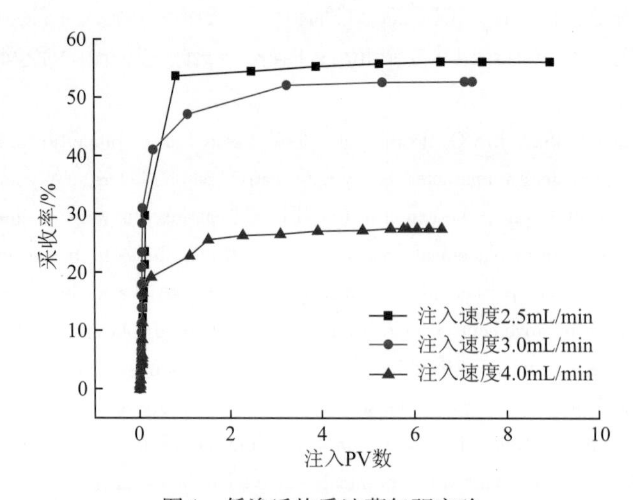

图 1 低渗透均质油藏气驱实验

Fig. 1 Gas flooding for low permeability homogeneous reservoirs

从图 1 可知，随着注入速度的增大，CO_2 驱油效率逐步降低；且气体在注入 1.0PV 以内时驱油效果较为明显，当气体突破后，气驱驱油效果变差。在 CO_2 非混相驱过程中，提高气体注入速度，气驱驱油效率反而降低，其原因是由于气驱过程中存在严重的气体黏性指进，注入速度的提高增强了气驱黏性指进，使得气体突破时间提前，从而降低了气驱驱油效率。

1.2 低渗非均质油藏中的 CO_2 突进实验

选取渗透率级差为55.9的低渗非均质岩心进行 CO_2 驱替实验。其中，高渗层渗透率为 $122.2\times10^{-3}\mu m^2$，低渗层渗透率为 $2.2\times10^{-3}\mu m^2$，岩心初始含油饱和度为100%。

图2中产油率比为不同渗透率层产油量占总产油量的比例。随着岩心两端压差的逐步增大，高渗层产油率逐步降低，低渗层产油率逐步升高，高、低渗层产油率比逐步接近。显然，驱替压差的增大有利于启动低渗层中的原油。

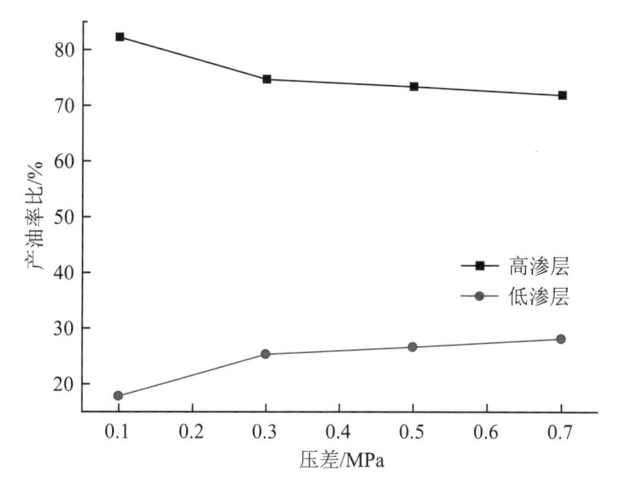

图2 低渗透非均质油藏气驱实验

Fig. 2 Gas flooding for low permeability heterogeneous reservoirs

1.3 低渗裂缝性油藏中的 CO_2 窜流实验

选取基质渗透率为 $3.4\times10^{-3}\mu m^2$ 的低渗透裂缝性岩心进行不同条件下的 CO_2 驱替实验，比较不同有效上覆压力下 CO_2 驱油效果的差异。

从图3中可以看出，随着有效压力的增大，气驱驱油效率逐步升高。在有效压力较大时，气驱驱油效率有所降低。总体上看，较高有效压力下的驱油效率要高于较低有效压力下的驱油效率，即有效压力的增大有利于增大裂缝性油藏的 CO_2 驱油效率。

2 低渗油藏中 CO_2 窜流抑制方法

2.1 注采参数优化延缓气体突破

低渗透油藏的 CO_2 驱油实验表明，油藏物性是制约气驱效果好坏的关键所在。低渗透油藏的主要物性特征包括基质致密、非均质性强、裂缝发育等。显然，对于不同物性占

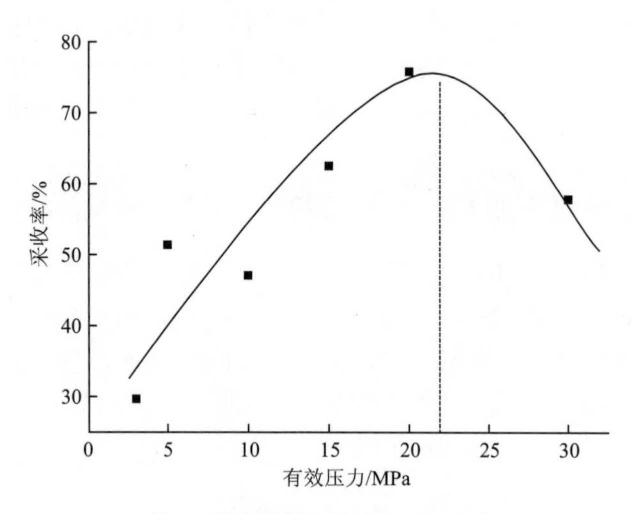

图 3　低渗透裂缝性油藏气驱实验

Fig. 3　Gas flooding for low permeability fractured reservoirs

主导作用的低渗透油藏，应该采取不同的开采措施。在低渗透均质油藏中，黏性指进程度决定着气驱的效果；而气驱黏性指进受注入速度的影响，注入速度越高，气驱黏性指进程度越强，气驱采收率就越低。在低渗透非均质油藏中，油藏非均质性是影响气驱效果的关键因素；注入气进入高渗层，而极少进入低渗层；随着驱替压力的增大，注入气进入低渗层的百分比增大，低渗层原油的动用程度逐步增大。在低渗透裂缝性油藏中，裂缝的发育程度是制约气驱效果的主要因素；随着油藏有效上覆压力的增大，裂缝内的注入气体部分转入到基质中，驱替基质中的原油，总体上气驱采收率有所增大。显然，气驱过程中，低渗均质油藏应该保持较低的注入速度，控制气驱黏性指进；低渗非均质油藏应该适当增大驱替压力，减小高渗层中气体的窜流量，提高低渗层注入气的含量，提高低渗层的动用程度；低渗裂缝性油藏应该适度增大有效上覆压力，抑制裂缝内的气体窜流，增大基质中的注入量，提高基质油藏采收率。

2.2　气体窜流抑制的物理化学方法

（1）CO_2 溶解性对油、水黏度比的影响

CO_2 在原油和水中溶解后，对原油和水的性质产生了影响；而油藏流体性质的改变，会对驱油过程和效果产生较大影响[14-15]。在 45℃ 条件下，将 CO_2 分别与油、水混合，测量并计算流体黏度的变化。

图 4 为油藏条件下，CO_2 在油藏流体中溶解后，驱替流体与被驱替流体之间的黏度比变化关系曲线。图中的黏度比为不同压力条件下的驱替相与被驱替流体间的无因次黏度比。从图中可知，随着体系压力值的增大，驱替流体与被驱替流体间的黏度比逐步增大，且气、油两相间的黏度比变化最大，水、油两相居中，气、水两相最小。可见，CO_2 在油、水中的溶解对于气驱水的黏度比影响较小，对气驱油和水驱油的黏度比影响较大。在驱替过程中，黏度比是决定驱替剂黏性指进的主要因素之一。CO_2 驱过程中会存在气驱水、气驱油和水驱油过程。显然，CO_2 驱过程中，气驱油和水驱油黏性指进被较大程度地

削弱，而这一作用将有助于提高 CO_2 驱油效率。

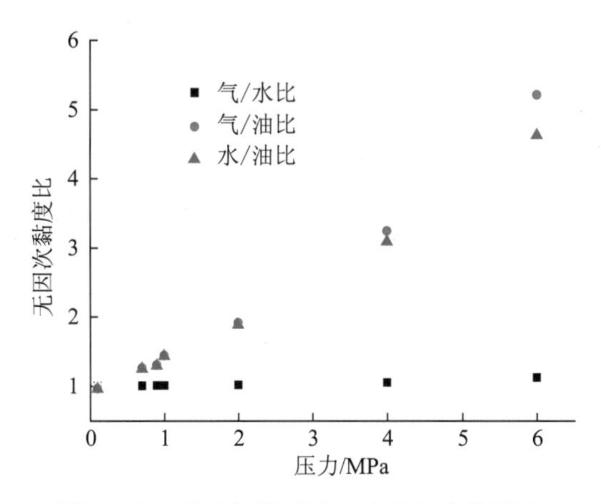

图 4 CO_2 的溶解性对油、水黏度比的影响

Fig. 4 Effects of the dissolubility of CO_2 on water-oil viscosity ratio

（2）CO_2 改变油水乳化特性对窜流的影响

油藏流体在开采过程中，由于多孔介质的剪切作用，容易发生油、水乳化。在 CO_2 注入油藏后，与油藏流体发生相互作用，对油、水乳化过程将会产生一定的影响[16]。本实验分别取不同水/油比的蒸馏水/地层原油与碳酸水/地层原油放在高速乳化仪上进行高速搅拌，搅拌速度为 10000 转/min，搅拌 5min，然后静置，观察两者的乳化带的大小及现象。

从图 5 中可以看到，不同的水相条件对于原油和水之间的相互分散性的影响规律不同。在蒸馏水/原油条件下，乳化程度均较低，其中水/油比为 5:5 时，乳化程度最大。在碳酸水/原油条件下，乳化程度均较高，且随着水/油比的减小，乳化程度逐步增大；其中，当水/油比小于 5:5 后，乳化程度急剧增大，水/油比为 4:6 时乳化程度最大，这表明碳酸水对油、水乳化程度存在影响，且在油包水环境下，其对乳化程度的影响较大。

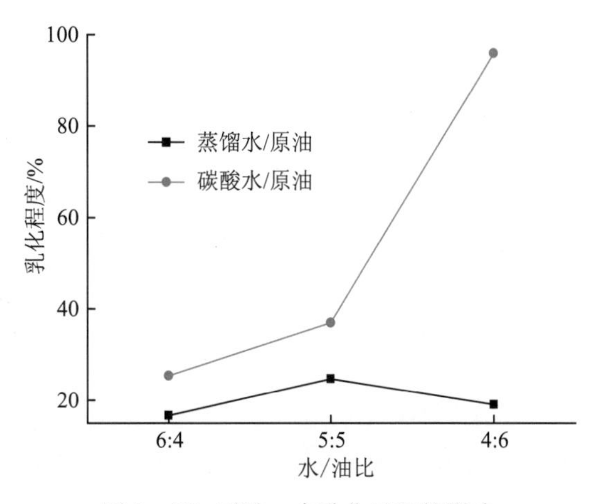

图 5 CO_2 对油、水乳化过程的影响

Fig. 5 Effects of CO_2 on water and oil emulsification

在碳酸水驱或CO_2驱过程中，CO_2溶入地层水中能够促进油、水乳化程度，油、水乳化必然导致气体流动阻力的增大，进而减小气驱前缘的推进速度，抑制气体在高渗层或裂缝中的窜流，有助于扩大气驱或后续水驱的波及效率，提高油藏基质中的原油采收率。

（3）CO_2酸性环境下的复合凝胶体系对窜流的影响

CO_2在油、水中的溶解及其对油、水乳化的促进作用对于抑制气体窜流效果有限。要较好地控制裂缝中的气窜，通常采用注入凝胶的办法，封堵高渗层或裂缝通道，从而使得注入气转向进入低渗基质中，提高基质油藏采收率。该凝胶体系是在常规的丙烯酰胺单体与交联剂发生聚合，形成纤维网状结构后，引入SC－1成分，在油藏CO_2气体或其溶液的酸性环境和引发剂的作用下，使其进入有机凝胶网络中，形成相互支撑、相互增强的复合凝胶体系。将该凝胶体系注入油藏中，观察并分析施工前、后油井生产动态曲线(图6)及气体窜流情况（图7）。

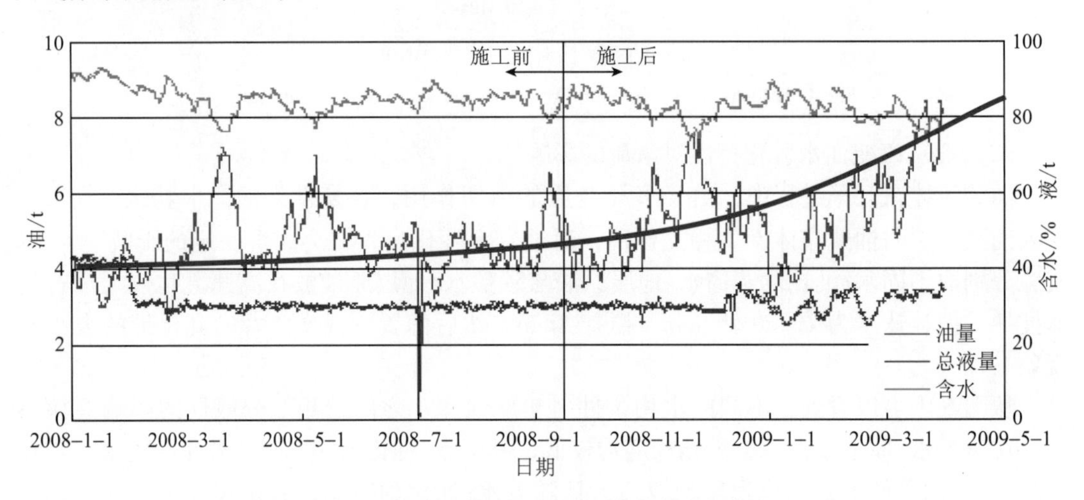

图6　复合凝胶注入前、后油井生产动态曲线

Fig. 6　Production performance curve before and after injection of compound gel

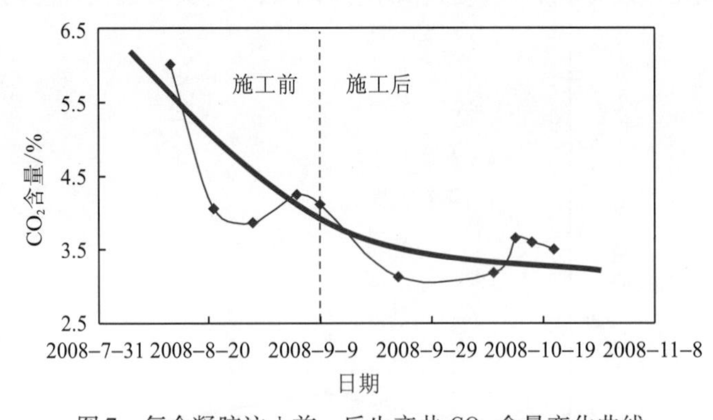

图7　复合凝胶注入前、后生产井CO_2含量变化曲线

Fig. 7　CO_2 percent in production well before and after injection of compound gel

从图中可以看出，在施工后初期，含水率缓慢下降，原油产量波动幅度较大。在施工后初期，井组部分油井产出气中的CO_2含量均有不同程度的降低，表明凝胶体系注入油藏初期就能对气窜起到较好的抑制作用。

3 结果讨论

低渗透油藏基质致密、非均质性强、裂缝发育等油藏特征决定了气驱过程中窜流现象必然存在。在油藏条件一定的条件下，低渗透油藏气体窜流程度受气驱注采参数控制。低渗致密基质油藏中，黏性指进决定气驱效果。随着注气速度的增大，气体黏性指进越强，气驱驱油效率就越低。低渗非均质性油藏中，油藏非均质性决定着气体的突进程度。在开采过程中，注入气体大部分进入高渗层中，而极少波及低渗层，大部分原油滞留在低渗层中。随着驱替压差的增大，即增大注入井驱替压力或降低生产井井底压力，可以提高低渗层的动用程度，提高非均质油藏整体采收率。低渗透裂缝性油藏气驱过程中，裂缝属性决定了气体窜流的程度。注入气体大都沿着裂缝通道窜流，基质中很少被波及。随着有效上覆压力的增大，裂缝内气体流动的阻力增大，使得裂缝内部分气体转向进入基质油藏中，扩大了波及效率，提高了油藏采收率。显然，对于低渗透油藏中不同的物性特征，通过调整注气速度、驱替压差、有效压力等注采参数，能够部分抑制气体窜流，提高气驱采收率。具体的注采参数的调整范围应该根据油藏具体物性参数确定，以达到气体窜流程度与最终采收率的平衡。

除此之外，低渗透油藏气驱过程中的气体窜流抑制的方法也应根据其油藏特征来进行。低渗均质油藏中，黏性指进占据主要作用。CO_2 注入油藏后，溶入油藏原油和地层水中，使得地层水黏度增大，油藏原油黏度降低。同时，随着注入压力的增大，CO_2 气体的黏度也增大，气/水黏度比、气/油黏度比和水/油黏度比均增大，即驱替相与被驱替相之间的黏度比均增大，这将有利于削弱黏性指进的程度。低渗非均质油藏中，气体沿着高渗层突进。CO_2 与水相互反应生成碳酸，碳酸水与原油间的乳化作用增强，促进了油、水的乳化，而乳化带的暂堵性能有利于封堵高渗层，改善了高、低渗层的吸水、吸气剖面，提高了低渗层采出程度。低渗透裂缝性油藏中，气体沿着裂缝通道窜流，窜流程度较为严重。在 CO_2 存在的酸性环境下，通过无机与有机复合交联而成的复合凝胶能够较好地封堵裂缝通道，使得气体转向进入基质中，驱替基质中的原油，提高油藏采收率。因此，针对不同的油藏特性，气体的窜流程度不同，必须采取不同的抑制方法。均质油藏中的黏性指进能够通过提高注入压力，改善驱替相与被驱替相间的黏度比，削弱黏性指进程度；在低渗非均质油藏中能够在碳酸环境下，促进油、水乳化过程的进行，暂堵高渗层窜流通道，降低气体突进程度；低渗透裂缝性油藏中的气体窜流程度最为严重，必须通过 CO_2 环境下的高强度复合凝胶来封堵窜流通道，从而抑制裂缝通道内的气体窜流程度。

4 结　论

1）低渗透油藏中，气体窜流特征与其油藏物性有关。低渗均质油藏中，随着气体注入速度的增大，气体黏性指进越强，气驱采收率越低；低渗非均质油藏中，随着驱替压差的增大，进入低渗层内的气量越多，低渗层采出程度越大；低渗裂缝性油藏中，随着有效压力的增大，裂缝的气体部分转入基质中，扩大了气驱波及效率，提高了采收率。

2）CO_2 在油、水中的溶解特性改善了驱替相与被驱替相间的黏度比；且随着注入压力的增大，黏度比改善程度越大，气驱黏性指进将被削弱。

3）CO_2 与地层水相互反应生成碳酸，有助于促进油、水乳化过程的进行。油、水乳化带的形成，有利于暂堵高渗层的气体突进，提高低渗层的动用程度。

4）CO_2 在酸性环境下形成的复合凝胶，能够较好地封堵低渗透裂缝性油藏中的窜流通道，抑制裂缝内的气体窜流，扩大气驱波及效率，提高原油采收率。

参考文献

[1] 李道品．低渗透砂岩油田开发 [M]．北京：石油工业出版社，1997.

[2] 黄延章．低渗透油层渗流机理 [M]．北京：石油工业出版社，1998.

[3] 秦同洛．关于低渗透油田的开发问题 [J]．断块油气田，1994，1 (3)：21 -23.

[4] 谈士海．利用 CO_2 气驱开采复杂断块油藏阁楼油 [J]．石油勘探与开发，2004，31 (4)：129 -131.

[5] 钱卫明．储家楼油田 CO_2 非混相驱油试验及效果评价 [J]．特种油气藏，2001，8 (4)：79 -82.

[6] Bmak J. Application of smartwell technology to the SACROC CO_2 EOR project：a Case study [J]. SPE 10017，2006.

[7] Royers J D，Grigg R B. 二氧化碳驱过程中水气交替注入能力异常分析 [J]．牛宝荣，范华，译．国外油田工程，2002：1 -6.

[8] Yaghoobi. Effect of foam on CO_2 breakthrough：is this favorable to oil recovery [J]. SPE 39789，1998.

[9] Mohammadi S. Field application and simulation of foam for gas diversion [Z]. 8th Europ，Symp，IOR，1995.

[10] Bertin H J. Foam flow in heterogeneous porous media：effect of crossflow [J]. SPE 39678，1998.

[11] Denoyelle L. Interpretation of a CO_2/N_2 injection field test in a moderately fractured carbonate reservoir [J]. SPE Reservoir Engineering，1988，3 (1)：220 -226.

[13] Spivak A，Chima C M. Mechanisms of immiscible CO_2 injection in heavy oil reservoirs，Wilmington field，CA [J]. SPE 12667，1984.

[14] Kumagai A，Yokoyama C. Viscosities of aqueous NaCl solutions containing CO_2 at high pressures [J]. J Chem Eng Data，1999，44：227 -229.

[15] Simon R，Graue D J. Generalized correlations for predicting solubility，swelling and viscosity behavior of CO_2 - crude oil systems [J]. JPT，1965，1：102 -106.

[16] 俞稼镛，宋万超，李之平，等．化学复合驱基础及进展 [M]．北京：中国石化出版社，2002.

储层构型表征技术及其在注 CO_2 区块中的应用

周银邦[1,2]　计秉玉[1]　吕成远[1]　赵淑霞[1]　何应付[1]　廖海婴[1]

（1. 中国石化石油勘探开发研究院，北京　100083；
2. 中国石油大学资源与信息学院，北京　102249）

摘　要　低渗透油田注水开发难度大，采用注气的方法可以有效提高油气采收率。高含水期剩余油被储层内部复杂的构型单元所控制，尤其对于注 CO_2 区块储层剩余油分布预测来说，地下储层构型表征是提高油气采收率、最大限度地开发油气资源的关键所在，对剩余油挖潜具有至关重要的意义。该文从研究内容、方法及存在问题方面概述了构型研究进展，并以腰英台油田注 CO_2 区块储层为例，利用岩心、测井、动态等资料，在等时地层格架内分复合微相、单一微相、单一微相内部增生体（夹层）3 个层次对地下储层构型进行表征，建立了腰英台油田腰西区块三角洲前缘储层不同层次构型界面，针对每一个层次分别论述了其构型模式及地下储层构型的识别方法；最终基于微相层次建立了研究区三维储层构型模型及参数模型，为注 CO_2 区块储层剩余油的挖潜指明了方向，对于类似油田储层精细研究及剩余油分布预测也有一定的指导意义。

关键词　储层构型　三角洲前缘　CO_2 驱　剩余油

Reservoir Architecture Characterization and Application in CO_2 - injected Area

ZHOU Yinbang[1,2], JI Bingyu[1], LÜ Chengyuan[1], ZHAO Shuxia[1], He Yingfu[1], LIAO Haiying[1]

(1. Petroleum Exploration and Production Research Institute, SINOPEC, Beijing 100083, China; 2. Faculty of Resource and Information Technology, China University of Petroleum, Beijing 102249, China)

Abstract　Water injection development is difficult to carry out in low-permeability oilfields. Gas injection may enhance oil-and-gas recovery. During high water-cut stage, remaining oil is controlled complicated architecture unit in reservoir. Especially in CO_2 - injected area, reservoir architecture characterization is the key to enhance oil-and-gas recovery and to find remaining oil. In this paper, architecture research advances were introduced from the aspects of research contents, methods and problems remained to be solved. Taking CO_2 - injected block in the Yaoyingtai Oilfield as an example, based on core, logging and dynamic data, identifying 3 layers (composite micro-facies, single micro-facies and accretion in single micro-facies) in isochronous stratigraphic framework, formation reservoir architecture was characterized. The architecture interfaces between different layers in delta front reservoir of the western block of the Yaoyingtai Oilfield were identified. As to each layer, architecture pattern and recognition method were discussed. Finally, 3D architecture model and parameter model of the study area were built based on micro-facies, guiding remaining oil exploration in CO_2 - injected and similar regions.

Key words reservoir architecture; delta front; CO_2 - injected; remaining oil

特低渗透、低渗透油藏由于储层低孔低渗、流度低、渗流能力差，注水开发难度大、效果差，油井产量递减幅度大、产能低，开发效益差，一直是油田开发的难题。注气法因不受地层水矿化度的影响，已经作为提高采收率的常用方法得到国内外的普遍关注，尤其是在低渗透油藏的开发上具有明显优势。CO_2 驱油是将 CO_2 注入油层，利用其与原油混相，在原油中溶解，能够降低原油黏度和界面张力并使原油体积膨胀、产生溶解气驱等特性，以降低注入压力，有效扩大波及体积，改善原油流动性，降低残余油饱和度，提高原油采收率，该技术已在国内外获得广泛共识。注气区块的油藏经天然能量驱和人工水驱开发后，原始状态下流体间比较规则的平衡完全被打破，形成十分复杂的不稳定分布状态；储层结构、流体性质、压力场、流体与储层结构的相互作用关系等均与原始状态有很大差别，因此，非常需要由大到小、由粗到细逐级解剖砂体的内部构型，尤其是对隔层、夹层的分布特征及其密闭性能的识别和预测。自 Allen[1] 在第一届国际河流沉积学会议上明确提出河流构型的概念之后，构型研究多年来取得了很大的成果，尤其是在地下储层构型研究中为剩余油挖潜指明了方向。本次研究对储层构型表征技术的进展进行综述，并将其应用于腰英台油田注 CO_2 区块中，为注气方案的实施提供精细的地质基础。

1 储层构型表征技术进展

储层构型（Reservoir architecture），亦称储层建筑结构、构形、结构单元等，是指储层内部不同级次储层构成单元的形态、规模、方向及其叠置关系，体现了储层内部的层次性和结构性。构型研究主要包括构型要素和构型界面。Allen[12]（1983）在河流沉积物中第一次明确划分了 3 级界面；Miall[2] 在 1985 年到 1991 年之间在 Allen 三级界面的基础上又增加了 5 个界面，使界面分级进一步完善起来。这 8 级界面分别是：一级界面是单个交错层系的界面；二级界面是交错层序组或成因上相关的一套岩石相组合界面；三级界面是一组构型要素或复合体的界面，通常是一个明显的冲刷面；四级界面，即古峡谷中的河道带的底界面；五级界面为大型砂席边界，诸如宽阔河道及小河道充填复合体的边界，通常是平坦到稍上凹的，但由于侵蚀作用会形成局部的侵蚀 - 充填，以切割 - 充填地形及底部滞留砾石为标志；六级界面代表限定河道群或古河谷的界面；第七级界面为大的沉积体系、扇域、层序；第八级界面为盆地充填复合体。自 Miall[2] 对科罗拉多高原区侏罗 - 白垩纪河流相沉积开展构型研究 30 多年来，储层构型研究主要是针对露头和现代沉积开展工作，取得了大量研究成果，几乎涵盖了所有水道化沉积，如冲积扇[3]、溢岸沉积[4]、扇三角洲[5]、三角洲平原[6]、浊流沉积[7]、潮汐水道[8]、辫状河[9]及曲流河[10]等，尤以曲流河的模式研究更为突出。通过现代河流研究和多学科结合，河流相模式已由最初的点砂坝侧迁模型发展成今日的 16 种相模式；同时研究方法亦由单纯的垂向相序分析，发展成大露头三维研究，识别出可与现代复合坝比拟的构型要素，从而建立了相模式。很多学者将构型的概念应用到地下储层剩余油分布预测中，虽然其发展滞后于露头和现代沉积，但是地下储层构型表征是提高油气采收率、最大限度地开发油气资源的关键所在，现已成为油藏开发的重要地质基础，对于厚油层剩余油分布预测及挖潜具有至关重要的意义。

构型表征的基础是要建立大量的构型模式，基于不同的构型模式才能够预测地下储层的构型分布。构型模式为反映储层及其内部构型单元的几何形态、规模、方向及其相互关系的抽象表述，目前的研究方法主要有露头和现代沉积、探地雷达、高分辨率地震以及密井网和水平井资料。其中露头和现代沉积对于建立原型模型非常适合；探地雷达和高分辨率地震技术对于井间构型识别非常有利，但是地震的分辨率依然难以满足精细构型研究的需要；密井网和水平井资料的应用对于老油田高含水期地下储层表征起到了很好的辅助作用，尤其对于夹层研究非常有益，但是资料的获取与应用仍然存在许多问题。为了研究砂体的大小和延伸状况，国内外对河流相储层几何形态和规模的定量研究均给予了高度重视，对曲流河点坝内部构型定量模式进行了很多研究，总结了一系列的经验公式，其中河流满岸宽度、满岸深度以及单一曲流带的宽度这 3 个参数的预测决定了曲流河储层构型定量模式的确认。Schumm[11] 和 Leeder[12] 等很多学者调研了大量的露头和现代沉积资料均建立了计算上述 3 种参数的定量公式，这些公式应用于我国大庆、胜利、克拉玛依、青海等各大油田现场实施中，取得了很好的效果。

众多国内外学者对地下储层构型研究也进行了尝试，建立了一套较为精细的储层构型模式，初步建立了储层构型分析的思路和方法。但是，由于地质的复杂性、研究资料的不完备性，在精细储层构型研究方面尚存在一定的问题：①定量的可预测储层构型模式不足，以构型要素分析为指导，以探索砂体几何形态、内部结构和储层非均质性为目的的露头调查和现代沉积研究虽然在国内已经进行了十多年，但是与国际上相比，这样的工作还开展得远远不够；②构型的研究手段还待进一步提高，目前能用于储层构型分析的资料基础仍是地震、测井、岩心和动态资料，但它们各自的分辨能力极大限制了构型分析理论向实际应用的转化；③如何精确地将现代沉积露头资料应用于地下，露头和现代沉积的构型分析可以视作一个“正演”过程，最终获取研究对象的沉积模式和模型。在识别出模式之后，如何与地下井资料相拟合，如何将露头和现代沉积所建立的模式与地下的井信息进行有机拟合是当前亟待研究的重要课题。

2 腰英台注 CO_2 区块构型表征

2.1 区域概况

腰英台油田位于吉林省长春市西北约 170km、长岭县以北约 45km 处的前郭县查干花乡腰英台村；构造位置位于松辽盆地中央坳陷南部的长岭凹陷，是一断坳叠置的中生代盆地，腰英台油田位于坳陷层的东部陡坡带。油田主要含油层系为青山口组二段、一段及泉头组四段顶部。其中青一段、青二段是主要的目的层段。油藏埋深 1640 ~ 2400m，至目前累计探明地质储量 3330.59×10^4t，采收率 9.9%。目前开发过程中存在以下问题：储层特低渗透，非均质性强；河道窄小，连通性差；储层含油性差，油水同层发育；油井自然产能低，压裂后含水高；采油速度低，地层压力下降快，目前压力系数为 0.04 ~ 0.07MPa/km，地层供液能力差，单井产能低；油井见效含水上升快，增产有效期短，采收率低。因此，迫切需要采取有效措施提高油田采收率。

CO_2 驱油是将 CO_2 注入油层，利用其与原油混相，在原油中溶解，能够降低原油黏度和界面张力并使原油体积膨胀，产生溶解气驱等特性，以降低注入压力，有效扩大波及体积，改善原油流动性，降低残余油饱和度，提高原油采收率。该技术作为提高油田采收率的有效措施，目前在国内外已经得到广泛共识。松南气田 CO_2 含量在22%，根据松南气田开发规划，预计到2010年建成年产 $3.785\times10^8km^3$ 天然气的生产规模，预计处理分离 CO_2 能力达到 $0.83\times10^8km^3$，日产 CO_2 气 $25.23\times10^4km^3$，这部分 CO_2 仅仅依靠化工、民用处理，无法得到有效解决，而利用 CO_2 驱油提高油藏采收率，可以实现 CO_2 的综合利用和埋存相结合，达到双赢的目的；同时通过该油田 CO_2 驱油试验探索高含水油藏 CO_2 驱油的可行性，促进防腐防窜等工艺工程技术的发展，为低渗、特低渗、高含水储层 CO_2 驱油提高采收率探索经验。

2.2 精细地层格架的建立

腰英台油田是一个具有多套含油组合的油藏。目前发现的含油层位有泉头组四段、青山口组一段、青山口组二段。本区青山口组二段和青山口组一段底部界线特征较明显，较易识别。青山口组一段顶部发育一套厚25～40m稳定分布的半深－深湖相纯泥岩，电性上表现为高时差、低电阻率，特征明显，分布稳定，可作为本区地层对比的标志层。

本次研究是在砂层组精细对比的基础上，依据三角洲前缘沉积旋回特征及泛滥平原泥岩层发育状况，对需要细分小层的砂层组中泥岩层发育情况进行统计，根据统计结果，把相互叠置的厚层砂岩组细分为可在井间追溯对比的单一沉积单元，即小层。小层划分遵循以下原则：①必须符合单一旋回特征，三角洲前缘储层有分流河道和河口坝沉积微相，不同的微相在测井曲线上有一个完整的正旋回或者反旋回特征；②沉积单元间泥岩隔层的分布应该相对较稳定，在划分单一沉积单元（单层）时，要保证多数井单层之间的泥岩（泛滥平原）厚度在0.5m以上，且基本可在全区范围内追溯对比；③沉积单元应该具有一定的地层厚度，单一沉积单元应具有一定的地层（砂岩）厚度，研究区单层砂岩厚度一般在2m以上；另外细分出来的单层砂岩钻遇率应该较高，砂体稳定分布，可作为调整挖潜的一个基本单元。

按照上述单一河流沉积单元的划分标准，以测井曲线对比为主（自然电位、自然伽马、电阻率、声波时差等），参考录井、地震资料，按照“旋回对比、逐级控制”的原则，采用辅助标志层控制地层，选择GR，SP，RT组合以及GR，COND（电导率），DT，SP组合，利用沉积旋回划分砂层组的方法，对油田内钻井进行了油层对比划分，将青山口组二段、青山口组一段各自划分为Ⅰ—Ⅴ5个砂组，共计10个砂层组。其中对主要含油砂组青二段Ⅲ—Ⅴ砂组、青一段Ⅰ—Ⅲ砂组进行了小层对比划分，本次研究在原来的基础上重点对主力层青一段Ⅱ砂组、青二段Ⅳ砂组进行了小层精细对比划分。青一段Ⅱ砂组分为5个小层（图1），青二段Ⅳ砂组细分为10个小层。

2.3 构型层次分析

2.3.1 构型要素特征

地下储层构型研究一般是指三—五级界面限定的构型要素。腰英台油田青山口组属松辽盆地南部的保康沉积体系，位于盆地西南端，水系自西南流向北东，与盆地的长轴斜交，基底坡度较缓，流域长，为远物源缓坡河流－三角洲沉积体系。由于湖水进退频繁，

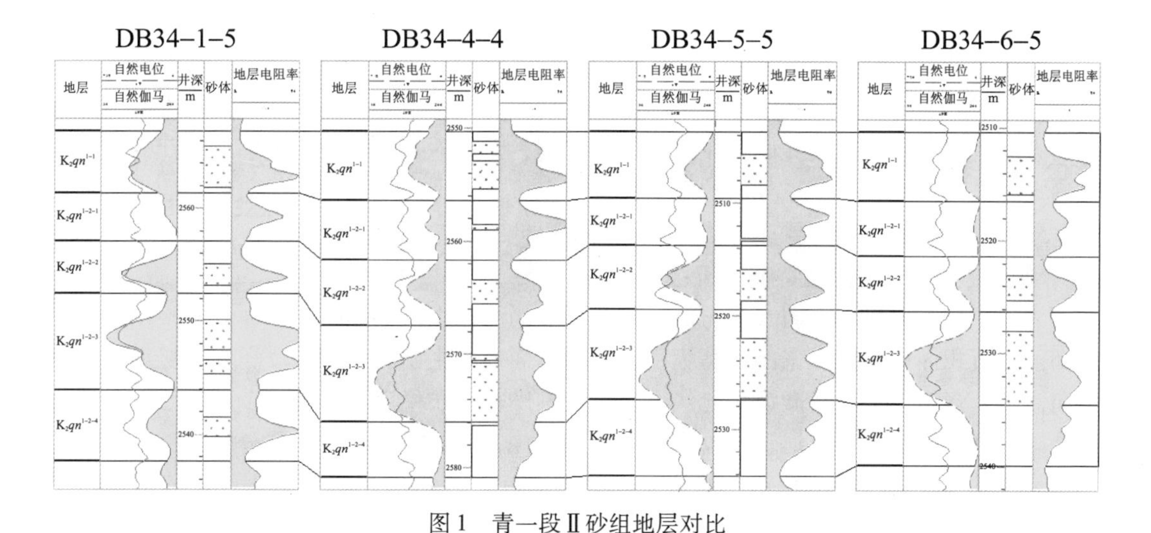

图1　青一段Ⅱ砂组地层对比

Fig. 1　Stratigraphic correlation graph of K_2qn^{1-2} sand group

湖岸线摆动幅度较大，致使不同地区、不同层位的砂体类型及分布特征差异较大。具体可以细分为泉四段的河流相沉积、青一段的三角洲前缘－前三角洲沉积及青二段的三角洲前缘－三角洲平原－曲流河沉积。

五级构型要素一般是常规油藏描述中沉积微相的识别。通过取心井、岩屑录井等资料对岩石颜色、结构、构造、测井相要素等沉积相类型及特征的研究，共在研究区三角洲前缘亚相中识别出4种微相，分别是水下分流河道、河口坝、席状砂及分流间湾，其中分流河道与河口坝为研究区最重要的相带类型，是重要的油气储层。水下分流河道、河口坝以粉砂岩、细砂岩为主，砂岩单层厚1～5.5m。水下分流河道多块状层理和斜层理，自然电位、自然伽马测井曲线以钟形为主，也有箱形、钟形箱形组合型。河口坝具有向上变粗变厚的韵律特征，指示三角洲的前积作用；岩性主要以中、细砂岩为主，砂体多呈灰色或黑灰色，发育块状、槽状和平行层理，在测井曲线上的特征为自然电位，曲线较光滑，形态主要以漏斗形为主，箱形次之，负异常幅度在所有微相中最大；粒度概率曲线有跳跃总体和悬浮总体构成的细二段式，反映出一定强度的水动力条件。分流间湾沉积主要为灰、灰黑色泥岩，局部夹棕红色泥岩，泥岩有机质类型以ⅡA和ⅡB型为主。

四级构型要素为单一河口坝沉积，比五级构型复合河口坝更细一层，其沉积具有向上变粗变厚的韵律特征，砂体受湖浪的筛选而分选好，物性较好；以粉、细砂岩为主，自然电位曲线较光滑，呈箱形，负异常幅度在所有微相中最大；微电位与微梯度曲线幅度差最大，层内的泥质夹层与钙质夹层数量少。

三级构型要素为单一河口坝和水下分流河道中的增生体（一般指泥质夹层），其在电测曲线上表现为低电阻尖峰状、薄齿状，电阻率一般小于6Ω·m，在微电极曲线上，常回返至低值；自然伽马值较高，一般大于80API，呈小尖峰状；井径曲线不稳定，常常扩径；自然电位回返幅度受薄层效应影响，有时特征不明显。

2.3.2　构型界面识别

五级界面限定整个研究区，是主要的侵蚀或洪泛面；四级界面通常定义单一河口坝坝体；三级界面分隔三角洲前缘河口坝层序内部的增生体；二级界面为层系组界面，反映流动条件或流动方向的变化，是砂体内部不同岩相之间的分界面，在侧向上可被更高级界面削蚀；一级界面为交错层系的界面，即由一系列相同纹层组成的界面，界面的方向与古水流的方向有关。一至二级界面只在岩心中可识别，常规测井资料无法识别，因此研究中重点确定的是三至五级界面。界面的级别在空间上可能发生侧向渐变，任何级别的界面都可能被同级别或更高级别的界面削截，但不会被更低级别的界面削截。

（1）复合河口坝构型特征（五级界面）

为多个单一河口坝垂向叠加与侧向叠合形成的河口坝复合体的顶界面，是腰西区块三角洲前缘沉积体中识别出来的最高级别的沉积界面，为主要的侵蚀或洪泛面。界面向湖心方向倾斜，多为平坦或略微波状起伏，延伸范围广，分布稳定，覆盖整个研究区，由三角洲朵体的迁移或水下分流河道的改道等引起的变化，为腰西区块的小层分界面，其研究相当于常规油藏描述中的沉积微相研究。为确定研究区沉积微相的分布，首先依据砂体厚度、自然电位曲线幅度以及旋回特征对单井进行沉积微相识别，在三角洲沉积模式和相序定律的指导下采用单井相分析－砂体厚度预分析－沉积微相平面展布分析的研究思路，组合沉积微相（分流河道、河口坝及席状砂）平面分布。

（2）单一河口坝构型特征（四级界面）

四级界面为多个河口坝增生体叠合形成的单一河口坝的顶界面，界面亦向湖心方向倾斜，是三角洲朵体废弃后，水体加深的间湾沉积形成。四级界面是研究区三角洲前缘河口坝沉积的各韵律层分界面，界面上下的岩相明显不同。界面横向延伸长度较大，基本覆盖下伏的单一河口坝砂体，顶部可以被更高级界面削蚀，底部常可与三级界面重合或合并。

河口坝的沉积有两种模式：①单河道河口坝模式是指由单一分流河道携带沉积物在河流入湖的河口附近，由于湖底坡度减缓，水流分散，流速突然降低，大量底负载物质便堆积下来，形成河口砂坝。此种河口坝沉积是由于单河道摆动改道，在先前形成的河口坝侧翼形成新的河口坝，两个河口坝拼合在一起，在垂直物源方向的剖面上坝体呈叠置状态，如古密西西比三角洲发育过程；②多河道河口坝是由多条河道同时向湖盆输送沉积物形成的。每条河道都可以形成单河道河口坝，当两条河道距离相近时，两条河道形成的河口坝自然地拼合在一起，形成多河道拼合坝，如弗朗西斯科三角洲。

针对这两种模式，研究中采用了“垂向分期、侧向分带”的研究方法。针对单井，对不同构型单元进行解释，并进行期次划分，将研究区在垂向上划到单砂体的层次，研究中在精细地层对比的过程已经将地层划分到了单砂体的层次，因此重点是识别侧向上多个河口坝叠加的界限。由于两个坝的坝主体岩性、物性相似，在自然电位曲线上都表现为负异常幅度较大的反韵律特征，因此以此种方式拼接的单一河口坝之间的界线较难识别。针对构型模式可得出两种识别标志：其一，测井曲线的形态变化反映了水动力条件的差异，因此，在相同沉积微相条件下，当一口井的测井曲线形态与邻井的测井曲线相比差异较大时，可作为判断不同河口坝沉积的标志；其二，在剖面上如果同一时间地层单元内河口坝砂体连续出现“厚—薄—厚”特征，则其间肯定存在单一河口坝边界，即在两个较厚的坝主体中间，发育一个曲线形态相似而较薄的砂体，该处可能是坝体的叠置区域。本次研究在上述识别标志的基础上，结合河口坝规模的大小与延伸长度，综合剖面、平面信息与动态资料共同识别单一河口坝，将研究区所有的小层在垂向上划分到了单一河口坝的层次，平面上针对叠置的复合河口坝（如青二段Ⅳ－9小层）按照测井曲线的差异以及“厚—薄—厚”特征进行了划分（图2）。

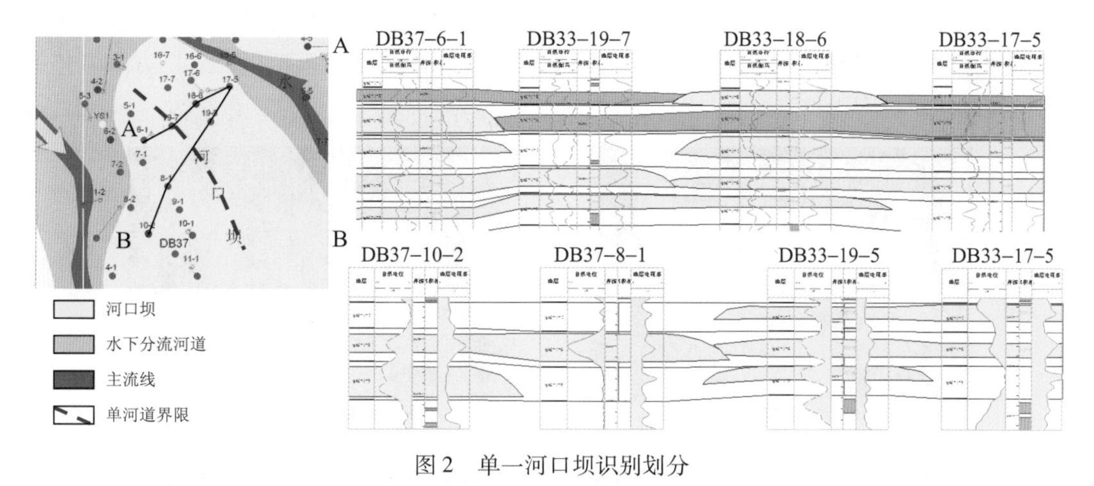

图2　单一河口坝识别划分

Fig. 2　Identification graph of single mouth bar

（3）河口坝内增生体特征（三级界面）

三级界面为单一河口坝砂体内部增生体的顶、底界面，界面向湖心方向倾斜，其上披覆着短暂间洪期沉积的薄泥质夹层，薄泥层界面上下的岩相组合相似。此类界面反映了河口沉积作用的短暂变化，如河水流量的变化、负载的增减或湖水的季节性涨缩等。地下识别时首先根据各类夹层的岩电特征在单井上识别出夹层；其次，在连井剖面上对夹层进行组合，对其井间连续性进行合理的预测；最后，在三维空间对夹层进行闭合，确定出每个韵律层内的夹层数目及厚度。研究区夹层厚度约为0.15~0.25m，岩性为泥岩、泥质粉砂岩等。

2.4　构型界面层次建模

由于三级与四/五级构型界面的分布特点不同，分两个层次建立构型界面模型。先建立四级/五级构型界面三维模型，四级/五级构型界面的分布范围广，界面之上的隔层易于识别，井间对比可靠度高；三级界面的延伸范围有限，泥质夹层的发育不均匀，依据地下资料进行井间预测难度很大，目前还不能在全区范围内建立模型。因此，为了准确反映各级的构型界面特征，研究中选择了腰西33区块进行较为精细的构型层次建模。首先使用了多维互动的思路，在单井、连井剖面相和二维平面相研究的基础之上，利用序贯指示模拟建模方法建立相模型，然后再通过人机交互后处理方法，将沉积相边界数字化，对相模型加以优化，将地质思维、地质认识和数学算法有机融合，建立尽可能符合地质实际的相模型，再现研究区河口坝、水下分流河道、席状砂等微相类型的空间分布特征。模型平面网格单元为20m×20m，为了很好地反应三级构型界面特征，垂向网格单元约为0.15m，较为精确地保留了研究区隔夹层信息；根据河口坝中夹层分布模式的认识，对插值后的夹层分布特征进行人机互动，使得地质特征更为精确（图3）。应用Petrel软件，在相模型的控制下，分别对孔隙度、渗透率、含油饱和度、有效厚度进行了设置，在单井解释参数数据的控制下，采用序贯高斯模拟的算法进行随机性建模，从而建立了研究区各小层的孔隙度、渗透率、含油饱和度三维模型，并将粗化后的地质模型进行了油藏数值模拟；依据历史拟合的结果总结了剩余油分布模式，平面剩余油主要富集在河道和河口坝的边部，垂向上剩余油受韵律性及射孔程度的影响较大。构型界面的层次表征揭示了储层内部复杂的构型界面对剩余油分布具有控制作用，为数值模拟以及后期方案调整提供了基础。

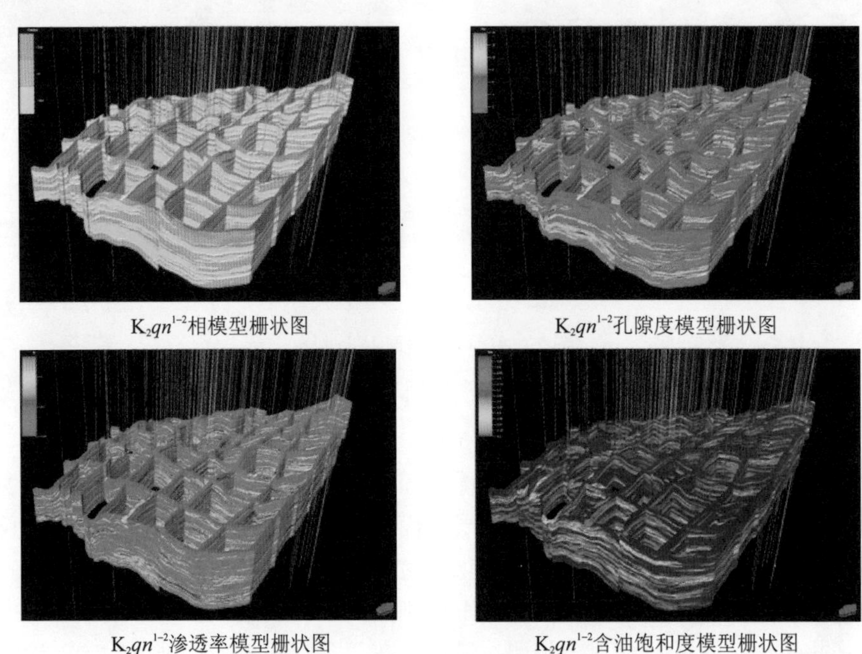

K_2qn^{1-2}相模型栅状图　K_2qn^{1-2}孔隙度模型栅状图

K_2qn^{1-2}渗透率模型栅状图　K_2qn^{1-2}含油饱和度模型栅状图

图3　基于微相层次的构型及参数模型

Fig. 3　Reservoir architecture and parameter model based on micro-facies

3　结　论

1）自构型概念提出后，构型表征技术发展迅速，在地下储层剩余油描述中起到了重大的作用，众多学者建立了各类储层构型模式，并建立了储层构型分析的思路和方法。但由于地质的复杂性、研究资料的不完备性，依然存在模式不够、研究方法不足的问题，需要继续攻关。

2）三—五级构型界面均为储层的渗流屏障，对研究区剩余油起着决定性的作用。在等时地层格架内分复合微相、单一微相（单一河口坝及单一河道）、单一微相内部增生体（夹层）3个层次对地下储层构型进行表征，建立腰英台油田腰西区块三角洲前缘储层不同层次构型界面，针对每一个层次分别论述了其构型模式及地下储层构型的识别方法。最终建立了研究区构型模型和参数模型，并将粗化后的地质模型进行了油藏数值模拟；依据历史拟合的结果总结了剩余油分布模式，平面剩余油主要富集在河道和河口坝的边部，垂向上剩余油受韵律性及射孔程度的影响较大。

参考文献

[1] Allen J R L. The plan shape of current ripples in relation to flow condition [J]. Sedimentology, 1977, 24 (1): 53 -62.

[2] Miall A D. Architectural-element analysis: A new method of facies analysis applied to fluvial deposits [J]. Earth Science Reviews, 1985, 22: 261 -308.

[3] Neton M J, Joachim D, Christopher D O, et al. Young Architecture and directional scales of heterogeneity in alluvial-fan aquifers [J]. Journal of Sedimentary Research, 1994, 64 (5): 245 -257.

[4] Willis B J, Behrensmeyer A K. Architecture of Miocene overbank deposits in northern Pakistan [J]. Journal of Sedimentary Research, 1994, 64 (2): 60 -67.

[5] 张昌民，徐龙，林克湘，等. 青海油砂山油田第68层分流河道砂体解剖学 [J]. 沉积学报，1996, 14 (4): 70 -75.

[6] 付清平，李思田. 湖泊三角洲平原砂体的露头构形分析 [J]. 岩相古地理，1994, 14 (5): 21 -33.

[7] Clark J D, Kevin T P. Architectural elements and growth patterns of submarine channels, application to hydrocarbon exploration [J]. AAPG Bulletin, 1996, 80 (2): 194 -221.

[8] 解习农，李思田，高东升，等. 江西丰城矿区障壁坝砂体内部构成及沉积模式 [J]. 岩相古地理，1994, 14 (4): 1 -9.

[9] 于兴河，马兴祥，穆龙新，等. 辫状河储层地质模式及层次界面分析 [M]. 北京：石油工业出版社，2004: 60 -106.

[10] Jiao Yangquan, Yan Jiaxin, Li Sitian, et al. Architectural units and heterogeneity of channel reservoirs in the Karamay Formation, outcrop area of Karamay oil field, Junggar basin, northwest China [J]. AAPG Bulletin, 2005, 89 (4): 529 -545.

[11] Schumm S A. Fluvial paleochannels [M]. In: Rigby J K, Hamblin W K, eds. Recognition of ancient sedimentary environments, SEPM special published 16. London: Geological Society, 1972: 98 -107.

[12] Leeder M R. Fluviatile fining upwards cycles and the magnitude of paleochannels [J]. Geological Magazine, 1973, 110: 265 -276.

用于海相易漏层封固的低密度水泥浆体系

穆海朋[1,2,3]　马开华[3]　丁士东[3]
(1. 中国石化石油勘探开发研究院，北京　100083；2. 中国石油大学，北京　102249；
3. 中国石化石油工程技术研究院，北京　100101)

摘　要　针对海相地层固井过程易漏的问题，结合对海相地层井身结构的分析以及常用漂珠低密度水泥浆体系的承压能力评价，获知了海相地层固井漏失发生的原因。在此基础上，结合对HGS空心玻璃微珠的分析以及PVF充填比例的计算对低密度水泥浆体系进行了设计，并通过大量的实验研究得到了抗高压低密度水泥浆体系。研究得出：①常用低密度水泥浆体系在井下高压环境下密度升高，从而使得液柱压力增大，这是海相地层固井易漏的主要原因之一；②常用漂珠为工业副产品，其粒径大小不一、形状不规则、所含成分也不一致，这就造成了其承压能力差的缺陷；③引进HGS微珠得到的抗高压低密度水泥浆体系，体系密度在1.20～1.45g/cm³之间可调，并且兼具浆体性能稳定、直角稠化和浆体密度在高压下稳定等特点，更适用于海相地层固井。

关键词　高强度空心玻璃微珠　颗粒级配　低密度水泥浆　海相地层

The Low Density Cement Slurry System for Cementing Marine Leaky Strata

MU Haipeng[1,2,3], MA Kaihua[3], DING Shidong[3]
(1. Petroleum Exploration and Production Research Institute, SINOPEC, Beijing 100083, China; 2. China University of Petroleum, Beijing 102249, China; 3. Research Institute of Petroleum Engineering, SINOPEC, Beijing 100101, China)

Abstract　Lost circulation is a general problem during cementing in marine formation. Referring to the analysis on casing program in marine formation and the evaluation of pressure resist capacity of the float low density cement slurry system, the reason for lost circulation during cementing in marine formation was analyzed. On the basis of analysis on HGS hollow glass microsphere and calculation of PVF filling ratio, the light weight cement slurry system was designed, and the high pressure resisting low density cement slurry system was built by large amounts of experiments. The results showed that: ①the low density of the common light weight cement slurry system will increase under high pressure, and it can make downhole pressure increase, which is one important reason for lost circulation during cementing in marine formation; ②normal float is industrial by-product, and it has different particle diameter, irregular shape and different components, which will result in poor pressure resist capacity; ③thehigh pressure resisting low weight cement slurry system was built by introducing HGS microsphere, the density of the cement slurry system can be controlled from 1.20 to 1.45g/cm³, it has steady properties and property of right angle thickening, and the cement slurry system is still more fit for cementation of marine formation.

Key words hollow glass microsphere with high strength; grain composition; light weight cement slurry; marine formation

目前，油气勘探中越来越多地遇到海相地层，川东北地区和塔河油田都属于这种类型。川东北地区的油气勘探开发主要集中在普光、河坝、毛坝、清溪和元坝等构造中，相继发现了普光、毛坝和清溪等大型海相油气田，展示了海相油气勘探开发的广阔前景。这些以白云岩、灰岩为主的海相地层，不论是钻进过程还是固井过程，往往都伴随着严重的漏失问题[1-2]。而对于这些井的固井来说，也存在着同样的问题。川东北地区上部陆相地层上沙溪庙组、自流井组和须家河组较厚，砂岩、泥岩互层频繁，地层倾角大，并且部分夹有煤层，裂缝发育，断层交错，极易发生井塌和井漏；特别是三叠系嘉陵江组，缝洞发育，地层压力较低，发生井漏的几率更大[3-6]。塔河地区的漏失主要发生在长裸眼段的二叠系[7-12]。

这些海相地层本身固然易漏，但是利用已经设计好的低密度水泥浆体系固井为什么还会发生井漏呢？笔者从对海相地层井身结构以及常用低密度水泥浆体系密度随压力的变化规律分析入手，对海相地层固井易漏的原因进行分析，并将高强度 HGS 空心玻璃微珠引入作为密度减轻剂，进行了抗高压低密度水泥浆体系研究。

1 海相地层固井过程易漏的原因

1.1 海相地层钻探的井身结构

图 1 和图 2 分别为川东北元坝地区井深结构图和塔河地区井深结构简图。从图中可以看出，川东北元坝地区设计井深为 6 ~ 7km，属于超深井；塔河地区的设计井深也在 6km 左右，属于深井。

不考虑其他影响因素，可以计算水泥浆在井底的静液柱压力。

算例 1：水泥浆密度为 1.4g/cm^3，井深 6000m，

$$p = \rho g h = 84\text{MPa} \tag{1}$$

算例 2：水泥浆密度为 1.5g/cm^3，井深 6000m，

$$p = \rho g h = 90\text{MPa} \tag{2}$$

1.2 常用低密度水泥浆体系的承压能力

通过静液柱压力计算可以得出，水泥浆产生的井下压力非常高。然而，目前常用的低密度水泥浆体系的承压能力无法达到这么高的压力。该类低密度水泥浆体系在高压环境下密度会升高，从而使液柱压力增大而压漏地层。

图 3 为实验室得到的漂珠低密度水泥浆的密度随压力升高的变化趋势[13-14]。

从图中可以看出：

1）随着井下压力的升高，水泥浆的密度也会随之增大；而且密度越低的水泥浆，其密度升高的幅度越大。

2）当井下压力小于 30MPa 时，水泥浆密度随压力升高而升高的幅度较小，最大增幅

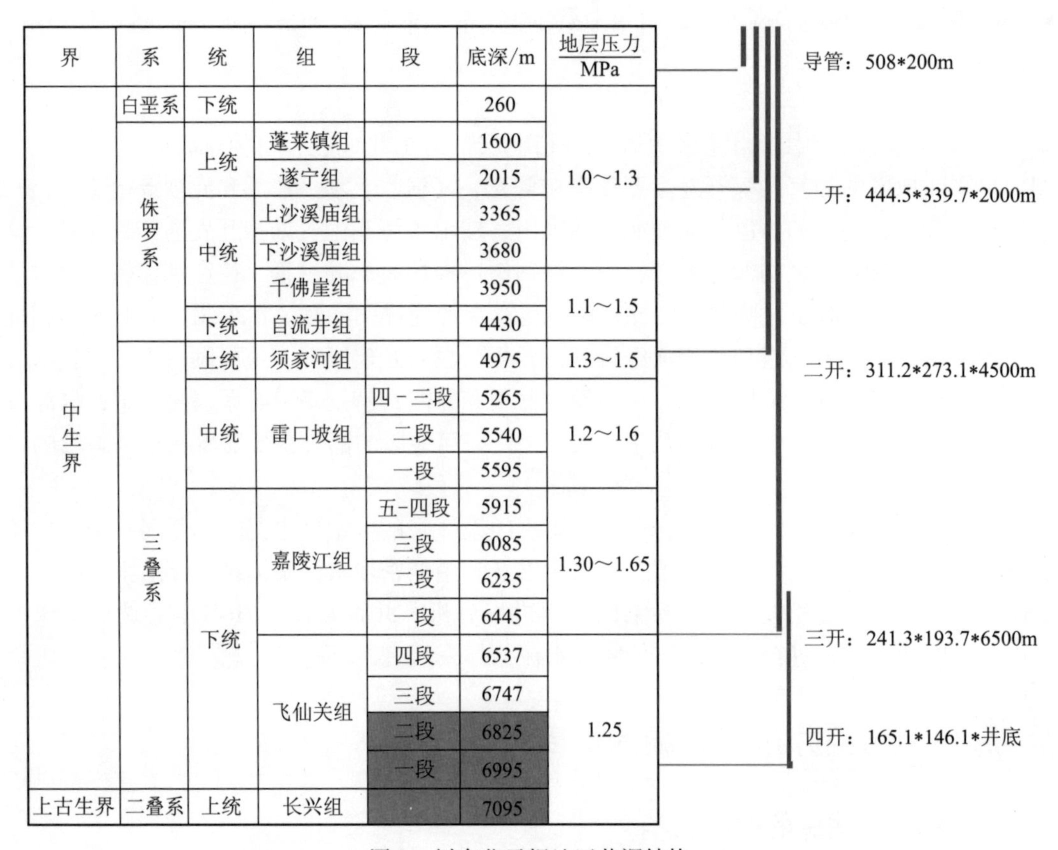

界	系	统	组	段	底深/m	地层压力/MPa
中生界	白垩系	下统			260	1.0～1.3
	侏罗系	上统	蓬莱镇组		1600	
			遂宁组		2015	
		中统	上沙溪庙组		3365	
			下沙溪庙组		3680	
			千佛崖组		3950	1.1～1.5
		下统	自流井组		4430	
	三叠系	上统	须家河组		4975	1.3～1.5
		中统	雷口坡组	四－三段	5265	1.2～1.6
				二段	5540	
				一段	5595	
		下统	嘉陵江组	五-四段	5915	1.30～1.65
				三段	6085	
				二段	6235	
				一段	6445	
			飞仙关组	四段	6537	1.25
				三段	6747	
				二段	6825	
				一段	6995	
上古生界	二叠系	上统	长兴组		7095	

图 1　川东北元坝地区井深结构

Fig. 1　Casing program of Yuanba area, Northeast Sichuan Province

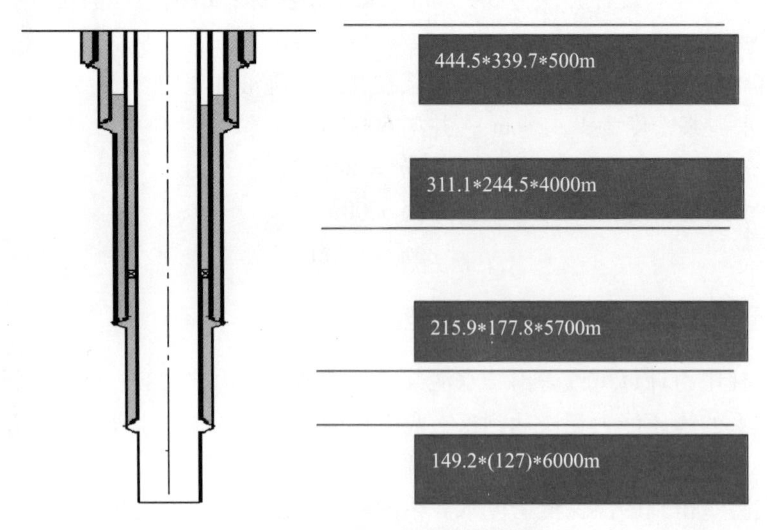

图 2　塔河地区井深结构简图

Fig. 2　Casing program of Tahe Oilfield

每 10MPa 只有 0.01g/cm^3。

3）当井下压力超过 30MPa 后，水泥浆密度随压力升高的最大增幅每 10MPa 达到

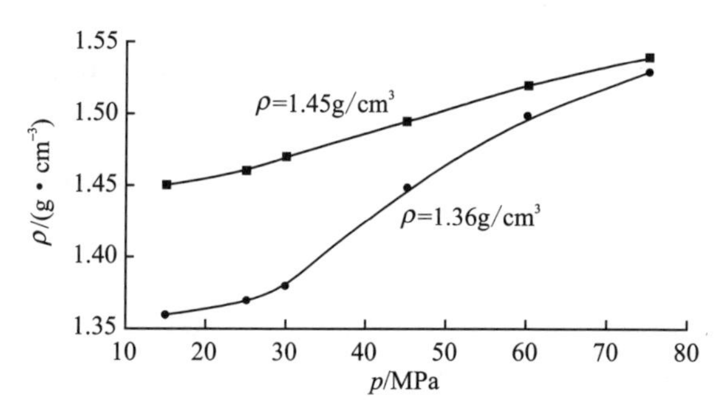

图3　漂珠低密度水泥浆密度随压力的变化趋势

Fig. 3　Density changed with pressure for the floating bead low density slurry system

0.04g/cm^3。

实验研究表明，常用的漂珠类低密度水泥浆体系不能适用于低压易漏并且多属于深井、超深井的海相地层的固井施工。漂珠在井下压力作用下破碎之后，使得低密度水泥浆密度上升的同时，增加了体系的黏度，从而使得泵压升高，这就进一步增加了井漏的风险。

因此，海相地层固井过程易漏的原因，一方面是海相地层本身易漏，另一个重要方面就是低密度水泥浆体系在井下高压环境下实际密度要高于设计密度，从而压漏地层。

2　抗高压低密度水泥浆体系的设计

2.1　密度减轻材料的选择

常用低密度体系承压能力差的主要原因是由于使用的密度减轻材料漂珠本身为煤燃烧的副产品，其粒径大小不一、形状不规则、所含成分也不一致，这就造成了承压能力差的缺陷。3M公司的HGS系列中空玻璃微珠是工厂生产的产品[15-16]，具有更好的粒径分布和强度。表1为该系列产品的性能。

表1　3M公司中空玻璃微珠HGS系列产品性能

Table 1　Product performance of HGS series from 3M Company

型号	抗压强度/MPa	真实密度/(g·cm^{-3})	粒径（分布体积比）/μm			
			10%	50%	90%	最大
HGS2000	13.8	0.32	20	40	75	80
HGS3000	20.7	0.35	18	40	75	85
HGS4000	27.6	0.38	15	40	75	85
HGS5000	37.9	0.38	16	40	75	85
HGS6000	41.3	0.46	15	40	70	80
HGS10000	68.9	0.60	15	30	55	65
HGS18000	124.0	0.60	11	30	50	60

该系列空心玻璃微珠为小粒径的完美球体，易混合、易泵送；不可压缩，可以方便、

准确地进行测井工作；有极高的强度/密度比，因此在井下作业时不会破碎；有相当高的闭空率，水不能进入球体，因此可以使密度保持恒定；呈化学惰性，不会与水泥浆中的其他添加剂发生反应，从而几乎可以和所有的固井水泥浆体系兼容；微球的各向应力一致，可以减少水泥在固化后的收缩；内部有少许气体存在，因此有很好的保温作用，这样就可以加快水泥水化速度，从而减少候凝时间，并且使水泥在短时间内就有较高的强度。

鉴于海相地层为深井、超深井，固井段长并且井底水泥浆产生的液柱压力高，因此这里选择了粒径更小、抗压强度更大的 HGS18000 系列作为密度减轻剂。

2.2 体系颗粒级配的设计

微硅的密度在 2.6g/cm^3 左右，颗粒粒度小。微硅的颗粒粒径绝大部分在 0.02 ~ 0.50μm 范围内，平均粒度在 0.1 ~ 0.2μm 之间，具有较大的比表面积，吸水性强且能减小水泥浆的自由水含量，从而可以有效地改善水泥浆的稳定性[17-20]。表 2 为水泥、HGS 微珠和微硅的堆积基本参数。

表 2 固井材料的堆积基本参数

Table 2 Basic parameters of cementing materials

项目	水泥	HGS 微珠	微硅
绝对密度/(g·cm^{-3})	3.2	0.6	2.5
体积密度/(g·cm^{-3})	1.760	0.324	0.253
充填比例	0.550	0.463	0.101

设 1 个质量单位的水泥（1kg），HGS 微珠和微硅加入量分别是 A 和 B，则三者的松散堆积体积分别是 1/1.760，$A/0.324$，$B/0.253$；绝对体积分别是 1/3.2，$A/0.6$，$B/2.5$。

三者相互混合后，由于微硅的颗粒直径非常小，因此这里假设微硅颗粒完全充填于水泥和微珠颗粒之间，混合物中不考虑微硅的体积；并且，水泥颗粒也能充填于漂珠颗粒间空隙。则三者混合后的充填体积为：

$$V_p = \frac{A}{0.324} + \frac{1}{1.760} - \frac{0.463A}{0.324} \tag{3}$$

充填比例为：$$PVF = \frac{\frac{1}{3.2} + \frac{A}{0.6} + \frac{B}{2.5}}{\frac{(1-0.463)A}{0.324} + \frac{1}{1.760}} \tag{4}$$

不同漂珠、微硅的加入量所得到的堆积充填比例见表 3。

表 3 不同加入量范围的混合物充填比例

Table 3 Filling proportion of mixture in different dosage range

HGS 微珠加入量/%	微硅加入量/%	充填比例
45	15	0.772713
45	20	0.787934
45	30	0.818375
40	10	0.750463

续表

HGS 微珠加入量/%	微硅加入量/%	充填比例
40	30	0.815443
40	40	0.847933
30	30	0.808211
30	10	0.733122
20	10	0.709392
20	20	0.753853
10	10	0.674945
10	20	0.729446

从表3中可以看出：①当HGS微珠加入量一定时，微硅加入量越大，三者混合的充填比例也就越大，充填效果越好；②在HGS微珠和微硅加入量相同时，加入量越大者充填效果越好。

在此基础上，进一步结合流变性和沉降稳定性等试验，得到了不同密度抗高压低密度水泥浆体系的配方。

3 实 验

实验方法参照API标准。表4所示为利用HGS微珠－微硅抗高压低密度水泥浆的性能。

表4 抗高压低密度水泥浆性能

Table 4 Performance of high pressure resisting low weight cement

配方	密度/($g \cdot cm^{-3}$)	流变性能	析水/mL	沉降稳定性/($g \cdot cm^{-3}$)	温度/℃	API失水/mL	稠化时间/min	24h强度/MPa	承压100MPa后密度/($g \cdot cm^{-3}$)
①	1.20	145/83/57/30/3/2	0	0.020	150	36	491	14.7	1.23
②	1.25	265/155/110/57/5/4	0	0.015	160	40	302	18.9	1.27
③	1.30	243/142/104/58/4/3	0	0.010	160	41	—	21.2	1.32
④	1.35	265/139/96/49/5/2	0	0.015	180	42	—	23.0	1.36
⑤	1.45	243/142/104/58/4/3	0	0.010	180	45	236	25.2	1.46

配方：①JHG＋45%HGS微珠＋50%硅粉＋25%微硅＋5%DC600＋2.8%DH100＋60%水
②JHG＋45%HGS微珠＋50%硅粉＋20%微硅＋5% DC600＋1.0%DH100＋58%水
③JHG＋35%HGS微珠＋50%硅粉＋20%微硅＋4.5% DC600＋1.0%DH100＋60%水
④JHG＋30%HGS微珠＋50%硅粉＋15%微硅＋4% DC600＋1.0%DH100＋55%水
⑤JHG＋20%HGS微珠＋50%硅粉＋15%微硅＋4% DC600＋1.0%DH100＋47%水

由表4中数据和图4可以得出：

1）该水泥浆体系在高温下具有良好的流变性能。

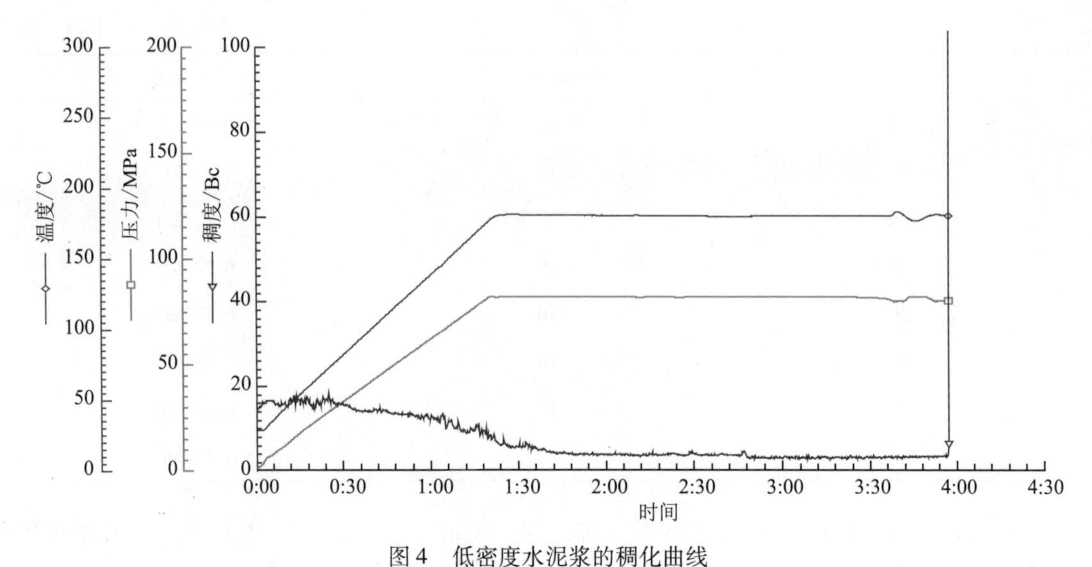

图4　低密度水泥浆的稠化曲线

Fig. 4　Thickening curves of low weight cement

2）该水泥浆体系的API失水均小于50mL，并且无析水。

3）体系具有较优的早期强度，养护24h抗压强度不低于14.7MPa。

4）利用颗粒级配原理对各种外掺料的加入量及粒径进行了优化，浆体无微珠悬浮和沉淀出现，密度差不大于0.03g/cm^3，沉降稳定性好。

5）水泥浆的稠化曲线具有较优的直角稠化特性，说明浆体具有较优的防气窜性能。

6）通过水泥浆压力测试可以得出，浆体在承受100MPa压力后，水泥浆密度会略有上升，说明浆体具有较优的承压能力。

4　结论及建议

4.1　结　论

1）海相地层固井过程发生井漏的主要原因是：海相地层井多属深井、超深井，井下压力高，而常用低密度水泥浆体系承压能力差，使得常用低密度水泥浆在井下高压环境下密度升高从而压漏地层。

2）现场常用水泥浆密度减轻剂漂珠为工业副产品，其粒径大小不一、形状不规则、所含成分也不一致，这就造成了承压能力差的缺陷。国外3M公司生产的HGS玻璃微珠具有更好的粒径分布和强度，并且最新的产品HGS18000承压强度更是高达124MPa。

3）由颗粒级配理论充填比例计算得出：当HGS微珠加入量一定时，微硅加入量越大，三者混合的充填比例越大，充填效果就越好；在HGS微珠和微硅加入量相同时，加入量越大者充填效果越好。

4）利用HGS高性能微珠得到了密度在1.20～1.45g/cm^{3}之间的低密度水泥浆体系。该体系具有浆体性能稳定、直角稠化并且浆体密度在高压下稳定等特点，更加适用于深井易漏海相地层的固井施工。

4.2 建 议

目前使用的HGS微珠来自国外进口，成本非常高，国内还没有同类产品，建议国内相关研究单位加大对高强度空心玻璃微珠的研发力度。

致 谢：研究工作得到博士后合作导师马开华教授、丁士东教授的悉心指导，并得到了中国石化石油工程技术研究院固井完井所各位同事的帮助，在此表示衷心的感谢。

参考文献

[1] 徐同台，刘玉杰．钻井工程防漏堵漏技术［M］．北京：石油工业出版社，1998：76－88.

[2] 沈忠厚．现代钻井技术发展趋势［J］．石油勘探与开发，2005，32（1）：89－91.

[3] 刘四海，崔庆东，李卫国，等．川东北地区井漏特点及承压堵漏技术难点与对策［J］．石油钻探技术，2008，36（3）：20－23.

[4] 郑有成，李向碧，邓传光，等．川东北地区恶性井漏处理技术探索［J］．天然气工业，2003，23（6）：84－85.

[5] 王维斌，马廷虎，邓团．川东宣汉－开江地区恶性井漏特征及地质因素［J］．天然气工业，2005，25（2）：90－92.

[6] 何龙．川东北地区优快钻井配套技术［J］．钻采工艺，2008，31（4）：23－26.

[7] 杨子超，郭春华，王琳．塔河油田TK4－3－1井特大漏失堵漏技术［J］．石油钻探技术，2004，32（1）：63－65.

[8] 王向东．短回接尾管固井技术在补救固井中的应用［J］．石油钻探技术，2003，31（2）：62－63.

[9] 邓洪军．塔河油田碳酸盐岩储层防空漏失现象的研究与应用［J］．中外能源，2007，12（5）：47－52.

[10] 马学军，李宗杰．塔河油田碳酸盐岩缝洞型储层精细成像技术［J］．石油与天然气地质，2008，29（6）：764－768.

[11] 李梦刚，楚广川，张涛，等．塔河油田优快钻井技术实践与认识［J］．石油钻探技术，2008，36（4）：18－21.

[12] 黄贤杰，董耘．高效失水堵漏剂在塔河油田二叠系的应用［J］．西南石油大学学报，2008，30（4）：159－162.

[13] 韩卫华．漂珠对低密度水泥浆密度的影响［J］．钻井液与完井液，2004，21（5）：56－57.

[14] 刘崇建，黄柏宗，徐同台，等．油气井注水泥理论与应用［M］．北京：石油工业出版社，2001：65－68.

[15] Sabins F. 降低固井水泥浆密度的新技术［J］．钻井液与完井液，2006，23（4）：47－49.

[16] Al－Yami H A，Nasr－El－Din S H，Al－Saleh A，et al. Optimization of low-density cement based on hollow glass microspheres［C］. Lab Studies and Field Applications. SPE 113138.

[17] Kulakofsky D，Parades J L，Morales J M. Ultralightweight cementing technology sets world record for liner cementing with a 5.4 lbm/gal slurry density［J］．SPE 98124.

[18] 黄柏宗．紧密堆积理论的微观机理及模型设计［J］．石油钻探技术，2007，35（1）：5－12.

[19] 刘浩斌．颗粒尺寸分布与堆积理论［J］．硅酸盐学报，1991，19（2）：164－171.

[20] 周仕明．优质高强低密度水泥浆体系的设计与应用［J］．钻井液与完井液，2004，21（6）：33－36.

水平缝五点井网整体压裂优化设计

李林地[1,2]

（1. 中国石化石油勘探开发研究院，北京　100083；
2. 中国石油大学石油工程教育部重点实验室，北京　102249）

摘　要　低渗透油藏渗透率低，渗流阻力大，往往需要压裂改造才能获得工业产能。针对大庆长垣内部油田部分区块五点井网以及水力压裂后形成水平裂缝的特点，建立了水平缝五点井网整体压裂改造后油水井生产动态预测模型，并考虑了裂缝的失效性。研究表明，数值模拟结果与实际生产动态具有很好的一致性。以整体压裂改造后的油井产量和采出程度为目标，对裂缝参数进行了优化设计，得到了最优的缝长比为0.3左右，导流能力为30~35μm²·cm；在此基础上研究了注采压差和井距对油水井生产动态的影响，分析了人工裂缝对地层压力和含水饱和度的影响。

关键词　水平裂缝　五点井网　整体压裂　优化设计　数值模拟

Optimization Design of Integral Fracturing for Five-spot Well Pattern with Horizontal Fractures

LI Lindi[1,2]

（1. Petroleum Exploration and Production Research Institute，SINOPEC，Beijing 100083，China；2. MOE Key Laboratory of Petroleum Engineering in China University of Petroleum，Beijing 102249，China）

Abstract　Hydraulic fracturing is commonly used in low-permeability reservoirs so as to make industrial deliverability, due to low permeability and high flow resistance. In Changyuan region of the Daqing Oilfield, horizontal fractures came into being in some blocks when 5 – spots well pattern and hydraulic fracturing had been carried out. A dynamic prediction model for oil-water well production after the integral fracturing of 5 – spots well pattern for horizontal fractures was proposed. Meanwhile, the invalidation of fractures was talked about. The results of numerical simulation agreed with practical performance very well. Aimed at oil product and recovery rate after integral fracturing, fracture parameters were optimized. The most favorable ratio of fracture length to well spacing was 0.3. The optimized fracture conductivity was 30 ~ 35μm² · cm. The influences of injection/production pressure difference and well spacing on oil-water well product were discussed. The effects of artificial fractures on formation pressure and saturation were analyzed.

Key words　horizontal fractures; 5 – spots well pattern; integral fracturing; optimization design; numerical simulation

水力压裂作为一项重要的增产措施，在油气田开发过程中发挥着非常重要的作用，对于压裂后人工裂缝对油藏动态的影响，以研究方法为界可以分为两个阶段两种类型：20

世纪 60 年代以前主要用电解模型实验和平面物理模型实验的方法，通过测定电位值，研究压裂裂缝对渗流场的影响；20 世纪 60 年代以来，随着计算机技术的飞速发展，多采用数值模拟的计算方法。但由于水力压裂多产生垂直裂缝，因而人们对水力压裂的研究多集中于垂直缝[1-4]，关于水平缝的研究较少。1961 年，Hartsock 等[5]采用物理模拟方法对水平裂缝对油井动态的影响进行了研究。1987 年，Sung 等[6]采用数值模拟方法对垂直缝和水平缝的动态特征进行了对比，但所建立的数值模型只考虑了单井的情况，没有考虑井网的影响。本文针对大庆长垣内部油田部分区块采用五点法面积注水井网并且压裂形成水平缝的特点，建立了水平缝五点井网布井方式下整体压裂产量预测模型，分析了压裂规模、注采压差和井距对压裂效果的影响以及水力压裂对地层压力和含水饱和度的影响，从而有利于优化设计方案，提高油田开发的整体效益。

1　产量模型的建立

1.1　物理模型

水平缝都是以井轴为中心向外发展的，从俯视图上看，呈圆饼状。物理模型中将水平裂缝在水平面上的投影简化成正方形（图 1），这样在数值模拟过程中，与地层有共同的网格走向，可采用共同的坐标系，有利于网格的划分和差分方程的建立[7]。

图 1　水平裂缝简化物理模型示意

Fig. 1　The sketch map of simplified physical model for horizontal fracture

在建模时，将地层及裂缝看作两个相对独立的系统，两者之间通过地层向裂缝内的窜流量连接起来。模型中的计算模块取地层厚度的 1/2，不计地层内流体从水平方向流入裂缝的流量（因为裂缝的宽度很小），只考虑地层流体从纵向上流入裂缝的流量。图 2 为五点井网 1/4 单元水平裂缝与地层关系的示意图。

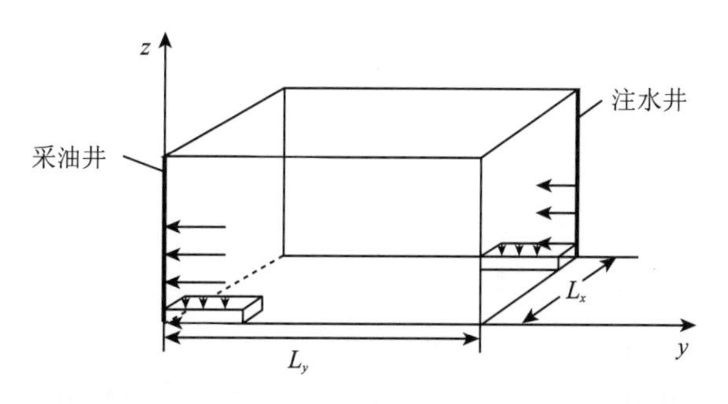

图 2　五点井网 1/4 单元水平裂缝与地层关系示意

Fig. 2　The sketch map of relationship between horizontal fractures and formation in 1/4 unit of 5 - spots

1.2 数学模型

1.2.1 油藏模型

假设条件：①油藏为三维两相流动，油层呈水平状；②油藏非均质，渗透率各向异性；③地层和流体微可压缩，且压缩系数保持不变；④不考虑温度的影响；⑤忽略重力和毛细管力影响。

油相方程为：

$$\frac{\partial}{\partial x}\left(\frac{k_{mx}k_{rom}\rho_o}{\mu_o}\frac{\partial P_m}{\partial x}\right)+\frac{\partial}{\partial y}\left(\frac{k_{my}k_{rom}\rho_o}{\mu_o}\frac{\partial P_m}{\partial y}\right)+\frac{\partial}{\partial z}\left(\frac{k_{mz}k_{rom}\rho_o}{\mu_o}\frac{\partial P_m}{\partial z}\right)=\frac{\partial}{\partial t}(\rho_o\phi_m S_{om}) \tag{1}$$

水相方程为：

$$\frac{\partial}{\partial x}\left(\frac{k_{mx}k_{rwm}\rho_w}{\mu_w}\frac{\partial P_m}{\partial x}\right)+\frac{\partial}{\partial y}\left(\frac{k_{my}k_{rwm}\rho_w}{\mu_w}\frac{\partial P_m}{\partial y}\right)+\frac{\partial}{\partial z}\left(\frac{k_{mz}k_{rwm}\rho_w}{\mu_w}\frac{\partial P_m}{\partial z}\right)=\frac{\partial}{\partial t}(\rho_w\phi_m S_{wm}) \tag{2}$$

辅助方程为：

$$S_o+S_w=1.0 \tag{3}$$

$$P_o=P_w \tag{4}$$

$$k_{ro}=k_{ro}S_o \tag{5}$$

$$k_{rw}=k_{rw}S_w \tag{6}$$

$$\phi=\phi_0[1+C_f(P-P_o)] \tag{7}$$

$$\rho_l=\rho_l^0[1+C_l(P-P_o)] \tag{8}$$

式中：k_{mx}，k_{my}，k_{mz}为X，Y，Z方向的地层渗透率，μm^2；k_{rom}，k_{rwm}为地层油、水相对渗透率；P_o，P_w为油、水相压力，MPa；ρ_o，ρ_w为地下油、水密度，kg/m^3；μ_o，μ_w为地下油、水黏度，mPa·s；S_o，S_w为地层油、水饱和度；P_m为地层压力，MPa；ϕ为孔隙度；C_f为地层综合压缩系数，MPa^{-1}；C_l为流体弹性压缩系数，MPa^{-1}。

1.2.2 裂缝模型

假设条件：①裂缝为水平缝，俯视图形状为正方形；②裂缝是均质的，裂缝渗透率各向异性；③考虑裂缝导流能力随生产时间的失效性；④裂缝中流体的流动为达西流动。

油相方程为：

$$\frac{\partial}{\partial x}\left(h_f\frac{k_f k_{rof}\rho_o}{\mu_o}\frac{\partial P_f}{\partial x}\right)+\frac{\partial}{\partial y}\left(h_f\frac{k_f k_{rof}\rho_o}{\mu_o}\frac{\partial P_f}{\partial y}\right)+q_{omf}=h_f\frac{\partial}{\partial t}(\rho_o\phi_f S_{of}) \tag{9}$$

水相方程为：

$$\frac{\partial}{\partial x}\left(h_f\frac{k_f k_{rwf}\rho_w}{\mu_w}\frac{\partial P_f}{\partial x}\right)+\frac{\partial}{\partial y}\left(h_f\frac{k_f k_{rwf}\rho_w}{\mu_w}\frac{\partial P_f}{\partial y}\right)+q_{wmf}=h_f\frac{\partial}{\partial t}(\rho_w\phi_f S_{wf}) \tag{10}$$

式中：h_f为油层厚度，m；k_f为裂缝渗透率，μm^2；k_{rof}，k_{rwf}为裂缝内油、水相对渗透率；q_{omf}，q_{wmf}为从地层流入裂缝的油、水流量，m^3/s。

如图3所示，裂缝单元和与之相对应的油藏单元网格交界面处的压力假设为P，裂缝单元块中心的压力为$P_f(i,\ k)$，油藏单元块中心的压力为$P_m(i,\ j,\ k)$，二者之间的流量交换通过交界面实现。假设流体流动方向为由油藏流向裂缝的方向，与之相类似可推导相反方向的情况。

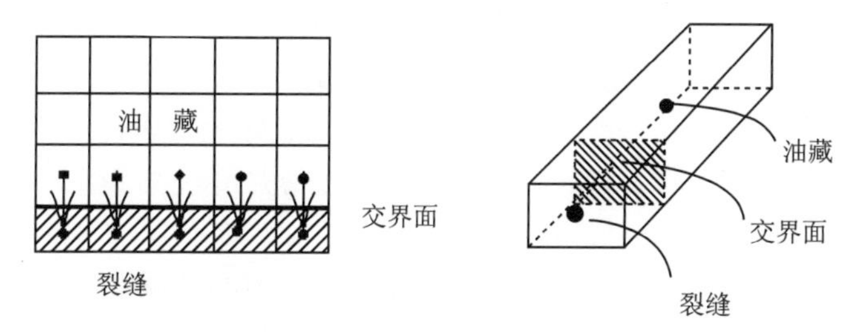

图3 裂缝与油藏交界面示意

Fig. 3 The sketch map of the interface between horizontal fractures and reservoir

由交界面处 $q_{\mathrm{lm}}(i,\ k)\ =q_{\mathrm{lf}}(i,\ k)\ =q_{\mathrm{lmf}}$ 可得：

$$q_{\mathrm{lmf}} = j_{\mathrm{lmf}}(i,k)[P_{\mathrm{m}}(i,j,k) - P_{\mathrm{f}}(i,k)] \tag{11}$$

$$j_{\mathrm{lmf}}(i,k) = \frac{j_{\mathrm{lm}}(i,j,k)j_{\mathrm{lf}}(i,k)}{j_{\mathrm{lm}}(i,j,k) + j_{\mathrm{lf}}(i,k)} \quad (\mathrm{l} = \mathrm{o,w}) \tag{12}$$

在计算过程中考虑了裂缝的失效性，即水力裂缝导流能力在油田开发过程中是不断降低的[8]。假设缝宽不变，裂缝渗透率随时间而变化，其效果是一致的。由大庆长垣内部油田大量的生产数据回归出该函数表达式为：

$$k_{\mathrm{f}} = k_{\mathrm{f_0}}\mathrm{e}^{-bt} + k_0 \tag{13}$$

式中：k_{f} 为压裂后各生产时刻的裂缝渗透率，$\mu\mathrm{m}^2$；$k_{\mathrm{f_0}}$ 为压裂后裂缝渗透率的初始值，$\mu\mathrm{m}^2$；t 为生产时间，d；b 为导流能力衰减系数；k_0 为地层渗透率，$\mu\mathrm{m}^2$。

1.2.3 边界条件和初始条件

1）油藏边界条件：油藏为封闭边界，油井定压生产，水井定压注入。

2）裂缝外边界条件：$\left.\frac{\partial P_{\mathrm{f}}}{\partial x}\right|_{x=0}=0$，$\left.\frac{\partial P_{\mathrm{f}}}{\partial y}\right|_{y=0}=0$，$\left.\frac{\partial P_{\mathrm{f}}}{\partial z}\right|_{z=0}=0$，$\left.\frac{\partial P_{\mathrm{f}}}{\partial y}\right|_{y=\mathrm{lf}}=0$

3）裂缝内边界条件：

$$\text{采油井 } P_{\mathrm{wf}}|_{x=0} = C_1 \qquad (C_1 \text{ 为采油井井底流压}) \tag{14}$$

$$\text{注水井 } P_{\mathrm{wfi}}|_{x=0} = C_2 \qquad (C_2 \text{ 为注水井井底流压}) \tag{15}$$

4）油藏和裂缝初始条件：油藏和裂缝内初始压力和含水饱和度均为原始地层压力和原始地层含水饱和度。

1.2.4 网格的划分

油藏和裂缝是一个相互联系、相互制约的整体，在网格划分时，采用统一的网格系统划分裂缝和油藏，即接触面处两个系统的网格相同，相互对应统一。

1.2.5 方程的求解

分别对油藏和裂缝中流体渗流方程进行差分，采用 IMPES 方法求解，即隐式求解压力、显式求解饱和度，得到地层和裂缝内的压力、饱和度分布，进而计算油水井的产量和生产动态。

2 实例计算

大庆长垣内部油田，油层为白垩系碎屑砂岩沉积储层，埋藏深度 700～1200m，含油面积 1433km^2，地质储量 27.04 × 10^8t，储层自北向南逐渐变薄，层数减少，油层物性也逐渐变差，是典型的多油层非均质砂岩注水开发油田。目前共有油水井 45000 口，分为基础井网（行列，井距 500m）、一次加密（五点、反九点井距 250m，500m）井网，二次加密（五点、反九点井距 150m，250m）井网和三次加密井网（井距 75 ~ 150m）开采。油层渗透率（50 ~ 1000）× 10^{-3} μm^2，孔隙度 15% ~ 30%，饱和压力 8 ~ 10MPa，原油黏度 5 ~ 20mPa · s，含蜡 20% ~ 35%。本文主要根据杏树岗区块的油藏情况进行模拟计算。

2.1 历史拟合

根据所建立的模型，编制了五点井网水平缝整体压裂优化设计软件，对杏树岗油田的 10 口生产井进行了历史拟合，并预测了 8 口生产井的日产量，计算结果与现场实际数据具有很好的一致性。杏 8 - 30 - 330 井生产 400d 后进行水力压裂，压后产量大幅度上升。从图 4 杏 8 - 30 - 330 井的日产量历史拟合曲线可以看出，计算产量与实际产量比较一致，证明本文建立的水平缝压裂井产量预测模型是可靠的。

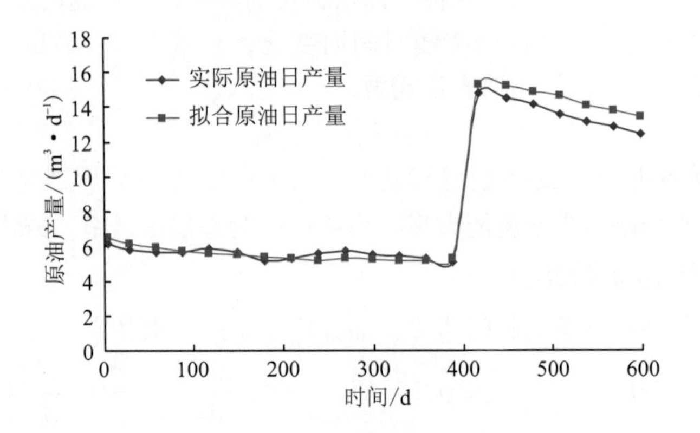

图 4 杏 8 - 30 - 330 井日产量拟合曲线

Fig. 4 The simulated curves of daily output for well X8 - 30 - 330

选取该区块某一五点井网为计算单元，对油水井压裂生产动态进行研究，并优化裂缝参数。该井组中油井投产时即进行了压裂措施，有关计算参数如表 1 所示。

表 1 油藏基本参数

Table 1 Parameters of the reservoir

参数名称	参数值	参数名称	参数值	参数名称	参数值
孔隙度	0.29	原始地层压力/MPa	11.4	地层水密度/(kg · m^{-3})	1000
束缚水饱和度	0.279	生产井井底流压/MPa	5.0	地下原油黏度/(mPa · s)	6.6
残余油饱和度	0.353	注水井井底流压/MPa	24.0	地层油密度/(kg · m^{-3})	880
地层有效渗透率/μm^2	0.1	完井半径/m	0.1	地下水黏度/(mPa · s)	1.0
地层有效厚度/m	2.0	井间距/m	200	水的体积系数	1.0
综合压缩系数/(MPa^{-1})	0.00085	导流能力衰减系数	0.0145	油的体积系数	1.12
地层水压缩系数/(MPa^{-1})	0.00045	裂缝宽度/m	0.004	表皮系数	4.0
地层油压缩系数/(MPa^{-1})	0.00084	裂缝内渗透率/μm^2	50	水井缝长比	0.2

2.2 缝长比

缝长比与油井产量、采出程度的关系曲线见图5和图6。由图5可以看出，缝长比变化时，油井产量随时间的变化规律基本相同。开采初期，日产油量迅速下降，随着注水见效，油井产量有所回升，油井见水后，产量迅速下降，最终日产油量下降速度趋于平缓，进入稳定低产期。随着缝长比增大，产量的增幅变小，而且产量的递减速度增加很快，不利于提高开发效果。从图6可以看出，如果给定裂缝导流能力，则存在着一个最佳的缝长比，超过该值时随裂缝半径的增加采出程度反而降低。对该研究区块最优缝长比为0.3左右。

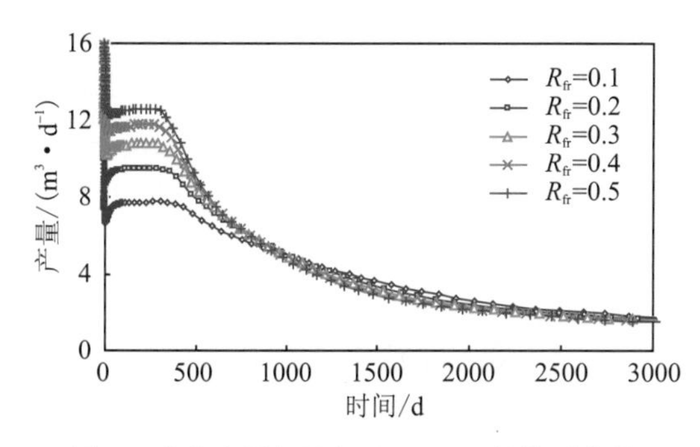

图5 油井产量与缝长比（R_{fr}）的关系曲线

Fig. 5 The curve of daily output to R_{fr}

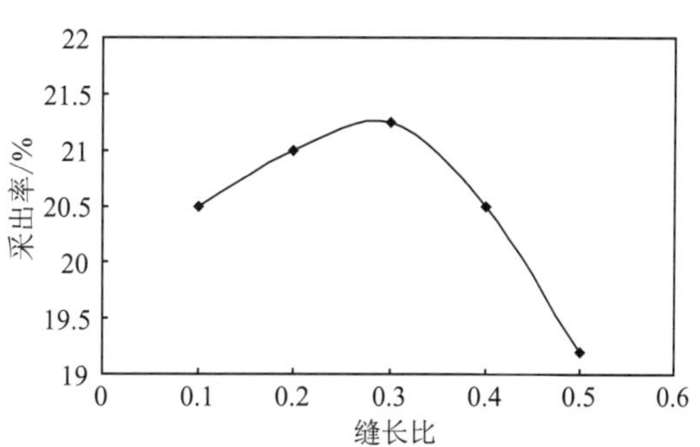

图6 采出程度与缝长比的关系曲线

Fig. 6 The curve of degree of reserve recovery to R_{fr}

2.3 裂缝导流能力

裂缝导流能力与油井产量、采出程度的关系曲线见图7和图8。由图7可以看出，当缝长比一定时，随着裂缝的导流能力增加，产量的增幅逐渐变小，而且产量的递减速度增加很快，不利于提高开发效果。从图8可以看出，如果给定裂缝半径，则存在一个最佳的裂缝导流能力，超过该值时随导流能力增加采出程度增加幅度逐渐减小。由于裂缝导流能力的增加，势必使压裂的加砂量增加，导致施工成本增加，因此在设计时应合理选取合适的导流能力，使得压裂井的潜能得到较好的发挥，且能获得好的经济效益。因此，该区块合理的裂缝参数组合是导流能力为30～35μm^2·cm。

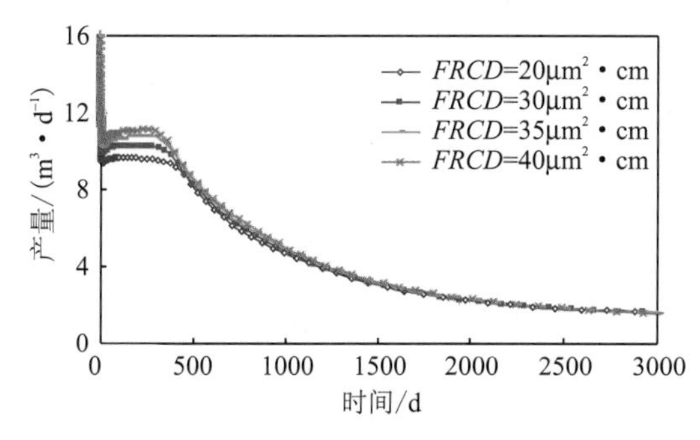

图7 油井日产量与导流能力（*FRCD*）的关系曲线

Fig. 7 The curve of daily output to conductivity *FRCD*

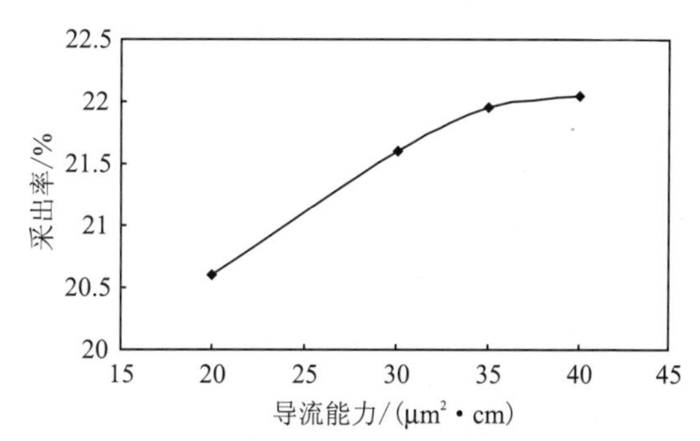

图8 采出程度与导流能力的关系曲线

Fig. 8 The curve of degree of reserve recovery to conductivity

2.4 注采压差

不同的油井和注水井工作制度，会引起不同的压力分布和流线的变化，因此注采压差对各开发指标的影响较大。如图 9 和图 10 所示，累积产油量随注采压差的增加（注水井井底流压增加、采油井井底流压减小）明显增加。同时，还可以看出，采油压差的变化对产油量的影响大于注水压差的影响。压裂后的增产、增注量随注采压差的增大而增大，但增加的幅度不断减小。综合考虑油田的实际情况，当采油压力为 5MPa，注水压力为 24MPa 时，可满足生产的要求。

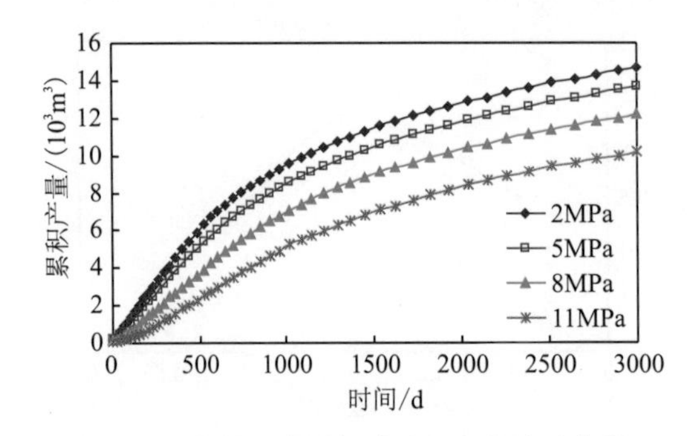

图 9　油井累积产量与采油压力的关系曲线

Fig. 9　The curve of cumulative output to production pressure

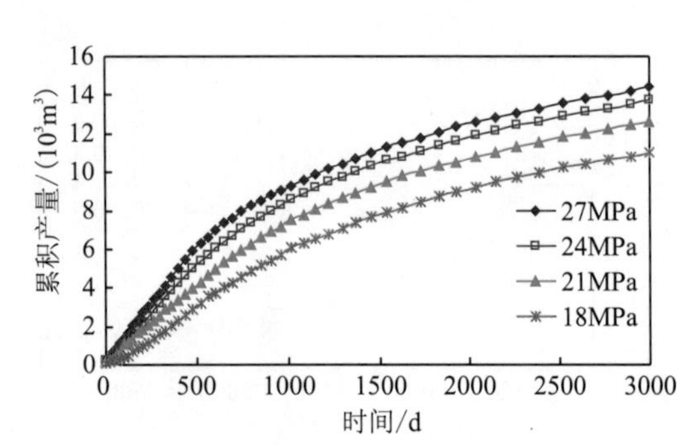

图 10　油井累积产量与注水压力的关系曲线

Fig. 10　The curve of cumulative output to injection pressure

2.5 井距

从图 11 可以看出，井距较小时，初期产量较高，但稳产期短，产量下降迅速；井距较大时，初期产量较低，但稳产期长，产量下降缓慢。由图 12 可知，井距太小，油井见水时间越早，含水率上升越快，越不利于油井的稳定生产，因此应控制井距使油井稳产期变长。考虑到油田生产的实际情况，井距为 200m 左右较为合适。

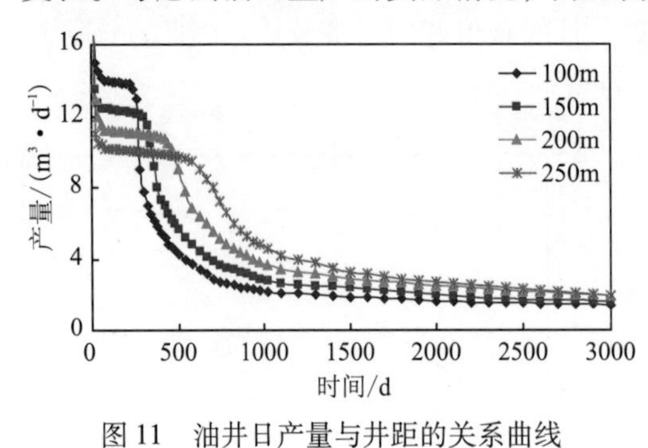

图 11　油井日产量与井距的关系曲线

Fig. 11　The curve of daily output to well spacing

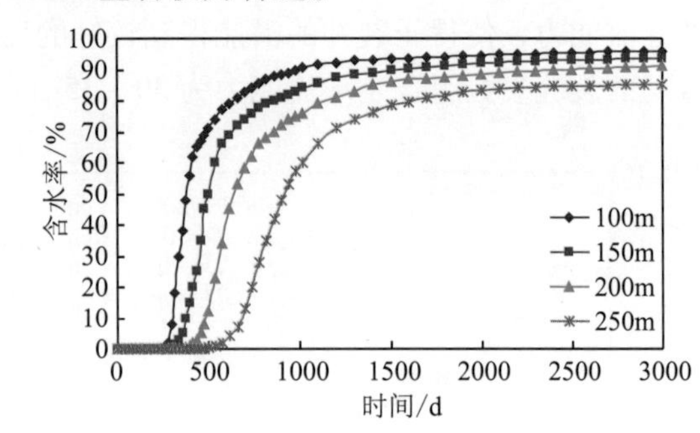

图 12　含水率与井距的关系曲线

Fig. 12　The curve of water content ration to well spacing

2.6 地层压力和饱和度分布

水力压裂影响着地层压力和饱和度的分布。图 13 和图 14 反映了地层压力的分布规律，可以看出，随着压后生产时间的增加，水驱油压力波的压降梯度逐渐变小，地层能量补充逐渐变弱，油水井之间难以构成有效驱替，扫油面积小，不利于把油驱入井筒，降低了采油速度和采收率。图 15 和图 16 反映了不同生产时间的饱和度分布，可以看出，生产 1000d 时，油井已经见水，油井见水后产量有大幅度下降，进入稳产低产期。

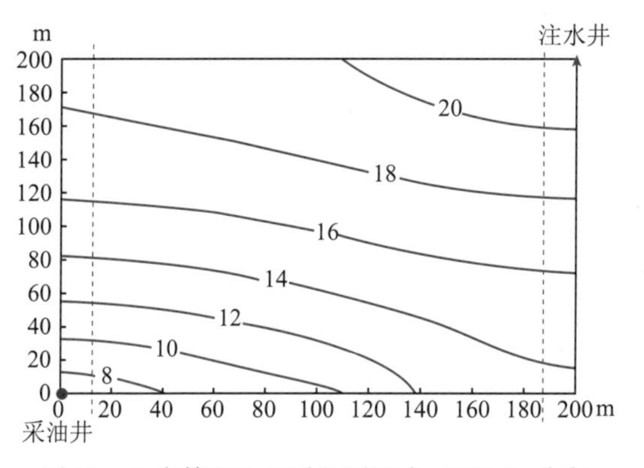

图 13　生产第 300 天时地层压力（MPa）分布

Fig. 13　Formation pressure distribution after producing 300 days

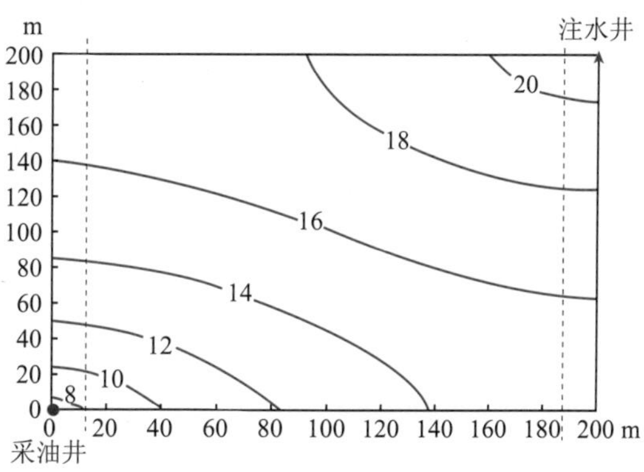

图 14　生产第 1000 天时地层压力（MPa）分布

Fig. 14　Formation pressure distribution after producing 1000 days

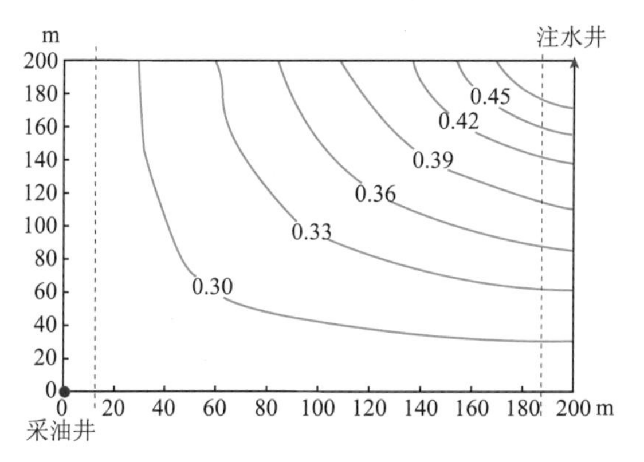

图 15　生产第 300 天时含水饱和度分布

Fig. 15　Saturation distribution after producing 300 days

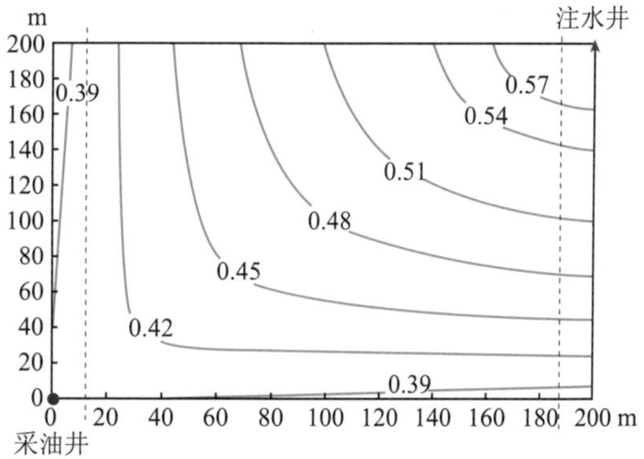

图 16　生产第 1000 天时含水饱和度分布

Fig. 16　Saturation distribution after producing 1000 days

3　结　论

1）建立了五点井网油、水井水平裂缝的三维两相油藏数值模拟模型，研究了五点井网注水开发压裂井产量预测方法，为五点井网压裂优化设计奠定了基础。

2）利用编制的计算程序，对五点井网中实施压裂增产措施的油井进行了原油日产量历史拟合和预测，其结果与实际生产动态具有很好的一致性，说明建立的数值模拟模型和计算软件是可靠的。数值模拟研究结果表明，油井产油量、采出程度等开发指标与地层参数和裂缝参数有关，而且随注采压差的增加而增加，随井距的增加而减小。对给定的区块存在着最优的裂缝参数组合，即裂缝导流能力为 30 ~ 35μm^2 · cm，缝长比为 0.3 左右。

参考文献

[1] Donohue D A T, Hansford J T. The effect of induced vertically-oriented fractures on five-spot sweep efficiency [J]. SPE Journal, 1968, 8 (3): 260 - 268.

[2] Holditch S A, Jennings J W, Neuse S H. The optimization of well spacing and fracture length in low permeability gas reservoirs [C]. SPE 7496, 1978.

[3] Bargas C L, Yanosik J L. The effects of vertical fractures on areal sweep efficiency in adverse mobility ratio floods [C]. SPE 17609, 1988.

[4] Konoplyov V Y, Zazovsky A F. Numerical simulation of oil displacement in pattern floods with fractured wells [C]. SPE 22933, 1991.

[5] Hartsock J H, Warren J E. The effect of horizontal hydraulic fracturing on well performance [J]. Journal of Petroleum Technology, 1961, 13 (10): 1050 - 1056.

[6] Sung W, Enteakin T. Performance comparison of vertical and horizontal hydraulic fractures and horizontal boreholes in low permeability reservoirs: a numerical study [C]. SPE 16407, 1987.

[7] 王鸿勋，张士诚. 水力压裂设计数值计算 [M]. 北京：石油工业出版社，1998：202 - 228.

[8] Wen Qingzhi, Zhang Shicheng, Wang Lei, et al. The effect of proppant embedment upon the long-term conductivity of fractures [J]. Journal of Petroleum Science and Engineering, 2007, 55 (3): 221 - 227.

六级分支井井眼连接总成预成型过程力学分析

王敏生[1,2]　吴仲华[3]

（1. 中国石油大学石油工程学院，北京　102249；2. 中国石化石油勘探开发研究院，北京　100083；3. 胜利石油管理局钻井工艺研究院，山东东营　570000）

摘　要　六级分支井技术以其具有压力完整性、液力封隔性和可选择性再进入能力，成为目前钻井前沿技术研究的热点和难点。文中将焊接在筋板上的分支腿简化为横截面沿轴向不变、两轴向截面固支的圆拱，采用理想刚塑性模型，并忽略圆拱在压缩大变形过程中卸载的影响，对分支腿预成型过程进行了塑性大变形分析。分析认为：圆拱的初始破损载荷随着圆心角的增大而降低。在后破损过程中压缩载荷随着压缩量的增大而逐渐增大，且圆拱的圆心角越大，载荷增大的速度越慢。增大压板的曲率半径可以减小压缩力，且当椭圆压板的曲率半径较大时，随着压缩变形的增大，压力出现先减小后增大的现象；而对曲率半径较小的压板，压力随着压缩变形的增大而单调增大。作用在分支腿上压板的合力随着变形量的增大而单调增大，且在压缩量较小时，合力随变形增大得较缓慢，而在压缩量较大时，合力随变形增大得很快。

关键词　预成型　六级分支井　井眼连接总成　力学分析

Mechanical Analyses of Preforming Process of Junction Assembly in TAML6 Multilateral Well

WANG Minsheng[1,2], WU Zhonghua[3]

(1. School of Petroleum Engineering, China University of Petroleum, Beijing 102249, China; 2. Petroleum Exploration and Production Research Institute, SINOPEC, Beijing 100083, China; 3. Drilling Technology Institute, Shengli Petroleum Administrative Bureau of SINOPEC, Dongying, Shandong 257017, China)

Abstract　TAML6 multilateral wells have attracted much attention in present drilling technique research due to pressure integrity, hydraulic pressure isolation and selective re-entering capability. In this paper, branch legs welded to ribs were simplified to arches. Cross section of the arch was constant along axial and the 2 axial were fixed to the cross section. With ideal rigid-plastic model, ignoring the compression effect of arch during deformation, the large plastic deformation of branch leg preforming process was analyzed. The initial damage load of arch decreased as central angle increased. During the following damage process, compression load increased as compression amount grew. The larger the central angle was, the slower the compression load increased. When pressure plate radius was increased, compression force might be reduced. If the radius was big enough, as compression deformation increased, pressure might first decrease and then increase. If the radius was smaller, as

基金项目：国家高技术研究发展计划（“863”计划）项目（2006AA09Z314）。

compression deformation increased, pressure also increased. The joint force of pressure plate on branch leg increased monotonically with deformation increase. When the compression amount was small, the joint force increased slowly. When the compression amount was big, the joint force increased quickly.
Key words preforming process; TAML6 multilateral well; junction assembly; mechanical analysis

分支井技术由一个主井眼侧钻出两个或更多进入储层的井眼，能够多个储层泄油。对油藏开发而言，分支井有助于制定合理的开发方案，以较低的成本有效开发多产层的油藏，形状不规则油藏，低渗、稠油、薄层、枯竭油藏及裂缝等储层；从钻井角度看，各分支享有共同的井口及上部井段，因而可以大大降低钻井成本，减少占用土地及有利于环境保护。因此分支井技术正逐步成为降低钻井成本、提高油田综合开发效益的重要技术手段[1]。随着人们对海洋环境的日益关注和追求更高的投资回报，分支井技术在海洋油气勘探开发过程中，正扮演着越来越重要的角色[2]。

1997 年由英国壳牌等公司在阿伯丁举行了分支井的技术进展论坛，并按照复杂性和功能性建立了分支井的 TAML（Technology Advancement Multilaterals）分级体系，将分支井按完井方式分为6 个等级[3]，六级分支井技术以其具有压力完整性、液力封隔性和可选择性再进入能力，成为目前钻井前沿技术研究的热点和难点。本文就地面预成型六级分支井井眼连接总成分支叉口的挤压过程进行分析，以期为井眼总成的加工和预压成型提供理论依据。

1 整体方案设计

井眼连接总成是六级分支井系统的核心部件，主要实现分支井眼连接处完整的机械支撑、液力封隔性和主井眼及分支井眼可选择性再进入等功能。本文设计的地面预成型六级分支井井眼连接总成由异径接头、两个叉口、筋板四大部分组成（图 1）。由于分支井井身结构比较复杂，要求主井眼尺寸较大，本文依据国内常用的井身结构系列，确定了适用于 ϕ444. 5mm 及 ϕ311mm 主井眼的井眼连接总成结构，具体参数见表 1。

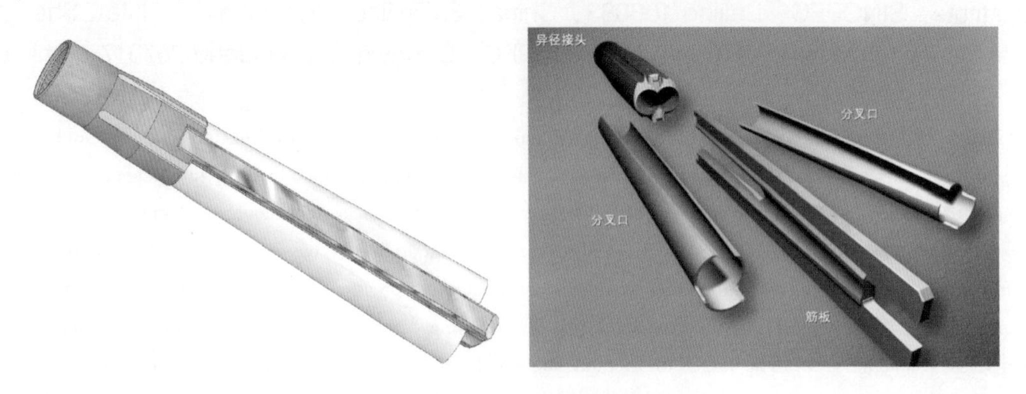

图 1　地面预成型井眼连接总成及其组成

Fig. 1　Junction assembly and its parts

表 1　地面预成型六级分支井井眼连接总成参数

Table 1　Specification of TAML6 multilateral well junction assembly　mm

系统最大外径	主井眼尺寸	要求主井眼扩眼尺寸	主套管尺寸	分支套管外径	分支套管内径
ϕ437.4	ϕ444.5	ϕ660.4	ϕ339.7	ϕ244.5	ϕ226
ϕ307.3	ϕ311	ϕ444.5	ϕ244.5	ϕ177.8	ϕ159.4

六级分支井通过不同的完井方式可以实现对两个分支井眼的分采或者合采。分支井眼可以根据实际情况采用射孔、下防砂筛管等多种常规完井方式。图 2 左图所示的完井井身结构设计可以通过控制井下的液压控制阀实现对两个分支井眼的选择性开采。图 2 右图所示的完井井身结构设计为六级分支井双管完井，可以很方便地通过控制地面的管汇阀门实现两口井的分采。上述两种完井方式除分支井眼再进入和膨胀整形工具外，均可以使用常规的完井工具。

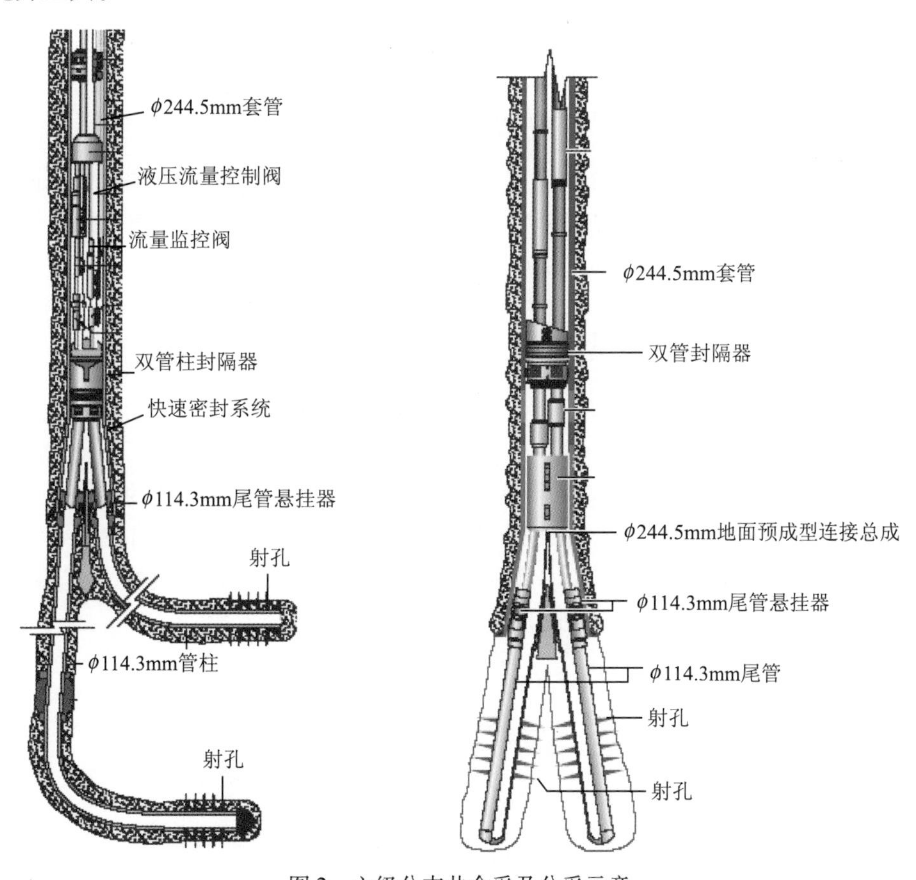

图 2　六级分支井合采及分采示意

Fig. 2　Commingled and separated production of TAML6 multilateral well

2　井眼连接总成地面预成型工艺设计

地面预成型井眼连接总成采用焊接工艺连接后将分支腿采用模具预压工艺使其变为椭

圆形，达到规定的工具外径。分支腿采用 J55 钢级的套管，筋板为 40CrMnMo，预压前通过特殊工艺按要求焊接在一起。图 3 是模具预压成型示意图。

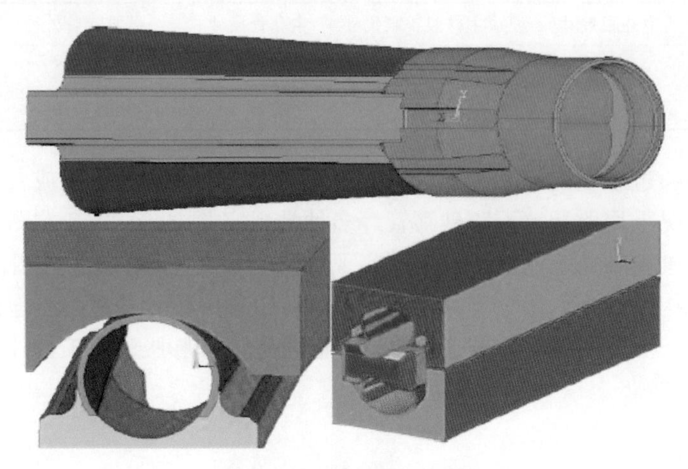

图 3　模具预压成型示意

Fig. 3　Diagram of preforming process

以适用于 ϕ311mm 主井眼的井眼连接总成为例，在预成型过程中，通过预压两个分支腿使预成型井眼连接总成轮廓尺寸由 ϕ386mm 压缩至 ϕ307.3mm；井下膨胀整形过程则是将其由 ϕ307.3mm 膨胀至 ϕ386mm。

3　六级分支井地面预成型井眼连接总成挤压过程分析

3.1　力学基础

根据所设计的压缩工具，建立如图 4 所示的压缩模型。压缩工具的转销位于 O 点，前后压缩工具可以绕着 O 点转动。在进行力学理论分析时，为得到施加在压缩工具上的压力与分支腿压缩量之间的关系，首先研究横截面沿轴向不变的圆拱模型，及在椭圆弧形压板横向压力作用下的弹塑性变形问题，再沿分支腿轴向积分求解。

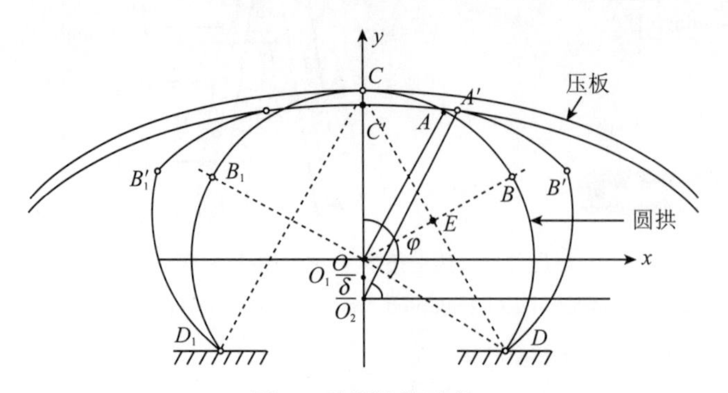

图 4　破损机构示意

Fig. 4　Diagram of collapse mechanism

这里假设圆拱模型沿轴向无限长，为平面应变问题，见图 4。圆拱横截面的端点 D_1

和 D 为固定支撑，采用理想刚塑性模型，且对于无预应力的圆拱在压缩大变形过程中可以忽略卸载的影响。当横截面圆心角为 2φ 的两端固支圆弧拱受到椭圆弧压板向内作用的载荷时，其初始破损模式有 5 个塑性铰，分别位于 D_1，B_1，C，B，D。由于结构及载荷是关于 y 轴对称的，以右半边为例说明其破损后模式。

首先 CB 弧段逆时针转动，BD 弧段顺时针转动，B 点有最大弯矩。当椭圆弧压板向下移动时，圆拱与椭圆弧压板贴附的区域逐渐增大，椭圆压板与圆拱接触的临界点逐渐外移，使得塑性区边缘逐渐外移，初始位于 C 点的塑性铰分裂成两个位于塑性区边缘的移动铰 A' 和 A_1'，即后破损机构具有 6 个塑性铰，分别是 D_1，B_1'，A_1'，A'，B' 和 D，其中 D_1，B_1'，B'，D 为固定铰。$B'D$ 段为刚性顺时针转动；$A'B'$ 段为刚性逆时针转动，且 $A'B'$ 段与 $C'A'$ 段在 A' 点处相切，椭圆压板在 A' 点处的切线为其公切线。

3.2 算例数据

分支腿的内径为 79.7mm，外径为 88.9mm，则中线的平均半径为 $r=84.3$mm，单侧分支腿的拱高沿轴向变化，如图 5 所示，变化范围为 92.4 ~ 138mm，则对应圆拱的半圆心角的变化范围为 $0.51398\pi \sim 0.71127\pi$；分支腿的壁厚为 $2h=9.2$mm。下面的分析中将分支腿简化为横截面沿轴向不变的圆拱，沿轴向取单位长度（1m）。圆拱的材料为 J55 钢级套管，屈服强度 $\sigma_s=552$MPa，弹性模量 $E=194$GPa。压板近似为刚性，这里将压板取为圆弧截面，即长半轴 a 和短半轴 b 均为 $R=307.3$mm。

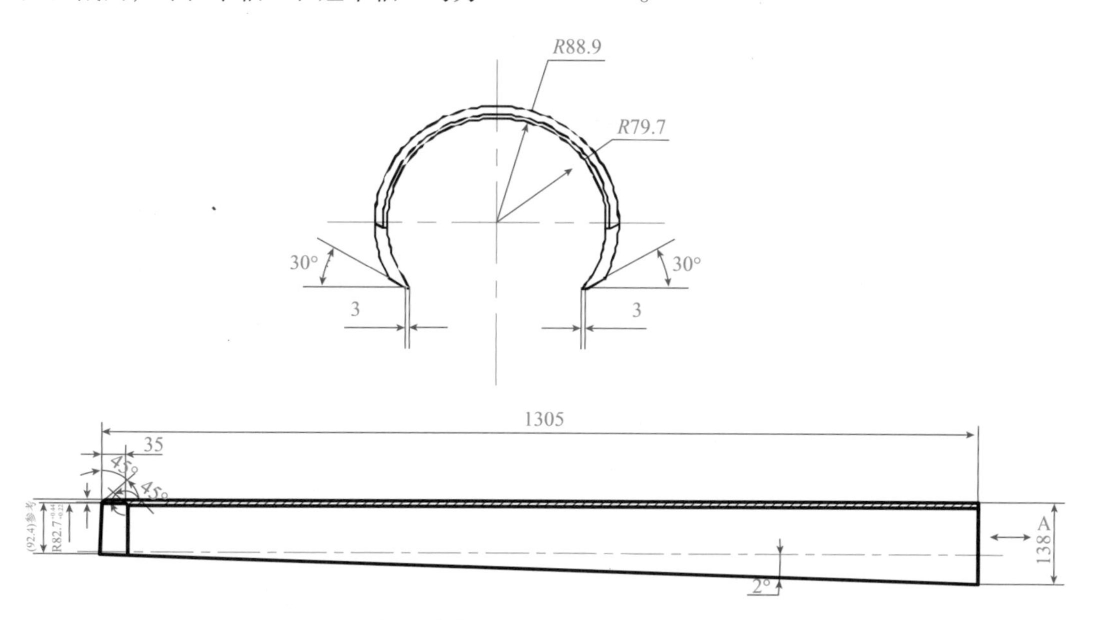

图 5　分支腿和压板的变形受力示意

Fig. 5　Diagram of deformation force on the branch leg and pressure plate

3.3 初始破损载荷

圆弧拱在圆弧压板作用下达到初始破损载荷时为第一个临界状态，圆拱将转变为塑性机构。对于理想刚塑性模型，初始破损载荷 P_0 的计算等同于集中载荷作用下的破损载荷。

其初始破损机构如图 6 所示。对 CBD 弧段进行受力分析，以 C 点为矩心列力矩平衡方程：$\sum M_C=0$，可知固定端 D 点的约束反力 P_0'必沿着 CD 方向。再由整个圆拱弧段 D_1CD 的受力平衡条件$\sum F_y=0$，可得：

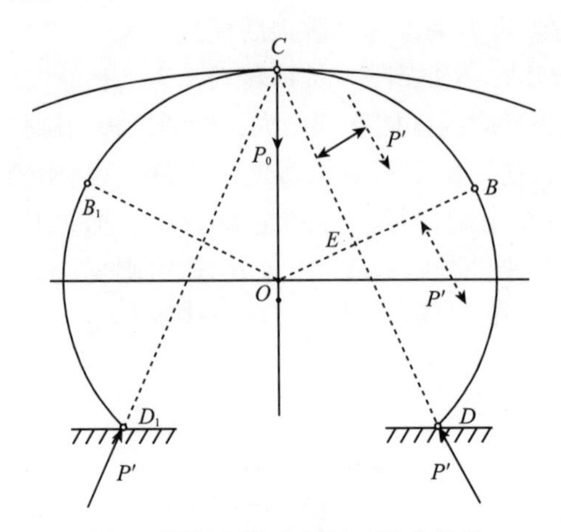

图 6　圆拱初始破损时的受力分析

Fig. 6　Mechanical analysis of the initial damaged arch

$$P_0' = \frac{P_0}{2\sin\frac{\varphi}{2}} \tag{1}$$

同时对 BD 弧段进行受力分析（图 6），作用在这个圆弧段的力和力矩等效于两个数值相等（$=P_0'$）、作用方向相反的力（如图 6 中虚线箭头所示），平衡条件要求这两个力必须沿同一条推力作用线分布，即：

$$\frac{M_P}{P_0'} = \frac{\overline{BE}}{2} \tag{2}$$

这里的$\overline{BE}$是 B 点到 CD 弦的垂直距离，M_P 为圆弧的塑性极限弯矩：

$$M_P = 2bh^2\sigma_s \tag{3}$$

式中：$2h$ 为圆弧厚度；$2b$ 为圆弧轴向长度；σ_s 为由简单拉伸实验得到的屈服应力，对于圆拱，当长度大于其直径时，考虑平面应变条件，σ_s 取 $2/\sqrt{3}$乘以简单拉伸中的屈服应力。由于圆拱厚度远小于其直径、且压缩量较小，没有考虑轴力对屈服的影响。$\overline{BE}$的长度为：

$$\overline{BE} = 2r\sin^2\frac{\varphi}{4} \tag{4}$$

将方程（1），（3），（4）代入方程（2）中，可得到圆心角为 2φ 的圆拱的初始破损载荷：

$$P_0 = \frac{4bh^2\sigma_s\cdot\sin(\varphi/2)}{r\sin^2(\varphi/4)} \tag{5}$$

考虑平面应变的情况，得到初始破损载荷与圆拱的半圆心角的关系如图 7 所示，可见初始破损载荷随着圆拱圆心角的增大而降低；对于本算例的分支腿，对应于圆心角最大和最小断面的初始破损载荷分别是 1024kN/m 和 1498kN/m。

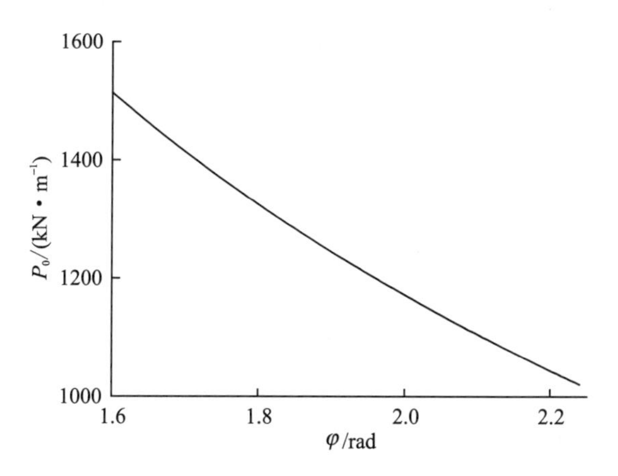

图7　初始破损载荷与半圆心角的关系

Fig. 7　Relationship between the initial damage load and the central angle

3.4　椭圆压板的下行位移 δ

设椭圆压板的长半轴为 a，短半轴为 b，初始的椭圆中心在 O_1 点（图4），压板下行 δ 后椭圆中心位于 O_2 点，椭圆的参数方程为：

$$\begin{cases} x = a\cos t \\ y = b\sin t \end{cases} \tag{6}$$

式中：t 为参数，表示椭圆上的一点和椭圆中心的连线与水平轴的夹角。压板下行 δ 后其最高点的位置用 C'表示，圆拱与压板接触的半椭圆弧段 $C'A'$的长度用 s 表示，其接触临界点 A'的椭圆参数用 t_0 表示，则 s 与 t_0 的关系是一一对应的，为：

$$s = \int_{t_0}^{\pi/2} \sqrt{a^2\sin^2 t + b^2\cos^2 t}\mathrm{d}t \tag{7}$$

下面将以 s 或 t_0 作为表示圆拱变形的参数，寻找压板压缩位移与变形参数的关系，再建立压力与变形参数的关系，从而得到压力位移关系。

随着压板向下移动，圆拱在移动接触点处被展为椭圆弧，圆拱最高点的塑性铰分裂为接触临界点的两个移行塑性铰 A_1'和 A'，椭圆弧 $A'C'$与圆弧 $A'B'$在 A'点处相切，A'点处的切线与 $-x$ 轴的夹角为：

$$\theta' = \arctan\left(\frac{b}{a}\mathrm{ctg}t_0\right) \tag{8}$$

A'点最初在未变形圆弧上的位置为 A 点，A 点处的切线与 $-x$ 轴的夹角为 $\theta = \frac{s}{r}$，则 $A'B'$弧段在压缩过程中逆时针转过的角度为：

$$\Delta\theta = \frac{s}{r} - \arctan\left(\frac{b}{a}\mathrm{ctg}t_0\right) \tag{9}$$

圆弧未变形前 A、B 两点的坐标分别为：

$$A:\left(r\sin\frac{s}{r}, r\cos\frac{s}{r}\right), B:\left(r\sin\frac{\varphi}{2}, r\cos\frac{\varphi}{2}\right),$$

如图8所示，将坐标系平移至 A 点，则 B 点在平移坐标系 x_1Ay_1 中的坐标为：

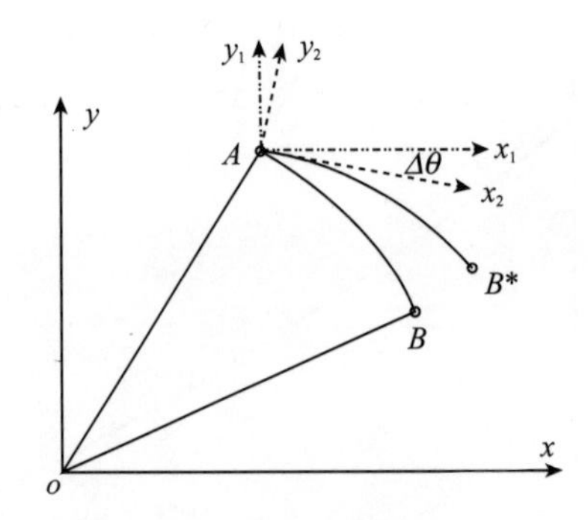

图 8　AB 圆弧刚性旋转示意

Fig. 8　Rigid rotation diagram of arc AB

$$\left(r\sin\frac{\varphi}{2}-r\sin\frac{s}{r},r\cos\frac{\varphi}{2}-r\cos\frac{s}{r}\right)$$

将此平移后的坐标系绕 A 点顺时针转动 $\Delta\theta$，此时 B 点在 x_2Ay_2 系中的坐标就是 AB 弧段绕 A 点逆时针转动 $\Delta\theta$ 后到达 AB^* 后 B^* 点的坐标，为：

$$\begin{cases}x_{B^*}=\left(r\sin\dfrac{\varphi}{2}-r\sin\dfrac{s}{r}\right)\cos\Delta\theta-\left(r\cos\dfrac{\varphi}{2}-r\cos\dfrac{s}{r}\right)\sin\Delta\theta\\ y_{B^*}=\left(r\sin\dfrac{\varphi}{2}-r\sin\dfrac{s}{r}\right)\sin\Delta\theta+\left(r\cos\dfrac{\varphi}{2}-r\cos\dfrac{s}{r}\right)\cos\Delta\theta\end{cases}\tag{10}$$

对于坐标系 xoy，A'点的坐标为：

$$\begin{cases}x_{A'}=a\cos t_0\\ y_{A'}=b\sin t_0-\delta-(b-r)\end{cases}\tag{11}$$

则 B'点在 xoy 坐标系中的坐标为：

$$\begin{cases}x_{B'}=x_{A'}+x_{B^*}\\ \quad=a\cos t_0+\left(r\sin\dfrac{\varphi}{2}-r\sin\dfrac{s}{r}\right)\cos\Delta\theta-\left(r\cos\dfrac{\varphi}{2}-r\cos\dfrac{s}{r}\right)\sin\Delta\theta & \text{(a)}\\ y_{B'}=y_{A'}+y_{B^*}\\ \quad=b\sin t_0-\delta-(b-r)+\left(r\sin\dfrac{\varphi}{2}-r\sin\dfrac{s}{r}\right)\sin\Delta\theta+\left(r\cos\dfrac{\varphi}{2}-r\cos\dfrac{s}{r}\right)\cos\Delta\theta & \text{(b)}\end{cases}\tag{12}$$

为得到压缩位移 δ 与接触段半弧长 s 之间的关系，将 B'点的坐标用 D 点坐标表示。D 点的坐标为：

$$x_D=r\sin\varphi,y_D=r\cos\varphi$$

设 DB 绕 D 点顺时针转过角度 β 后到达 DB'，类似于（12）式，利用坐标的平移和旋转得到用 D 点坐标和 DB 弧段的转角 β 表示的 B'点相对于 xoy 坐标系的坐标：

$$\begin{cases}x_{B'}=\left(r\sin\dfrac{\varphi}{2}-r\sin\varphi\right)\cdot\cos\beta+\left(r\cos\dfrac{\varphi}{2}-r\cos\varphi\right)\cdot\sin\beta+r\sin\varphi & \text{(a)}\\ y_{B'}=-\left(r\sin\dfrac{\varphi}{2}-r\sin\varphi\right)\cdot\sin\beta+\left(r\cos\dfrac{\varphi}{2}-r\cos\varphi\right)\cdot\cos\beta+r\cos\varphi & \text{(b)}\end{cases}\tag{13}$$

联立方程（12）和（13）可以得到 DB 弧段顺时针转过的角度 β：

$$\beta = \arccos\left(-\frac{\frac{x_{B'}}{r} - \sin\varphi}{2\sin\frac{\varphi}{4}}\right) - \frac{3}{4}\varphi \tag{14}$$

再由方程（12）和（13）即可得到压板的压缩位移与接触半弧长 s 的关系：

$$\delta = b\sin t_0 - (b - r) + \left(r\sin\frac{\varphi}{2} - r\sin\frac{s}{r}\right)\sin\Delta\theta + \left(r\cos\frac{\varphi}{2} - r\cos\frac{s}{r}\right)\cos\Delta\theta - y_{B'} \tag{15}$$

上式中的 $y_{B'}$ 由（13）式给出。不同半圆心角的圆拱其压缩位移与接触半弧长的关系如图 9 所示，可见接触弧长随着压板的下行而单调增大；圆拱的圆心角越小，其可压缩的位移就越小；对于同样的接触弧长，随着圆拱圆心角的增大，下行位移也相应增大；圆心角越大，接触弧长随下行位移增大而增大的速度减慢。

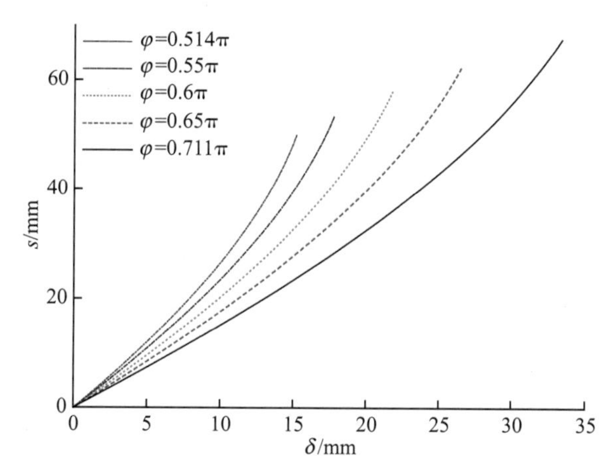

图 9　不同圆心角圆拱在半径 0.3073m 圆弧压板作用下 δ 与 s 的关系

Fig. 9　Relationship between δ and s (arch with different central angles, pressure plate with 0.3073m radius)

半圆心角为 $\varphi = 0.71127\pi$ 的圆拱，在不同曲率半径的圆弧压板作用下的下行位移 δ 与弧长 s 的关系如图 10 所示，可见对于同样的接触弧长，随着压板曲率的增大，下行位移相应增大。

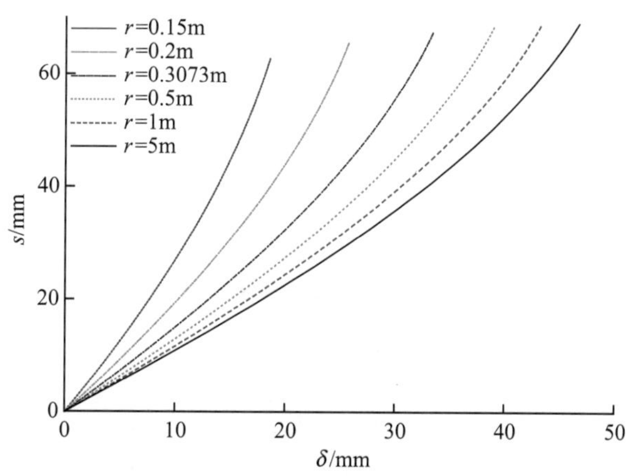

图 10　半圆心角 0.71127π 圆拱在不同曲率半径圆弧压板作用下 δ 与 s 的关系

Fig. 10　Relationship between δ and s (pressure plate with different radius, arch with 0.71127π half central angles)

3.5 压板下行所需的载荷 P

随着压板向下移动，初始破损位于 C 点的塑性铰分裂成两个位于接触临界点的塑性铰 A_1'和 A'。压板对圆拱的压力成为作用在接触弧段 $A_1'A'$ 上的分布力，其合力仍然是作用在弧段的最高点 C'的压力 P。对 $A'B'D$ 弧段进行受力分析（图11），以 A'点为矩心列力矩平衡方程可知，D 点的约束反力 P'必沿着 DA'的方向，设 $A'D$ 弦与 $-x$ 轴的夹角为 α，则由整个圆拱 $D_1C'D$ 的受力平衡得到：

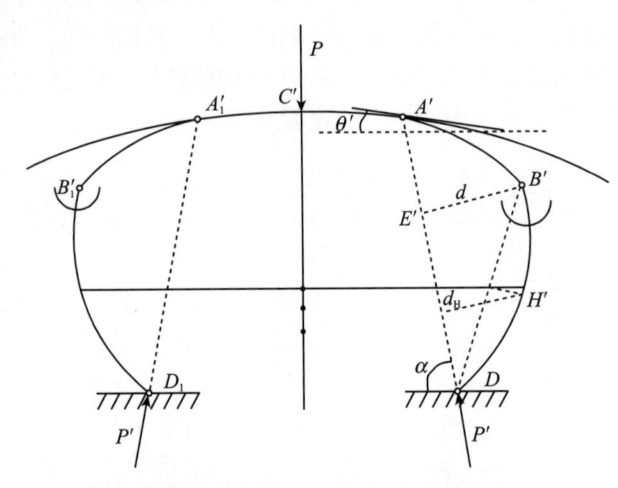

图 11　椭圆压板下行 δ 时圆拱弧段的受力分析

Fig. 11　Mechanical analysis of the arch when pressure plate pushed down δ

$$P' = \frac{P}{2\sin\alpha} \tag{16}$$

分析 $B'D$ 段的受力平衡，以 B'点为矩心列力矩平衡方程，得到圆拱可以继续变形所对应的支反力：

$$P' = \frac{2M_P}{d} \tag{17}$$

式中：d 为 B'点到 $A'D$ 弦的距离。由 A'点和 D 点的坐标可以写出 $A'D$ 弦的方程：

$$A_0x + B_0y + C_0 = 0 \tag{18}$$

其中：

$$\begin{cases} A_0 = b\sin t_0 - \delta - (b - r) - r\cos\varphi \\ B_0 = r\sin\varphi - a\cos t_0 \\ C_0 = -r\sin\varphi \cdot A_0 - r\cos\varphi \cdot B_0 \end{cases}$$

则由 B'到 $A'D$ 弦的距离为：

$$d = \frac{|A_0x_{B'} + B_0y_{B'} + C_0|}{\sqrt{A_0^2 + B_0^2}} \tag{19}$$

其中 B'的坐标（$x_{B'}$，$y_{B'}$）由方程（12）或（13）确定。$A'D$ 弦与 $-x$ 轴的夹角为：

$$\alpha = \arctan\frac{A_0}{B_0} \tag{20}$$

由（16）式和（17）式可知，椭圆弧压板的向下压力为：

$$P = \frac{4\sin\alpha M_P}{d} \tag{21}$$

式中的 d 和 α 由式（19）和式（20）确定，这样就可以得到圆压板的压缩力 P 与压缩位移 δ 的关系。

图 12 是不同半圆心角的圆拱的无量纲压力位移曲线，图 13 为有量纲量之间的关系曲线。由此可以看到载荷随着压缩量的增大而逐渐增大，且圆拱的圆心角越大，载荷增大的速度越慢。

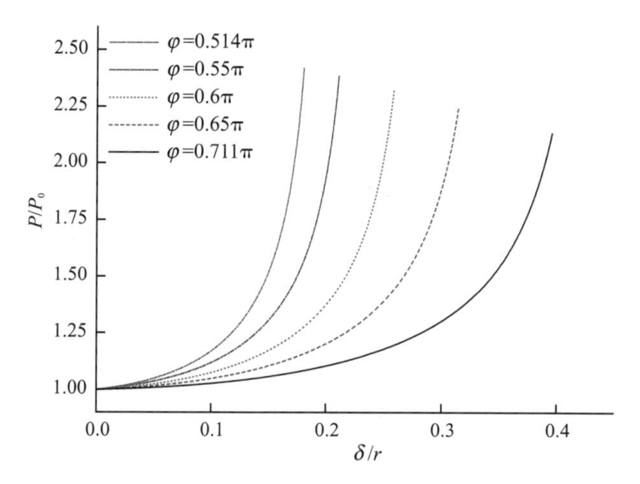

图 12　不同圆心角的圆拱在半径 0.3073m 圆弧压板作用下的无量纲压力位移曲线

Fig. 12　Dimensionless stress-displacement curves (arch with different central angles, pressure plate with 0.3073m radius)

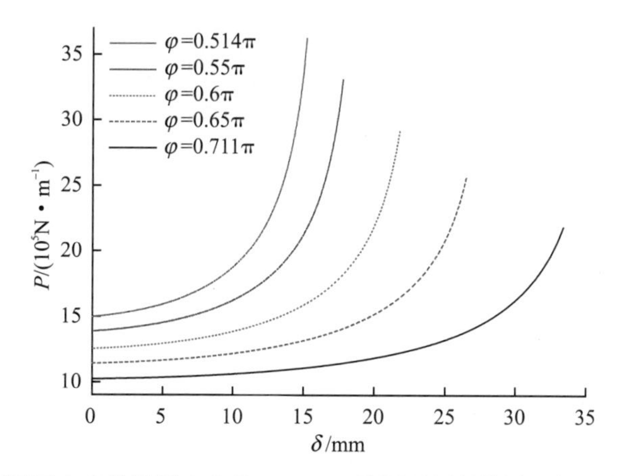

图 13　不同圆心角的圆拱在半径 0.3073m 的圆弧压板作用下的压力位移曲线

Fig. 13　Stress-displacement curves (arch with different central angles, pressure plate with 0.3073m radius)

图 14 为半圆心角 $\varphi = 0.71127\pi$ 的圆拱在不同曲率半径的圆弧压板作用下的压力位移曲线。可见随着压板曲率半径的增大，压力随着位移增大而增大的速度明显减慢，因此增大压板的曲率半径可以减小压缩力；同时，当压板的曲率半径较小时，压力随着变形量的

增大而单调增大（如图 14 中 $r \leqslant 0.3073\text{m}$ 的 3 条曲线所示），而当椭圆压板的曲率半径较大时，随着压缩变形的增大，压力出现先减小后增大的现象（如图 14 中 $r \geqslant 0.5\text{m}$ 的 3 条曲线所示）。

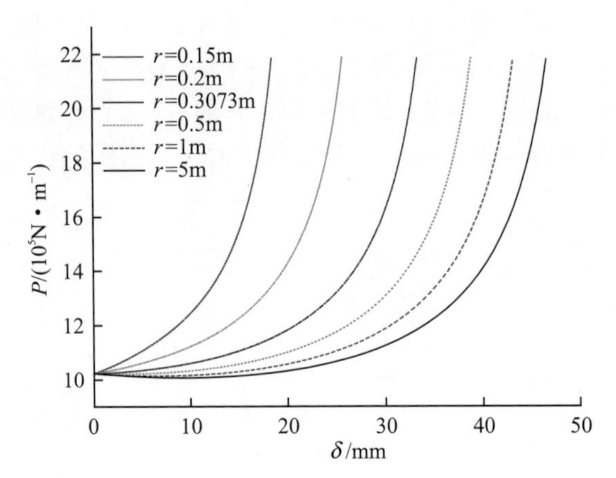

图 14 半圆心角 0.71127π 单位长度圆拱在不同曲率压板作用下的压力位移曲线

Fig. 14 Stress-displacement curves (pressure plate with different radius, arch with 0.71127π half central angles)

当塑性铰 B' 处的弯矩小于 $B'D$ 圆弧段中点 H' 处的弯矩时，为第二个临界状态，随着压板下行位移的进一步增大，圆拱将进入第三个破损模式。为确定第二个临界状态，首先计算 H' 点的坐标。类似于（13）式的推导，利用坐标的平移和旋转，可以得到用 D 点坐标及 DH' 段绕 D 点的转角 β 表示的 H' 点的坐标：

$$\begin{cases} x_{H'} = \left(r\sin\dfrac{3}{4}\varphi - r\sin\varphi\right)\cdot\cos\beta + \left(r\cos\dfrac{3}{4}\varphi - r\cos\varphi\right)\cdot\sin\beta + r\sin\varphi \\ y_{H'} = -\left(r\sin\dfrac{3}{4}\varphi - r\sin\varphi\right)\cdot\sin\beta + \left(r\cos\dfrac{3}{4}\varphi - r\cos\varphi\right)\cdot\cos\beta + r\cos\varphi \end{cases} \tag{22}$$

由 H' 到 $A'D$ 弦的距离为：

$$d_H = \frac{|A_0 x_{H'} + B_0 y_{H'} + C_0|}{\sqrt{A_0^2 + B_0^2}} \tag{23}$$

当 $d_H \geqslant d$ 时，圆拱进入第三个破损模式。此后 B' 点由于局部卸载而成为刚结点，H' 点成为新的塑性铰，随着压缩位移的进一步增大，$A'B'H'$ 将像刚体一样作平面运动，且 $A'B'$ 圆弧段在 A' 点的切向与 A' 在椭圆压板上的切向重合。直到 B' 点与压板重合后进入第四个破损模式，在此阶段，B' 点随着压板的下行垂直下移，$B'H'$ 圆弧段绕 B' 点逆时针旋转，直至 $B'H'$ 圆弧段在 B' 点处的切向与椭圆压板在 B' 处的切向重合。此后随着压板的下行，圆拱进入第五个破损模式，压板与圆拱接触的临界点、H' 点和 D 点为塑性铰，依此进行弧段的对分可以得到压缩载荷与压缩位移的近似关系。

3.6 作用在分支腿压板上的合力

对于如图 5 所示的分支腿，沿着轴向其横截面的圆心角是变化的，如果具有圆弧横截面的压板在初始位置时是沿着轴向与分支腿的轮廓相接触，在压板下移过程中，沿着轴向进行积分可以得到压缩分支腿所需要的外力合力 F。图 15 所示为分支腿在横截面的半径为 0.3073m 的圆弧形压板作用下其合力 F 与大端面下行位移 δ 间的关系，可见随着压缩量的增大，作用在压板上的合力是单调增大的，且在压缩量较小时，压力随变形增大得较缓慢，而在压缩量较大时，压力随变形增大得很快。

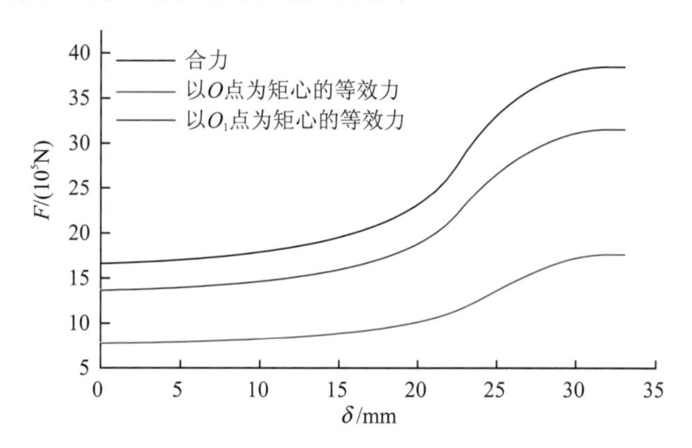

图 15　分支腿在半径 0.3073m 圆弧形压板作用下合力与大端面下行位移关系

Fig. 15　Relationship between the joint forces of 0.3073m radius pressure plate on branch leg and the downward displacement of large end

4　结　论

将焊接在筋板上的分支腿简化为横截面沿轴向不变、两轴向截面固支的圆拱，采用理想刚塑性模型，并忽略圆拱在压缩大变形过程中卸载的影响，对分支腿预成型过程进行了塑性大变形分析。得到以下结论：

1）圆拱的初始破损载荷随着圆心角的增大而降低。

2）在后破损过程中压缩载荷随着压缩量的增大而逐渐增大，且圆拱的圆心角越大，载荷增大的速度越慢。

3）增大压板的曲率半径可以减小压缩力，且当椭圆压板的曲率半径较大时，随着压缩变形的增大，压力出现先减小后增大的现象；而对曲率半径较小的压板，压力随着压缩变形的增大而单调增大。

4）作用在分支腿上压板的合力随着变形量的增大而单调增大，且在压缩量较小时，合力随变形增大得较缓慢，而在压缩量较大时，合力随变形增大得很快。

参考文献

[1] 张立平，纪哲峰，付广群．多分支井的技术展望 [J]．国外油田工程，2001，17（11）：36－37.

[2] 王敏生．分支井技术及其在海洋油气开发中的应用 [J]．中国人口资源与环境，2003，13（专刊）：84－90.

[3] Diggins E. A proposed multi-lateral well classification matrix [J]. World Oil, 1997, 218 (11): 107.

考虑复杂因素下的火山岩气藏数值模拟

许进进[1,2]　任玉林[1]　凡哲元[1]

（1. 中国石化石油勘探开发研究院，北京　100083；
2. 中国石油大学，北京　102249）

摘　要　目前对于综合考虑启动压力梯度、滑脱效应和应力敏感的火山岩气藏渗流规律研究相对比较滞后。通过建立综合考虑3种因素的复杂渗流数学模型，利用数值差分方法进行求解，在此基础之上利用计算机程序编制了相应的数值模拟器，最后结合XS气田某区块实际气井资料进行了考虑3种因素综合影响下的单井数值模拟研究。研究结果表明，启动压力梯度、滑脱效应及应力敏感对火山岩气藏生产开发有着很大的影响，启动压力梯度和应力敏感会对地层压力、采出程度等关键参数造成负面影响，滑脱效应对生产开发起着有利的作用。

关键词　应力敏感性　滑脱效应　启动压力梯度　数值模拟　火山岩气藏

Numerical Simulation Model of Volcanic Gas Reservoirs Under Complex Condition Consideration

XU Jinjin[1,2], REN Yulin[1], FAN Zheyuan[1]

(1. Petroleum Exploration and Production Research Institute, SINOPEC, Beijing 100083, China; 2. University of Petroleum, Beijing 102249, China)

Abstract　Currently, volcanic gas reservoir seepage law study is relatively lagging. Through the establishment of the three factors considered the mathematical model of the complexity of flow, the use of numerical methods for solving differential in the use of a computer program based on the preparation of the corresponding numerical simulator, and finally, combined with the actual data from XS Gasfield, carried out three factors to consider under the influence of numerical simulation of the single well. The results showed that starting pressure gradient, slippage effect and stress-sensitive production of volcanic gas reservoirs had great impacts on the development, start-up pressure gradient and stress on the formation pressure-sensitive, picking out the key parameters of the degree of negative impact, slippage effect on production plays a beneficial role in development.

Key words　stress sensitivity; slippage effect; starting pressure gradient; numerical simulation; volcanic gas reservoir

火山岩气藏在国内外都是一个新兴的研究方向，目前国内投入开发的火山岩气藏还只是处于初步生产阶段，无可供借鉴的现场生产经验[1]。火山岩气藏气、水两相复杂渗流机理研究是解决此类气藏合理、科学、高效开发的关键[7-10]，对于综合考虑启动压力梯

基金项目：国家重点基础研究发展计划（“973”计划）项目（2007CB209500）。

度、滑脱效应和应力敏感的火山岩气藏渗流规律研究相对比较滞后。

针对火山岩气藏储层特征复杂的特点，从气藏渗流力学理论出发，全面充分考虑了启动压力梯度、滑脱效应及应力敏感等因素的影响，建立了考虑3种因素综合影响下的复杂渗流数学模型，并利用数学方法将其数值化；在此基础之上，编写计算机程序并结合实际气藏气井进行单井数值模拟研究，得出了这些因素对火山岩气藏开发的影响，进而明确了火山岩气藏的复杂渗流机理，为合理科学地认识和开发火山岩气藏奠定了基础。

1 火山岩气藏双重介质复杂渗流数学模型建立

1.1 假设条件

1）火山岩气藏被认为是由低渗透、高储存能力的火山岩基质微孔系统和高渗透、低储存能力的火山岩基质裂隙宏观孔隙系统组成，但是由于裂缝中的渗透率很大，不存在启动压力梯度，而基质渗透率较小，存在启动压力梯度。因此，考虑基质和裂缝中均有渗流的情况，即双孔双渗模型。

2）孔隙介质中的气、水两相流体为牛顿流体。

3）流体在裂隙和孔隙中的流动是相互独立的（有各自独立的控制方程），但又相互重叠。

1.2 模型建立

基质中气相连续性方程：

$$\nabla\left\{\frac{\alpha\rho_{gm}K_{rgm}K_{m}e^{-\beta_{m}(\delta^{T}-P_{gm})}\left(1+\dfrac{b}{P_{gm}}\right)}{\mu_{gm}}(\nabla P_{gm}-G_{g})\right\}-\alpha\lambda_{g}(P_{gm}-P_{gf})+\alpha q_{gm}=\frac{\alpha\partial(\phi_{m}S_{gm}\rho_{gm})}{\partial t} \tag{1}$$

基质中水相连续性方程：

$$\nabla\left\{\frac{\alpha\rho_{wm}K_{rwm}K_{m}e^{-\beta_{m}(\delta^{T}-P_{gm})}}{\mu_{wm}}(\nabla P_{wm}-G_{w})\right\}-\alpha\lambda_{w}(P_{gm}-P_{gf})+\alpha q_{wm}=\frac{\alpha\partial(\phi_{m}S_{wm}\rho_{wm})}{\partial t} \tag{2}$$

裂缝中气相连续性方程：

$$\nabla\left\{\frac{\alpha\rho_{gf}K_{rgf}K_{f}e^{-\beta_{f}(\delta^{T}-P_{gf})}}{\mu_{gf}}(\nabla P_{gf})\right\}+\alpha\lambda_{g}(P_{gm}-P_{gf})+\alpha q_{gf}=\frac{\alpha\partial(\phi_{f}S_{gf}\rho_{gf})}{\partial t} \tag{3}$$

裂缝中水相连续性方程：

$$\nabla\left\{\frac{\alpha\rho_{wf}K_{rwf}K_{f}e^{-\beta_{f}(\delta^{T}-P_{gf})}}{\mu_{wf}}(\nabla P_{wf})\right\}+\alpha\lambda_{w}(P_{gm}-P_{gf})+\alpha q_{wf}=\frac{\alpha\partial(\phi_{f}S_{wf}\rho_{wf})}{\partial t} \tag{4}$$

式中：α 为维数因子；ρ_{gm}为基质中的气相密度，g/cm^3；K_{rgm}为基质中的气相相对渗透率，小数；K_m 为基质渗透率，μm^2；μ_{gm}为基质中的气相黏度，mPa·s；P_{gm}为基质中的气相压力，10^5Pa；G_g 为气相启动压力梯度，MPa/m；λ_g 为气相窜流系数；P_{gf}为裂缝中的气相压力，10^5Pa；D 为重力梯度，MPa/m；q_{gm}为基质中的气相产量，cm^3/s；ϕ_m 为基质孔隙度，小数；S_{gm}为基质中的气相饱和度，小数；ρ_{wm}为基质中的水相密度，g/cm^3；K_{rwm}为基质中的水相相对渗透率，小数；μ_{wm}为基质中的水相黏度，mPa·s；P_{wm}为基质中的水相压力，10^5Pa；G_w 为水相启动压力梯度，MPa/m；λ_w 为水相窜流系数；P_{gf}为裂缝中的气相压力，atm❶；q_{wm}为基质中的水相产量，cm^3/s；S_{wm}为基质中的水相饱和度，小数；ρ_{gf}为裂缝中的气相密度，g/cm^3；K_{rgf}为裂缝中的气相相对渗透率，小数；K_f 为裂缝渗透率，μm^2；μ_{gf}为裂缝中的气相黏度，mPa·s；ϕ_f 为裂缝孔隙度，小数；S_{gf}为裂缝中的气相饱和度，小数；ρ_{wf}为裂缝中的水相密度，g/cm^3；K_{rwf}为裂缝中的水相相对渗透率，小数；μ_{wf}为裂缝中的水相黏度，mPa·s；P_{wf}为裂缝中的水相压力，10^5Pa；S_{wf}为裂缝中的水相饱和度，小数。

1.3 内外边界处理

考虑两种外边界：定压边界和封闭边界。对于内边界的处理，考虑了定产量生产，直至井底流压下降到某一定值；接着定流压生产，直至不能产气为止。

1.4 数学模型求解

利用全隐式有限差分方法进行求解，得到了基质和裂缝中的气、水压力和饱和度变化关系式。利用 VB6.0 编写了数值模拟计算程序，用于实际火山岩气藏气井数值模拟研究。

2 火山岩气藏气井单井数值模拟

2.1 单井基本参数

选取 XS 气田 XX 区块 M 井作为实例应用对象。该井是一口中产井，储层物性较差。储层长 1000m，宽 1000m，有效厚度为 20m，深 3600m，气藏温度 142℃，裂缝间距 20m，气藏初始地层压力为 40MPa，裂缝平均孔隙度为 1%，基质平均孔隙度为 10%，基质初始含气饱和度为 54.65%，基质绝对渗透率为 0.1×10^{-3}μm^2，裂缝初始含气饱和度为 85%，裂缝绝对渗透率为 10×10^{-3}μm^2，水的压缩系数为 6.375×10^{-4}/MPa。

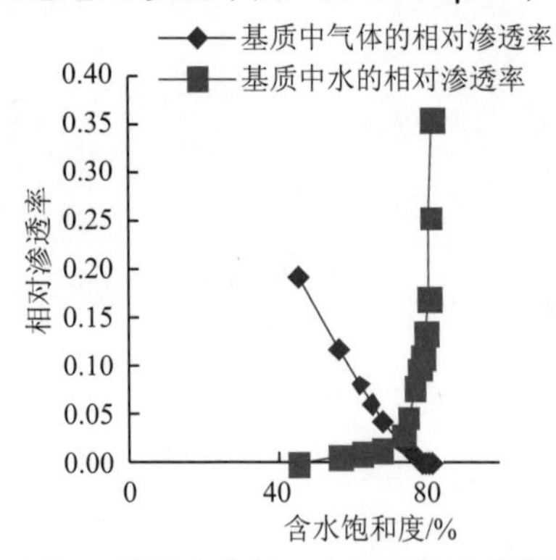

图 1 基质中的气、水相对渗透率曲线
Fig. 1 Relative permeability of gas and water in matrix

2.2 相渗及毛细管力曲线

（1）气、水相渗曲线

利用 A 井全直径火山岩岩样的气、水相渗实验数据的处理结果，得到了基质中的气、水相渗曲线（图 1）。对于裂缝中的气、水相对渗透率，由于缺乏实验数据，模型中采用两条斜交直线。

（2）气、水毛细管压力曲线

A 井的毛细管压力资料主要是通过压汞法获得，得到了 XX 区块火山岩储层的气、水毛细管压力曲线（图 2）。由于裂缝中渗透高、导流能力高、含水

❶ 1atm = 101325Pa

率低，毛细管压力可忽略不计。

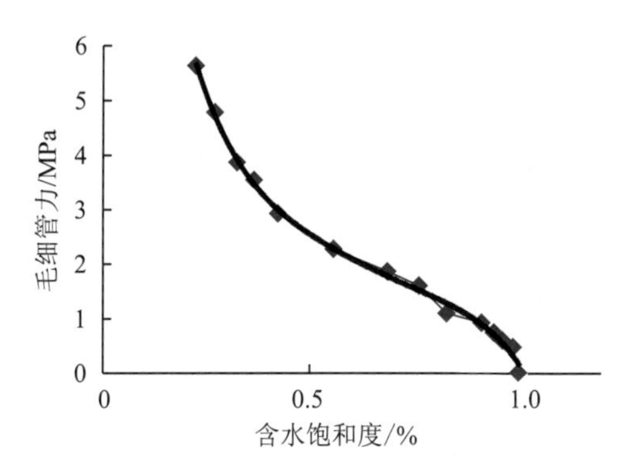

图2 基质中的毛细管力曲线

Fig. 2 Capillary pressure in matrix

2.3 数值模拟过程设定

为了在同一条件下进行数值模拟结果对比，将模拟过程统一设定为先定产 $3\times10^4m^3/d$,压力下降，达到设定井底流压70MPa（70atm）之后，定井底流压，直到不能产气为止。比较各种条件下的稳产时间、总采气量、压力变化、饱和度变化、渗透率变化、孔隙度变化、采收率等参数的关系，进而形成火山岩气藏渗流机理。

3 数值模拟结果分析

利用开发得到的数值模拟器，对不同条件下火山岩气藏渗流规律进行了数值模拟研究，通过比较分析，得到了相应的结论。

设定生产气量为 $3\times10^4m^3/d$，模拟到3年时间以及整个模拟过程中的压力对比、产气量对比、采收率对比情况（图3至图7）。

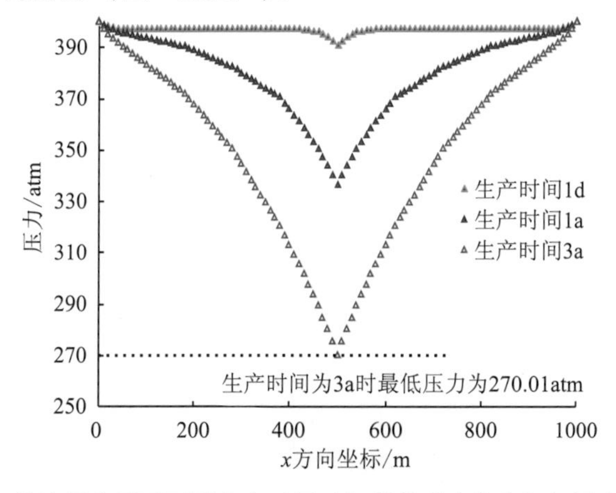

图3 外边界定压下不同生产时间时气藏基质中节点气相压力剖面

Fig. 3 Gas pressure of different production time in gas reservoir matrix under certain pressure at external boundary

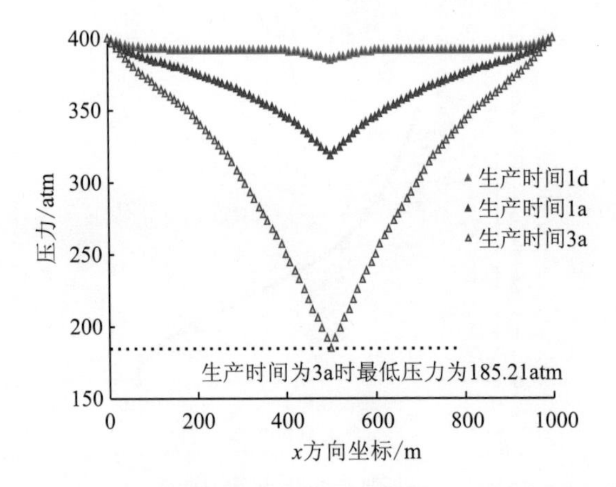

图4 外边界定压下不同生产时间时气藏裂缝中节点气相压力剖面

Fig. 4 Gas pressure of different production time in gas reservoir fractures under certain pressure at external boundary

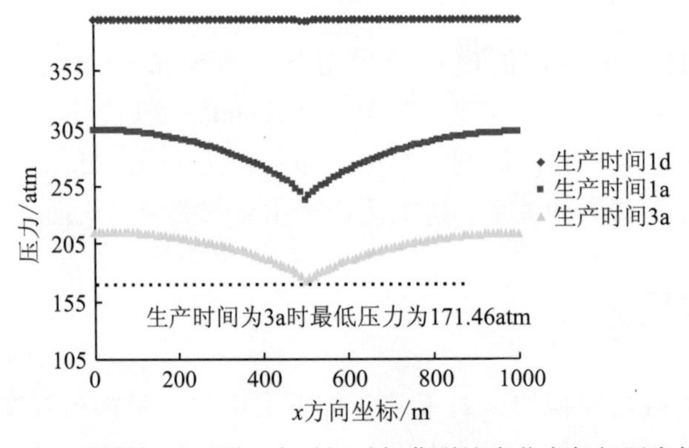

图5 外边界封闭下不同生产时间时气藏裂缝中节点气相压力剖面

Fig. 5 Gas pressure of different production time in gas reservoir fractures under the condition of sealed external boundary

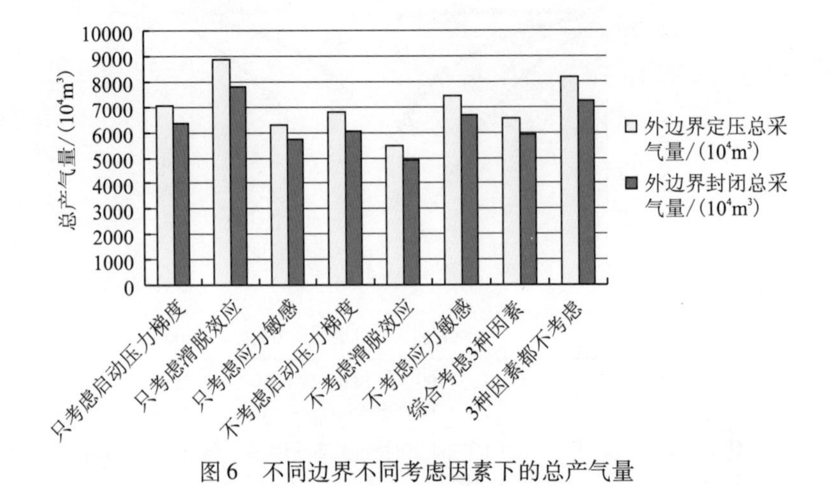

图6 不同边界不同考虑因素下的总产气量

Fig. 6 Total output of different boundaries under the consideration of different factors

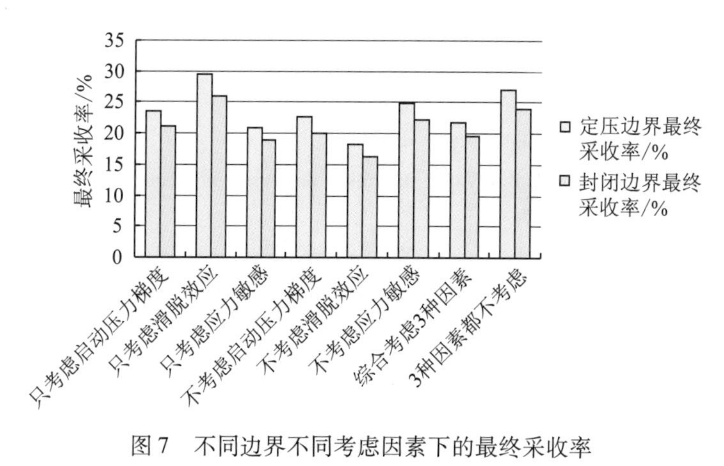

图7　不同边界不同考虑因素下的最终采收率

Fig. 7　Final recovery efficiency of different boundaries under different factors

由图可以看出，不同影响因素条件下，定压边界条件高于封闭边界条件下的稳产期累积产气量，定压边界条件高于封闭边界条件下的稳产期采出程度，定压边界条件高于封闭边界条件下的总累积产气量，定压边界条件高于封闭边界条件下的最终采收率。相同外边界条件下，不同影响因素下的稳产期累积产气量、稳产期采出程度、总累积产气量以及最终采收率与压力变化具有相同规律，其中只考虑滑脱效应条件时最大，不考虑滑脱效应条件时最小。

4　结　论

1）滑脱效应对火山岩气藏渗流会造成正面影响，有利于气藏生产开发，有利于压力保持，在开发生产过程中当渗透率足够低时，要考虑其对气体渗流的影响。

2）启动压力梯度和应力敏感对于火山岩气藏的影响是负面的，应力敏感的负面效应也是最大的，其对火山岩气藏储层物性具有破坏性作用。井点附近压力压降最大，应力敏感作用最强；远离井点区域渗透率、孔隙度降低程度小于井点附近。

3）外边界定压边界条件下井点处压力高于封闭边界条件下井点处压力；不同影响因素条件下，外边界定压边界条件下稳产期累积产气量高于封闭边界条件下稳产期累积产气量；外边界定压边界条件下稳产期采出程度高于封闭边界条件下稳产期采出程度；外边界定压边界条件下总累积产气量高于封闭边界条件下总累积产气量；外边界定压边界条件下最终采收率高于封闭边界条件下最终采收率。相同外边界条件下，不同影响因素下稳产期累积产气量、稳产期采出程度、总累积产气量以及最终采收率与压力变化具有相同规律，其中只考虑滑脱效应条件时最大，不考虑滑脱效应条件时最小。

参考文献

[1] 袁士义等．火山岩气藏高效开发策略研究 [J]．石油学报，2007，28 (1)：73－77.

[2] Barenblatt G I，Zheltov J P，Kochina I N. Basic concepts in the theory of seepage of homogeneous liquids in fissured rocks [J]. PMM，1960，24 (5) .

[3] Barenblatt G I, Zheltov J P. On the basic equations of the single phase flow of fluids through fractured porous media, Doc, Akad [J]. SSSR, 1960, 132 (3) .

[4] Kazemi H. Pressure transient analysis of naturally fractured reservoir with uniform fracture distribution [Z]. Soc of Petroleum Engineers Journal, 1969: 451 -426.

[5] Brownscombe E R, Dves A B. Water imbibition displacement: can it release reluctant spraberry oil [J]. The Oil and Gas Jour, 1952, 17.

[6] Kazemi H, Gilman J R, Elsharkawy R M. Analytical and numerical solution of oil recovery from fractured reservoirs with empirical transfer functions [J]. SPE Reservoir Eng, 1992: 219 -227.

[7] 张烈辉. 裂缝性底水气藏单井水侵模型 [J]. 天然气工业, 1994, 14 (6) .

[8] 刘慈群. 三重介质弹性渗流方程组的精确解 [J]. 应用数学和力学, 1981, 2 (4): 419 -424.

[9] 陈钟祥. 双重介质渗流方程组的精确解 [J]. 中国科学, 1980, 2.

[10] 尹定. 双重介质中裂缝与基质间油气水替换过程的单块模型研究 [J]. 潜山油气藏, 2006, (4) .

气浮技术在孤三污水站的应用

谭文捷

（中国石化石油勘探开发研究院，北京　100083）

摘　要　含聚污水处理是当今油田污水处理中面临的难题之一，近年来通过研究将气浮技术应用于含聚污水处理，取得了一定的效果。以孤三污水站气浮技术的应用情况为例，分析了气浮技术对油、悬浮物、聚合物、SRB 菌和腐蚀速率的处理效果，以及腐蚀速率超标的原因，总结了气浮技术在含聚污水处理中的应用前景和急需解决的问题。

关键词　腐蚀速率　含聚污水　气浮技术　油田污水处理

Application of the Air Flotation Technology to the Treatment of Polymer-bearing Wastewater

TAN Wenjie

(Petroleum Exploration and Production Research Institute, SINOPEC, Beijing 100083, China)

Abstract　The treatment of polymer-bearing wastewater is one of the difficulties in today's oilfield produced-water treatment. In recent years, the air flotation technology has been used to polymer-bearing wastewater treatment, and achieved certain results. In this paper, the application of the flotation technology in the Gusan Wastewater Treatment Station was analyzed as an example. The concentration of oil, suspended solids, polymers, SRB bacteria and the corrosion rate were analyzed. The reason for excessive corrosion rate was achieved. The application future of the air flotation technology and the urgent problems which should be resolved in the future were summed in the end.

Key words　corrosion rate; polymer-bearing wastewater; air flotation technology; oilfield produced-water treatment

聚合物驱是一种提高原油采收率的工艺方法[1]。为了稳定生产，从 1996 年开始聚合物驱油技术步入工业化应用阶段。目前，我国聚合物驱油产油量已占当年产油量的 10% 以上，并已成为 21 世纪中国陆上石油可持续发展的重要技术[2]。聚合物驱采出液中不仅含油量高，而且含有大量的残余聚合物。聚合物的存在增加了油、水分离的难度，利用水驱常规重力沉降处理工艺处理难以达到回注原地层的水质要求。因此，采用气浮处理技术对含聚污水进行处理。本文以胜利油田孤三污水站的实际应用情况为例，分析气浮技术对含聚污水的处理效果。

1 含聚污水的特点

含聚污水与常规采油污水相比，具有一些独特的特点[3-5]：①随含油污水的黏度增加，聚合物浓度越高，聚驱采出水的黏度越高；②随采出水的油珠变小，稳定性增加，油、水分离困难；③聚合物的存在严重干扰了絮凝剂的使用效果，使絮凝效果变差，大大增加了药剂用量；④由于聚合物吸附性较强，携带的悬浮物量较大，增加了反冲洗和排泥的工作量。

2 气浮技术原理

气浮技术是使大量微细气泡吸附在欲去除的颗粒上，利用气体本身的浮力将污染物带出水面，从而达到分离目的的方法。气浮技术按气泡产生方式的不同，可分为布气气浮、加压溶气气浮和电解气浮等。污水处理中常用的是加压溶气气浮。加压溶气气浮是将污水（或清水）和压缩空气导入溶气罐，在压力为196~392kPa的条件下，使空气溶解于水变成溶气水，并达到饱和状态；然后将溶气水减压引至气浮池，在常压下，溶解的空气便从水中逸出，形成水-气-粒三相混合体系，细小气泡的直径为10~100μm；微小气泡成为载体，气泡从水中析出粘附水中的污染物质形成气-粒浮选体浮出水面成为浮渣，浮渣由刮沫机刮去，则系统水被净化排出。其设备原理如图1所示。

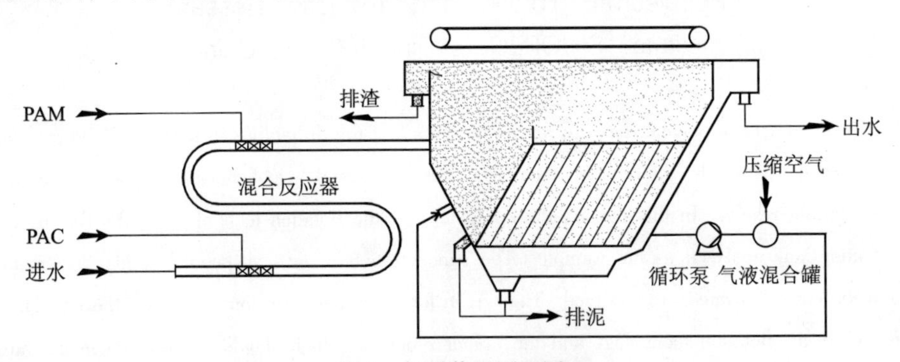

图1 气浮装置原理图

Fig. 1 Schematic diagram of the flotation device

3 气浮技术的应用效果

胜利油田孤三污水站来水中聚合物浓度为10~25mg/L。采用常规重力沉降工艺处理后，含油和悬浮物浓度均达不到注水水质标准，因此采用气浮技术进行处理。下面将详细分析气浮技术在含聚污水中的处理效果。

3.1 工艺流程

孤三污水的处理工艺为二级气浮工艺，具体工艺流程如图2所示。处理规模为14000m³/d，处理标准为含油50mg/L，悬浮物50mg/L，于2008年6月30日正式投运。

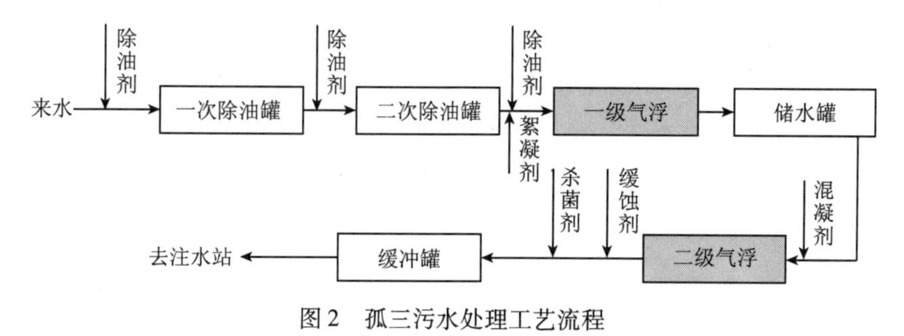

图2　孤三污水处理工艺流程

Fig. 2　Process of Gusan wastewater treatment station

3.2　处理效果

对含油、悬浮物和聚合物的研究选取孤三污水站连续25d的水质监测数据（图3）。从图3a中可以看出，一级气浮进口含油量较高，为600～7000mg/L；经过一级气浮处理后，出水含油量大大降低，为60～600mg/L，平均含油去除率为89.44%；再经过二级气浮处理后，出水含油均低于50mg/L，达到回注用水的要求。来水在经过两级气浮处理后，含油量明显降低，含油去除率达到98.64%，除油效果非常显著。悬浮物含量的变化如图3b所示，经两级气浮后，悬浮物浓度明显下降，一级气浮后悬浮物平均去除率为50.34%，二级气浮后悬浮物平均去除率为87.95%，出水悬浮物含量均低于50mg/L，达到注水水质的要求。另外气浮对聚合物也有一定的去除能力（图3c），在来水聚合物平均浓度为22mg/L的情况下，经过两级气浮，聚合物的浓度逐渐下降，二级气浮出水聚合物浓度为6～13mg/L，去除率达到57.62%。

在监测出水含油和悬浮物量的同时，监测了出水含SRB菌的情况。投产后1年内SRB菌的含量情况如图4所示。

从图4可以看出，气浮工艺投入运行后的5个月内SRB菌含量超标较为严重，经分析主要原因为杀菌剂投加量低，杀菌效果差。5个月后增加了杀菌剂投加量，SRB菌含量基本上能够控制在标准以下，除第8个月外其他月份均能达标。从图中分析可以看出，只要严格控制杀菌剂的投加量，气浮工艺可以满足对SRB菌的处理要求。

孤三污水站来水腐蚀速率为0.07mm/a，污水经气浮技术处理后腐蚀速率没有降低，反而上升，超出了注水水质标准腐蚀速率小于0.076mm/a的标准。投产1年内的腐蚀速率见图5。

从图5中可以看出，气浮技术投产后前3个月腐蚀速率较高，为0.2～0.3mm/a；3个月后采用氮气对气浮系统进行密封，密封后的平均腐蚀速率有所降低，为0.111mm/a，仍然超出腐蚀速率小于0.076mm/a的水质标准。

分析腐蚀速率持续超标的原因主要有以下几点：

（1）曝氧点多

气浮工艺本身由于流程较长，除油设施水位高差大，增加了污水的曝氧机会，引起腐蚀率的增高。气浮工艺中各曝气点的位置如图6所示。

对气浮工艺各节点的腐蚀速率进行在线检测，检测结果如图7所示。从图7中可以看出，随着气浮处理工艺的进行，沿程各节点的腐蚀速度逐渐上升，到达外输口时腐蚀速度大幅度增加。

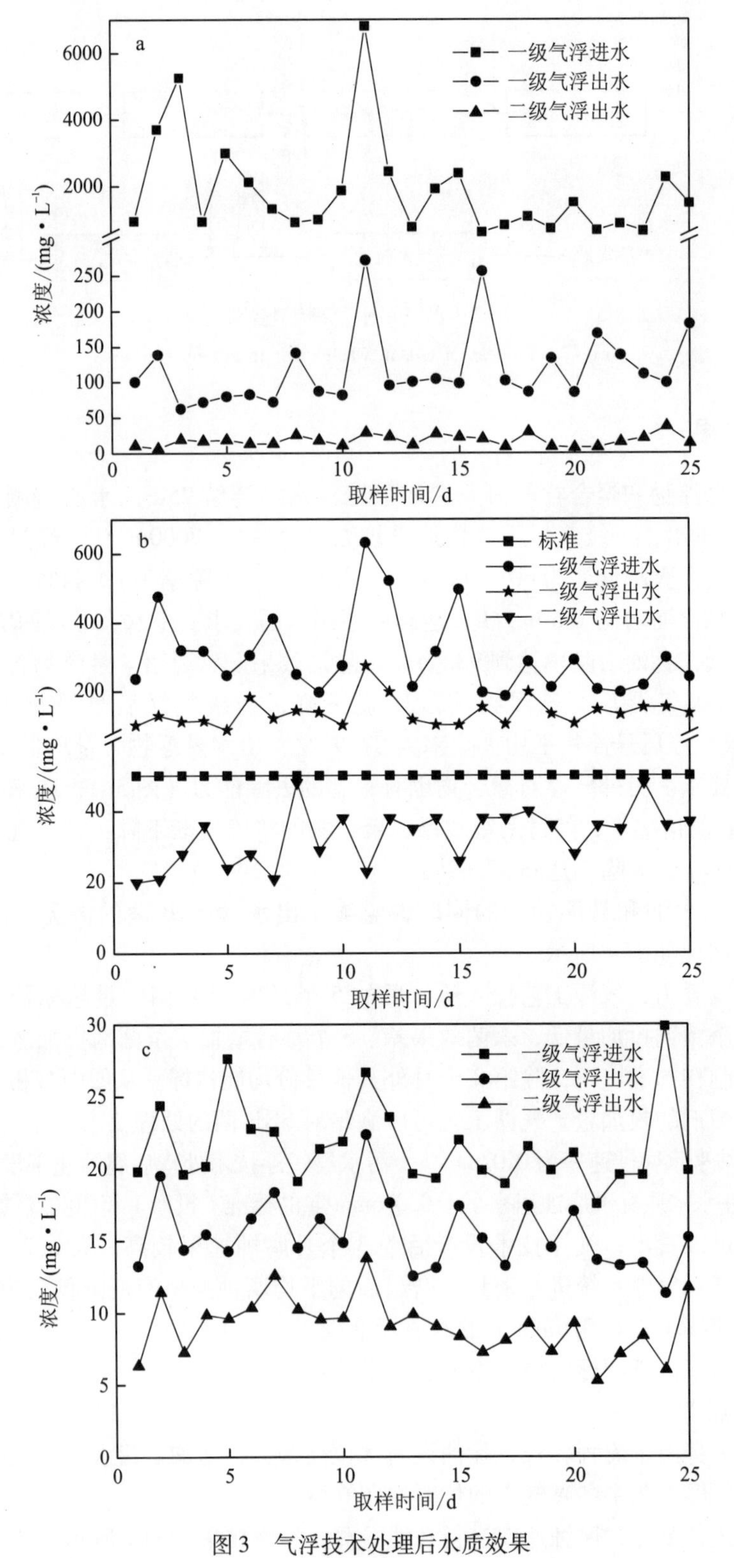

图3　气浮技术处理后水质效果

Fig. 3　Treatment efficiency of the air flotation technology

a—含油量；b—悬浮物含量；c—聚合物含量

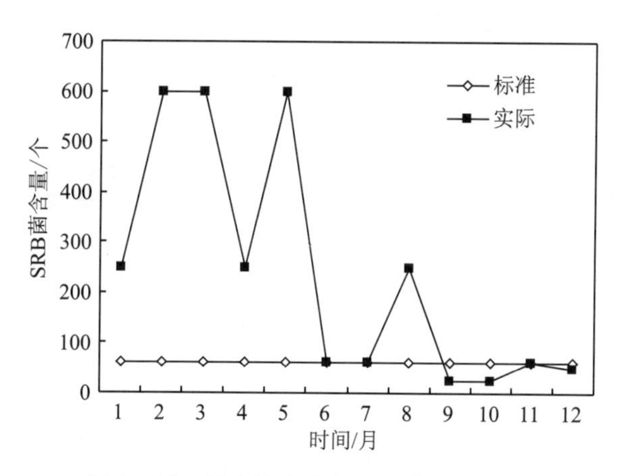

图4　孤三污水站出水中SRB菌含量情况

Fig. 4　Concentration of SRB bacteria in the effluent of Gusan wastewater treatment station

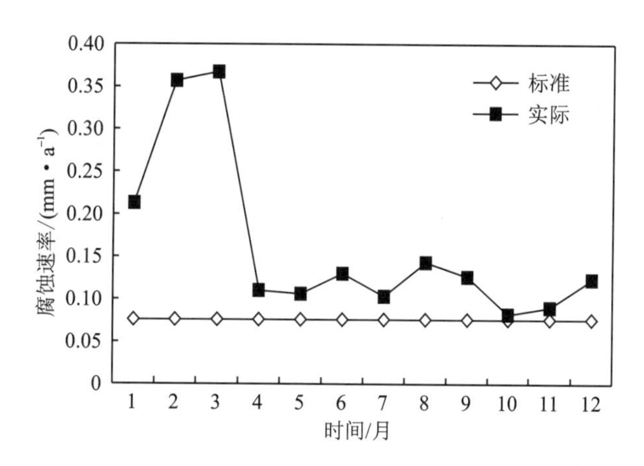

图5　孤三污水站出水腐蚀速率

Fig. 5　Corrosion rate in the effluent of Gusan wastewater treatment station

（2）垢下腐蚀

取部分腐蚀试片，在扫描电镜下观察，观察结果如图8所示，试片表面存在较多腐蚀产物，较为疏松。

从试片上提取的腐蚀产物，采用乙醇、丙酮对腐蚀产物样品进行洗涤除油后，再利用XRD进行分析，结果如图9所示。腐蚀试片上的腐蚀产物主要为$\alpha-FeOOH$（主要对应峰晶面间距为4.12，2.69，2.43，1.71）和FeS（主要对应峰晶面间距为2.97，2.69，2.08，1.71）。

（3）水性的改变

气浮处理工艺中加入大量含有氯离子的水质净化剂，与水中的氢离子结合后生成盐酸，pH值由来水的7降为出水的6.7，呈微酸性。

（4）缓蚀剂投加量少

通过实验室内对在用缓蚀剂不同浓度下缓蚀率的测试可以看出，在投加量为20mg/L的条件下，缓蚀率仅为50%左右，达不到理想的缓蚀效果；在投加量为50mg/L的条件

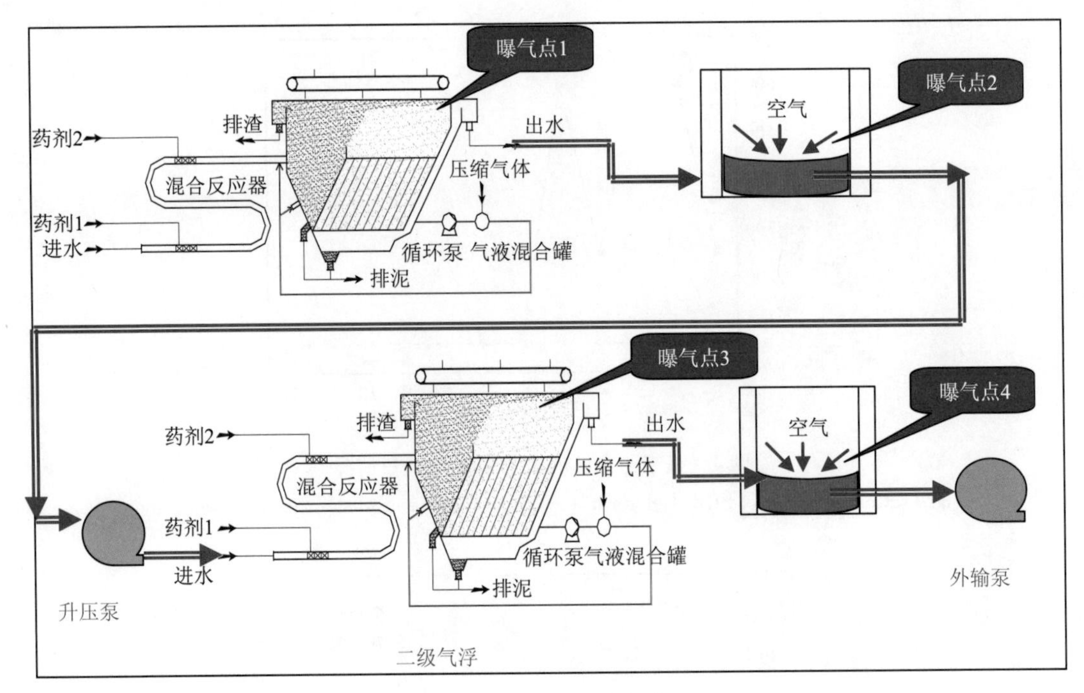

图6　气浮装置曝氧点示意图

Fig. 6　Aerating points of the flotation device

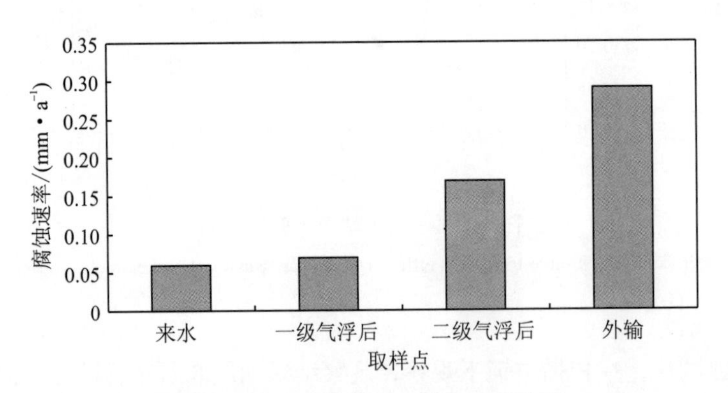

图7　气浮装置各节点腐蚀率检测结果

Fig. 7　Corrosion rate of each point in the process

下，缓蚀率可达到70%以上。可见，缓蚀剂加药量浓度过低也是造成腐蚀率超标的因素之一。

4　结论与认识

1）气浮技术用于含聚污水处理除油和悬浮物效果良好，去除率分别达到98.64%和87.95%；在保证杀菌剂投加量的情况下，SRB菌的数量也能控制在标准以内；对聚合物也有一定的去除，去除率为57.62%，能够满足含聚污水处理的要求。

2）由于气浮装置自身的结构特征，造成出水段曝氧严重，腐蚀速率增大，即使后期

图 8　腐蚀试片 SEM 表面形貌

Fig. 8　SEM photo of etch test cut

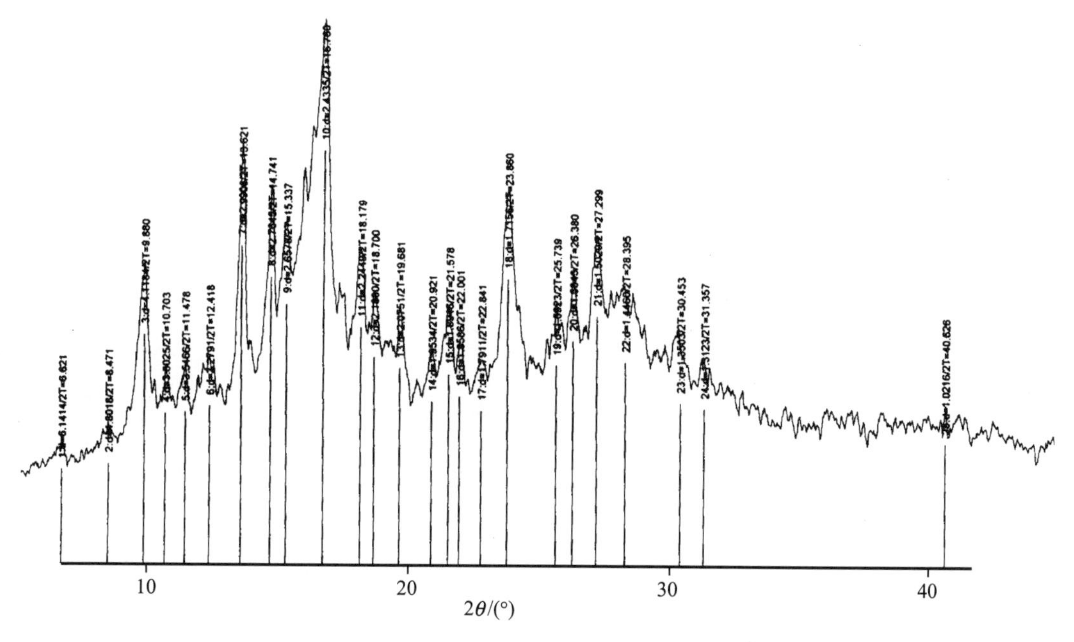

图 9　腐蚀试片表面产物的 XRD 图谱

Fig. 9　XRD spectrum of corrosion products

采用氮气隔氧效果也有限。

3）为保证处理效果，气浮处理过程中必须加入大量絮凝剂，造成浮渣量大，而且浮渣中含有大量的油和聚合物，脱水和固化处理困难。目前浮渣的处理问题已经成为气浮技术应用过程中的瓶颈，严重制约了气浮工艺的正常运行。

参考文献

[1] 姚亦华，蒋官澄，韩海彬．注聚驱产出液处理技术研究［J］．油气储运，2009，28（5）：32－35.

[2] 郭万奎，程杰成．大庆油田三次采油技术研究现状及发展方向［J］．大庆石油地质与开发，

2002，21（6）：1-6.

[3] 赵永庆，赵玉鹏．聚合物驱产出液的污水处理［J］．油气田地面工程，2007，26（9）：33-34.

[4] 刘文业．聚合物驱油井产出液中聚合物浓度的准确测定方法［J］．油气地质与采收率，2006，13（2）：91-92.

[5] 严忠，陈玉萍，张茂胜，等．新疆油田含聚污水处理技术应用研究［J］．油气田环境保护，2009，19（2）：18-21.

油气战略与决策

国际基准原油价格一年期中期预测

褚王涛

（中国石化石油勘探开发研究院，北京　100083）

摘　要　国际基准原油价格的一年期中期预测在并购目标公司经营前景预测和并购项目评价油价参数确定等工作中都发挥着重要的作用，研究具有很强的现实意义。该文从国际原油市场参与者的角度出发，选择它们在快速判断市场时的聚焦点，包括消费国石油库存（不包含战略石油储备）、生产国剩余产能和投机者投机行为等3个影响因素，以反映国际基准原油价格形成规律；分析选择美国原油库存、OPEC剩余产能和非商业多头等指标表征这些影响因素；规避表征指标未来值的预测困难而选择VAR模型，并以WTI原油价格和表征指标为变量进行建模；这样的表征指标和模型选择思路在实证检验中取得了较好的效果，建议在预测工作中加以应用。

关键词　国际基准原油　原油价格　中期预测

Research on One - Year - Period Mid-term Forecast of International Benchmark Oil Price

CHU Wangtao

(Petroleum Exploration and Production Research Institute, SINOPEC, Beijing 100083, China)

Abstract　In the field of company operation prospect analysis of M&A targets and oil price parameter decision of M&A projects, one-year-period mid-term forecast of international benchmark oil price plays a crucial role in them, so this research has an important practical value. In this paper, from an international oil market investors' angle, their observation points to analyze the oil market trend are found out, which are used to summarize the formation rule of international benchmark oil price, including oil consumption countries' stock (excluding Strategic Petroleum Reserves), oil production countries' capacity and speculators' activities. The parameters including America oil stock, OPEC spare capacity and non-commercial long are analyzed and selected to represent these o bservation points. VAR model is selected for avoiding the difficulty to forecast these representative parameters. WTI price and these representative parameters are used as the model variables. Based on the empirical analysis outcome, the selection idea of the representative parameters and model has achieved good results. This idea is suggested to be used in practical forecast.

Key words　international benchmark oil; oil price; mid-term forecast

国际基准原油主要包括美国纽约商品交易所的轻质低硫原油（WTI原油）和英国伦敦国际石油交易所的北海布伦特原油（Brent原油）。WTI和Brent原油价格被称作国际基准原油价格，它们都是世界石油行业内的重要指标，受到行业参与者的密切关注。中期价格预测是指对预测时点后 1 至 5 年间的价格走势所进行的预测，本文则重点关注对未来一年内的价格走势预测，也称为一年期中期预测。一年期中期预测具有非常重要的应用价值，比如：对于整日盯着全球石油市场以寻找适宜的并购目标的经济师们而言，今后一年内国际基准原油价格走势如何直接决定了对目标公司所进行的经营前景预测的结论[1]，即可以帮助识别出那些因市场原因而正在步入经营困境的目标公司，这些公司往往因为难以摆脱困境而出售大量的油气资产或者成为被并购的对象；此外，对于那些资产或者公司并购的估值人员来说，今后一年内国际基准原油价格走势又在很大程度上影响着他们对评价油价参数水平的判断，通常情况下如一年期中期预测值较高，则估值人员更倾向于乐观，反之则更加悲观。

在一年期中期预测中，找到那些能够准确表征出国际基准原油价格形成规律的影响因素至关重要。国际原油市场运行影响因素众多，运行规律变化莫测，为了提高一年期中期预测的准确性，必须要尽可能地减少样本区间长度以求反映国际原油市场某一阶段走势上的运行规律，过长的样本区间会覆盖多个运行规律阶段，使预测准确性降低。在减少样本区间长度的要求下，要选择那些公布频率较高的指标，以保证足够的样本容量，这是影响因素选择的第一个条件。国际原油市场在中期中波动较大，选择出的影响因素需要对市场基本面的变化敏感。所谓市场基本面的变化也就是原油供求关系的变化，影响因素要能较好地表征这个频繁的变化，这是影响因素选择的第二个条件。

Ferdinand[2]指出在投资者快速地判断国际原油市场基本面并及时作出投资或者撤资的决策时，主要考虑的是主要消费国原油和（或）石油产品库存的变化。库存数据每周进行公布，如果增加超过预期则反映出市场基本面为供大于求，投资者据此撤资，从而造成价格下跌；而如果减少超过预期则反映出市场基本面为供不应求，投资者据此投资，从而使得价格上升。应该说，主要消费国原油和（或）石油产品库存变化是中期国际基准原油价格形成的重要影响因素，可以考虑作为一个变量。按照这一思路，在原油商品属性、政治属性和金融属性所衍生出的众多价格影响因素中[3-4]，生产国原油剩余产能和投机者投机行为等两个因素也是那种对国际原油市场变化敏感、能够帮助投资者做出快速判断与决策的影响因素。消费国石油库存和生产国原油剩余产能衡量的是国际原油市场供求关系的紧张、缓和程度；投机者投机行为则衡量的是石油期货市场内的投机者对国际原油市场供求关系紧张、缓和程度的看法。在一年期中期预测中，利用这 3 个影响因素开展分析和建模很可能会更好地实现对国际基准原油价格形成规律的表征，从而有助于完成分析预测工作。本文将基于这 3 个影响因素进行国际基准原油价格一年期中期预测的实证检验，以期获得相关认识，不断完善一年期中期价格预测工作。

1 研究方法

消费国石油消费库存、生产国剩余产能和投机者投机行为这 3 个影响因素不仅对市场基本面变化十分敏感，波动性较大，而且受到市场基本面的综合影响，单独对它们进行分别预测十分困难。这就决定了它们最好不仅是作为自变量，而且还要作为因变量；同时还要有存在滞后产生的动态性。向量自回归模型能够较好地解决这个问题，1980 年 C. A. 西姆斯将向量自回归模型（VAR 模型）引入到经济学当中，并应用到时间序列系统的预测当中。所谓向量，说明模型涉及的变量为两个或者两个以上；所谓自回归，说明模型的一端出现了因变量的滞后项[5]。

一般的 VAR 模型的数学表达式为：

$$Y_t = A_0 + A_1 Y_{t-1} + A_2 Y_{t-2} + \cdots + A_p Y_{t-p} + B_0 X_t + \cdots B_q X_{t-q} + U_t \tag{1}$$

式中：Y_t 是 m 维内生变量向量；X_t 是 r 维外生变量向量；A、B 是待估计的参数矩阵，内生变量和外生变量分别有 p 和 q 阶的滞后期；U_t 是随机误差项。

VAR 模型在国际原油一年期中期价格预测当中具有特殊的优势：

1）应用 VAR 模型建模并不需要实现人为地分析清楚变量之间的关系，不必严格区分哪些是内生变量，哪些是外生变量，而是可以平等地加以对待。这样消费国石油消费库存、生产国剩余产能和投机者投机行为这 3 个影响因素都可以同时作为自变量和因变量。

2）VAR 模型的最后一个优势在于由于模型是动态的，因此在实证检验中不需要对消费国石油消费库存、生产国剩余产能和投机者投机行为这 3 个影响因素的未来值进行预测。滞后项的存在是产生动态性的原因，而 VAR 模型的滞后阶数确定较为方便。一方面，可以采用 AIC 或者 SC 准则来选择恰当的滞后阶数；另一方面，也可以人为设定 1 阶滞后或 2 阶滞后，然后根据预测效果加以选择，十分方便。

2 影响因素表征指标的选取

消费国石油库存、生产国剩余产能和投机者投机行为是国际基准原油价格形成的影响因素，但不能直接作为模型变量，需要分析确定它们的表征指标，而后者将会成为模型变量。

2.1 消费国石油库存的表征指标选取

石油库存是石油消费国用以预防和调节国内石油供需所实施的措施，库存中既包括原油又包括石油产品。按性质不同，又可以划分为常规库存和商业库存。其中，常规库存是保持世界石油生产、加工、供应系统正常运转的库存，主要包括最低操作库存、海上库存、政府战略储备库存和安全义务库存。而商业库存则指企业高于安全义务库存量的部分。石油库存作用于国际原油价格主要通过两个路径：一是主要消费国突然宣布增加战略石油储备，这会增加原油、油品在贸易中的紧俏程度，从而拉动国际原油价格上涨；二是库存波动左右着市场参与者对国际原油供需变化的判断，从而由于后者投资行为的变化使得国际原油价格出现波动，这也是石油库存在中期内的作用路径。

目前，全球的石油库存主要集中在经济合作组织（OECD）的成员国，特别是美国占据了相当的份额，美国石油库存变化对国际原油市场的影响力最为显著。每个星期内美国石油协会（API）和能源情报署（EIA）都会公布美国的原油和油品库存数据，这些数据就是投资者据以判断国际原油供需情况最及时、直观的依据。由于美国在国际石油库存中的重要地位，所以主要分析美国石油库存和国际原油价格之间的关系。图 1 表示了不包括战略石油储备在内的美国石油库存与 WTI 价格的长期关系，可以看出它们之间具有一定的负相关关系。

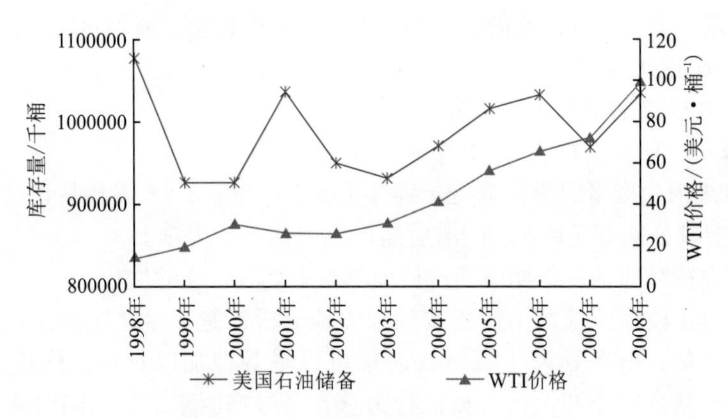

图1 美国石油库存（不含战略石油储备）与WTI价格的长期趋势

（数据来源于EIA）

Fig. 1 Long-term trends of America petroleum stock (excluding SPR) and WTI price

而图2表示了美国战略石油储备与WTI价格的长期关系，可以看出前者相对于后者具有较为明显的独立性，无论国际原油价格是否涨跌，美国战略石油储备主要呈现出上升趋势，这也符合战略石油储备存在的目的。

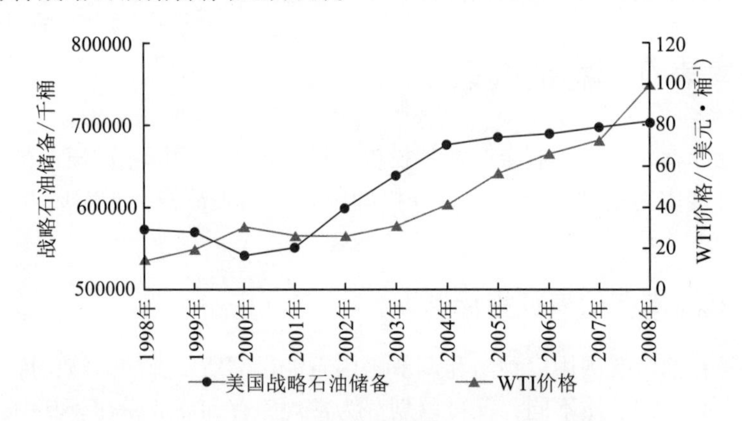

图2 美国战略石油储备与WTI价格的长期趋势

（数据来源于EIA）

Fig. 2 Long-term trends of America Strategic Petroleum Reserve and WTI price

图3表示了美国石油库存中的原油库存与WTI价格的长期关系，可以看出它们之间的负相关关系更为明显。

由于从图中观察到美国战略石油储备和WTI价格并无明显关系，所以对美国石油库存、美国原油库存与WTI价格的关系进行了量化分析（表1）。可以看出除了无滞后年度以外，美国原油库存与WTI价格之间的负相关关系更为显著，因此采用美国原油库存这一指标来表征原油非实际需求。对于周度数据，无滞后的情况表现出的关系要超过滞后1期的情况，这说明美国原油库存的信息在每周被公布后，当周就被国际原油市场消化了。而对于年度数据，则滞后1期的情况表现出的关系要超过无滞后的情况，这说明上一年的美国原油库存数据会对当年的WTI价格产生更大的影响。

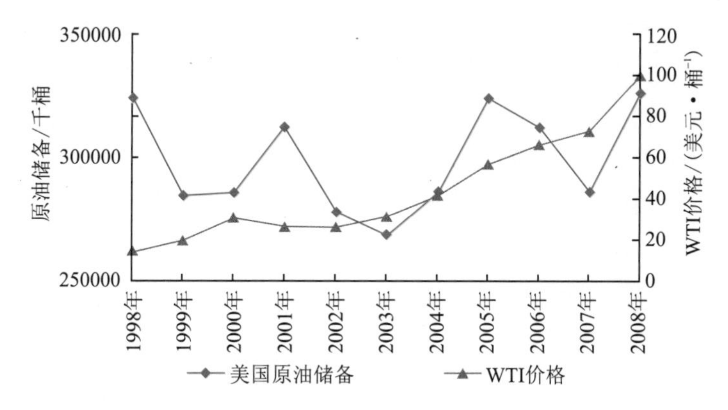

图 3 美国原油库存（不含战略石油储备）与 WTI 价格的长期趋势
（数据来源于 EIA）

Fig. 3 Long-term trends of America oil stock (excluding SPR) and WTI price

表 1 美国石油库存、原油库存指标与 WTI 价格的关系

Table 1 Relationship of America petroleum, oil stock parameters and WTI price

指标	频度	滞后	方程	是否显著	相关性	修正后的 R^2
美国石油库存	周度	无	c	是	负	0.008233
美国石油库存	月度	无	c	是	负	0.005222
美国石油库存	年度	无	c	是	负	0.038010
美国石油库存	周度	滞后 1 期	c	是	负	0.008405
美国石油库存	月度	滞后 1 期	c	是	负	0.007822
美国石油库存	年度	滞后 1 期	c	是	负	0.036568
美国原油库存	周度	无	c	是	负	0.010061
美国原油库存	月度	无	c	是	负	0.013292
美国原油库存	年度	无	c	是	负	0.026180
美国原油库存	周度	滞后 1 期	c	是	负	0.009253
美国原油库存	月度	滞后 1 期	c	是	负	0.009892
美国原油库存	年度	滞后 1 期	c	是	负	0.098977

注：不包括战略石油储备；数据来源于 EIA。

2.2 生产国剩余产能的表征指标选取

生产国剩余产能是指原油剩余产能，剩余产能能够在较快时间内形成实际的产量，从而起到调节供需和影响油价的作用。由于非 OPEC 国家基本上是开足马力生产，所以原油剩余产能主要集中在 OPEC 国家手中，特别是其中的沙特阿拉伯占据了这些剩余产能中的相当比例。图 4 显示了沙特阿拉伯、OPEC 国家原油剩余产能与 WTI 原油价格之间的长期走势。可以看到，剩余产能和 WTI 原油价格之间具有较强的负相关关系。

国际原油价格的本轮走势中可以看到剩余产能变化的影响，2001 年至 2002 年剩余产能尚处于高位，WTI 原油价格也基本没有超过 40 美元/桶；2002 年开始，剩余产能持续下降至 2004 年中的最低点，这同时也拉开了 WTI 原油价格本轮暴涨的序幕；2004 年至 2008 年 7 月，剩余产能虽然有所回升，但是仍然是在平均 300×10^4 桶/天的水平上徘徊，这持续地支撑了 WTI 原油价格的走强；而在 2008 年 7 月后受全球经济疲软的影响，剩余产能快速回升，供求紧张局面有效缓解，WTI 价格也转头出现了剧烈的下跌。从对走势关系的分析中也可以看到，剩余产能变化对产量的影响是短期且是较小的，它更多的是左右着人们对国际原油供求关系的判断和预期，从而进一步影响国际原油价格，而这种影响应该是中期的。比如，当剩余产能呈现下降趋势时，国际原油价格会持续不断地上涨，显然两者只有在这个趋势发生时才有可能出现量化关系；而当剩余产能趋紧于零时，则不会再对国际原油价格产生能够量化的影响。

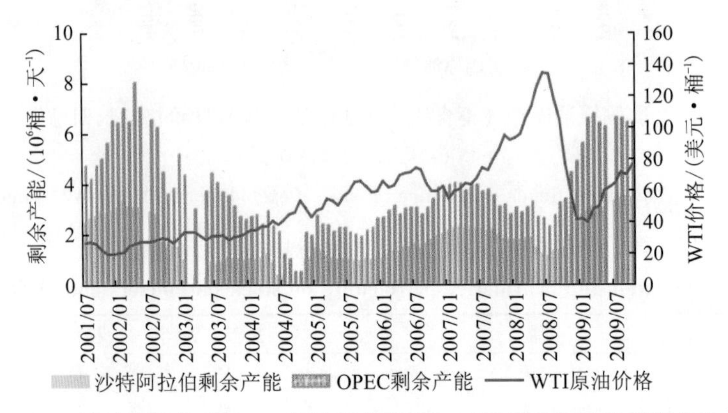

图 4　沙特阿拉伯及 OPEC 原油剩余产能与 WTI 原油价格的长期走势

（数据来源于 2001 ~ 2009 年《Oil Market Report》及 IEA 和 EIA）

Fig. 4　Long-term trends of Saudi Arab \ OPEC spare production capacity and WTI price

在确定了剩余产能和国际原油价格之间可能存在量化关系后，还需要结合相应的表征指标进行验证。这里根据对国际原油市场的判断，选择了沙特阿拉伯原油剩余产能和 OPEC 原油剩余产能两个表征指标，对它们和 WTI 原油价格之间的定量关系进行检验。表 2 列出了检验的结果，可以看到沙特阿拉伯剩余产能与 WTI 原油价格之间没有显著的关系，OPEC 剩余产能仅在月度频率上与 WTI 原油价格之间有显著的负相关关系。这个结果也印证了，剩余产能在长期对国际原油价格几乎没有影响，而在中期则发挥了一定的左右油价的作用。

表 2　沙特阿拉伯/OPEC 剩余产能与 WTI 原油价格的关系

Table 2　Relationship of Saudi Arab/OPEC spare production capacity and WTI price

指标	频度	滞后	方程	是否显著	相关性	修正后的 R^2
沙特阿拉伯剩余产能	月度	无	c	否	无	-0.00440
OPEC 剩余产能	月度	无	c	是	负	0.09592
沙特阿拉伯剩余产能	年度	无	c	否	无	-0.14076
OPEC 剩余产能	年度	无	c	是	无	-0.02702

注：数据来源于 2001 ~ 2009 年《Oil Market Report》及 IEA 和 EIA。

2.3　投机者投机行为的表征指标选取

所谓投机是指通过对市场走势的判断，把握机会，利用市场出现的价差进行买卖获利的交易行为。原油期货是投机的对象，所谓原油期货就是合约双方在将来某一时间以某一约定价格进行原油商品的买卖约定。由于存在对冲机制，合约的买方在合约到期日并不需购买实物原油，而合约的卖方亦不需真的拥有所承诺卖出的实物原油，因此出现了虚拟的供需。随着原油期货市场的发展，原油期货除了能够起到规避价格波动风险外，还能够满足盈利和抵御通货膨胀的投资目的，众多以此为目的的金融机构也逐渐加入进来，成为市场中重要参与者，从而使得这部分虚拟供需极大地超过了对原油的实际供需，因此基于实际供求关系的定价机制发生了变化。

2003 年至 2008 年 7 月的一波国际原油价格持续上涨引发了人们对新的原油价格定价机制的关注。2008 年 7 月，美国商品期货交易委员会（CFTC）与美国农业部、能源部、财政部等政府机构联合发布了对原油期货市场调查的中期报告，由于 CFTC 直接掌握着最为全面的美国原油期货市场数据，所以其结论非常具有代表性。其结论是：无论是商业交易者还是非商业交易者，它们的持仓变化并不会对原油价格变化产生影响，这也就是说资金在原油期货市场上的进出并不会左右原油价格的发展趋势；炼油商、商品交易商、原油交易商以及对冲基金是原油价格变化的追随者，它们根据原油价格的变化来调整自己的持仓量[6]。

虽然按照 CFTC 的说法，投机活动不是一个左右价格趋势的因素，但是在中期内，特别是一年期内的价格走势还是会受到投机活动的明显影响。因为在实际供求关系确定的情况下，如果金融投资想要买入更多的原油期货，那么原油期货价格就会被推高，而反之亦反。随着原油期货市场的发展，原油期货已经成为一种重要的金融衍生产品，金融机构投资的参与程度越来越高，因而对国际市场的影响亦越来越大。所谓机构投资者，是指共同基金、养老基金、保险基金、对冲基金、期货投资基金、投资银行等金融机构。机构投资者管理着数以万亿美元的资产，尽管很难精确地说具体有多少资金进入到国际原油期货市场，但是即使是其中很小的一部分也会对国际原油期货市场和价格产生不容忽视的影响。这也就是说，虽然强劲的需求和脆弱的供给是国际原油价格持续上涨的根本原因，但是其发展速度和幅度很可能受到投机活动的影响。下面将结合 CFTC 公布数据的分类，对这种可能的影响进行分析。

CFTC 在每周五公布各个商品期货与期权市场上持仓超过规定限额的交易者的数量及其持仓情况，并按照商业性交易者和非商业性交易者进行分类（图 5）。基于这个分类，多头和空头的差被称作净多头，可以用来表征市场中的绝对购买力量，同时因为不可报告持仓所占份额很小，可以忽略不计，因此采用商业净多头和非商业净多头 2 个表征指标，以考察它们与国际原油价格的关系。

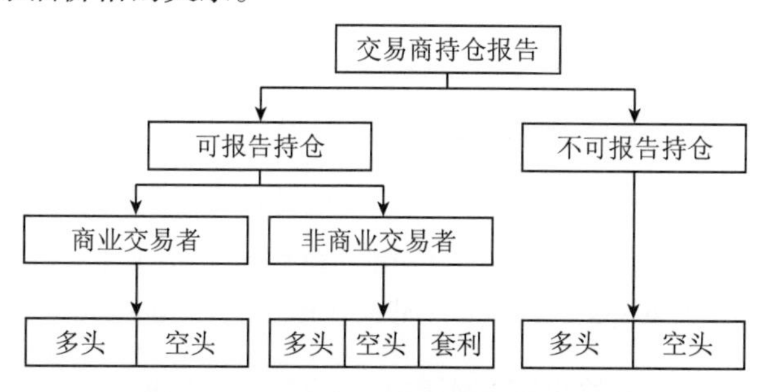

图 5　CFTC 交易商持仓报告数据构成

Fig 5　Data structure of the Commitments of Traders from CFTC

图6和图7给出了2003年1月至2009年10月间各个表征指标与WTI原油价格的关系。可以看到，在这段期间内，商业净多头多数情况都为负值，显然原油生产商、炼厂等商业性参与者并不是WTI原油价格暴涨暴降的主要力量；而非商业净多头的变化则与WTI原油价格的大幅波动走势相似，这初步说明非商业净多头所代表的金融投资力量与油价的起落有着较为密切的关系。通过以上分析，识别出了非商业净多头所表征的金融投资力量这一因素。这里采用非商业多头替代非商业净多头来表征金融投资力量，进而进一步分析其与油价的关系。因为：第一，非商业净多头参数值较大，且存在负值，不方便在建模时做对数处理；第二，用非商业多头表征金融投资力量具有理论依据，且与油价拟合得效果更好。

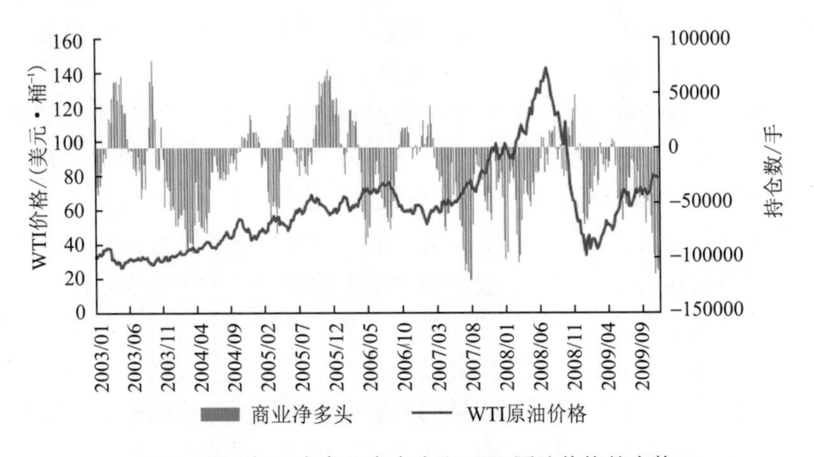

图6　2003年以来商业净多头和WTI原油价格的走势

Fig. 6　Trends of commercial net long and WTI price from 2003

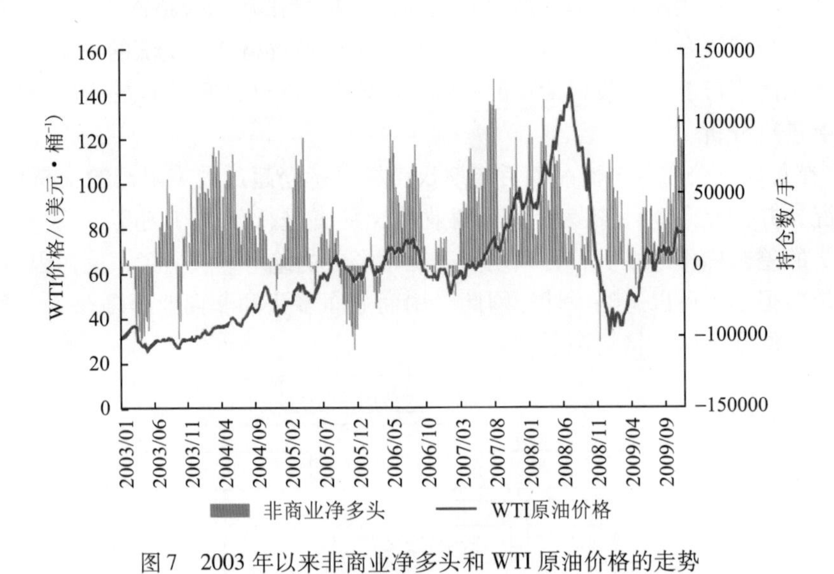

图7　2003年以来非商业净多头和WTI原油价格的走势

Fig. 7　Trends of non-commercial net long and WTI price from 2003

在理论上，金融产品价格的决定并不需要进行供求双方的共同分析，而只需要对需求方进行研究就可以推出均衡状态和均衡价格。这是因为金融产品并没有明确的供给方和需求方之分，供给者不限于工商企业，金融投资者可以随时在供给和需求方之间切换，加上市场中的卖空机制、套利活动和金融产品的可复制特性，金融产品的供给可以认为是无限的。因此，用非商业多头这一指标具有理论依据。用2003年1月至2009年11月间CFTC公布的非商业多头和非商业净多头周度数据分别与WTI周度原油价格数据进行回归分析，结果显示非商业多头的拟合效果更好（表3）。前面分析认为，金融投资在中期中具有助推国际原油价格走势的作用，这里用2003年1月至2008年7月国际原油价格出现历史价位期间的数据进行检验，结果显示在WTI原油价格持续上涨阶段，非商业多头与WTI原油价格的拟合程度更好。这个结果充分说明金融投资因素需要在国际原油价格中期预测中加以考虑，特别是在油价呈现出单调走势的阶段。

表3　非商业多头、非商业净多头与WTI原油价格的关系

Table 3　Relationship of non-commercial long，non-commercial net long and WTI price

指标	时间段	滞后	方程	是否显著	相关性	修正后的R^2
非商业净多头	2003-01—2009-11	无	c	是	正	0.051473
非商业多头	2003-01—2009-11	无	c	是	正	0.487635
非商业多头	2003-01—2008-07	无	c	是	正	0.675427

注：数据来源于CFTC和EIA。

3　样本数据分析

美国原油库存、OPEC剩余产能、非商业多头等这些表征指标作用于中期又要用于预测中期，从而所采用的样本时间段不宜过长，且需要以高于年度的频率出现以捕捉它们的迅速变化，因此考虑采用较短年份期间内的季度数据进行预测研究。各指标数据选取区间为2002年1季度至2008年4季度，预留2009年为国际原油价格的测试区间。这些选取的表征指标最终是否能够进入VAR模型还需要进行检验，只有再加入国际原油价格表征指标后能够一同具有长期关系的表征指标才能够作为选取的变量。检验包括表征指标平稳性检验和表征指标协整关系检验两个环节。

3.1　所有可能变量的平稳性检验

进行表征指标的平稳性检验的方法为扩展的单位根检验法（ADF）。由于单位根检验有3种形式：有截距项，有截距项并有时间趋势项，以及无截距项和无时间趋势项，因此检验的顺序为先选择有截距项和时间趋势项，若不显著，再选择有截距项，若再不显著，最后选择无截距项和无趋势项的情况，如仍无法形成稳态，则认为表征指标的时间序列是不平稳的。对此，还要进行差分后的检验，顺序同前，以确定差分后序列的平稳情况。表4列示了对各个表征指标进行平稳性检验的结果。结果表明这些表征指标的时间序列都不平稳，因此需要继续进行一阶差分后时间序列的平稳性检验。检验结果见表5，表明各个表征指标在一阶差分后均呈稳态，都是一阶单整的。

表 4　表征指标的平稳性检验结果

Table 4　Stationarity test outcome of the representative parameters

表征指标	检验类型	t_δ	1%水平下的检验值	5%水平下的检验值	10%水平下的检验值	P 值
WTI 原油价格	截距项和趋势项	-4.433017	-4.416345	-3.622033	-3.248592	0.0097
WTI 原油价格	截距项	0.096439	-3.788030	-3.012363	-2.646119	0.9575
WTI 原油价格	无截距项和趋势项	2.953970	-2.679735	-1.958088	-1.607830	0.9983
美国原油库存	截距项和趋势项	-2.812441	-4.339330	-3.587527	-3.229230	0.2051
美国原油库存	截距项	-2.061540	-3.699871	-2.976263	-2.627420	0.2607
美国原油库存	无截距项和趋势项	0.002404	-2.653401	-1.953858	-1.609571	0.6747
OPEC 剩余产能	截距项和趋势项	-1.761607	-4.339330	-3.587527	-3.229230	0.2051
OPEC 剩余产能	截距项	-2.486015	-3.699871	-2.976263	-2.627420	0.2607
OPEC 剩余产能	无截距项和趋势项	-1.487121	-2.653401	-1.953858	-1.609571	0.6747
非商业多头	截距项和趋势项	-3.967223	-4.374307	-3.603202	-3.238054	0.0239
非商业多头	截距项	-2.255515	-3.699871	-2.976263	-2.627420	0.1928
非商业多头	无截距项和趋势项	-0.433203	-2.653401	-1.953858	-1.609571	0.5171

表 5　一阶差分后表征指标的平稳性检验结果

Table 5 Stationarity test outcome of the representative parameters after first difference

表征指标	检验类型	t_δ	1%水平下的检验值	5%水平下的检验值	10%水平下的检验值	P 值
WTI 原油价格	截距项和趋势项	-4.81232	-4.4679	-3.64496	-3.26145	0.005
WTI 原油价格	截距项	-5.12557	-3.78803	-3.01236	-2.64612	0.0005
WTI 原油价格	无截距项和趋势项	-2.84142	-2.66072	-1.95502	-1.60907	0.0064
美国原油库存	截距项和趋势项	-5.29165	-4.35607	-3.59503	-3.23346	0.0012
美国原油库存	截距项	-5.30879	-3.71146	-2.98104	-2.62991	0.0002
美国原油库存	无截距项和趋势项	-5.43035	-2.65692	-1.95441	-1.60933	0
OPEC 剩余产能	截距项和趋势项	-4.96405	-4.35607	-3.59503	-3.23346	0.0025
OPEC 剩余产能	截距项	-3.98967	-3.71146	-2.98104	-2.62991	0.0052
OPEC 剩余产能	无截距项和趋势项	-3.97625	-2.65692	-1.95441	-1.60933	0.0003
非商业多头	截距项和趋势项	-6.77652	-4.41635	-3.62203	-3.24859	0.0001
非商业多头	截距项	-8.08227	-3.75295	-2.99806	-2.63875	0
非商业多头	无截距项和趋势项	-8.46896	-2.66936	-1.95641	-1.6085	0

3.2　所有可能变量的协整关系检验

对于多个变量的协整关系检验，约翰森（Johansen）在1988年以及在1990年与居斯利斯（Juselius）提出的Johansen协整检验法是一种较好的检验方法。采用该方法对以上包括WTI原油实际价格在内的4个可能变量进行协整关系检验，结果如表6所示。特征根迹检验方法显示出在5%的水平下无法拒绝表中所列零假设，4个可能变量存在着4个协整关系。因此，选择美国原油库存、OPEC 剩余产能和非商业多头等 3 个国际原油价格影响因素表征指标以及 WTI 原油价格这一指标作为建模所采用的变量。

表 6 采用特征根迹检验方法的协整关系检验结果

Table 6 Johansen cointegration test outcome through the eigenvalue trace test method

零假设	特征值	迹统计量值	5% 水平下的临界值	*P* 值
至少 0 个协整关系方程	0. 829024	96. 99316	47. 85613	0. 0000
至少 1 个协整关系方程	0. 639621	52. 83741	29. 79707	0. 0000
至少 2 个协整关系方程	0. 541548	27. 32240	15. 49471	0. 0005
至少 3 个协整关系方程	0. 268747	7. 824906	3. 841466	0. 0052

4 实证检验

采用 WTI 原油价格、美国原油库存、OPEC 剩余产能、非商业多头等 4 个变量建立 VAR 模型。在建立模型之前首先要对变量的滞后阶数进行判断，结果显示为最大滞后 3 阶和最大滞后 2 阶均可，但是从建模实验中发现，变量最大滞后 3 阶后所建模型不能达到平稳状态，因此选用最大滞后 2 阶的变量进行建模，VAR 模型估计结果见表 7。

表 7 模型估计结果

Table 7 Estimation outcome of the model

项目		WTI	LNUSSTOCK	LNNONCON _ LONG	OPEC _ SPARE
WTI (-1)	系数	1. 732469	-0. 001676	0. 006843	-0. 024706
	标准差	(0. 29665)	(0. 00097)	(0. 00887)	(0. 00990)
	t 统计量	[5. 84002]	[-1. 72110]	[0. 77123]	[-2. 49558]
WTI (-2)	系数	-1. 094504	0. 001967	-0. 002311	0. 033162
	标准差	(0. 30409)	(0. 00100)	(0. 00910)	(0. 01015)
	t 统计量	[-3. 59931]	[1. 97056]	[-0. 25405]	[3. 26781]
LNUSSTOCK (-1)	系数	80. 22494	0. 288035	-0. 469747	-3. 210444
	标准差	(68. 0817)	(0. 22350)	(2. 03638)	(2. 27202)
	t 统计量	[1. 17836]	[1. 28875]	[-0. 23068]	[-1. 41304]
LNUSSTOCK (-2)	系数	-13. 23013	0. 305667	1. 963741	3. 997152
	标准差	(63. 3653)	(0. 20802)	(1. 89531)	(2. 11463)
	t 统计量	[-0. 20879]	[1. 46944]	[1. 03610]	[1. 89024]
LNNONCON _ LONG (-1)	系数	1. 370970	0. 006424	0. 592960	-0. 393056
	标准差	(6. 85772)	(0. 02251)	(0. 20512)	(0. 22886)
	t 统计量	[0. 19992]	[0. 28537]	[2. 89079]	[-1. 71749]
LNNONCON _ LONG (-2)	系数	-1. 929356	0. 005003	-0. 377875	0. 459889
	标准差	(5. 72318)	(0. 01879)	(0. 17119)	(0. 19099)
	t 统计量	[-0. 33711]	[0. 26628]	[-2. 20741]	[2. 40787]

续表

项目		WTI	LNUSSTOCK	LNNONCON _ LONG	OPEC _ SPARE
OPEC _ SPARE (-1)	系数	-1.526463	0.017622	0.250532	0.838467
	标准差	(4.85597)	(0.01594)	(0.14525)	(0.16205)
	t统计量	[-0.31435]	[1.10546]	[1.72488]	[5.17402]
OPEC _ SPARE (-2)	系数	0.330591	-0.039840	-0.045275	-0.223780
	标准差	(5.38885)	(0.01769)	(0.16119)	(0.17984)
	t统计量	[0.06135]	[-2.25205]	[-0.28089]	[-1.24435]
C	系数	-817.8325	5.062789	-10.40746	-9.996462
	标准差	(606.731)	(1.99178)	(18.1478)	(20.2478)
	t统计量	[-1.34793]	[2.54184]	[-0.57348]	[-0.49371]

注：WTI 表示 WTI 原油价格；LNUSSTOCK 表示美国原油库存的对数；LNNONCON - LONG 表示非商业多头的对数；OPEC - SPARE 表示 OPEC 剩余产能。

由于 VAR 模型的建立并非基于经济理论，同时又为了应用于预测，所以对 VAR 模型的检验主要包括两个方面：一是 VAR 模型的平稳性检验；二是 VAR 模型的预测效果检验。

首先，VAR 模型的平稳性检验。如果 VAR 模型的全部特征根的倒数都在单位圆之内，则表明 VAR 模型是稳定的，稳定的模型对于预测来说更有帮助。表 8 列示了 VAR 模型的平稳性检验结果，显示此 VAR 模型中的特征根倒数值全部小于 1，是一个平稳系统。

表 8　VAR 模型平稳性检验结果

Table 8　Stationarity test outcome of the VAR model

单位根	模
0.740305 -0.613936i	0.961753
0.740305 +0.613936i	0.961753
0.843738 -0.249056i	0.879729
0.843738 +0.249056i	0.879729
0.299076 -0.647400i	0.713143
0.299076 +0.647400i	0.713143
-0.178775 -0.354284i	0.396835
-0.178775 +0.354284i	0.396835

其次，VAR 模型的预测效果检验。采用动态方案对超出样本的未来值进行预测，预测结果见表 9。由表 9 可以看出：采用最具有中期波动的美国原油库存、OPEC 剩余产能以及非商业多头所建模型，可以很好地捕捉到 2008 年第 3 季度和第 4 季度国际原油市场的变化，从而对 2009 年的国际原油价格做出了较好的预测，相对误差较小。

表 9　一年期 WTI 原油价格预测值及预测效果检验

Table 9　Forecast outcome and its accuracy test of one-year-period WTI price

年份	2009Q1	2009Q2	2009Q3	2009Q4
WTI 原油价格预测值/(美元·桶$^{-1}$)	42.15	52.84	63.68	70.12
WTI 原油价格（EIA 公布）/(美元·桶$^{-1}$)	42.91	59.44	68.20	76.06
相对误差/%	1.78	11.10	6.64	7.81

5 结　论

国际基准原油价格一年期中期预测实际上利用的是国际原油市场的中期趋势，这种中期趋势表现为受原油供求关系紧张、缓和变化所导致的价格的剧烈波动性。把握这种中期趋势实质上也就是找到能够表征原油供求关系变化的表征指标。本文借鉴市场参与者在快速判断市场走势时的聚焦点，选择出消费国石油库存、生产国剩余产能和投机者投机行为等3个影响因素，定量分析出分别针对这3个影响因素的表征指标，包括美国原油库存（不包括战略石油储备）、OPEC剩余产能和非商业多头。采用存在滞后项的VAR模型进行建模，避免了对这3个影响因素表征指标的未来值预测困难的问题。实证检验结构表明，这样的表征指标和模型选择思路取得了较好的预测效果，适合在国际基准原油价格一年期预测工作中参考使用。

除了帮助改善一年期中期预测工作，研究还带来其他启示：可以帮助油价走势分析预测工作找准切入点。油价走势分析的关键点在于找到哪种因素或者哪几种因素在主导国际基准原油价格走势，并加以重点剖析。如果采用从国际原油市场基本面分析入手的自下而上的分析策略，多种影响因素往往交织在一起，不容易找到主导因素，而且基于这种思路所撰写的报告也有重点不突出之嫌。但是如果从美国原油库存（不包括战略石油储备）、OPEC剩余产能以及非商业多头等3个指标出发，则可以快速做出以下的判断之一：实际和预测供大于求主导、实际和预期供小于求主导、预期供小于求主导以及预期供大于求主导。做出自上而下的切入点判断后，就可以有的放矢完成对主导因素的寻找。同样，油价走势预测的关键点在于判断现有的走势规律是否会延续，如果判断趋势延续，则可以考虑采用本研究中的方法进行建模预测；如果怀疑趋势不能延续，则不宜建模，需要采用专家判断法，切入当前非主导因素开展研究，通过对它们的判断，完成对油价的判断预测工作。

参考文献

[1] 黄世忠．财务报表分析：理论、框架、方法与案例［M］．北京：中国财政经济出版社，2007：614－615.

[2] Ferdinand E B. Speculation and the price of oil［EB/OL］. http：//www.321energy.com/editorials/banks/banks082608.html.

[3] 祝金融．石油期货价格预测研究［M］．北京：冶金工业出版社，2008：28－37.

[4] 管清友．石油的逻辑：国际油价波动机制与中国能源安全［M］．北京：清华大学出版社，2010：20－22.

[5] 易丹辉．数据分析与Eviews应用［M］．北京：中国人民大学出版社，2008：207－234.

[6] CFTC. Interagency Task Force on Commodity Markets, Inter im Report on Crude Oil［EB/OL］. http://www.cftc.gov/ucm/groups/public/@newsroom/documents/file/itfinterimreportoncrudeoil0708.pdf.

我国天然气战略储备需求研究

李　伟　李玉凤　颜映霄　孙　洁
（中国石油勘探开发研究院，北京　100083）

摘　要　国家战略储备是我国天然气储备体系的重要组成部分。在对国外发达国家天然气战略储备调研的基础上，结合我国天然气消费与供应，从最大供应通道中断考虑，研究了2015—2020年天然气战略储备需求量。通过对战略气田、地下储气库和LNG储备等多种方式的比较，提出了我国天然气战略储备方式和管理机制建议。

关键词　地下储气库　战略储备　天然气

The Demands Study of China's Natural Gas Strategic Reserves

LI Wei, LI Yufeng, YAN Yingxiao, SUN Jie
(Research Institute of Petroleum Exploration and Development,
PetroChina, Beijing 100083, China)

Abstract　National strategic reserves is an important part in the system of China's natural gas reserves. Based on the investigation of overseas developed country's gas strategic reserves and combined with the consumption and supplies, the gas strategic reserves demands from 2015 to 2020 was determined in this article. Many kinds of ways such as the strategic gas reservoirs, underground gas storage and LNG reserves and so on were compared, and China's natural gas strategic reserves mode and management system suggestion were put forward.

Key words　underground gas storage; strategic reserve; natural gas

天然气是我国重点发展的清洁能源之一，近年来消费增长强劲。据国家发改委预测，到2020年天然气需求量可望超过 $3000\times10^8\mathrm{m}^3$，而国内同期的天然气产量只有 $2000\times10^8\mathrm{m}^3$ 左右，国内生产不能满足的部分需要通过进口进行补充，届时我国的天然气对外依存度将达到30%～40%。为满足国内天然气需求，我国将逐步形成以中俄、中土、中缅管道为主的陆上天然气进口通道和以液化天然气（LNG）接收为主的海上天然气进口通道。

我国周边地缘形势复杂，天然气进口通道所经地区的国际政治、军事冲突、自然灾害、运输中断都可以造成供应中断。天然气是重要的工业原料和燃料，供应一旦中断，不可避免地会影响到人民生活，增加社会不稳定因素，对国民经济带来不可估量的经济损失。2009年的俄乌天然气争端为我国天然气供应的安全性敲响了警钟[1]。为应对国际政治军事突变，保障国家能源供应安全，进行天然气的战略储备势在必行[2]。本文通过对国外主要用气国家的天然气战略储备调研，针对我国天然气供需预测，分析了我国天然气供应安全性，研究了我国天然气战略储备需求规模及储备方式。

1　主要用气国家的天然气储备体系

在国外，天然气战略储备的概念是伴随着俄乌天然气冲突导致欧洲天然气供应中断提出的。但在这之前，世界主要天然气生产与消费大国如美国、俄罗斯及英国，以及主要依靠进口的国家如法国和意大利，均已经建设了相对完善的天然气储备体系，在实现天然气商业储备之外具备了战略储备的功能[3]。

1.1　美国

美国为高度市场化的天然气供应格局，市场供应与天然气储备均在政府的指导下，通过市场化方式进行运作。在市场化利益的驱动下，美国建立了庞大的地下储气库储备体系。根据美国 EIA 统计，2007 年美国在用的天然气地下储气库共有 400 座。美国地下储气库主要分布在靠近天然气消费中心的东北部和南部产气区，方便实现市场调峰。由于储气规模巨大，季节调峰的采气量占工作气量的比例很小，大部分的工作气量仍在储气库中，可以用于天然气的战略储备。以 2008 年为例，全年天然气消费总量为 $6572.4\times10^8m^3$，当年美国所有储气库的年最大工作气量为 $926.5\times10^8m^3$，而采气量最大的 1 月份，采气量只占到储气库工作气量的 44%。当年美国所有储气库的年最大工作气量为 $926.5\times10^8m^3$，占全年天然气消费总量 $6572.4\times10^8m^3$ 的 14.1%，天然气的储备天数已经达到 53d。

1.2　俄罗斯

俄罗斯的战略储备由地下储气库和战略储备气田两部分组成，目前共有 24 座地下储气库和 32 个战略性气田。俄罗斯的地下储气库全部由俄罗斯天然气工业公司（Gazprom）运行管理，目前共有地下储气库 24 座，在建储气库 3 座。全俄罗斯储气库总库容为 $950\times10^8m^3$，商品气储量为 $628\times10^8m^3$，冬季最大日采气量为 $5.68\times10^8m^3$。根据规划，到 2030 年，俄罗斯地下储气库的有效工作气量达 $1100\times10^8m^3$，日采气量达 $10\times10^8m^3$。资源储备方面，俄罗斯于 2007 年正式提出了“战略气田”的概念，俄罗斯能源部和 Gazprom公司共同遴选了 32 个“战略性”气田的清单，这份清单已经获得政府批准。

1.3　英国

英国是欧洲重要的天然气生产国和消费国，2008 年生产量为 $626\times10^8m^3$，消费量为 $939\times10^8m^3$。至于战略储备，英国政府认为，英国大陆架气田就是其战略储备，但仍然建设了地下储气设施，以应对可能的短期供应中断。

英国地下储气库的建设开始于 20 世纪 60 和 70 年代，伴随着北海气田的开发和英国天然气工业的发展开始，并开始建设天然气地下储存设施。目前，英国的天然气储备有 3 种不同类型，分别是枯竭油气田储气库、盐穴储气库和 LNG 储库。按照英国天然气市场监管部门 Ofgas（英国天然气办公室）的规划，其目标主要是用来调峰。

英国的储气库完全由公司来管理运营。Edinburgh 天然气公司和 ScottishPower 公司联合运营着位于约克郡的 HatfieldMoor 衰竭气田储气库。SSE 公司拥有 9 个位于东约克郡的

Hornsea 盐穴储气库。Transco 拥有两个小型的盐穴设施，同时还运营着 5 座 LNG 存储区。

1.4 意大利

意大利天然气消费一直对外依存度较高，目前已达 85% 以上，因此较早重视地下储气库建设，已经成为欧盟天然气市场重要的储备基地。意大利天然气储备管理体制包括两个层面：政府工业部和能源监管机构管理天然气储备；石油天然气公司负责天然气储备设施的具体运营。目前，意大利天然气储备体系由 10 个储气气田组成，其中 8 个由 ENIS. p. A. 公司经营，2 个由 EdisonGasS. p. A. 公司经营。为了保障能源供应安全，意大利要求从非欧盟国家进口天然气的公司进行战略储备，战略储备量达到每年进口总量的 10%。

1.5 法国

法国天然气几乎完全依赖进口，因此从市场发展初期就开始储气库建设。目前，法国有 15 个正在使用中的地下储气库，2006 年地下储气库的有效容量为 $115.3\times10^8m^3$。法国天然气储备也由公司经营，储备资金亦由相关公司筹措，即使按照欧盟要求把进口量的 10% 作为战略储备的资金也由公司自己负担。在 15 个储气库中，13 个由法国天然气公司管理与经营，其他 2 个归道达尔公司管理。法国天然气储备量相当于 110d 的年平均消费量。其中 70d 为满足商业储备，40d 为满足战略储备。目前，法国正在考虑建立 LNG 储备系统。

1.6 日本

20 世纪 70 年代初，日本制定了《天然气储备法》，建立了天然气储备制度，并通过立法强制国家和企业进行储备。1998 年，日本政府设立了日本天然气储备公司，专门从事国家天然气储备基地的建设和管理工作。日本的天然气储备也由国家和民间企业分别承担。天然气储备由民间企业唱主角，承担储备 50d 的需求量，国家承担 30d 的需求量。此外，日本还建立了液化天然气储备，计划于 2010 年实现 150×10^4t 储备目标，并在全国建立 5 个储备基地。

1.7 小结

从国外主要用气国家天然气储备情况看，国际上主要的天然气消费大国都建立了一定的天然气储备天数，以满足本国 1 ~ 3 个月的用气需求。战略储备与商业储备密不可分，只有日本、法国及意大利等国有明确的战略储备规定。战略储备规定的提出与本国天然气消费的对外依存度紧密关联，进口依存度较大的国家启动天然气战略储备也较早。近年来，部分天然气生产出口国也开始重视天然气战略储备建设。从天然气储备的建设经营模式来看，目前世界上主要有 3 种天然气储备的建设经营模式：一种是完全由企业承担的建设模式，如美国；第二种是完全由国有企业承担，如法国；第三种是国有企业与民间企业共同承担天然气储备，如日本。从储备方式来看，地下储气库是进行天然气战略储备的主要方式；战略气田作为战略储备的方式逐渐得到俄罗斯、美国等国家的重视。

2 我国天然气储备需求

战略储备气量的确定需综合考虑进口气总量、进口资源依存度、进口资源集中度、国内天然气资源供给能力、对外关系稳定度等因素，必须考虑供应中断的影响。

根据市场需求预测，2015 年全国的天然气市场需求为 $2200\times10^8m^3$，其中基本落实的进口天然气量为 $200\times10^8m^3$ 左右，依赖进口，进口量占总消费量的 17%（表 1）；2020 年市场需求为 $2487\times10^8m^3$，其中 $800\times10^8m^3$ 依赖进口，进口量占总消费量的 32%。

表 1　2015 年天然气战略储备量需求预测

Table 1　Gas strategy reserves demand forecasting in 2015

进口气源	进口气量/(10^8m^3)	不同中断时间下的储备需求/(10^8m^3)		
		中断 1 个月	中断 2 个月	中断 3 个月
中亚管道	400	33.3	66.7	100.0
中缅管道	120	10.0	20.0	30.0
中俄西线	300	25.0	50.0	75.0
中俄东线	380	31.7	63.3	95.0
海上 LNG	280 ~ 400	23.3 ~ 33.3	46.7 ~ 66.7	70.0 ~ 100.0

到 2015 年，若最大进口通道中断 1 个月，则国家天然气战略储备量应达到 $33\times10^8m^3$；中断两个月，则需储备 $67\times10^8m^3$；中断 3 个月，则需储备 $100\times10^8m^3$。

到 2010 年，天然气进口依存度较小，而同期国内天然气生产能力正处于上升时期，这一时期可以考虑着手开展储气库的建设工作。仅考虑 75% 进口天然气（从进口集中度上考虑主要进口气源——俄罗斯等进口气全部中断）中断 1 个月的风险来确定储备气量，则需要 $12\times10^8m^3$ 的战略储备工作气量作保证，相当于 2010 年约 4d 的消费量。

到 2020 年，天然气进口依存度较大，而同期国内天然气生产能力正处于稳产时期。参照我国进口原油的储备天数，考虑进口天然气总量的 75% 中断 3 个月的风险，则需要 $148\times10^8m^3$ 的战略储备工作气量作保证，相当于 2020 年 29d 的消费量。

3 天然气储备方式

天然气战略储备属于国家天然气储备体系的重要组成部分，目前在国内尚属空白，国际上也只有少数几个国家有意识地开展。从储备方式上讲，天然气的战略储备主要有资源产能储备、地下储气库储备、LNG 储备等几种形式。

3.1 天然气资源/产能储备

天然气资源或产能储备是指对于已经探明储备的天然气区块暂不动用，或者对已经建成的产能进行压缩，当国家发生能源危机时进行集中开采。由于产能储备需要投入勘探、开发及管网的建设成本较高，并且在应急情况下受到外输管线能力的限制，因此产能储备重点是作为天然气资源长期可持续供应的保障，强调资源可持续供应能力，具有前瞻性和长远性，宏观指标可以用储采比表示。

截至2006年年底，我国累计探明气层气地质储量$53415\times10^8m^3$。其中，已开发地质储量$21363\times10^8m^3$，占总量的40.51%；未开发地质储量$31779\times10^8m^3$，占总量的59.49%。已开发可采储量$13921\times10^8m^3$，占总量的41.75%；未开发可采储量$19423\times10^8m^3$，占总量的58.25%。已探明储量可具有$1141\times10^8m^3$的年产能力，其中已开发储量的年产能力为$618\times10^8m^3$，未开发储量可建产能$523\times10^8m^3/a$（表2）。

表2 2006年我国已探明储量开发潜力汇总

Table 2 Proven gas reserves in China in 2006

序号	盆地名称	已探明		已开发		未开发	
		地质储量 10^8m^3	可有产能 $(10^8m^3\cdot a^{-1})$	地质储量 (10^8m^3)	已有产能 $(10^8m^3\cdot a^{-1})$	地质储量 (10^8m^3)	可建产能 $(10^8m^3\cdot a^{-1})$
1	鄂尔多斯	17473	198	5699	112	11774	86
2	四川	14149	340	6625	160	7525	180
3	塔里木	8583	251	3070	174	5513	77
4	柴达木	2900	72	1376	42	1525	30
5	渤海湾	2613	32	1975	24	638	8
6	琼东南	1038	37	979	35	59	2
7	莺歌海	1564	56	408	16	1156	40
8	松辽	1901	50	301	15	1699	35
9	东海	686	38	122	8	564	30
10	准噶尔	787	24	480	15	308	9
其他盆地		1721	43	603	17	1018	26
全国		53415	1141	21636	618	31779	523

从天然气资源分布和开发现状来看，我国已探明储量主要分布在四川、鄂尔多斯和塔里木三大盆地，三大盆地共有探明储量$40205\times10^8m^3$，占全国的75%；三大盆地已探明储量可建产能$787\times10^8m^3$，占总量的69%。目前，四川盆地天然气需求旺盛，更有忠武线、川气东送管道外输，不具备实现战略储备的可能性；鄂尔多斯天然气多为低渗透气田，且目前主要向华北地区供气，不具备战略储备的先天条件；塔里木盆地目前是西气东输管道的主力气源，但随着中亚管道的建成，可通过大量进口国外天然气，实现对塔里木盆地天然气的替代，将塔里木盆地新勘探天然气区块作为我国天然气的战略储备区块。

3.2 地下储气库储备

地下储气库是将从天然气田采出的天然气重新注入地下可以保存气体的空间而形成的一种人工气田或气藏，主要建设在靠近下游天然气用户城市的附近，保障下游用户的调峰需要。地下储气库储备是目前世界上应用最为广泛的天然气储备方式，在美国、俄罗斯、英国等主要用气国家得到了广泛的应用和建设，主要有枯竭油气藏、含水层、盐穴和矿坑4种类型。目前，全世界在用的地下储气库有596个，工作气容量为$3078\times10^8m^3$，相当于世界天然气消费量的13%。枯竭油气田储气库是应用最广泛的储气方式，占储气库总数的77.6%。

我国老的油气田主要分布在中东部，靠近天然气消费市场，地理位置优越。经过长期的开发，大部分油气藏已经进入中后期，为建立枯竭油气藏储气库建立了便利的条件。目前，中石油、中石化两大公司利用自有的枯竭油气藏，正大力开展地下储气库建设。根据规划，“十二五”期间中石油将在华北、东北、西北等地建设10座储气库，储气规模总量达到$240\times10^8m^3$。中石化也在中原、胜利、江汉、金坛等地规划建设地下储气库。由于我国天然气储气能力远远滞后于长输管道的建设与下游市场的发展，因此这些建设储气库多为满足调峰需求的商业储备库。借鉴国外战略储备库的布局经验，结合我国天然气生产消费格局，我国战略储备库的布局应遵循以下原则：

1）尽可能靠近天然气生产、消费中心和主干管道，实现就近供应。

2）充分利用现有的枯竭油气藏，减少前期投资。

3）根据气源供应、地质构造和市场规模，因地制宜选取储备类型。

4）根据目的区域市场发育情况，合理确定储气规模。

根据对国内主要建库目的地的筛选，目前中石化中原油田文23储气库具有作为国家战略储备库的优越条件。文23气藏是我国东部地区目前探明规模最大的砂岩干气田[4]，探明含气面积$12.2km^2$，天然气地质储量$149.4\times10^8m^3$，气层埋深2700~3154m，气田内部分为主、东、南、西4个断块区，储量主要集中在主块。气田于1990年投入开发，截至2009年5月，开井62口，日产气水平为$79.91\times10^4m^3$，累计产气$100.12\times10^8m^3$，地质储量采出程度为67.02%，地层压力为16~18MPa。气田主块沙四砂组储量规模大，压降储量$101.26\times10^8m^3$，改建为储气库后其库容量可达$100\times10^8m^3$，气库工作气量可达$46.23\times10^8m^3$，成为东部地区最大的调峰储气库。

3.3 LNG储备

天然气由气态转变为液化天然气后，体积可缩至原来的1/625，可利用这一特点进行天然气储备。液化天然气储备较压力容器储存具有体积小、占地少等优势，并且可以靠近市场，调峰迅速；但相对于地下储气库而言，液化天然气储备空间较小，需要建设低温储罐，制造成本较高，适合在调峰需求量小（日和小时调峰）和不具备建设地下储气库的城市建立商业储备，也可在LNG来源比较方便的LNG接收站建设。近年来，三大石油公司在沿海地区开工建设的LNG接收站达到12座，借鉴国外经验，应建设相应的储罐进行天然气战略储备，作为地下储备的补充（表3）。

表3 三大石油公司LNG接收站项目进展情况

Table 3 Progress of LNG terminal projects of CNPC, SINOPEC and CNOOC

公司	地点	规模/($10^4t\cdot a^{-1}$)	经营者	供应气源	项目进展
中海油	广东大鹏湾	一期370 二期700	中海油、BP等	澳大利亚	一期$370\times10^4t/a$ 已运营
	福建莆田	一期260 二期500	中海油 福建投资开发总公司	印度尼西亚	已运营
	上海	一期300	中海油、申能	马来西亚	已运营

续表

公司	地点	规模/($10^4t \cdot a^{-1}$)	经营者	供应气源	项目进展
中海油	浙江宁波	一期 300 二期 600	中海气电公司 51%、 浙江能源投资 29%、 宁波电力 20%	卡塔尔	在建
	珠海接收站	一期 300 二期 1000	中海油、广东粤电		在建
	海南接收站	一期 200 二期 300	中海油		在建
中石油	大连 LNG	一期 300	中石油 75%、 大连港集团 20%、 大连市建设投资公司 5%	澳大利亚 和壳牌	在建
	江苏 LNG	一期 350 二期 650	中石油股份公司 55%、 太平洋油气有限公司 35%、 江苏省国信资产管理集团有限公司 10%	卡塔尔	在建
	唐山 LNG	一期 350 二期 650 三期 1000	中石油 51%、 北京控股 29%、 河北建设 20%	法国道达尔	在建
	深圳 LNG		中石油 51%、 中华电力 24.5%、 深圳燃气 24.5%	西气东输二线	在建
中石化	山东 LNG	一期 300 二期 500		巴布亚新 几内亚	在建
	广西 LNG	一期 300 二期 500		澳大利亚	在建

4 战略储备管理机制

借鉴国际较成熟的管理经验，结合我国天然气运营管理的实际情况，建议考虑在我国建立“国家规划与监督、企业实施与运营”的天然气储备两级管理模式。

1）成立国家天然气储备管理中心，总体负责我国油气资源储备的统筹规划和建设，对企业的天然气储备工作开展情况进行监督。

2）三大石油公司为国家天然气储备主体，吸收燃气运营商或其他投资机构参与，通过组建专业储气公司等方式，进行天然气储备库的投资、建设和运行管理。

3）建立战略储备动用机制，战略储备气量的动用由国家有关部门根据国际、国内的天然气形势变化决定是否动用，商业储备气量的动用由企业根据自身生产运行情况灵活掌握。

5 结论与建议

1）国际上主要的天然气消费大国已建立了一定的天然气储备天数，以满足本国1～3个月的用气需求。

2）考虑最大进口通道中断1个月的情况，至2015年，我国国家天然气战略储备量应达到$33\times10^{8}m^{3}$。

3）地下储气库是主要的战略储备方式，LNG接收站建立相应的战略储备规模作为补充。中石化文23气藏储气规模大，地理位置优越，具有建设国家战略储备的先天优势。

参考文献

［1］殷建平，黄辉．从俄乌天然气争端谈中国的天然气安全［J］．中国国土资源经济，2010，9（5）：33－35.

［2］康永尚，徐宝华，徐显生，等．中国天然气战略储备的需求和对策［J］．天然气工业，2006，26（10）：133－136.

［3］马胜利．国外天然气储备状况与经验分析［J］．天然气工业，2010，30（8）：62－66.

［4］刘振兴，靳秀菊，朱述坤，等．中原地区地下储气库库址选择研究［J］．天然气工业，2005，25（1）：141－143.

海外油气投资目标国家筛选决策支持系统

赵 旭

（中国石化石油勘探开发研究院，北京 100083）

摘 要 基于海外油气投资环境的动态演化和石油公司跨国经营非合作博弈的特点，全方位构建了包含动态指标的海外油气目标国家投资环境评价指标体系。运用多层次灰色模型，建立了海外油气投资目标筛选模型；通过编程，建立和实现了其决策支持功能。这为系统评估海外油气资源争夺的战略机遇提供了方法借鉴。

关键词 动态博弈 多层次灰色模型 决策支持系统 海外油气投资

Research on Decision Support System to Choose Overseas Oil and Gas Investment Based on Multi-level Gray Model

ZHAO Xu

(Petroleum Exploration and Production Research Institute, SINOPEC, Beijing 100083, China)

Abstract Based on the dynamic development of overseas oil and gas investment environment and the characteristics of non-cooperative game of transnational business, this paper established an index system which contained dynamic indexes, utilized the multi-level gray model to choose overseas investment objectives and programmed to establish and achieve their decision support capabilities. It provided a method of reference to the systematical estimation of the strategic opportunities of overseas oil and gas resources.

Key words dynamic game; multi-level gray model; decision support system; overseas oil and gas investment

1 海外油气资源投资的动态博弈特征

油气资源分布地区和油气资源消费地区的不一致是国际油气投资博弈的根本原因。近年来，油气资源需求量的上升带动了新的投资热潮，国际油气市场争夺态势异常。油气资源国和投资国在考虑自身可获得的最大利益情况下，采取合作或抗衡等方式行动。尤其是投资国进行海外投资时，认为没有与其他投资国达成有约束力的协议，即投资国处于非合作博弈的环境中。因此，海外油气投资的决策博弈具有不完全信息和动态性的特点。

1.1 不完全信息

不完全信息是投资国在进行投资目标筛选之前所面临的资源和政策等信息的不对称，

主要体现在：①由于认识不足和技术水平不足造成的资源信息的不完全；②由于资源国政局特点和政策不稳定对投资周期影响的不完全；③由于竞争对手动态进出的信息不完全。

1.2 动态性

投资环境是关于时间的函数。相对固定时间点来说，投资环境的影响因素都是静态的；但相对一个时期来说，投资环境的影响因素都有动态变化性。海外油气投资是长期、不断发展的过程。无论是投资之前的目标筛选，还是项目执行过程中对可能出现结果的评估，都要充分考虑可能发生的情况，根据掌握的资料，选择某个有效的预案或多个预案的组合方案。这种动态变化的过程贯穿了海外投资的整个过程。根据海外投资项目时期的长短，以及人们的认知预测能力，本文认为 10~15 年是长期的，因为根据各资源国的投资法或石油法，在各区块的勘探开发活动的持续时间一般为 10~15 年；3~10 年可以认为是中期，在这个阶段，项目已经开展，处于稳定上升的阶段；1~2 年是短期，在这个阶段，投资项目的变数是最大的，各种因素对投资项目都有较大的影响。

2 海外油气投资目标筛选模型的构建

基于上述分析，海外油气投资过程是一个不完全信息的动态博弈过程。海外油气资源目标筛选模型通过设计评价指标体系和定量、定性指标分配及计算，筛选出符合投资目标的资源国家和项目。在海外油气资源目标筛选过程中，由于信息不全面，会影响筛选结果的准确性。本文选择多层次灰色综合评价原理作为目标筛选模型。

2.1 确定目标筛选模型的指标体系

动态博弈性对投资环境的影响因素主要体现在对政治、经济和法律环境的影响。如，在政治环境中，需要充分考虑大国博弈的演化态势。在经济环境中，需要考虑目标资源国与主要国家的经贸关系。在法律环境中，要密切关注影响投资收益的石油合同及财税制度的可探讨性。依据对油气投资环境的动态博弈性分析，构建全面反映资源国投资环境影响因素的指标体系（表 1）。

表 1　海外油气目标国家投资环境评价指标体系

Table 1　Index system for the investment environment evaluation of foreign resource countries

一级指标	二级指标	三级指标
资源环境 U_1	油气资源潜力 V_{11}	待发现资源量 L_{111}
		待发现资源量增长趋势 L_{112}
		勘探成功率 L_{113}
		油气储采比 L_{114}
	油气资源开采成本 V_{12}	

续表

一级指标	二级指标	三级指标
政治环境 U_2	内部政治态势 V_{21}	东道国政治体制 L_{211}
		政局稳定性 L_{212}
		政策连续性 L_{213}
	外交政治态度 V_{22}	东道国与投资国外交关系 L_{221}
		战争冲突 L_{222}
		地缘关系 L_{223}
		政策变动可能性 L_{224}
经济环境 U_3	宏观经济因素 V_{31}	资源国经济体制 L_{311}
		通货膨胀率 L_{312}
		经济发展趋势 L_{313}
		国际贸易状况 L_{314}
		外债水平 L_{315}
	微观经济因素 V_{32}	石油市场开放程度 L_{321}
		获得经营资源的难易程度 L_{322}
		产业结构 L_{323}
		产业关联水平 L_{324}
		石油产业政策 L_{325}
		同行业竞争激烈程度 L_{326}
法律环境 U_4	资源国相关法律 V_{41}	石油工业管理体制 L_{411}
		财税条款的可探讨性 L_{412}
		税收优惠政策 L_{413}
		国产化要求 L_{414}
		劳动管理 L_{415}
		投资保护 L_{416}
	投资国的法律法规 V_{42}	外汇管理法 L_{421}
		税法 L_{422}
		进出口管理法 L_{423}
		海外投资保险法 L_{424}
	资源国法律运行环境 V_{43}	
文化环境 U_5	劳工组织风险 V_{51}	
	官方语言 V_{52}	
	教育水平 V_{53}	
	民族构成 V_{54}	
	宗教信仰 V_{55}	
	风俗习惯 V_{56}	

续表

一级指标	二级指标	三级指标
运输环境 U_6	油气运输管线设施 V_{61}	油气运输管线建设程度 L_{611}
		油气管道的运营能力和运营成本 L_{612}
		管线与消费市场的连接状况 L_{613}
		管线修建的增长速度 L_{614}
	其他相关油气运输设施 V_{62}	铁路运输能力 L_{621}
		运输成本 L_{622}
		陆路运输与沿海港口的连接情况 L_{623}
自然环境 U_7	地理位置 V_{71}	
	气候条件 V_{72}	
	日照 V_{73}	
	自然灾害风险 V_{74}	
	勘探开发作业适合程度 V_{75}	

2.2 制定评价指标的评分等级标准

对于评价指标中的定性指标，可以通过制定评价指标等级标准实现定性指标定量化。评价指标的评价等级划分为 9 级，即评语等级为“好”、“较好”、“一般”、“较差”、“差”，评分标准分别为 9，7，5，3，1 分。指标评价等级介于两相邻等级之间时，相应的评分值为 8、6、4、2 分。

2.3 确定评价指标的权重

利用层次分析法，通过两两比较建立判断矩阵，用求解判断矩阵的特征向量的方法确定下一级各指标相对其上一级某指标的相对权重。在这个环节中，需要通过专家打分法进行确定。

2.4 专家对方案进行打分

专家对照评价指标体系的评分等级标准，对各投资方案进行单独打分，不考虑他人意见，最后形成投资方案的评价值矩阵。某些预设的关键性指标可以起到一票否决的作用。例如，对油气投资最重要的油气资源因素来说，可以先设定潜在资源量的数值，如果某个国家或区块的潜在资源量少于这个数值，可以不去考虑这个国家或区块的投资可能性。

2.5 确定评价灰类

灰数是只知道大概范围而不知其确切值的数。它不是一个数，而是一个数集，一个数的区间。可以设定评价灰类的等级数有 g 个，即评价灰类 $e=1, 2, \cdots, g$，也可将评价灰类取为“高”、“中”、“低” 3 个灰类或“优”、“良”、“中”、“差” 4 个灰类等等。为了描述灰类，需确定其白化函数。白化函数表达式如下：

$$f(d_{ijk}^{(s)}) = \begin{cases} 0 & d_{ijk}^{(s)} \subseteq [0,2d] \\ d_{ijk}^{(s)}/d & d_{ijk}^{(s)} \in [0,d] \\ (d_{ijk}^{(s)} - 2d)/(-d) & d_{ijk}^{(s)} \in [0,2d] \end{cases} \quad (1)$$

其中，白化函数转折点 d 的数值称为阈值。

2.6 计算灰类的评价系数 $\boldsymbol{\eta}_{ije}^{(s)}$

对于每个评价指标 V_{ij}，根据白化函数 $f_e(d_{ijk}^{(s)})$ 和评价方案 S 的评价值 $d_{ijk}^{(s)}$，计算评价方案 S 属于评价灰类 e 的灰色评价系数 $\eta_{ije}^{(s)}$ 如下：

$$\eta_{ije}^{(s)} = \sum_{k=1}^{p} f_e(d_{ijk}^{(s)}) \quad (2)$$

2.7 计算灰色评价权 $\boldsymbol{\Gamma}_{ije}^{(s)}$ 的灰色评价权矩阵

对评价指标 V_{ij}，对评价方案 S 主张灰类 e 的灰色评价权 $\Gamma_{ije}^{(s)}$ 为：

$$\Gamma_{ije}^{(s)} = \eta_{ije}^{(s)} / \sum_{e=1}^{g} \eta_{ije}^{(s)} \quad (3)$$

综合各灰类（$e=1, 2, \cdots, g$）得评价指标 V_{ij}的灰色评价权的向量 $\Gamma_{ije}^{(s)}$：

$$\Gamma_{ij}^{(s)} = (\Gamma_{ij1}^{(s)} \quad \Gamma_{ij2}^{(s)} \quad \cdots \quad \Gamma_{ijg}^{(s)}) \quad (4)$$

综合 U_i 大类指标的所有二级指标 $V_{ij}(j=1, 2, \cdots, ni)$ 的灰色评价权 $\Gamma_{ije}^{(s)}$，得评价方案 S 第 U_i 大类指标对于各评价灰类的灰色评价权矩阵 $R_i^{(s)}$：

$$R_i^{(s)} = \begin{bmatrix} r_{i1}^{(s)} \\ r_{i2}^{(s)} \\ \cdots \\ r_{ini1}^{(s)} \end{bmatrix} = \begin{bmatrix} r_{i11}^{(s)} & r_{i12}^{(s)} & \cdots & r_{i1g}^{(s)} \\ r_{i21}^{(s)} & r_{i22}^{(s)} & \cdots & r_{i2g}^{(s)} \\ \cdots & \cdots & \cdots & \cdots \\ r_{ini1}^{(s)} & r_{ini2}^{(s)} & \cdots & r_{inig}^{(s)} \end{bmatrix} \quad (5)$$

2.8 计算大类指标 $\boldsymbol{U}_i$ 的灰色综合评价向量 $\boldsymbol{B}_i^{(s)}$

对评价方案 S，根据指标 U_i 的二级评价指标 V_{ij}的相对权重向量 $A_i =$（α_{i1}，α_{i2}，$\cdots$，α_{ini}）和指标 U_i 对于各评价灰类的灰色评价权矩阵进行综合评价 $\boldsymbol{B}_i^{(s)}$：

$$\boldsymbol{B}_i^{(s)} = \boldsymbol{A}_i \boldsymbol{R}_i^{(s)} = (\boldsymbol{b}_{i1}^{(s)} \quad \boldsymbol{b}_{i2}^{(s)} \quad \cdots \quad \boldsymbol{b}_{ig}^{(s)}) \quad (6)$$

2.9 综合评价

对评价方案 S，综合其各大类指标 $U_i(i=1, 2, \cdots, m)$ 的灰色综合评价向量 $B_i^{(s)}$，从而得到评价方案 S 对于各评价灰类的灰色评价权矩阵 $\boldsymbol{R}^{(s)}$：

$$\boldsymbol{R}^{(s)} = \begin{bmatrix} B_{i1}^{(s)} \\ B_{i2}^{(s)} \\ \cdots \\ B_{in}^{(s)} \end{bmatrix} = \begin{bmatrix} b_{i11}^{(s)} & b_{i12}^{(s)} & \cdots & b_{1g}^{(s)} \\ b_{i21}^{(s)} & b_{i22}^{(s)} & \cdots & b_{2g}^{(s)} \\ \cdots & \cdots & \cdots & \cdots \\ b_{in1}^{(s)} & b_{in2}^{(s)} & \cdots & b_{ing}^{(s)} \end{bmatrix} \quad (7)$$

根据大类指标 $U_i(i=1, 2, \cdots, m)$ 的权重分配向量α（$\alpha = \alpha_1$，α_2，$\cdots$，α_m）和

方案 S 的灰色评价权矩阵 $R^{(S)}$ 作综合评价，得系统方案 S 的综合评价结果 $B^{(S)}$：

$$\boldsymbol{B}^{(S)} = \propto \boldsymbol{R}^{(S)} = (\boldsymbol{b}_1^{(s)}, \boldsymbol{b}_2^{(s)}, \cdots, \boldsymbol{b}_g^{(s)}) \tag{8}$$

2.10 综合评价结论

以评价各灰类的阈值为其等级值，计算各评价方案的综合评价值。如灰类 1 的阈值为 d_1，灰类 2 的阈值为 d_2，…，灰类 g 的阈值为 d_g，则各评价灰类的等级值向量 $\boldsymbol{C} = (d_1, d_2, \cdots, d_g)$。于是，评价方案 S 的综合评价值 $G^{(S)}$ 为：

$$\boldsymbol{G}^{(S)} = \boldsymbol{B}^{(S)}\boldsymbol{CT} \tag{9}$$

求出各评价方案的综合评价值 $G^{(S)}$ 后，根据 $G^{(S)}$ 大小排出优劣次序。

在指标权重体系维持不变的情况下，对于不同项目中不同的影响因素会有不同的得分，而且各位专家对同一种影响因素的评价分值也会稍有差异，从而可以从不同投资项目或投资方案中选择出最佳的投资方案。通过这种方法进行目标选择，减少了专家主观因素的影响，同时对于定性因素也进行了定量化处理，全面考察了投资环境的各个影响因素，可以认为得到的结果是比较准确的。

3 基于动态博弈的海外油气资源目标筛选模型的应用

为了对模型可应用性进行验证，本文将通过模型对非洲资源国的投资环境进行综合评价，选取尼日利亚、阿尔及利亚、安哥拉和苏丹为待评价国家。在项目评价中，邀请了 5 位专家对这 4 个国家进行综合评价打分，设专家序号分别为 $k=1, 2, 3, 4, 5$。专家根据评价指标的评分等级标准给尼日利亚、阿尔及利亚、安哥拉和苏丹 4 个国家的投资环境方案进行打分，首先得出指标体系的权重分配（表 2）。

表 2 指标体系权重分配

Table 2 Weight distribution of the index system

一级指标	二级指标	三级指标
资源环境 $U1$ 0.392591	油气资源潜力 0.833333	待发现资源量 0.5204901
		待发现资源量增长趋势 0.2009599
		勘探成功率 0.2009599
		油气储采比 0.0775901
	油气资源开采成本 0.166667	
政治环境 U_2 0.202166	内部政治态势 0.833333	东道国政治体制 0.104729
		政局稳定性 0.636986
		政策连续性 0.258285
	外交政治态度 0.166667	东道国与投资国外交关系 0.067481
		战争冲突 0.390813
		地缘关系 0.150892
		政策变动可能性 0.390813

续表

一级指标	二级指标	三级指标
经济环境 U_3 0.202166	宏观经济因素 0.25	资源国经济体制 0.123036
		通货膨胀率 0.123036
		经济发展趋势 0.510105
		国际贸易状况 0.053723
		外债水平 0.053723
	微观经济因素 0.75	石油市场开放程度 0.144040
		获得经营资源的难易程度 0.485056
		产业结构 0.099872
		产业关联水平 0.099872
		石油产业政策 0.099872
		同行业竞争激烈程度 0.071289
法律环境 U_4 0.099104	资源国相关法律 0.636986	石油工业管理体制 0.090004
		财税条款的可探讨性 0.424611
		税收优惠政策 0.201255
		国产化要求 0.041438
		劳动管理 0.041438
		投资保护 0.201255
	投资国的法律法规 0.104729	外汇管理法 0.125
		税法 0.375
		进出口管理法 0.125
		海外投资保险法 0.375
	资源国法律运行环境 0.258285	
文化环境 U_5 0.026218	劳工组织风险 0.452197	
	官方语言 0.038866	
	教育水平 0.229619	
	民族构成 0.093106	
	宗教信仰 0.093106	
	风俗习惯 0.093106	
运输环境 U_6 0.051538	油气运输管线设施 0.166667	油气运输管线建设程度 0.249485
		油气管道的运营能力和运营成本 0.096325
		管线与消费市场的连接状况 0.096325
		管线修建的增长速度 0.557865
	其他相关油气运输设施 0.833333	铁路运输能力 0.258285
		运输成本 0.636986
		陆路运输与沿海港口的连接情况 0.104729

续表

一级指标	二级指标	三级指标
自然环境 U_7 0.026218	地理位置　0.236230	
	气候条件　0.236230	
	日照　0.088566	
	自然灾害风险　0.088566	
	勘探开发作业适合程度　0.498072	

通过模型运算，对4个国家的投资方案进行综合评价，结果如下：

1）尼日利亚：0.238759，0.306975，0.429765，0.024501。

2）阿尔及利亚：0.244533，0.314399，0.440159，0.00091。

3）安哥拉：0.24154，0.310551，0.434771，0.013138。

4）苏丹：0.225176，0.289512，0.405317，0.079995。

以各评价灰类的阈值为其等值，评价各方案综合评价值分别为6.5200，6.6051，6.5610，6.3197。按照最大接近度原则，这4个国家的投资环境均属于“较好”等级。根据最后的综合评价值，可以认为这4个国家投资环境最好的是阿尔及利亚，其次是安哥拉，然后是尼日利亚，最后是苏丹。

4　海外油气投资目标筛选决策支持系统的建立与实现

4.1　决策支持系统的实现

该软件的开发在界面设计和算法上采用Visual C# 2005可视化语言编程技术。Visual C# 2005是Windows下的开发语言，它采用面向对象编程技术，语言简练，功能强大。界面采用Microsoft . net 2.0 Framwork框架，支持各种Windows控件，使用方便，可移植性强（图1，图2）。

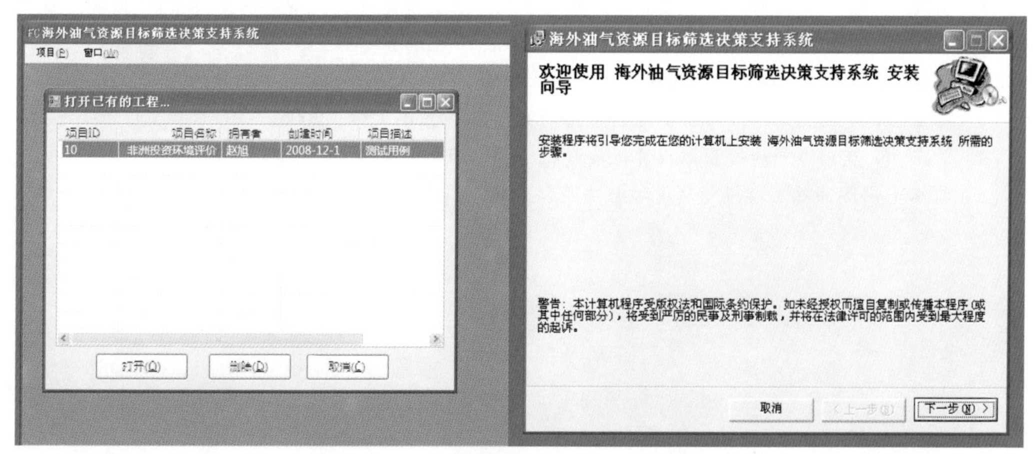

图1　海外油气目标筛选决策支持系统截图

Fig. 1　Pictures of the decision support system for foreign investment environment evaluation

本决策支持系统主要实现以下功能：①对海外油气资源投资中各种评价指标以友好的人机交互界面进行动态地跟踪显示；②对有关专家的评判数据进行分析、处理和计算；③建立决策支持所需数据和输出结果的数据库系统，能够查询、编辑、修改和维护有关数据信息。

4.2　决策支持系统应用实例

为验证上述软件系统的实用性，本文选择尼日利亚、阿尔及利亚、安哥拉和苏丹作为评价目标。在征求专家意见的基础上，确定评价指标体系；①确定评价指标的9级制评分标准；②利用层次分析法确定评价指标的权重；③选定5名来自不同单位的专家，根据阅读相关资料和经验，在计算机上对上述4个国家的投资环境评价指标逐项进行打分；④经过海外油气资源争夺决策支持系统软件系统处理和运算，输出综合评价结果。评价结果是：投资环境较好的是阿尔及利亚，其次是安哥拉，然后是尼日利亚，最后是苏丹。

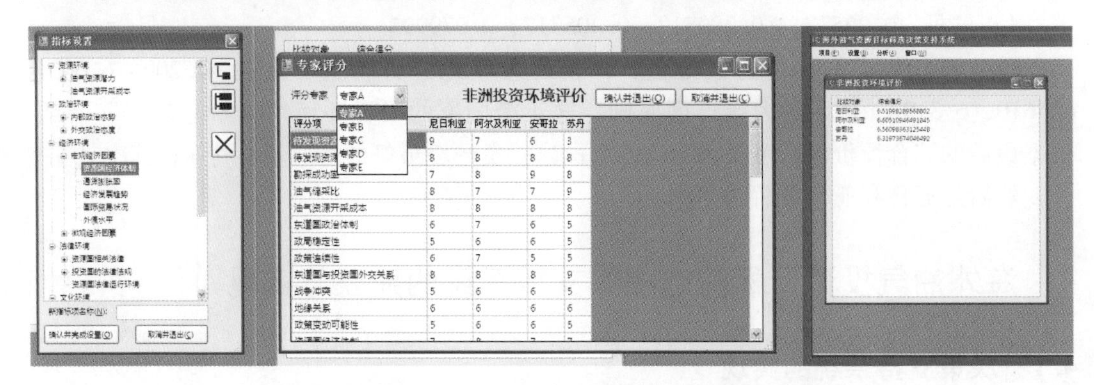

图2　海外油气目标筛选决策支持系统应用实例截图

Fig. 2　Pictures of the decision support system for the examples of foreign investment environment evaluation

参考文献

[1] 童晓光，窦立荣，田作基，等. 21世纪初中国跨国油气勘探开发战略研究 [M]. 北京：石油工业出版社，2003.

[2] 童生，成金华. 中国石油公司跨国经营的政治风险分析 [J]. 世界经济与政治论坛，2005，(1).

[3] 王益忠. 中国利用海外石油资源的策略研究 [D]. 东南大学，2006.

[4] 景东升. 我国海外油气资源投资风险分析 [J]. 国土资源情报，2007，(4).

[5] 邢云. 国际油气上游投资环境综合决策评价模型 [J]. 国际石油经济，2003，(10).

基于增益模型的流媒体对象缓存管理策略

郭攀红　唐先明　孙红军

（中国石化石油勘探开发研究院，北京　100083）

摘　要　在流媒体代理服务器中，缓存管理策略是整个系统的核心，也是影响整个系统性能的关键。缓存管理策略的实质是缓存替换算法，不同的缓存替换算有不同的优化目标。由于流媒体服务具有持续性、实时性和较高服务质量的要求，文中根据流媒体服务的特点，提出了基于网络传输负载的缓存增益替换算法（Network Distance Based Greedy Dual - Size，ND - GDS）。ND - GDS 算法是在原 GDS 算法基础上的改进，以提高媒体服务质量、降低媒体对象的网络传输负载为优化目标。ND - GDS 算法与传统的缓存替换算法相比在缓存命中率和媒体服务质量上都有较大提高。同时，该算法更适合于用户请求强度比较大而缓存容量又较小的情况。

关键词　流媒体　代理缓存　增益模型

Multimedia Streaming Cache Management Policy Based on Greedy Dual-size

GUO Panhong，TANG Xianming，SUN Hongjun

(Petroleum Exploration and Production Research Institute，SINOPEC，Beijing 100083，China)

Abstract　The policy of proxy cache management is the most important core in multimedia proxy server，and also is the key that affect the whole system performance. According to the character of multimedia streaming service，this article proposed Network Distance algorithms based on Greedy Dual - Size（ND - GDS）. The ND - GDS algorithm made a great improvement in the quality of service and the decrease in network transportation load than the GDS algorithm. The ND - GDS algorithm also made a great improvement in cache hit ratio and media service quality than traditional cache replacement algorithm. Meanwhile，this algorithm is more suited to the situation of more user request strength and the less cache capacity.

Key words　multimedia streaming；proxy cache；greedy dual-size model

在网络及多媒体技术快速发展的背景下，网络和多媒体的交叉课题——流媒体技术的发展成为必然结果。流媒体技术已经广泛应用于视频点播、电子商务、远程教育、远程医疗、视频会议、数字图书馆等。这些应用同时也推动了对流媒体相关技术的研究。基于流媒体服务的代理技术是流媒体研究领域中的重要课题。由于流媒体服务具有数据量大、消耗网络带宽高、实时性强、服务质量要求较高等特点，通过在网络的边缘放置一些代理服务器可以有效地减少对骨干网络的带宽要求以及提高对用户的服务质量[1-2]。随着流媒体技术在 Internet 和无线网络环境中的高速发展，对流媒体代理服务器的研究也正在逐步深入。

代理服务器的核心问题是对缓存对象的管理策略问题。当用户通过代理访问媒体数据时，代理的缓存管理模块会判断是否缓存相应的媒体数据，并根据缓存对请求的命中状况，将后续服务分为命中、部分命中和未命中 3 种。显然，对于用户来说，命中服务的性能优于部分命中服务的性能，部分命中服务的性能优于未命中服务的性能。然而，代理服务器中的缓存资源有限，不能保证将所有媒体节目都保存于代理服务器中，因此就存在代理服务器的缓存资源管理问题。缓存资源管理的核心问题是缓存替换算法。缓存替换算法负责决定哪些媒体流（或某个媒体流的哪些部分）缓存于代理服务器中，哪些媒体流从代理缓存中删除以释放空间。缓存替换算法往往是影响代理服务器性能的关键。

传统的 Internet 代理服务器缓存的都是 Web 对象（如 HTML 文本、图像文件），这些对象的大小相对于流媒体对象来说要小得多，不存在部分缓存（partial caching）的问题，也不存在对用户的服务质量问题，提高缓存命中率即可提高代理服务器的性能。流媒体代理服务器由于缓存的媒体对象较大，存在部分缓存和服务质量问题，以及高实时性的要求，因此应以提高用户服务质量为优化目标。尽管不同的缓存替换算法的优化目标不同，如命中率、平均服务延迟、增益模型中的某项特定增益均可作为缓存的优化目标。但是无论优化目标如何变化，所有缓存替换算法的基本流程相似：算法将新数据缓存到代理服务器中，直至缓存填满；此后，若再有新的数据对象到达，则需删除缓存中现有的一些数据对象。不同缓存替换算法的区别在于，删除对象的选取策略不同，或者对删除对象的替换字节数不同。传统的 Internet 代理服务器一般以提高缓存命中率为目标来选择删除对象。这些优化目标只是间接地衡量了代理服务器的性能，没有直接反映代理服务器的设计要求。对于流媒体服务而言，用户接收的媒体质量、用户端启动延迟以及多媒体数据传输对网络的消耗才是代理服务器设计的直接优化目标和性能衡量指标。因此，研究流媒体的代理缓存替换算法应该考察对这些性能指标的影响。然而，由于受到资源的限制，这些性能指标在消耗缓存资源上存在相互竞争的关系，从而使缓存资源的分配问题成为一个平衡问题。为平衡各性能指标对缓存资源的消耗，我们需要建立缓存资源对不同性能指标的增益模型。本文根据流媒体服务的特点，采用了基于网络传输负载的缓存增益替换算法（ND－GDS）。它以提高媒体服务质量、降低媒体对象的网络传输负载为优化目标。ND－GDS 算法与传统的 LRU、LRU－K 算法相比，缓存命中率和媒体服务质量都有较大提高。同时，该算法更适合于用户请求强度比较大而缓存容量又较小的情况。

1　缓存替换算法的相关研究

LRU 算法[3-4]是传统缓存中最经典也是最古老的算法。LRU 考察缓存中每个对象的访问时间，将最久没有被访问到的对象从缓存中替换出去，而最近被访问到的对象被替换的优先级最低。LRU 算法的建立基础是：用户最近访问过的数据在不久的将来很有可能再次被访问。LFU 算法[3]是选择缓存中访问频率最小的数据对象作为替换对象。Size 算法[4]选择缓存中占用空间最大的对象作为回收对象。LRU－Threshold[5]是 LRU 算法的改进，该算法从不缓存数据对象的大小超过一定阀值的对象，这样做的目的是为了节省缓存空间。LRU - Threshold 一般可以提高缓存命中率，但并不能提高字节命中率。lg(Size) + LRU 算法[6]是对 LRU 的又一种改进，它首先对数据对象的大小做 lg 函数计算，将计算的结果分为若干类，在值最大的一类中再按照 LRU 原则选取回收对象。该算法综合考虑了缓存对象的大小和访问时间两个因素。Hyper - G 算法[4]也是在 LFU 算法的基础上结合“最近访问时间”和“对象大小”两项辅助参数选择回收对象。在 Pitkow/Recker 算法[5]中，对缓存中在一定时间阀值内（例如 3d 之内）被访问过的数据对象，按照对象大小的原则选取回收对象，而超过这一阀值未被访问的对象，按照 LRU 原则选取回收对象。Lowest - Latency - First 算法[7]中，若下载某数据对象的延时最小，则该数据对象为回收对象，该算法的优化目标为降低对象的访问延时。Hybrid 算法[8]为基于增益模型的替换算法。该算法为每一个缓存对象计算缓存增益，增益最小的对象为回收对象。其优化目标也为降低对象的访问延迟。假设服务器 S 到代理的连接时间为 t_S，之间的网络带宽为 b_S。对于缓存中的数据对象 0，缓存后被访问的次数为 h_0，该对象的大小为 $Size_0$，则计算该对象被缓存后的缓存增益为：

$$\frac{(t_S + c_0/b_S)(h_0)^{c_1}}{Size_0}$$

式中：C_0，C_1 为常数。LRV（lowest relative value）算法[9]利用缓存增益和数据对象大小计算数据对象在缓存中的利用率，其中计算参数的取值基于对网络实验中数据的分析结果。Cao 提出的 Greedy Dual - Size 是针对代理服务器经典的基于增益模型的算法。该算法为缓存中每个数据对象设置 H 值，当一次替换发生时，将 $H/Size$ 值为最小的对象进行替换，并把该对象的 H 值记为 H_{min}，其他所有对象的 H 值都降低 H_{min}。当缓存中的某对象被访问到时，该对象的 H 值恢复为初始值。文献［10］和［11］考虑了采用分布式系统来提高代理缓存的性能。尽管这些算法也有较好的性能，但本文所提出的基于网络传输负载的缓存增益替换算法，充分考虑了流媒体缓存对象的特点及网络负载对用户服务质量的影响，因而对流媒体代理服务器有更高的缓存效率和系统性能。

2 基于增益模型的缓存替换算法

所谓缓存增益，是指为缓存中的每个媒体对象设定一个量化的值，该值用以衡量若缓存该媒体对象为代理服务器的性能提高所带来的价值。基于增益模型的缓存替换算法更能符合流媒体代理服务器的设计要求。通常，流媒体代理服务器的设计目标就是提高用户的服务质量，减少用户端的服务启动延时以及减少媒体数据传输对网络的消耗。因此，每个媒体对象的增益由 3 个子增益组成：媒体质量子增益、启动延迟子增益和网络消耗子增益。而本文着重描述网络消耗子增益。

2.1 网络消耗增益模型

媒体数据对象的网络消耗子增益由两部分组成。首先，每个媒体数据对象都对应于一定的传输代价，我们可以用视频服务器与代理服务器在 Internet 传输之间的距离来衡量这一传输代价，称为网络传输子增益。通常，远程视频服务器上的媒体对象应优先缓存，而距离较近的视频服务器的媒体对象缓存优先级较低。

定义：给定一个媒体对象 $M(P_i)$，若该对象的大小为 $Size(M(P_i))$，该对象所在的服务器与代理之间的传输距离为 $Length(M(P_i))$，对该对象的访问频率为 $f(M(P_i))$。则该对象的网络传输消耗子增益为：

$$Plus_T(M(P_i)) = Size(M(P_i)) \times Length(M(P_i)) \times f(M(P_i)) \tag{1}$$

对于视频服务器与代理之间的传输距离 $Length(M(P_i))$，我们可以用参数 RTT（Round-trip Time，代理与服务器之间的环路往返时间）或 hops（即代理至服务器经历的路由个数）来衡量。

同时，不同的视频服务器到多媒体代理服务器之间的链路状况也不相同。Internet 的异构性决定了 Internet 链路之间的差异很大，有些视频服务器负载较重且链路带宽有限，而另一些服务器负载较轻且链路带宽充裕。根据不同的链路状况，代理服务器缓存相应的媒体数据对象，所采取的策略也应不同。对于不同链路的负载状况，可以用链路利用率来衡量。由于在 Internet 上各个链路的不同瞬时状况都不同，我们定义参数 t 和 S_i 表示在时刻 t 视频服务器 S_i 与代理服务器之间的链路状况。

定义：$\overline{\lambda_v(i,\ t)}$为在时刻 t 视频服务器 S_i 与代理之间对应观察窗口的平均有效带宽，$\overline{\omega_R(i)}$为代理服务器对视频服务器 S_i 的平均请求带宽，则在时刻 t，视频服务器 S_i 与代理之间的链路利用率 $\xi(i,\ t)$ 为：

$$\xi(i,t) = \exp\left[(-1) \times \left(\frac{\overline{\lambda_v(i,t)}}{\overline{\omega_R(i)}}\right)^{\pi}\right] \tag{2}$$

式中：π 为控制参数，其值一般取2.0~3.0之间。在公式（2）中，链路平均有效带宽可以通过网络监控模块测量。然而，由于测量出来的只是网络中的某一瞬时带宽，Internet “尽力而为”（best-effort）的传输方式使得网络中的带宽呈非常复杂的无规则的变化。为了防止网络抖动对带宽的影响，可以采用基于统计的权值衡量法计算链路的平均有效带宽。

假设 T_0 为带宽的测量周期，$\overline{\lambda_v(i,\ t-T_0)}$为前一个测量周期对平均有效带宽的测量值，$\lambda_v(i,\ t)$ 为当前时刻 t 测量的带宽瞬时值，那么时刻 t 的平均有效带宽为：

$$\overline{\lambda_v(i,t)} = \overline{\lambda_v(i,t-T_0)} \times \sigma + \lambda_v(i,t) \times (1-\sigma) \tag{3}$$

公式（3）中：σ 为权值控制参数，引入这个参数就是把前一个测量周期时刻 $t-T_0$ 的平均带宽与当前时刻的瞬时带宽综合考虑。由于流媒体代理服务器是关注于较长期的系统性能，我们可以设一个带宽测量周期为10min，权值 σ 为0.5~0.8，这样更优先考虑前一周期的平均带宽值，避免网络抖动产生的影响。

代理服务器对视频服务器的请求带宽 $\omega_R(i)$ 由用户访问模型决定。对于给定的用户访问模型，平均请求带宽由请求的媒体对象对相应的视频服务器所消耗的带宽来决定。假设用户请求的媒体对象 P_j 存储于服务器 S_i 中，该对象播放的持续时间为 $Dura(P_j)$，对象的大小为 $Size(P_j)$，则用户对服务器 S_i 的所有请求带宽为：

$$\omega_R(i) = \sum_{P_i \in S_i} \frac{Size(P_i)}{Dura(P_i)} \tag{4}$$

链路利用率公式（4）反映了链路的负载状况。链路利用率高表明网络负载较重，容易发生拥塞；链路利用率低说明网络负载较轻，网络带宽资源有保障。对于重负载链路，应优先缓存其媒体对象以减轻网络负载；对于轻负载链路，可降低媒体数据对象的缓存优先级，以充分利用网络资源。这一策略可以通过式（5）中的网络利用率 $\xi(i, t)$，并量化缓存对象的网络利用率子增益来实现。

定义：假设媒体对象 $M(P_j)$ 存储于服务器 S_i 中，在时刻 t，代理与服务器 S_i 之间的链路利用率为 $\xi(i, t)$，该对象的访问频率为 $f(M(P_i))$，媒体对象的大小为 $Size(M(P_i))$，则在该时刻缓存该媒体对象的网络利用率子增益为：

$$Plus_V(M(P_i)) = \xi(i,t) \times f(M(P_i)) \times Size(M(P_i)) \tag{5}$$

对于缓存某个媒体对象对整个网络消耗的子增益可以由网络传输子增益和网络利用率子增益来衡量：

$$Plus_N(M(P_i)) = Plus_T(M(P_i)) \times \varphi + Plus_V(M(P_i)) \times (1 - \varphi) \tag{6}$$

式中：φ 为权值控制参数，用来衡量网络传输子增益与网络利用率子增益分别对网络消耗子增益的影响。

2.2 一种基于网络传输负载增益的缓存替换算法

2.2.1 问题的提出

缓存收益的最大化问题中，传统的处理方式是使用启发式贪婪算法来得到近似最优解。而这种处理方法的前提是所有缓存对象的增益预先已经知道，因此只能处理静态情况下的缓存调度和替换。但是代理服务器的实际应用中，必须实时处理当前到达的新媒体对象，而该对象的缓存增益还不能马上得出，如该对象的流行度和对象大小还不知道。因此，我们仅能利用流经代理服务器的媒体对象填充缓存，而不能一次性地优化缓存增益；同时，系统中存在许多影响缓存增益的时变参数，如节目的流行度，因此必须设计基于缓存增益的动态的替换算法。

本文前面已经提到，传统的代理缓存是以提高缓存命中率为目标的，而对于流媒体代理服务器，其目的是提高媒体的播放质量，减少由网络的拥塞和延迟而造成的对服务质量的影响。因此本文提出基于网络传输负载的缓存替换算法。其核心思想是检测代理服务器与请求的视频服务器之间的传输距离，代理缓存优先存储网络距离较远的服务器的媒体对象，而对于距离较近的服务器上的媒体对象，缓存的优先级较低。这样做可以使得当用户请求网络距离较远的服务器的媒体节目时，可直接从代理服务器上取得，而对于网络距离较近的媒体服务，用户直接请求服务器也可以获得良好的服务质量。因此基于网络传输负载的缓存替换算法可以适应于异构的网络传输，并获得良好的性能，增大了缓存利用率。

2.2.2 算法描述

对于网络距离的衡量，可以采用 RTT（round-trip time）参数或 hops 参数来衡量。在本文中我们采用 RTT 作为网络距离的衡量参数。在综合考虑了现有的一些替换算法之后，我们采用了当前效率最高的 Greedy Dual – Size[12] 算法作为改进，提出了 ND – GDS（network distance based greedy dual-size）算法。

Greedy Dual – Size 算法可以描述为：算法为每个缓存页 P_i 分配一个相应的值 $H_i = H(P_i)$，$F(P_i) = H(P_i)/Size(P_i)$。其中 $H(P_i)$ 为缓存页 P_i 的成本函数，$Size(P_i)$ 为该缓存页的大小。当需要进行替换时，具有最低的 $F(P_k)$ 值的页被替换掉，该页的 $H(P_k)$ 值记为 $H_{\min}$，同时所有缓存页的 $H(P)$ 值降低 $H_{\min}$；如果某个页 P_m 再次被访问，则它的

$F(P_m)$ 值又恢复成原来的值，即 $H(P_m)/Size(P_m)$。该算法的优点是优化了所有性能参数，其缺点是没有考虑网络传输成本引起的延迟和缓存页被访问的频率。

ND－GDS 算法是将原来 GDS 中的 H 值换为媒体对象的 RTT 值与控制参数的乘积，即对于媒体对象 $M(P_i)$，其 H_i 值为 $H_i = RTT(M(P_i)) \times \alpha$。我们定义对象 $M(P_i)$ 的网络传输增益为：

$$Plus_T(M(P_i)) = \frac{RTT(M(P_i)) \times \alpha}{Size(M(P_i))} \tag{7}$$

控制参数 α 为媒体对象 $M(P_i)$ 的 RTT 值与对象大小之间比重的权值。当一次替换发生时，选取 $Plus_T(M(P_i))$ 值最小的对象进行替换，且该对象的 H_i 值计为 $H_{\min}$；缓存中其他对象的所有 H_i 值均减少 $H_{\min}$；当缓存中某个对象被访问时，该对象的 H_i 值再恢复成初始值。对 ND－GDS 算法的描述见图 1。

```
算法描述：ND-GDS replacement algorithm(input：新的请求对象M(P_in))

Step 1:  //获得请求媒体对象所在服务器的网络距离
         RTT(M(P_in))=GetNetworkDistance(M(P_in));
Step 2:  //如果请求服务器的网络距离小于设定的阀值，不缓存该对象，
           直接返回；
         If(RTT(M(P_in))<Threshold)return;
         End if
Step 3:  //为换入对象腾出缓存空间
         while(EmptySizeIncache<Size(M(P_in))
         //从缓存中找出网络传输增益最小值的对象
           M(P_out)=FindMinPlusObject(Cache);
           if    (Plus(M(P_out))<Plus(M(P_out)))
              M_Cache_List.Remove(M(P_out));
              //将增益最小的缓存对象从链表中删除
              Delete(M(P_out));     //释放该对象的缓存空间
             //请求对象的传输增益比缓存中现有的所有对象都小，不缓
         存该对象，直接返回
           else return;
           End if
         End while
Step 4:  M_Cache_List.InsertTail((M(P_out)); //插入新缓存对象到缓存链表中
```

图 1 基于网络负载增益的缓存替换算法

Fig. 1 Network Distance algorithms based on Greedy Dual－Size

在该算法中，对于流经代理服务器的媒体对象，缓存算法首先要检查媒体对象所在的服务器与代理之间的距离是否超过预先设定的阀值，如果小于这个阀值，则说明它们之间的距离已足够小，不足以缓存该对象；然后再判断缓存是否有足够的空间存放该对象，若缓存已满，则需要比较插入媒体对象与缓存中增益最小对象的缓存增益，若插入媒体对象的缓存增益较大，则删除缓存中增益最小的媒体对象，为新媒体对象释放缓存空间，直到有足够缓存空间缓存新媒体对象为止。

2.2.3 ND－GDS 算法性能参数分析

缓存策略的好坏决定了缓存系统的性能，缓存策略可以通过引入一个参数集来监视缓存对象被替换的过程。代理缓存的内容可以模型化为一定数量行的 Hash 表，每一个行与一个缓存对象相对应。因此，行的数量被缓存的对象的数量所限制，每个对象由对象的

ID 号和相关属性来标识。ND－GDS 算法缓存策略的主要目标为：①提高缓存系统的命中率；②最大限度地减少网络流量和服务器负载。为了便于数学描述，需要作如下假定：

1）与代理到流媒体服务器之间的网络带宽相比，从代理到客户端之间有足够的带宽和忽略不及的传输延迟，且代理的存储设备有足够的存储带宽供媒体数据的读出。由于代理与客户端之间通常是百兆以太网环境，我们认为这样的假设是成立的。

2）代理服务器具有足够的存储容量 C 存储源服务器上大部分流文件的前面部分（前缀缓存，如前 5s 数据）和 P 个流行的媒体节目的整个内容。

以 Seagate 公司用于 PC 机的型号为 ST3160023A 的硬盘为例，其容量为 160GB，平均传输速率为 5MB/s。一到两个小时的 MPEG－2 数据所需存储空间大约为 3.6GB，5s 的前缀空间大约为 3～5MB，ST3160023A 型号的磁盘可以保存大约 40 部两小时的完整媒体和 2000 部媒体的前缀。若将多块硬盘做成磁盘阵列 RAID 的方式可获得更大的存储容量和更高的存储 I/O 带宽，因此我们认为对于第二条假设也是成立的。表 1 列出了系统模型的关键参数。

表 1　模型参数

Table 1　Model parameters

参数	描述
M	流媒体服务器上可访问的媒体对象数
v_i	存储在服务器上的一个媒体对象
U	通过代理服务器访问流媒体的用户数
C	代理缓存的容量大小（单位：字节）
$Prefix(v_i)$	媒体对象 v_i 的前缀缓存大小（单位：字节）
P	完全缓存的媒体对象的数量
Q	部分缓存的媒体对象的数量
$Suffix(v_i)$	缓存的媒体对象 v_i 的后缀大小（单位：字节）
$T_c(v_i)$	媒体对象 v_i 最后一次被缓存的时间
$N_c(v_i)$	播放媒体对象 v_i 时，代理与源服务器之间的连接数（若该对象已被完全缓存，该参数值为 0）

缓存策略的主要目标就是在最大限度地减少网络流量和服务器负载的前提下，提高缓存的命中率。因此，缓存算法的性能参数用数学语言可以描述为：

$$\min\left(\sum_{i=1}^{M} N_c(v_i)\right), \max(Q); \tag{8}$$

$$\text{s.t.}: \sum_{i=1}^{P}\left(\mathrm{Prefix}(v_i) + \mathit{Suffix}(v_i)\right) + \sum_{i=1}^{Q}\mathrm{Prefix}(v_i) \leqslant C \tag{9}$$

即：在满足公式（8）的前提下，最小化 $\sum_{i=1}^{M} N_c(v_i)$，最大化 Q。公式（9）为上述第二条假设的数学表达式。

如何最小化 $\sum_{i=1}^{M} N_c(v_i)$，最大化 Q，这是一个在线（online）问题。也就是说在 M 个媒体对象中，完全缓存哪 P 个最受欢迎的对象和部分缓存哪 Q 个媒体对象的前缀是事先并不知道的，这里 $P+Q\leqslant M$，而如何选择 P 个最受欢迎的媒体对象和 Q 个前缀缓存的对象又直接影响到最小化 $\sum_{i=1}^{M} N_c(v_i)$。

一般说来，媒体对象的属性和大小（播放长度）都是不同的，媒体对象的受欢迎程度也是随时间而变化的。此条件约束公式说明，缓存替换算法就是根据媒体的属性和用户访问模式，在缓存空间的约束条件下，真正缓存当前受欢迎的媒体对象，同时不断地根据媒体流行度的变化而调整缓存的对象，才能起到改善服务的启动延迟、降低网络流量和流媒体服务器负载的作用。

3 算法性能分析

在算法性能分析中，我们采用一个仿真平台来模拟大量用户的请求。基于泊松过程、齐夫分布（Zipf）等数学模型，构建出一个用户行为发生器，向代理服务器发出访问请求。如图 2 所示，该仿真平台由两部分组成：用户行为仿真器和算法承载平台。用户行为仿真器是按用户访问行为的规律，在数学模型的基础上创建用户行为，模拟网络上众多用户对媒体节目的随机访问。算法承载平台是指在代理服务器上运行各种缓存替换算法，以本文所研究的代理服务器为基础，结合用户行为仿真器，并分析 Log 日志处理的结果，来衡量各种缓存替换算法的性能。

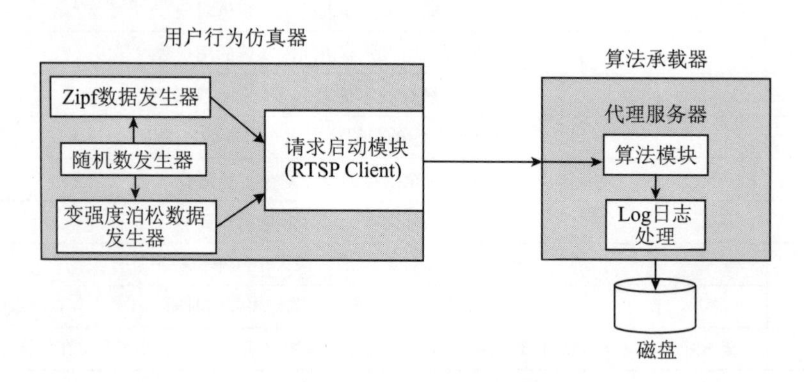

图 2　仿真平台结构

Fig. 2　Schematic diagram of simulation platform

在对算法的仿真实验中，我们用媒体流的命中率和代理服务器对客户端的吞吐率来描述算法的性能，并与传统的 LRU 和 LRU－K 算法（我们取 K 值为 3）进行了比较。实验中多个服务器存储有 150 个播放时间为 25s 至 100s 的媒体对象。事实上，媒体节目的内容可以一样，只要文件名不一样、用户访问的 URL 不一样即可，代理服务器会把它们当作不同的媒体对象处理。媒体对象所在的不同的服务器到代理之间的网络距离各不相同，通过 NISTNet[13] 仿真软件将其环路往返延迟设定在 10～600ms 之间。用户请求中对媒体节目的选择满足倾斜因子为 0.271 的 Zipf 分布。缓存的大小为 500M 字节。

图 3 描述了不同请求强度下的媒体流命中率。随着请求强度的变化缓存命中率保持不变。这是因为随着请求强度的增大，请求个数和缓存命中的个数同时增大，则缓存命中的比率仍然不变。而 ND－GDS 算法的命中率要高于 LRU 和 LRU－K 算法，说明 ND－GDS

算法将媒体对象的缓存空间考虑进来，优先缓存占用空间较小的缓存对象，提高了缓存的效率。

另外，我们再通过改变缓存的空间来观察3种算法的缓存命中率的变化，缓存变化范围在250MB至1GB之间，请求强度固定在30个/min。图4为3种替换算法的比较结果，由图中看到各种算法的缓存命中率曲线随缓存容量的增加而逐渐上升。在不同算法的比较中，ND-GDS算法性能比其他算法要高出约30%，表明在不同的缓存大小配置下，ND-GDS算法都有更好的缓存命中率。

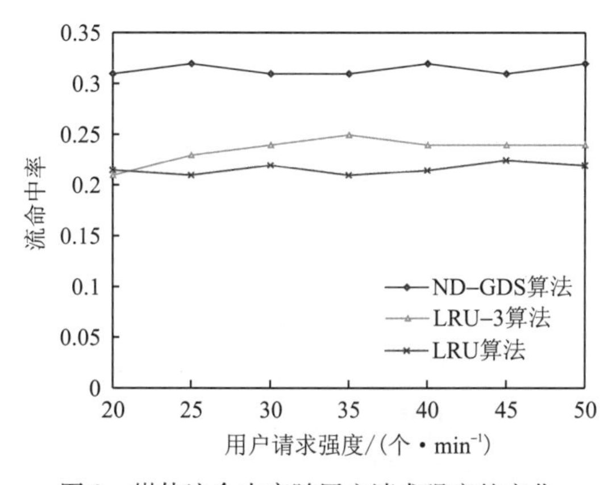

图3　媒体流命中率随用户请求强度的变化

Fig. 3　The changes of multimedia streaming hit ratio with user request strength

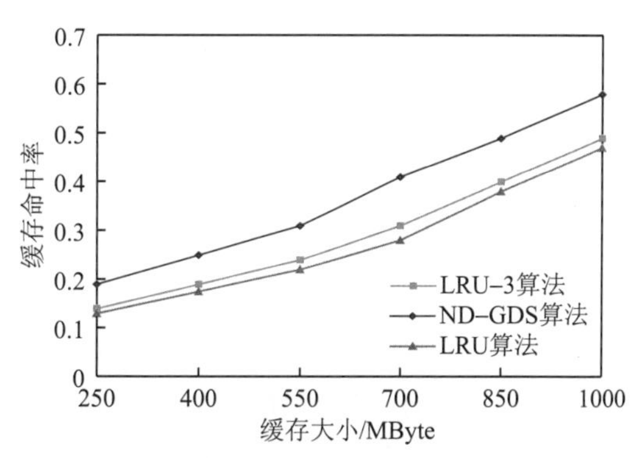

图4　缓存命中率随缓存大小的变化

Fig. 4　The changes of cache hit ratio with cache size

命中率只是对替换算法较传统的评价标准。要衡量流媒体代理缓存的性能，还应该以相同条件下代理向客户端输出的吞吐率，即单位时间内的服务字节数来判断。在图5的实验中，实验参数与图3的实验参数一致。我们用UNIX下的netstat命令可以看出当前时刻代理服务器输出的网络吞吐率，并记录下不同的用户请求强度下的吞吐率值。

如图5所示，随着请求强度的增大，3种算法的输出吞吐率的值也相应增加。因为请求强度的增大，用户在单位时间内请求的流媒体数据也增多，代理服务器为响应这些请求向客户端输出的媒体流量也相应增大。关键是，不仅ND-GDS算法的网络吞吐率要高于LRU和LRU-3算法，而且随着请求强度增大，它们之间吞吐量差距有更加明显的变化趋势。这是因为ND-GDS算法优先缓存了网络距离较远的服务器上的媒体对象，因此远距离的媒体对象更容易被命中。命中之后的对象可以以代理至客户端的网络带宽来发送，这样就比原始的远程视频服务器的发送速率提高了许多。而LRU和LRU-3算法未考虑请求服务器的距离，某些近距离的媒体对象仍然保存在缓存中。由于这些服务器本身能够提供较高的发送速率，因此缓存这部分媒体对象对提高代理服务器的输出速率没有起到太大的作用。所以ND-GDS算法的输出吞吐率要高于另外两种算法。同时请求强度的增大，会有更多被缓存的远程对象发送到客户端，使得这种差距增大。

图6为不同缓存大小情况下的代理服务器输出吞吐率。该实验中缓存大小在250MB至1GB之间变化，请求强度固定在30个/min。从图6中曲线看到，缓存大小的增加可以提高代理的输出吞吐量。由于缓存空间的增加，可以提高访问媒体的命中率，这样有更多

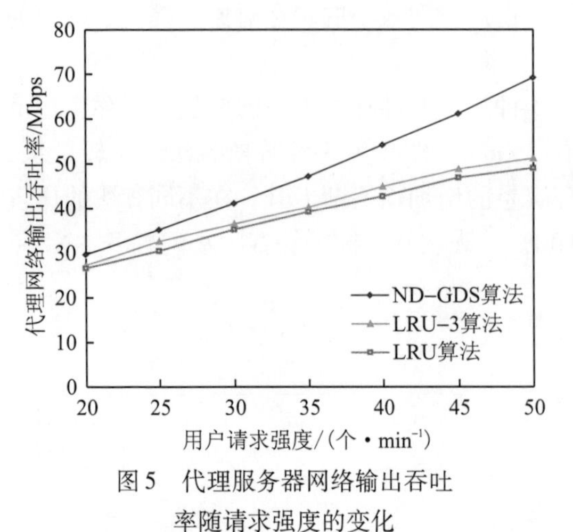

图5　代理服务器网络输出吞吐率随请求强度的变化

Fig. 5　The changes of throughput rate of proxy server with user request strength

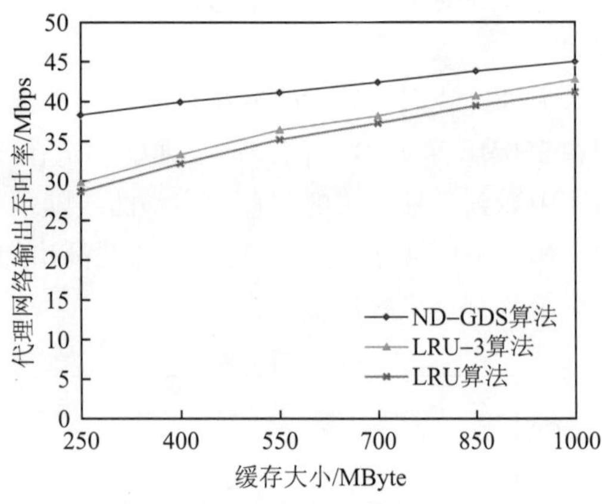

图6　代理服务器网络输出吞吐率随缓存大小的变化

Fig. 6　The changes of throughput rate of proxy server with cache size

的命中媒体节目从代理缓存以更高的速率发送出去，提高了代理服务器的整体网络输出率。然而，随着缓存容量的增加，3 种算法的网络输出吞吐率趋于相同。本文认为这是因为较高的命中率使得有更多比例的媒体节目是直接从缓存中发出的，这样代理服务器的发送数率就是它本身所能承受的发送速率，而不再受远程服务器发送速率的影响，这样就缩小了各个算法之间的差距。

综上所述，由于在发送请求强度较大和缓存容量较小时，ND - GDS 算法的性能与另两种算法有较大的差异，因此，本文认为 ND - GDS 算法更适合于用户请求密度较大而缓存容量又比较小的情况。

4　总　结

缓存管理策略是流媒体代理服务器的核心，对代理服务器的性能有着重要影响。而缓存管理策略最关键的是缓存替换算法，不同的缓存替换算法有不同的优化目标。传统的缓存管理方案如 LRU，MRU，LFU，LRU - Threshold 等都是单纯从提高缓存命中率或字节命中率的角度出发，无法适应流媒体服务的持续性、实时性和对服务质量的要求。

本文首先介绍了各种相关缓存替换算法的研究，然后讨论了基于增益模型的缓存替换方案更适合流媒体服务的特点。缓存增益是指量化某个媒体对象被缓存之后对提高服务质量的贡献，根据这个量化的值决定应该插入或删除哪个媒体对象。基于增益的缓存替换算法能够根据某个特定的目标优化缓存管理，如媒体质量、启动延迟、网络消耗等，而不是单纯地以提高命中率为目标。增益模型的缓存替换算法能较好地适应于流式应用。本文中给出了网络负载增益模型下的增益表达式，然后我们根据实际情况，提出了基于网络传输负载的缓存增益替换算法。采用该算法的理论基础是：缓存距离远的视频服务器的节目可以节省更多的网络资源。通过对算法的仿真实验，我们所提出的 ND - GDS 算法与传统的 LRU，LRU - K 算法相比在缓存命中率和提高服务质量上都有较大提高。同时，还得出该算法更适合于用户请求强度比较大而缓存容量比较小的情况。

参考文献

[1] Ip A, Liu J, Lui J. COPACC: An architectureof cooperative proxy-client caching system for on-demandmedia streaming [J]. IEEE Transactions on Parallel and Distributed Systems, 2007, 18 (1): 70 –83.

[2] Guo H, Shen G, Wang Z, et al. Optimized streaming media proxy and its applications [J]. Journal of Network and Computer Application, 2007, 30 (1): 265 –281.

[3] 张尧学，史美林. 计算机操作系统教程 [M]. 2 版. 北京：清华大学出版社，2000.

[4] Ko J S, Lee J W, Yeom H Y. An alternative scheme to LRU for efficient page replacement [J]. Journal of KISS (A) (Computer Systems and Theory), 1996, 23 (5): 478 –486.

[5] Vakali A. LRU-based algorithms for web cache replacement [C]. In: Proceedings of the International Conference on Electronic Commerce and Web Technologies, 2000: 409 –418.

[6] Williams S, Abrams M, Standridge C R, et al. Removal policies in network caches for world-wide web documents [J]. ACM SIGCOMM Computer Communication Review, 1997, 27 (3): 118 –135.

[7] Abrams M, Standridge C R, Abdulla G, et al. Caching proxies: limitations and potentials [C]. In: Proceeding of 4th International World Wide Web Conference, 1995: 119 –133.

[8] Wooster R, Abrams M. Proxy Caching the Estimates Page Load Delays [C]. In: Proceedings of the 6th International World Wide Web Conference, 1997: 977 –986.

[9] Lorenzetti P, Rizzo L, Vicisano L. Replacement Policies for a Proxy Cache [J]. IEEE/ACM Transaction on Networking, 2000, 8 (2): 158 –170.

[10] Ghandeharizadeh S, Shayandeh S. Domical Cooperative Caching: A novel caching technique for streaming media in wireless home networks [C]. In: Proceedings of International Conference on Software Engineering and Data Engineering (SEDE), 2008: 274 –279.

[11] 唐瑞春，魏青磊，刘斌. 一种基于 P2P 协作的代理缓存流媒体调度算法 [J]. 电子与信息学报，2009, 31 (11): 2757 –2761.

[12] Jin S, Bestavros A. Popularity-aware greedy dual-size web proxy caching algorithms [C]. In: Proceedings of the International Conference on Distributed Computing Systems (ICDCS), 2000: 254 –261.

[13] NISTNet [OL]. http: //snad. ncsl. nist. gov/nistnet/.